KURT BREYSIG

DER WERDEGANG DER MENSCHHEIT

VOM NATURGESCHEHEN ZUM GEISTGESCHEHEN

DER WERDEGANG DER MENSCHHEIT VOM NATURGESCHEHEN ZUM GEISTGESCHEHEN

VON

KURT BREYSIG
PROFESSOR AN DER UNIVERSITÄT BERLIN

WALTER DE GRUYTER & CO · BERLIN

Erschienen 1935 bei M. & H. Marcus, Breslau

Druck von C. Schulze & Co., GmbH., Gräfenhainichen

VORWORT.

Das Gesamtwerk, dessen mittleren Band — ohne jede Zifferbezeichnung — der heute vorgelegte Teil bilden soll, hat die Absicht, die großen Geschehenszüge, aus denen sich Naturgeschichte und Menschheitsgeschichte zusammensetzen, als Einheit zu erkennen, d. h. die Formen von Geschichte zu bestimmen, die sie miteinander gemein haben und durch die sie sich voneinander scheiden. Es hatte zuerst überwiegend von dem Naturgeschehen, so weit es sich als Geschichte darstellt, die Rede sein müssen und gegen den Schluß hin sollen die Werdensformen von Naturgeschichte und Menschheitsgeschichte im einzelnen verglichen werden; aber bevor dies unternommen werden darf, ist nötig, das Insgesamt der Menschheitsgeschichte ins Auge zu fassen, insofern es sich aus dem Naturgeschehen, von dem es ja ausging, allmählich entfaltete, bis zu der eigentümlichen Form von Geschichte, die wir heute allein unter diesem Namen verstehen. Diese Aufgabe ist dem heute vorzulegenden Band gestellt.

Sie konnte nur auf dem Wege gelöst werden, der erkennen ließ, welche Eigenschaften dem Menschheitsgeschehen zukommen, die es mit dem Naturgeschehen teilt. Sie wurden unter dem Namen Urgeschehen zusammengefaßt. Demnächst aber wurden die Geschehensformen unterschieden, die um ganz allgemeiner Eigenschaften willen sich als eigentümlich menschliche darstellen. Sie waren nach ihrer spezifisch menschheitlichen Graduierung als Spiegelgeschehen, Regelgeschehen und Geistgeschehen zu kennzeichnen.

Diejenigen unter meinen Lesern, die meinen früheren Gedankengängen zur Geschichtslehre gefolgt sind, werden bemerken, daß keine von diesen Einteilungen sich mit jenen älteren deckt, die in manchem Wechsel des Blickwinkels zur Geschichte der Entwicklungswege oder der Seelenkräfte ehedem angewandt wurden, um den unmethodischen Klotz der gewesenen Dinge, über den schon die Alten klagten, zu spalten und dadurch übersehbar zu machen. Sondern es kam darauf an, hier Scheidungen zu finden, die den Weg selbst in Strecken zerlegen, der hier beobachtet werden soll, den, der vom natürlichsten Naturgeschehen zum menschlichsten Menschheitsgeschehen führt.

Wer meinen Versuchen zur allgemeinen Geschichtslehre mit einiger Anteilnahme gefolgt ist, hat vielleicht die Beobachtung gemacht, daß ihnen allen gemeinsam ist, daß sie darauf ausgehen, einen denkbar hohen Grad von weitester Spannung, von allgemeinster Allgemeinheit zu erreichen. Wie notwendig diese Spannungen sind, möchte jede Seite des hier vorgelegten Bandes erweisen. Den tieferen Grund aber läßt der Sinn aller empirisch-induktiven, aller vom festen Boden der Erfahrung aufwärts bauenden Forschung erkennen: sie will im schroffsten Gegensatz zu aller begrifflich-deduktiven, von höheren Setzungen zur Besonderheit abwärts, also wenn man will, im engeren Wortsinn philosophischen Lehrweise zwar zur möglichst umfassenden Weite wissenschaftlichen Sehens vordringen, das aber niemals anders bewerkstelligen, als auf diesem aufwärts-, nie auf jenem abwärts steigenden Weg.

Es sei mir erlaubt, in Anknüpfung an diese Beobachtung eigens darauf aufmerksam zu machen, wie sehr schwer den Forschern meiner Richtung ihre Arbeit durch die besonderen Zeitumstände der heute herrschenden Geistigkeit gemacht wird. Wenn sich auch ohne Zweifel seit 1900 ein Wandel zugunsten der allgemeineren Forschung geltend gemacht hat, so hat sich doch die tiefe Abneigung der Einzelforscher, die — mit dem besten Recht — die überwiegende Masse der Schlachtordnung unserer Wissenschaft bilden, gegen alle zusammenfassende, ganz allgemeine, und vollends erst gegen jede theoretische Geschichtsforschung noch kaum merklich gemindert und gemildert. Es scheint ein unausrottbares Vorurteil in der Seele der Gelehrten zu wollen, daß es nur eine gültige Forschungsweise in unserer Wissenschaft geben dürfe und daß selbst das Bestreben einiger Weniger neben dem notwendig überwiegenden Werk der Einzelforscher, das ja von keinem Vernünftigen in seinem Vorrecht angezweifelt wird, eine Gefahr bedeute.

Kein noch so ehrliches Mühen dieser Angefochtenen um die feste Grundlegung für ihre allgemeinen Bauten vermag an diesem Vorurteil etwas zu ändern, ebensowenig die uns Geschichtsforschern doch wahrlich nahe genug liegende Erwägung, daß nur ein Jahrhundert unsere Wissenschaft von der Zeit trennt, in der das Nebeneinanderbestehen von allgemeiner und Einzelforschung als Selbstverständlichkeit galt. Und es dürfte ja auch heute selbst von den leidenschaftlichsten Verteidigern des Rechtes auf allgemeine Zusammenfassung der großen Wissenmassen nie etwas Anderes gefordert werden, als ein höchst vorsichtiges Anstellen von Summierungen und von ihnen ausgehenden Schlußfolgerungen, nie aber auch nur die leiseste Erschütterung der Grundlagen, wie sie nur umsichtige Einzelarbeit schaffen kann.

Vielleicht erinnern sich sogar die erregtesten Gegner aller makroskopischer Wissenschaft einmal daran, daß die allgemeine Forschung mit einem großen und jedenfalls dem wichtigeren Teil ihrer Feststellungen gar nicht in Wettbewerb mit den Erträgen der Einzelforschung tritt, insofern sie die inneren, die seelischen Beziehungen der von dieser ermittelten Sachverhalte zu erkunden trachtet. Soll aber, wie es den Eiferern der ausschließlichen Einzelforschung erwünscht erscheint, die Aufgabe der Geschichtsschreibung auf die Feststellung der überlieferten Tatsachen beschränkt werden, dann wird unsere Wissenschaft vom Stande einer Enträtselung des menschlichen Geschehens zurückgeschraubt auf eine Ermittelung der aktenmäßig oder chronikalisch aufgezeichneten Geschichtsdaten, d. h. immerhin zufälliger Ausschnitte von jenem Geschehen. Und die Grenzen dieser

Ausschnitte sind nach Weite und Tiefe abhängig von Fähigkeit und Belieben der Menschen, die durch Amt oder Zufall zu solchen Aufzeichnungen gelangt sind. Die Stufenleiter dieser Fähigkeiten reichte in den Anfängen bis zur Kindhaftigkeit herab und ist noch in den Zeiten ihres Höchststandes beschränkt auf Möglichkeiten, die, verglichen mit den Maßstäben geschichtlicher Seelenkunde, allzu begrenzt sind.

Und noch eines sei den Zweiflern an der Wissenschaftlichkeit allgemeiner Geschichtsforschung ins Gedächtnis gerufen. Sie ist keineswegs allein auf die Vorschriften angewiesen, die man allenfalls aus den Regeln der Einzelforschung ableiten könnte, sondern sie folgt dann und gerade dann, wenn sie sich der nur scheinbar freien Arbeit ihrer zusammenfassenden und deutenden Aufgaben widmet, dem Gesetz ihres eigenen Tuns, das der hier schreibt, nie als minder streng oder unsicherer empfunden hat, als irgend ein Gebot, sei es beschreibender, sei es rein begriffswissenschaftlicher Forschung.

Rehbrücke bei Berlin, den 25. September 1934.

Kurt Breysig.

INHALTSVERZEICHNIS.

ERSTER TEIL.

DAS HINÜBERFLIESSEN DES WELTGESCHEHENS IN DAS MENSCHHEITSGESCHEHEN.

ERSTES BUCH.

URGESCHEHEN UND SPIEGELGESCHEHEN.

Einleitung.

Rückblick und Ausblick.

Wie ein Altargemälde alter Zeiten soll das Werk, dessen erste Fortsetzung[1] heute und hier vorgelegt wird, als ein dreigefachtes Anfang, Mitte und Schluß einer inneren Handlungseinheit darbieten, deren Insgesamt den tiefen und weiten Zusammenhängen gewidmet ist, die zwischen dem großen Weltgeschehen draußen und dem für uns wahrlich auch großen, im Rahmen des Kosmos aber sehr begrenzten Schicksal der Bewohnerschaft unseres Sterns bestehen.

Zuerst war nötig nicht eigentlich Einwurzelungen, sondern Gleichläufigkeiten und Entsprechungen, Parallelen und Analogien zwischen dem Natur- und Menschheitsgeschehen nachzuweisen und so das Recht eines vereinheitlichenden Sichtaufbaus darzutun. Wenn den Seelenkräften der Menschen die wahrlich dumpferen, verborgeneren und völlig unbewußten, aber wahrlich auch mächtigeren, wuchtigeren und letzten Endes auch zeugerischeren Urkräfte, die im Weltgeschehen walten, mit Recht als Seitenstücke zugeordnet werden durften, so ist dieser Beweis erbracht.

Wenn dann aber das Geschehen selbst in Angriff genommen wurde, um noch nicht die Geschichte, wohl aber das Tun und

[1]) Von dem Bande Naturgeschichte und Menschheitsgeschichte (1933), jedoch als völlig selbständiges Eigenwerk.

Treiben unseres Geschlechtes als Erzeugnis, als Teil, als feinste letzte Auswirkung des großen Umtriebes der außermenschlichen Welt zu erweisen, so mußten allerdings zuerst die zwei elementarsten Erscheinungsformen von deren Geschehensgattungen untersucht werden. Eine elementarere aber als die Bewegung giebt es nicht und sie geht als Grundstock das Geschehen, ja auch schon die Geschichte von Welt wie von Menschheit gleich sehr an. Bewegung als die Feder im Uhrwerk muß in Wahrheit zuerst in Obacht genommen werden, wenn es gilt Geschehen und Geschichte in beiderlei Gestalt zu begreifen. Der Menschheitsgeschichte aber wird durch den Vergleich mit dem Weltgeschehen an dieser Stelle ein eigens großer Dienst erwiesen, denn die übergroße Fülle der Gesichte, der Formen, Farben, Linien, die das Gewand ihres äußeren Anblicks zeigt, die myriadenfache Mannigfaltigkeit ihrer Einzelereignisse hat in der Regel die sie erforschen daran gehindert ihre Grunderscheinungen in Betracht zu ziehen; die abgründigste, innerste von ihnen, die Bewegtheit, hat sich vielleicht am wirksamsten der Beobachtung entzogen. Aber wie sie die verborgenste von allen ist, so ist sie sicher auch die mächtigste, die umfassendste. Und weil sie allgegenwärtig ist, so giebt es im Grunde kein einziges geschichtliches Ereignis, gleichviel ob groß, ob klein, dessen Beurteilung, Würdigung, Bewertung nicht erst dann recht vollzogen werden kann, wenn darüber entschieden ist, welcher Art von Bewegtheit das Wesen und die Antriebe seines Geschehens zuzurechnen sind.

Wird nun erkundet, daß ein Großteil alles menschheitlichen wie alles Weltgeschehens nicht durch irgendwelche äußere Bewirkung entsteht, sondern von jener Allbewegtheit herrührt, die das von der jüngsten physikalischen Forschung geschaffene Weltbild im anorganischen Reich als herrschend erkennen läßt, die wir als die Erscheinung des Lebens schon längst als die Dominante des organischbiischen Reiches ansehen und die schließlich auch als Grundantrieb alles Tuns der Menschen enthüllt werden muß, so drängt sich dem forschenden Sinne ein neuer Fragenzusammenhang auf, der seinerseits allumfassend von einer anderen Seite des Denkens über Geschichte her gebieterisch Antwort heischt. Es ist der Verursachtheitsgedanke, der sich hier als der Überprüfung bedürftig in das Blickfeld jeder auf das Allgemeine gerichteten Werdenslehre drängt.

Denn offensichtlich wird eine Weltsicht, die einen Kernbestand alles Geschehens als eigengeworden, aus sich heraus und deshalb unaufhörlich wirkend ansieht, genötigt Stellung zu nehmen zu dem überlieferten Bestand der Verursachtheitslehre, der als auf seiner Grundlage auf der Anschauung beruht, daß es keinerlei Geschehen giebt, es sei denn durch ein anderes, dem neuen fremdes Geschehen hervorgerufen. Denn ist die zuerst vorgetragene Lehre von der Eigenbewegtheit, der zum wenigsten ein hoher Grad wissenschaftlicher Wahrscheinlichkeit zukommt, richtig, so stellt sich für das anorganische Reich ein entgegengesetzter Tatbestand heraus: der Urkern seines und damit alles Weltgeschehens wird als eigengeworden und damit als keiner Verursachung bedürftig erkannt. Wird an der Hand dieser Einsicht im organischbiischen Reich seine Grundtatsache, das Leben, als eine abgewandelte, ja noch verstärkte und gesteigerte Form dieser Eigenbewegtheit erkannt, so muß auch hier die Verursachtheit des Geschehens in weit engere Grenzen, als bisher, eingeschränkt werden, und zwar ohne alle Bedingnisse. Denn das lebendige Geschehen ist als eigenwerdig in voller Eindeutigkeit und Sicherheit anzuerkennen und hätte längst zu dieser Schlußfolgerung leiten können. Daß es nicht geschah, ist vielleicht nicht zuletzt darauf zurückzuführen, daß es bis dahin an der Hilfe des anorganischen Seitenstückes gemangelt hatte.

Die gleiche Sicherheit und Unumschränktheit aber findet sich, wenn der gleiche Faden allgemeiner Erkenntnis bis in das dritte Reich, das des menschheitlichen Geschehens, verfolgt wird: es giebt auch in ihm einen innersten Kern, der als Eigenbewegtheit anzusprechen ist. Er entspricht dem

Leben als der Kraft der Mitte im organisch-biischen Reich und deckt sich mit ihm, insofern der leibliche Grundstock unseres leib-seelischen Daseins in Betracht kommt; aber er reicht noch über das Leben in diesem engeren, körperlichen Sinn weit hinaus, insofern er das Insgesamt alles seelisch-geistigen Handelns und Dichtens und Trachtens mit in sich schließt. Von diesem allem, mithin von jedem menschlichen Tun ist auszusagen, daß sein Vorwärtsgehen, seine Bewegtheit an sich völlig eigenwerdig ist und keinerlei äußeren Anstoßes und Bewirktseins bedarf.

Für den weitesten Zusammenhang, in den so das Menschheitsgeschehen gestellt erscheint, ist zu erklären, daß es allem Drang zur Vereinheitlichung, der zunächst unser Trachten nach der Formung eines Weltbildes beherrscht, zuvor aber einer innersten Wesenseigenschaft des Weltgeschehens selbst entsprechen mag, wenn dergestalt in allen drei Reichen ein innerster und zugleich stärkster Kreis von eigenwerdigem und demgemäß unverursachtem Geschehen nachgewiesen wird. Für das Verstehen des Tuns der Menschen aber ist allerdings von Bedeutung, daß die Frage nach dem Zug der Grenzen zwischen eigenwerdigem, also ursachlosem und dem verursachten Handeln zwar in engstem Zusammenhang mit der organisch-biischen Urtatsache Leben steht, die völlig unumstößlich ist, nicht aber abhängig ist von der allerdings noch nicht bewiesenen Eigenbewegtheit im anorganischen Reich.

Die Geschichtslehre, als der Außengürtel jeder Werdenslehre, ist also in Hinsicht auf die Frage nach dem Verhältnis von Verursachtheit und Unverursachtheit auf keine Unterstellungen angewiesen, sondern gründet sich auf die unbestreitbarsten Sicherheiten. Und es bedarf nur der einfachsten Erwägungen, um inne zu werden, daß es ja innerhalb des Gesamtumfangs der Verursachtheitsfragen keinen wichtigeren Anwendungsbezirk giebt, als den des Menschheitsgeschehens. Es ist von kaum meßbarer Bedeutung für jede größte, wie für jede geringste Handlung von Menschen, wenn erkannt wird, daß ein innerster Antrieb für sie aus ihnen selbst und von keiner von außen kommenden Bewirkung stammt, daß es nur die Richtung des menschlichen Handelns ist, die von außen her bestimmt und also verursacht werden kann, niemals aber das Geschehen selbst.

Wenn in diesen Dingen vom Verursachtheitsgedanken, noch mehr wenn von Kausalität und Kausalismus die Rede ist, so mag nur allzu leicht die Meinung aufsteigen, als sei dieser ganze Fragenzusammenhang eine Angelegenheit des Erkennens und der Erkenntnislehre, nicht aber des Seins und der Wirklichkeit. Und doch würde eine solche Deutung weit in die Irre führen. Denn so gewiß es Aufgabe einer wirklichkeitsnahen Erkenntniswissenschaft sein muß, die Begriffe Ursache, Verursachtheit und Verursachtheitslehre zu umgrenzen, so gewiß ist doch die Absteckung der Bereiche des verursachten und des unverursachten Geschehens und die Bestimmung ihres besonderen Wesens Sache und Amt der zuständigen Erfahrungs- und Wirklichkeitswissenschaften. Denn es handelt sich hier nicht um ein Handhaben von Begriffen, sondern um das Erkennen von Wirklichkeiten des Geschehens. Die Begriffe verhalten sich zu diesen Wirklichkeiten nur wie die Mittel zu einer Zusammenfassung ihrer kennzeichnendsten Eigenschaften oder — wenn man mit einem Vergleich des Alltagslebens vorlieb nehmen will — wie der Henkel zu dem von ihm gehaltenen Gefäß, d. h. also lediglich wie das Werkzeug zur Handhabung von bestimmten Geschehensmassen. Sie sind durch Übereinkünfte des Denkens geschaffene Bezeichnungsformen, die nur den Nützlichkeiten unseres Umgehens mit diesen Geschehensmassen und zum Ersatz von umständlicheren Beschreibungen dienen sollen. Wäre es Brauch der Wissenschaft, solche Beschreibungen an Statt der Begriffe zu benutzen, so würde man sehr viel weniger leicht in Versuchung geraten, diese Stellvertreter als unabhängig von den von ihnen vertretenen Wirklichkeiten anzusehen. Und dies obwohl doch auch solche Beschreibungen nur vermittelst von Einzelbezeichnungen aufgebaut werden können, die ihrerseits nur Werkzeuge aus dem Instrumentarium unseres geschichtlich aufgehäuften Benennungsvorrats sind. Eine letzte Entfernung und wenn man will eine tiefe Kluft zwischen allen unseren Denkmitteln in Sprachform und den von ihnen gedeckten oder, wie man vielleicht besser sagen sollte, gesuchten, umworbenen Wirklichkeiten wird niemals, so nahe wir auch an diese heranzudringen trachten, zu überwinden sein. Aber diese grundsätzlichste Schwierigkeit, die allem unseren Erkennen von Welt und Menschheit hinderlich ist und die zuerst und zuletzt aus den umschränkten Möglichkeiten unseres Verstandes herrührt, wird niemals dazu berechtigen auch so allgemeine Worte wie Ursache und Verursachtheit als selbständige Erzeugnisse unseres Denkens anzusehen: sie sind vielmehr Formen des Geschehens und der Geschehensverkettung, an die wir mit jenen Begriffen, d. h. Kennzeichnungen, heranzudringen suchen, so gut oder so schlecht es unsere empfangenden Sinne und unser ordnender Verstand zu bewerkstelligen vermögen.

Geschehensweisen, nicht Denkweisen zu erkunden ist und bleibt das Ziel aller echten Erfahrungswissenschaft. Und so wenig wir uns einbilden dürfen und sollen, wir seien im Stande das Insgesamt der wirklichen Welt oder nur den größten Teil ihres Bestandes zu erforschen, so sicher dürfen wir doch hoffen, daß wir durch all' die Entstellungen und Verhüllungen, durch die uns die Sehwerkzeuge unseres Geistes unser Weltbild fälschen, so weit vordringen, daß wir dies Weltbild als eine Spiegelung der Wirklichkeit und seine Umrisse als wahre Erfahrung bewerten können.

Aus solcher Grundauffassung geht hervor, daß durch die Abgrenzung zwischen dem eigenwerdigen, an sich richtungslosen Vorwärtstreiben im menschheitlichen Tun und den Richtung gebenden und Richtung ändernden Verursachungen, die durch das Aufeinanderstoßen und Einanderbewirken zweier Geschehensreihen entstehen, nicht erkenntniswissenschaftliche Gruppierungen vollzogen, sondern innerste Wirklichkeiten erkannt werden sollen. Und die, um die es sich hier handelt, sind so allumfassend und von so tiefgreifender Wichtigkeit, daß es sich verlohnen würde, um dieser Teilung willen eine ganze Formenlehre der Handlungen und Handlungsweisen aufzubauen. Doch führen auch die allgemeinsten und weitesten Trennungslinien, wie sie in diesem Zusammenhang allein gezogen werden konnten, schon zu den grundsätzlichen Feststellungen.

Bis zu diesem Punkt der Darlegung ist die bisher geführte Untersuchung gediehen, die sich die Vergleichung zwischen Natur- und Menschheitsgeschehen im Dienst der Geschichtslehre zum Ziel gesetzt hat. Man sieht auf den ersten Blick, daß hier erst die Grundlagen für den Gesamtbau einer allenfalls möglichen vergleichenden Werdenslehre geschaffen sind. Es ist wie zur Einleitung nur eine Zusammendrängung der in der Natur dort, in der Menschheit hier wirkenden Grundkräfte vollzogen und es ist der allgemeinste Teil einer Trieb- und Bewirkungslehre gegeben; beide beziehen sich im wesentlichen nur auf das Natur- und Menschheitsgeschehen, noch fast gar nicht auf Natur- und Menschheitsgeschichte.

Gerade sie, gerade Geschichte im weitesten Sinn, soll nun dem neuen Werkteil, der heut und hier vorgelegt wird, als Aufgabe zugewiesen werden. Das Naturgeschehen und Menschheitsgeschehen, von denen bisher die Rede war, sind Querschnittserscheinungen, die stetig und unaufhörlich arbeitend wie das rastlos tätige Triebwerk einer Maschine zwar die Ursache darstellen für Naturgeschichte und Menschheitsgeschichte, aber deren eigentümliche Eigenschaften, die solche von Längsschnittserscheinungen sind, noch durchaus nicht aufweisen. Zu solchen aber vorzudringen nötigt doch nicht nur das Grundwesen der Menschheit, nein auch das der außermenschlichen Natur. Es gibt ein Insgesamt alles Weltgeschehens, das in die Sicht der Zeiten und ihrer Folge gestellt zutreffend nicht anders bezeichnet werden kann denn als Weltgeschichte, mit dem Vorbehalt, daß damit nicht wie so lange und doch eigentlich den Sinn des Wortes viel zu eng fassend die Geschichte der Menschheit oder zumeist nur einer Völkergruppe bezeichnet werden soll, sondern die Geschichte der Welt mit Einschluß der Geschichte der Menschheit, die aus den besten Gründen als ihr Teil angesehen werden darf.

Und nun muß selbstverständlich die Aufgabe einer Natur und Menschheit umfassenden Werdenslehre sein, den in Wahrheit geschichtlichen Vorgang ins Auge zu fassen, durch den der Teil Menschheit aus dem Ganzen Natur hervorwuchs.

Es bedarf nur weniger grundsätzlicher Erwägungen, um erkennen zu lassen, daß diese zweite Aufgabe eine ihrem Wesen, aber auch ihrem Zweck nach gänzlich andere ist. Wenn Naturgeschehen und Menschheitsgeschehen verglichen werden, so ist es das Nebeneinander ihrer Gleichläufigkeit, das erkannt werden soll; wenn Menschheitsgeschichte aber als Teil der Naturgeschichte begriffen werden soll, dann ist es das Nacheinander zweier geschichtlicher Vorgänge, um das es sich handelt. Eine erste Strecke der gesamten Weltgeschichte, die Geschichte der außermenschlichen Natur, muß auf diesen Blättern zunächst im Hintergrund bleiben; an anderem Ort soll davon die Rede sein. Umso mehr verpflichtet ihn der Auftrag der neuen Forschungsaufgabe dazu, die zweite Hälfte dieses Entwicklungsweges zu beleuchten: den Hervorgang der Menschheitsgeschichte aus der Naturgeschichte. Auch von dieser Wegstrecke bleiben billig die ersten Abschnitte völlig unberücksichtigt, die dem ersten Hervorwachsen des Menschengeschlechts aus der Tierwelt gewidmet sein müßten. Auch für sie ist der Schreiber dieser Zeilen nicht im mindesten zuständig. Seine Absicht ist vielmehr nur, die besondere Beschaffenheit der Menschheitsgeschichte vor den Hintergrund der Naturgeschichte zu stellen, damit sich ihre Eigentümlichkeiten umso klarer im Vergleich zu jenen erkennen lassen.

Von vornherein aber wird auch diesem begrenzten Unternehmen noch die weitere Schranke gesetzt werden, daß es sich dabei nur um elementare Kennzeichnungen handeln kann. Aber auch sie sind wichtig genug, denn einige der zu tiefst greifenden Aufstufungen der Menschheitsgeschichte können auf diese Weise erkannt werden, ja man wird von ihnen behaupten dürfen, daß selbst ihr Dasein lediglich auf diesem Wege entdeckt werden konnte.

Wie sich von selbst versteht, wird die nächste Weisung, die der Zusammenhang zwischen Natur- und Menschheitsgeschichte dem vergleichenden Forscher erteilt, die sein, daß er in der Menschheitsgeschichte die Fortsetzung der Naturgeschichte sieht und mithin diejenigen Merkmale an dem Verlauf der ersten aufzuspüren trachtet, die eine solche Annahme stützen. Es fehlt nicht an besonderen Kennzeichen, die das früheste Entwicklungsalter der Menschheit, die Urzeit, als eigens tief in das ihr zunächst vorausgehende letzte Stufenalter der Naturgeschichte, das des Tierreichs eingebettet erscheinen lassen[1]: die gesellschaftlichen Einrichtungen, aber auch die Gebilde des geistigen Schaffens weisen übereinstimmend Zeichen einer Lockerheit und eines Mangels an Straffheit und Geprägtheit, kurz an Absichtlichkeit und Bewußtheit auf, der an ihnen weit mehr die Zusammengehörigkeit mit dem sorglosen Wachstum der Tierarten, als mit dem zunächst auf die Urzeit folgenden Entwicklungsalter der archaischen Kulturen hervortreten läßt. Denn dieses, die Altertumsstufe, zeigt ein Bild, das voll ist von gewollten und bewußten Gesellschaftsbauten und ebenso gewollten und bewußten Geistesschöpfungen — so voll, daß dem Beobachter, der hier seine Blicke vergleichend vor- und rückwärts schweifen läßt, der Gedanke aufsteigen kann, eine zweite, innere Grenze für die Menschheitsgeschichte im betontesten Sinne des Wortes sei erst auf der Scheide zwischen Urzeit und Altertumsstufe zu ziehen.

Aber es giebt noch allgemeinere Verbindungen zwischen Natur- und Menschheitsgeschichte, die eben um ihrer All-

[1]) Ich nehme hier die Erträge der ersten Abschnitte von Buch IV im I. Band meiner Gesellschaftslehre vorweg.

gemeinheit willen zu noch grundsätzlicheren Gliederungen unserer Geschichte hinleiten, und zwar um deswillen, weil die Grenzen, die zu ziehen sie Anlaß geben, nicht solche der Zeitrechnung, auch nicht der Entwicklungs-Zeitrechnung sind, sondern, mehr aus Sachteilung entstanden, durch die Zeiten hingehende sind.

Es findet sich, daß alle Menschheitsgeschichte einen innersten Kern hat, der sich um seiner Naturgewachsenheit willen wie eine unmittelbare und fast wesensgleiche Fortsetzung des Naturgeschehens ausnimmt und der deshalb Urgeschehen genannt werden mag. Von ihm setzt sich im geistigen Schaffen grundsätzlich das Spiegelgeschehen ab, das aus der Nachbildung alles Außengeschehens im Geist entsteht. Man sieht leicht, wie diese Form menschlichen Bildens und Denkens aus einer Unterordnung des Menschen unter seine Umwelt erfließt. Auf der entgegengesetzten Seite aber steht das Regelgeschehen, durch das das Menschengeschlecht aus eigener Machtvollkommenheit und bewußt wollend seinem Tun die Form aufprägt, und endlich die Schöpfung der Geistwelt, die, dem freien Ergießen der menschlichen Einbildungskraft entstammend, doch unserem Urteil sich wie ein Seiendes, eine zweite Welt, eine Überwelt darstellen will.

Es sei versucht diese vier Grundformen des menschlichen Handelns und der Menschheitsgeschichte von einander zu sondern und zum wenigsten in ihrem Wesen und ihren weitesten Umrissen zu erkennen.

Erster Abschnitt.

Das Menschheitsgeschehen als Fortleitung und als Spiegelung des Weltgeschehens.

Alles, was zuerst über die notwendige Teilung, die notwendigere Einung der Forschungswege zum Geiste hier, zur Natur dort dargelegt worden ist, war im wesentlichen bestimmt, Spaltungen abzuwehren, Trennungen einzuschränken, die aus dem Lager der Geisteswissenschaften befürwortet worden sind. Jetzt aber soll von einem Unterschied zwischen dem Natur- und dem Menschheitsgeschehen die Rede sein, der nicht wie jene Angriffe die Auffassung zur Unterlage hat, daß das Naturgeschehen das untergeordnete, das menschliche aber das überlegene sei, sondern der eine schlechthin entgegengesetzte Sicht eröffnet, indem er am Geschehen der Menschheit erkennen läßt, wie viel in ihm nur Fortleitung oder gar nur Spiegelung vom Geschehen der Natur sei. Er ist nicht etwa von dem Standpunkt der Naturforschung her geltend gemacht worden — diese liebt dergleichen Angriffe viel weniger als ihre feindliche Schwester — aber er geht sehr nachdrücklich das Leben an. Nur ist es rätlich, zunächst vom Geschehen selbst zu sprechen.

Der Sinn aller der Darlegungen, durch die hier für Vernunft und Willen, Gedächtnis und Gefühl, Einbildungs- und Schaffenskraft des Menschen die Seitenstücke im Naturgeschehen, auch schon in dem des anorganischen Reiches nachgewiesen wurden, war ein doppelter: erstlich ein geschichtlicher — das Wort in seinem innersten und weitesten Sinn verstanden; es sollte den Ursprüngen dieser Fähigkeiten und Tätigkeiten der menschlichen Seele in allerersten und allerflüchigsten Hindeutungen nachgegangen werden und zum zweiten innerhalb des menschlichen, des geschichtlich-gesellschaftlichen Geschehens ebenso andeutungsweise auf einen Kern hingewiesen werden, den es mit den unbewußten und mit den unbeseelten Schichten von Welt und Wirklichkeit teilt.

Soll beiden Zwecken recht gedient werden, muß immer von neuem die Decke geistigen und letztlich selbst die Mittelschicht seelischen Geschehens durchdrungen werden, um zu jenen der Vergangenheit angehörigen Ursprüngen, zu diesem wahrlich gegenwärtigen Seinskerne vorzudringen. In beiden Strata aber, die sich den Erdschichten gleich wie Hüllen vor unsern eindringenden Blick schieben, stellt sich der Begriff der Spiegelung ein, wenn es gilt die geistige, ja auch die seelische Zutat in unserem Handeln von dem innersten Kern rein welthaften Geschehens zu sondern. Denn ein großer Teil alles geistigen Dichtens und Trachtens der Menschheit geht in der Spiegelung des Welt- — wie auch des eigenen — Geschehens auf; Gefühl, Empfindung vollends ist nur die Form Spiegelung, die wir mit den Tieren teilen, Gedächtnis ist Spiegelung und selbst unsere Einbildungskraft, so frei und stark sie sich dünken mag, ist nur im Stande, Welt und Wirklichkeit zu spiegeln. Aber — und dies sind die nächsten Fragen, die hier auftauchen — wie verhalten sich jenes Kerngeschehen im menschlich-seelischen Reich, das es noch mit der anorganischen Wirklichkeit teilt, und diese Spiegelungen zu einander und giebt es nicht ein allereigentümlichstes selbständiges Tun der Menschheit, in dem sie zwar auch das Weltgeschehen fortsetzt, aber auf eine ihr allein zugehörige Weise?

Jenes Gleichnis von den Erdschichten, hier nur zur ersten Verdeutlichung benutzt, ist viel zu grob, um länger als einen Augenblick verwendet werden zu können: denn in Wahrheit breiten ja das belebte und das bewußte Geschehen über den Seinskern, den sie mit der unbelebten Wirklichkeit teilen, nicht ihr Sonderwesen wie eine neue Schicht über jenen Kern, die klar gegen ihn abgegrenzt nun vom Forscher auch klar von ihm abgehoben gedacht werden könnte, sondern es handelt sich um ein wesentlich zusammengesetzteres und verflochteneres Grundverhältnis.

Ein allerinnerstes Kerngeschehen wird gekennzeichnet durch das Merkmal voller Dasselbigkeit — Identität — d. h. einer Dasselbigkeit, die sowohl den Stoff als die Form des Geschehens und innerhalb dieser ganz ebenso das Kraftgeschehen wie das Ordnungsgeschehen umfaßt. Da ja jedes lebendige Wesen sich aus einer Summe unbelebter Urkörper — Elektronen, Atome, Moleküle — zusammensetzt, die ihre Geschehensbahnen weiterlaufen und deren anorganisches Sein durch die ihm jetzt widerfahrene Begrenzung wenig verändert wird, so teilen Pflanzen, Tiere,

Menschen als Summen anorganischer Körper und anorganischer Geschehensverläufe das Schicksal dieser ihrer tiefsten Ursprungsschicht. Sie sind tatsächlich auch anorganische Körper.

Aber gerade dieser innerste, dieser Dasselbigkeits-Kern im menschlichen und im Lebensgeschehen kommt für das Grundverhältnis der drei Wirklichkeitsschichten am wenigsten in Betracht. Daß unser Leib verwesend in das anorganische Reich zurücktritt, mag unserem Allgefühl ein schönes Bild und Gleichnis unserer tiefen Zugehörigkeit zu den dumpferen und tieferen Schichten der Wirklichkeit sein, bedeutet aber für unsere Stellung zur Welt nicht allzuviel, eher weniger als mehr denn die Übergewalt, mit der uns das anorganische Reich mit seinen Urmächten als Leibes-, als Lebewesen umgiebt und das Dasein ganzer Völker abhängig macht von einem Beben der Erdoberfläche, die Fortdauer unseres ganzen Geschlechts von sehr kleinen Wärmeschwankungen unseres Sterns.

Unvergleichlich viel wichtiger ist das Hineinragen des anorganischen zuerst in das lebendige, dann in das menschliche Geschehen in der vielfach übersetzten Weise der Aufrechterhaltung der Form des Geschehens bei mannigfaltigster Umlagerung und Veränderung der Stoffe, die von diesem Geschehen erfaßt werden. Wohl ist, das sei eigens bemerkt, die Trennung oder gar Entgegensetzung von Stoff und Form des Geschehens nicht ganz denk-, noch auch vermutlich naturrichtig, da im Grunde alle Stoffverschiedenheiten nur auf Ordnungsverschiedenheiten von Geschehensverläufen zurückzuführen sind und da die Ureinheit alles Geschehens, der kleinste, der elementarste Urkörper, das Elektron aller Wahrscheinlichkeit nach jeder Stofflichkeit entbehrt und nur ein wanderndes Kraftzentrum ist. Aber da der Hilfsbegriff des Stoffes heute noch ganz leicht verstanden wird, so darf er auch hier benutzt werden. Und ist es überhaupt erlaubt, einen nach Hunderten von Geschehensformengruppen, nach Tausenden von Einzelformen des Geschehens zählenden

Vorrat von Gegebenheiten des Seins unter eine einzige Formel zu pressen, so wird der Ausdruck Stoff erlaubt sein.

Immer neue Übersetzungen von einer Seins-, einer Geschehensform in die andere haben stattgefunden schon innerhalb des anorganischen Reichs, ja schon innerhalb von dessen Kern, im Bezirk der Urkörper. Sehr weit ist der Weg vom Wasserstoffmolekül bis zum Eiweißmolekül, noch weiter der vom Eiweißmolekül zur Zelle, von der Zelle zum Leib einer Pflanze, eines Tieres, am weitesten vielleicht der von einem Tierleib bis zur Verbandsform eines Staates, und dennoch geht durch alle diese Seinszusammenhänge, die geschichtlich als Entwicklungen gedacht werden können, der eine Grundzug der Einung, des Verbandes von Gliedern hindurch. So daß man wird sagen können, im Ordnungsgeschehen sind alle diese Gebilde, durch die drei Wirklichkeitsschichten hindurch, e i n e r Geschehensform untertan, wie tausendfach verschieden auch immer die Stoffe sind, aus denen sie sich als Grundeinheiten aufbauen. Eine lange und gliederreiche Reihe von Umsetzungen hat sie hervorgebracht; ein Wesenskern von Geschehensanordnungen bleibt und — zum Überfluß — ein innerer Zusammenhang verbindet auch die Baustoffe, aus denen sie geschaffen sind: jede nächst höhere, d. h. nächst zusammengesetzte und — geschichtlich gesprochen — dicht darauf folgende Daseinsgattung ist aus den Urbestandteilen der nächst einfacheren, nächst vorangehenden als Bausteinen gebildet.

Der Geist läßt, indem er sein Werk zu tun sich anschickt, eine neue, dritte Form von Geschehen entstehen: das Spiegelgeschehen. Denn es ist seine Weise, in dem Bewußtsein, das durch den Menschen in die Wirklichkeit eintritt, zuerst der Welt ringsum, demnächst sich selbst einen Spiegel vorzuhalten, in dem er beider, der Welt und des Menschen Bild aufzufangen trachtet.

Nicht als ob dies Geschehen durch den Geist wie aus dem Nichts geschaffen und völlig neu aufgetreten wäre. Spiegelung ist letztlich nichts anderes als Wiederholung, freilich eine Wiederholung ganz eigentümlich verdünnter, schattenhafter Art. Und von Wiederholung, so wurde hier, als vom Gedächtnis der Welt die Rede war, nachgewiesen, ist schon die unbelebte Wirklichkeit voll. Doch freilich, die Wiederholung als solche ist volle Wirklichkeit und wäre der wunderartige Gedanke erlaubt, Wiederholung als Spiegelung aufzufassen, so wäre er nur als Sinnbild einer Sprache möglich, in der die anorganische Welt zu sich selber zu sprechen versuchte. Der Widerhall, die Wasser-, die Wolkenspiegelung nehmen sich nur wie seltene Ausnahmefälle aus, in denen das anorganische Reich versucht sich selbst abzuspiegeln; aber da das Ohr, das Auge fehlen sie aufzufangen, so haben sie wenig Bedeutung. Nur daran sei erinnert, daß die Wiederholung selbst in der Wirkung durchaus der einen Auswirkung, die der Geist mit seiner Spiegelung erreicht, gleichkommt: in der Bewahrung der einmal vorhandenen Geschehensformen. Eine sehr rätselhafte Erscheinung, die die Geschichte des gesamten anorganischen, wie noch deutlicher die des biischen Reiches durchzieht, soll später an ihrem Ort als Entwicklungsspaltung gekennzeichnet und beschrieben werden. Denn wenn im Stammbaum zuerst der Elemente, dann in dem der Arten immerdar neben dem Wunder der Entstehung der neuen Geschehensform das andere, im Grunde kaum geringere der Erhaltung der alten einhergeht, so stellt sich dieser zweite Vorgang erhaltender Bewahrung dar, wie die Aufspeicherung eines ungeheuren Archivs der älteren und in gewissem Sinne überwundenen Daseinsformen — Erinnerung *de facto*, dem Sachverhalt nach, Keim der Spiegelung auch, wenn es erlaubt wäre, solchen in Wahrheit nur allzu anthropozentrischen, vom Menschen her in das Weltgeschehen hineingesehenen Vorstellungen nachzugehen.

Von umso größerem Gewicht ist, daß eine Weise der Spiegelung in der Tat dem Bewußtsein voraufgeht, die in Wahrheit als ihre dumpfere Vor- und Keimform angesehen werden darf: die Empfindung des Leibes, das Gefühl der Seele, nicht erst der Menschen-, nein auch schon der Tierseele.

Von den Verbindungsdrängen, die das anorganische Geschehen von Grund aus beherrschen, läßt sich, wie dies schon umrißweise dargetan wurde, nachweisen, daß sie den sachlichen Gehalt der Vorgänge, die wir im menschlich-gesellschaftlichen Bereich dem Gefühlsleben zuordnen, schon im vollen Umfang in sich bergen. Weder an Wucht noch an Dauer steht etwa die Anziehungskraft der Welt-, wie der festen Körper, die noch stärkere, die die Urkörper der zwei Gattungen auf einander ausüben, den Wirkungen nach, die Macht und Liebe im gesellschaftsseelischen Sinn zwischen Seele und Seele, die Macht und Liebe im Leibessinn zwischen Tier und Tier, Mensch und Mensch ausüben. Nichts liegt näher als der Gedanke, daß die Einungsdränge, die sich uns heut, völlig von ihrem Gefühlsgewand umhüllt, auch lediglich als Auswirkungen der in uns lebendigen Gefühlsmächte darstellen, in uns, als Teilen, ja als eigens glutvoll bewegten Teilen des Weltgeschehens, auch dann tätig wären, wenn sie für uns diese Gefühlsgestalt nicht angenommen hätten. Mit anderen Worten: wir ahnen sie in uns als Weltgeschehen, nicht nur als Menschentun.

Kein Zweifel: als Wirklichkeit nachweisen läßt sich jener Gedanke nicht und auch diese Ahnung trifft den gegebenen Sachverhalt nur mittelbar. Denn in Wahrheit gehört dies Verhältnis des biisch-leiblichen Gefühlsgeschehens zu jenem anorganischen Grundgeschehen in die Reihe der Um- und Übersetzungen, von denen schon die Rede war. Jene Urmächte, die Einheitsdränge, sind ganz und gar eingegangen in die neue Geschehensform der Lebensgewalten — Macht und Liebe — die als Tier, Menschenleib und Menschenseele von Anbeginn beherrschend uns freilich ursprünglich genug erscheinen und die wir nicht im mindesten als abgeleitet empfinden. Aber den Zusammenhang mit jenen anorganischen Verbindungsdrängen, den wir als einen geschichtlichen ebenfalls nur vermuten, nicht erweisen können, auch in dieser bedingten Form anzunehmen, bringt doch auch für die ganz sicher gehende Untersuchung dieser elementaren Tatbestände unseres Leibes- und Seelenbaus fruchtbaren Ertrag. Es ist die Erkenntnis, daß diese Empfindungs-, diese Gefühlsmächte für die nähere Prüfung sich in ein doppeltes Geschehen auflösen: auch sie sind beides: Urgeschehen und Spiegelgeschehen

Urgeschehen sind sie als Verbindungsdränge — d. h. also als der tatsächliche Geschehenskern des Empfindungs- und des Gefühlslebens, der sich bewegend — motorisch — in uns regt und unser Handeln, etwa in der Form des erst leiblichen, dann seelischen Geschlechtstriebes, bewirkt; Spiegelgeschehen aber sind sie, insofern sie unserem Leib, unserer Seele empfindbar, fühlbar werden, insofern wir sie also nur erleben. Denn für das Weltgeschehen in uns, durch uns ist diese zweite Auswirkung von Empfindung und Gefühl an sich völlig unerheblich. Sie stellt an sich lediglich eine Bekanntgabe dieser Ereignisse an unsern Leib, unsere Seele — mit den für uns sehr wichtigen, für das Weltgeschehen ebenfalls gleichgültigen Vorzeichen von Lust und Unlust — dar. Eine Durchflechtung beider Formen des Empfindungs- und des Gefühlsgeschehens findet damit dennoch wieder insofern statt, als die Verbindungsdränge unseres wirkend-tätigen Empfindungs- und Gefühlslebens sich in uns dadurch durchsetzen, daß unser bewirkt-erleidendes Empfindungs- und Gefühlsleben ihre Erfüllung mit Lust, ihre Nichterfüllung mit Unlust beantwortet.

Es ist von Belang, daß dergestalt schon diese Vorform der vollen Spiegelung, der bewußten Spiegelung im menschlichen Geist dieselbe Doppelung aufweist, die für das gesamte Verhalten der vom Geist bestimmten Menschheit so kennzeichnend ist.

Zweiter Abschnitt.

Die Spiegelung der Welt im Geist.

Erstes Stück.

Forschen und Glauben.

Geht man im Verfolg der hier immerdar festgehaltenen monokosmischen, ja kosmozentrischen Sicht vom Sinn und Wesen des Weltgeschehens, vorzüglich von seiner Urform im anorganischen Reich aus, so stellt sich die Entstehung des Geistes als ein überaus äußerliches, ein peripherisches, ein Kreisrandgeschehen dar — fast wie das Eindringen eines Fremdkörpers. Die Anschauungsweise, die ausgehend von der Mitte Mensch in drei Jahrtausenden fast ausschließlich vertreten worden ist, ist überzeugt von der unbedingten Überlegenheit des Geistes über die Welt; sie hat nicht immer Recht. Daß das Weltgeschehen im anorganischen Reich unvergleichlich viel folgerichtiger, sicherer und sachdienlicher ist, als das der Menschen, ist keinem Zweifel unterworfen. Die Natur, zum mindesten in diesem Urbezirk, der als Urquell und Muster aller späteren und höheren Wirklichkeitsschichten einen eigens bevorrechteten Rang einnimmt, irrt nicht, niemals. Das heißt, sie geht alle ihre Wege zu Ende und sie nimmt nichts einmal Getanes zurück. Die myriadenfache Mannigfaltigkeit ihres Geschehens, die über alle Maße und Grade hinausgehende Verflochtenheit ihrer Geschehensreihen ist nach mehrtausendjähriger Bemühung menschlicher Vernunft noch heut erst zum Teil durchdringlich und begreifbar, ihr mithin wohl überlegen. Die freien Erzeugnisse des menschlichen Geistes reichen bei weitem nicht an die Zusammengesetztheit und Verwickeltheit der Naturgebilde heran. Ihre Schaffenskraft ist der menschlichen Einbildungskraft an Formenreichtum und Formenschönheit um vieles überlegen.

Gewiß, die Kraft der Bespiegelung, die erst im bewußten, dem seiner selbst und der Welt bewußt werdenden Geist der Menschheit aufsteigt, stellt sich zunächst als eine Eigenschaft der Überlegenheit des Geistes über die Welt dar. Nimmt die Betrachtung den zuvor auf diesen Blättern angezweifelten Standpunkt ein und setzt die Losung Mensch Mitte an die Stelle der Losung Welt Mitte, so kann gesagt werden: die Welt als Geschehen wird erst zur vollen Wirklichkeit erhoben, indem sie als Bild gesehen wird, denn so erst wird sie in ihrer Einheit, Vielgliedrigkeit, Folgerichtigkeit begriffen, in dem Reichtum ihrer Formen genossen.

Der Wesenheit des Geistes und dem wirklichen Rang des Menschheitsgeschehens innerhalb des Weltgeschehens wird eine Abwägung dieser Dinge nur dann gerecht werden, wenn sie ganz im Gegensatz zu der gewohnten Sicht zunächst vorurteilsfrei feststellt, inwiefern das Tun des Geistes nur Spiegelung der Welt ist. Im voraus sei ein Irrtum abgewehrt, der hier in gefahrdrohender Nähe liegt: nicht im mindesten darf, wenn von dieser Spiegelung die Rede ist, an einen in seinem Insgesamt absichtlichen oder auch nur bewußten Vorgang gedacht werden, sondern an ein großes In- und Durcheinander von bewußten, halb und ganz unbewußten Einzelspiegelungen, dann immer weiter greifenden und schließlich das Ganze der Welt umfassenden, langsam bewußt und zweckkaft werdenden Gesamtspiegelungen. Vor dem Menschen hat schon das Tier Teilbilder der Welt in sich aufgenommen und mit erstaunlicher Schärfe festgehalten.

Aus solchen zuerst nur sinnlich empfangenen und mit dem sinnlichen Gedächtnis festgehaltenen Bildern müssen sich im Menschen allmählich die verstandesmäßig geordneten und zu Begriffen bezwungenen Einzelbilder der Welt emporgerungen haben, aus denen das Wissen besteht und die schließlich sich dann zur Wissenschaft ordnen, wenn der Geist die einzelnen Wissensstücke zu Bauten vereinigt. Wissenschaft aber ist von Anbeginn diejenige Tätigkeit des Geistes, die eingestandener Maßen die Welt spiegeln will und zunächst nichts anderes im Sinn hat. Daß sie, ihren Grundinstinkten nach in der Urzeit, ihrer ausgesprochenen Willensmeinung nach auf der Altertumsstufe, die Absicht hat, dieses Spiegelbild für die Zwecke des Lebens, des handelnden Lebens zu benutzen, kann vorerst unberücksichtigt bleiben. Das so gewaltig ausgebaute und aus einer äußersten Heftigkeit der geistigen Spannungen geborene Weltbild der Babylonier, der erste von den ganz großen Versuchen einer das Ganze der Welt umfassenden Spiegelung der Wirklichkeit, ist unlösbar verknüpft mit solchen Nebenabsichten — im Sinn ihrer Urheber sogar Hauptabsichten — und dennoch ein ganz an die Welt hingegebenes Erzeugnis reinen Spiegelwillens.

Als dann der Geist sich von dieser Untertänigkeit unter die Zwecke des Lebens freimachte, hat er sich selbst eine Gefahr für den Grundzweck allen Forschens — die reine Spiegelung der Welt —geschaffen, indem er aus dem Denken über die Welt eine Denklehre und aus der Daseinsschilderung eine Daseinslehre werden ließ. An der Grundabsicht hat aber auch dieser Übergang von Wissenschaft zu Philosophie nichts geändert; auch die herrscherlichsten und waghalsigsten Metaphysiken haben ihren ausgesprochenen Absichten nach nie etwas anderes gewollt, als ein Bild der Welt zu geben. Noch Kant, als er den Geist von der Welt trennen und die Welt zum Chaos entwerten, den Geist zum Schöpfer auch der Weltordnung machen wollte, war seiner erklärten Absicht nach reiner Erfahrungsforscher, entschiedener Empirist, »mein Platz ist das fruchtbare Bathos der Erfahrung«[1], dies sein Wort ist auf das ernsthafteste gemeint, nur daß er sich begnügte den Spiegel selbst zu untersuchen und in ihm, nicht in der gespiegelten Welt, den eigentlichen Urheber des Bildes erkennen wollte.

[1]) Prolegomena zu einer jeden künftigen Metaphysik, Anhang 4: Antwort auf eine polemische Anzeige seiner Kritik der reinen Vernunft. (Werke, hrsg. von der Preuß. Akademie IV [1911] 373 Anm.)

Die Gesinnung der wirklich erfahrenden, erfahren-wollenden Wissenschaft aber, die seit den ersten großen Siegen neueuropäischer Naturforschung neben der eigenwilligeren Daseins- und Erkenntnislehre emporstieg, war eine so völlig an das ursprüngliche Amt der Wissenschaft hingegebene, daß in ihr erst der tiefste Sinn dieses Amtes innerhalb von Welt- und Menschheitsgeschehen offenbar wurde: der Geist, so hoch er sich über die außer- und untermenschliche Wirklichkeit erhoben hat, sehnt sich in die Welt zurück. Indem er sie spiegelt, giebt er sich an sie hin, will nicht Herr, will Teil von ihr sein. Aus dem innersten Kern von Wissenschaft, Wissenwollen um die Welt spricht Weltgefühl, Allgefühl.

Eine bis in gewisse Näherung gleichläufige Kurve stellt die Linie der Entwicklung des Glaubens dar: denn auch der Glauben, insofern er nicht Dienst noch Sittenlehre ist, will Spiegelung der Welt. Denn jeder Glaube ist in diesem seinem eigentlich geistigen Kern Daseinslehre, genauer gesagt Daseinsahnung. Man würde alle Glaubensformen in diesem ihrem innersten Bezirk zwei Polen zuordnen können: Mensch Mitte und Welt Mitte. Der Allseelenglauben der Urzeit, die erste und noch ganz naive Mystik, wenn man so will, neigt zur Welt; denn die Urbestandteile, in die er sie auflöst, alle Dinge und Wesen, werden als den Menschen gleichgeordnet empfunden: nicht sie werden verpersönlicht, vermenschlicht, sondern der Mensch verweltlicht, den Wolken, Flüssen, Steinen —nicht etwa nur den Tieren —gleichgesetzt. Die Verpersönlichung, Vermenschlichung, die bei Pflanzen-, bei Tiergeistern einsetzt und schnell zu Heilbringern und keimenden, wachsenden Göttern emporleitet, strebt dem anderen Pole, Mensch Mitte, zu, der dann durch die Gottesgestalten der Altertumsstufe voll erreicht wird.

So weit aber diese beiden Formen der im Glauben vertretenen Daseinslehren auseinander streben: Spiegelungen der Welt wollen sie beide sein. Es hat, seit Glauben unter den Menschen aufgekommen ist, nie eine Verkündung von ihm gegeben, die nicht die Wahrheit der Welt zu enthüllen behauptete. Aber die starke Beimischung vermenschlichender — nicht nur verpersönlichender — Bestandteile hat freilich alle die Sonderformen, die der Mitte Mensch zustrebten, bis zu einem gewissen Grade ihrer doch auch der Welt zugewandten Grundneigung entfremdet. Es war, als habe die eigens lebensnahe, blutgefüllte Grundbeschaffenheit des Glaubens — er wollte ja letztlich noch unbedingter als das Wissen den ganz werktätigen Zwecken des handelnden, genießenden, leidenden Menschen dienen — seine Former dazu geführt, ihn und seine Gestalten eigens stark mit Menscheneigenschaften auszustatten.

Gleichwohl hat der ganz persönliche, ganz menschennahe, ganz gestalthafte Götter- und Gottesglaube der Altertumsstufe in seinen letzten, höchsten Ausgipfelungen, im jüdisch-christlichen höchsten Gott, dem All-Einen — wie in seiner geringeren muhammedanischen Ableitung — eine Ausbildung erfahren, die an ihr deutlicher als an allen Vorstufen den Grundsinn des Glaubens — soweit er Geist sein will — hat zu Tage treten lassen. Denn der Gott, der erst zum Einzigen, dann zum Schöpfer der Welt aus dem Nichts gesteigert wird, wird aus der gestalthaft-sinnlichen in eine gedanklich-begriffsmäßige Ebene gehoben, die ihn vom Menschen entfernt und einem Prinzip, dem Inbegriff einer Gewalt annähert. Und mithin neigt sich die Kurve wieder dem Pole Welt Mitte zu. Je weniger Gestalt, je mehr Gewalt der Gott wird, desto deutlicher spiegelt er die Welt. Er stellt sich, im Zuge der Entwicklung aller Daseinslehren betrachtet, dar wie ein geistiges Hilfsmittel, um die Vielheit der Erscheinungen zu bewältigen und durch die Einheit des geistigen Lenkers zur Vereinheitlichung des Inbegriffs der Welt vorzudringen.

Doch ist kein Zweifel: die eigentümlich-mittelalterliche Form der Glaubensentwicklung, die aller Mystiken, ist noch mehr Spiegelung der Welt. Denn indem sie die festen Umrisse der Götter-, im Christentum selbst der Gottesgestalten auflöste und die Gottheit mit Seele und Welt eine unsicher schwimmende, aber unlösliche Einung eingehen ließ, wurde die Spaltung, die ehedem innerhalb des Insgesamts der Welt vorgenommen war und die hier den vermenschlichten Göttern die Gewalt übertragen, dort die übrige Wirklichkeit zum Gegenstand ihrer Herrschaft gemacht hatte, wieder aufgehoben. Die Gestalten der Götter, die verblaßten oder ganz in nichts verschwanden, gaben die in ihnen verdichteten und in Menschenbildern verpersönlichten Gewalten wieder an das Weltganze zurück: eben die gedankenstärksten Mystiken schmolzen diese beiden Urbestandteile in ein neues, untrennbares Mischgebilde: des Gotamo Buddha Nirwana, des Lao-Tse Tao und Meister Eckeharts Urnichts, das er in der ewig großen Predigt von der Armut im Geist das unseiende Sein nennt. Dies Weltbild, von neuem gesättigt mit den göttlichen Gewalten, die ihm die Gottesgestaltungen, die Theismen der Altertumsstufen wie zu Unrecht genommen hatten, war nun erst recht wieder ein Spiegelbild der wirklichen Welt.

An geistiger Gewalt kann sich keine nachmittelalterliche Glaubensbildung mit den Mystiken messen: ein schöpferisches, wenngleich im Sinn des hier obschwebenden Gedankens nur nachschaffendes Gestalten des Weltbildes ist in den späteren und kühleren Zeiten keiner Glaubensformung oder Umformung mehr gelungen: sie haben entweder nur die alten Götterbilder erneuert, wie die Glaubensspaltung, die sich mit sehr berechtigter Bescheidenheit Rückformung nannte — der derb-verstandesmäßige Luther gehört doch nicht in diese erste Reihe der höchsten Glaubensbildner — oder sie haben ihnen, wie der Deismus des achtzehnten Jahrhunderts, die meiste Macht genommen und eine ganz wissenschaftlich gedachte, von ihnen fast unabhängige Welt neben sie gesetzt. Die dritten Mystiker der Neuesten Zeiten, wie Plotin und wie Görres und die heutigen Neubuddhisten sind vollends unstarke Nachhälle ihrer unvergleichlich viel größeren Vorbilder.

Einem Denker war es vorbehalten, in diesen späten Zeiten einen Weltmythos, ein Weltbild von der Kraft der Ursagen zu schaffen, das seinem innersten Wesen nach weit eher in die Geschichte des gläubigen Ahnens als in die des bauenden Denkens gehörte, in die es sich selbst stellte. Als Hegel von dem Geist zeugte, der zuerst an sich als reiner Gedanke da ist, dann für sich zur Natur und zuletzt als Geist an und für sich zur Menschheit und in ihr erst seiner bewußt wird, schuf er wahrlich mehr einen Geistglauben, als ein Denkbild der Welt, aber sein Werk war all seiner herrlichen Willkür zum Trotz eine tiefere Spiegelung der Welt und der wahrsten Wirklichkeitsnähe als irgend ein Gottesbild der Priester oder ein Nirwana der Mysten.

Zweites Stück.

Bilden.

Aber wie weit auch die Spannung zwischen den beiden Polen, Mitte Mensch und Mitte Welt, aufklafft, in die alle Glaubensgebilde sich reihen — Hegels Geistglaube so nahe an der Welt wie kein Gottesglauben — sie alle sind doch nur Würfe, in denen sich die Wirklichkeit der Welt in den Geist der Menschheit geworfen hat. Nichts anderes ist auszusagen von aller Kunst, in der ja die Einbildungs- und die Bildnerkraft von Menschen das Bild der Welt, wie gelöst und frei auch immer, aufzufangen gesucht haben.

Auch in diesem menschlichen Handeln steigt und fällt die Linie in sehr deutlich gegeneinander abgesetzten Kurven je nach dem Entwicklungsalter, das sie als Wegstrecke eingrenzt. Und wieder macht sich wie auf Forschen und Glauben der Einfluß des Lebens und der sehr werktätigen Zwecke geltend, die zum mindesten in den Anfängen der Mensch mit diesem ganz nachgeordneten, ganz sekundären Tun verbindet. Die Gebilde des Glaubens sollten die Gewalten der

Welt für seine Zwecke durch freien Bund wie in Allseelen- und Geisterglauben dienstbar machen oder durch Verehrung wie im emporkeimenden und immer höher steigenden Götterdienst gewinnen. Und selbst die Mystik der Mittelalter ist von solchen Zweckgedanken nicht frei: sie sucht für die Seele, die sich so frei und schwimmend und umrißlos wie die Gestalten der Götter in das umrißlose Sein, das im Grunde ein Nicht-Sein ist, ergießen will, ein Heil, das in ewigem Ruhen, ewigem Nicht-Tun winkt. Und ganz handgreiflich sind die Neben-, in Wahrheit Hauptzwecke, die die Kunst ursprünglich mit ihren Werken verbindet und die als Zauber, als heilige Sinnbilder zumeist mit dem Glauben zusammenfallen. Dennoch sind diese Werke nebenher auch Spiegelungen der Wirklichkeit, zunächst in tausend Einzelbildern, etwa der Tiere, etwa der Pflanzen, deren Geister gewonnen werden sollen, damit ein Boot, auf dessen Boden sie gemalt werden, glückliche Fahrt, oder ein Haus, neben das in einem Totempfahl die Bildwerke der Tiergeister übereinander getürmt werden, Schutz habe.

Mit viel größerer Freiheit, kühnerer Willkür formt die starke Kunst der Altertumsstufe ihre Gebilde. Sie will nicht mehr nur nachahmen, sie will nach eigenen Plänen Kunst bauen. Sie stilisiert. Sie strebt von dem Pol Mitte Welt fort dem andern Mitte Mensch zu. Und doch wirkt auch durch ihrer Hände Werk das Urbild der Welt hindurch, nur viel mittelbarer und nicht so augenfällig wie durch die in Wahrheit wirklichkeitsnahe, naturalistische Kunst der Urzeit. Es ist nicht von ungefähr, daß bei Eintritt dieses selben Entwicklungsalters, der Altertumsstufe, das Wissen der Menschheit sich viel tiefer in das Wesen der Welt einbohrt. In sehr verschiedenen Graden, doch allesamt beteiligt, haben die Völker die jene große Kunst ausbildeten, haben Ägypter und Babylonier, Chinesen und Maya sich durch Forschung ein Weltbild zu schaffen getrachtet. Die Wissenschaft der Babylonier, denen dies zum höchsten gelang, läßt auch am deutlichsten erkennen: es ist das straffe Gesetz, die feste Ordnung der

Himmelskörper, die dem Geist und auch der Einbildungs-, der Schaffenskraft dieser Völker die Neigung zu der Straffheit, der Folgerichtigkeit harter gerader Linien, geometrischer Bau- und Zierwerke und zu der vereinfachenden Größe ihrer Bildnerei eingiebt. Die Ordnungen der Welt, in Sonderheit der Himmelskörper, von der Forschung erkannt, gießen den Geist der Gesetzlichkeit, der sie beherrscht, in die Kunst dieses Menschheitsalters. Der Stil ist der Mensch, aber der Mensch selbst fügt sich jetzt dem Gesetz und also der Welt, von der ihm der Gedanke des Gesetzes kommt; der Stil ist Wille, aber auch Welt; er ist ganz ichmäßig und menschlich, doch auch weltisch, kosmisch.

So wird an diesen beiden ersten Lebensaltern der Menschheit, an ihrer Kindheit und ihrer Jugend — in denen sich wie im Wachstum des Einzelmenschen schon alle entscheidenden Züge ihres Gesamtwesens herausgebildet haben — schon offenbar, daß auch im Reich der Kunst die Welt mit übermächtiger Gewalt in den Spiegel von Sinnen und Seele dringt, den ihr unser Geschlecht im Kunstwerk entgegenhält.

Es ist, als ob das Menschengeschlecht der Welt nicht entrinnen könnte. Die Urzeitkunst, in der sich der Mensch kindhaft-unmittelbar der Wirklichkeit seiner Umwelt gegenübergestellt findet, hält sich in ihr an das zunächst Greifbare, die Oberfläche und spiegelt sie ab. Die Kunst der Altertumsstufe, beherrscht von einem Geist, der erkennend schon tiefer eindringt in das Wesen der Welt, will sie auch sehend und bildend von der Tiefe her schauen und giebt deswegen ihr Bild in Formen wieder, die sehr weit von dem Eindruck der Oberflächenwirklichkeit abweichen, aber gleichwohl Wirklichkeit, Tiefenwirklichkeit spiegeln wollen. Damals in der Kindheit der Menschheit drang die Welt als Einzelheit, als Teil auf die Menschen ein, jetzt als Ganzes; damals als Oberfläche, jetzt als Tiefe; damals als Wirklichkeit, jetzt als Wahrheit.

Die Entgegengesetztheit der beiden Pole Mitte Mensch und Mitte Welt wird im Vordergrunde des Geschehens nicht angetastet. Aber in der Tiefe der Sicht stellt sich heraus, daß an dem Pol Mitte Mensch die Welt in einem verborgeneren, innerlicheren Sinn nicht weniger, sondern fast noch mehr als Bildner des Bildens, als Zuchtmeister zur Kunst wirksam ist als an dem anderen Pole, an dem sie nur als Oberfläche auf den bildenden Geist einwirkt. Hier ist sie nur Gegenstand, dort ist sie Vorbild des geistigen Tuns. Und das Erstaunlichste und zugleich doch auch Denkwürdigste an diesem kunstgeschichtlichen Geschehen ist, daß es doch nicht wohl auf das künstlerische Sich-auswirken des Geistes beschränkt gedacht werden kann, sondern daß sich an ihm das Grundverhältnis zwischen Welt und Menschheit selbst offenbart. Denn im Forschen und im Glauben findet jedes Mal, wenngleich mit mannigfacher Einzelabweichung, die gleiche Polarität, die gleiche Entgegengesetztheit von einem menschlichen —anthropozentrischen —und einem weltischen — kosmozentrischen — Tun statt. Die große bauende Forschung — von ihrem ersten hohen Urbild, von dem großen Denkgebäude der Babylonier ab — erscheint zunächst als Erzeugnis einer weit größeren Willkür des Geistes; in Wahrheit ist sie aber ein Beweis der Macht des Geistes, derselben, die in der großen bauenden Kunst lebendig geworden ist, und diese Macht des Geistes ist im Grunde wieder nur eine Ausstrahlung der Macht der Welt und eine Einstrahlung in den Geist. So gewiß der Geist nur im Besitz eigener Kraft so große Gabe sich zu eigen machen konnte: es war ein Geschehen der Empfängnis eher noch als eines der Zeugung, daß ihm so großes Tun im Forschen wie im Bilden gelang. Der Glauben aber hat, dankbarer und wenn man will ehrlicher, auch in den Gebilden seines Ahnens dieses Grundverhältnis des Geistes zur Welt zum Ausdruck gebracht. Denn so gewiß auch in den großen Götter- und Gottesgestalten der Altertumsstufe die geistige Kraft der Glaubensformer und Verkünder, die sie bildeten, sich offenbarte, so gewiß war doch auch ihre Demut, die von der Größe dieses geistigen Geschehens nichts für sich in Anspruch nahm, sie vielmehr ganz auf den Gott übertrug und die uns so oft wie priesterliche Täuschung der eigenen und der fremden Überzeugung erscheinen will, eine echte und gerechte Anerkennung des eigentlichen Ursprungs dieser Gottesbilder. Denn wenn sie auch die Gewalten der Welt zu Gestalten verdichten und umdichten, sie geben doch an die Welt zurück, was der Welt ist.

Im Gesamttun des bildnerischen Geistes aber sind jene Kunstformen des Urzeitalters und der Altertumsstufe wirkliche Urweisen, Archetypi. Alle späteren Wirklichkeitskünste zur Rechten, alle Gattungen von Formkunst zur Linken nehmen sich nur wie Abwandlungen dieser ältesten Urvorgänge aus. Immer hat der Geist, wenn er Kunst schuf, die Welt wiederspiegeln wollen und immer hat er sich entweder an ihre Oberfläche hingegeben und sie im Einzelnen, im Teil getreu wiedergeben oder aber hinter diese Oberfläche dringen und sie in irgend einem Sinn wieder schaffen wollen. Und da auch alles im Glauben ahnende, alles forscherliche Erkennen in gleicher Doppelung gesehen werden kann, so ist im Grunde immer die Welt der übermächtige Teil in dem Vorgang aller geistigen Spiegelung: scheinbar nur Gegenstand, ist sie in Wahrheit auf beiden Wegen Herr dieses Geschehens.

Das Grundverhältnis zwischen der Welt und dem Geist, das hier ermittelt wurde, ist also dieses.

Erstlich: der Gegenstand alles, aber auch alles geistigen Schaffens ist die Welt. Indem sie ihr Bild dem Menschen einprägt, giebt sie ihm den Gegenstand alles seines Ahnens, Forschens und Bildens.

Zum Zweiten: wenn der Mensch aus eigenem Vermögen die Form hinzufügt, in die er den Gegenstand dieser Bilder hineinfügt, so macht sich als die wesentlichste der Unterscheidungen, die innerhalb dieses Tuns sichtbar werden, der polartige Gegensatz geltend, der zwischen der Weltnähe und der Weltferne der einzelnen Formen des geistigen Nachschaffens Statt hat.

Drittens: ist der so entstehende Unterschied vornehmlich darin begründet, daß die weltnahen Formen des geistigen Schaffens sich scheinbar entschiedener dem Urbild der Welt unterwerfen, so ist doch von ihnen auszusagen, daß sie dies mehr in Hinsicht auf die Oberfläche des Weltbildes tun. Von ihr geben sie ein genaueres Spiegelbild. Die weltfernen Formen aber, die von solcher Genauigkeit allerdings weit weniger aufzuweisen haben, brauchen deswegen von dem Wesen, dem inneren Bild der Welt nicht weniger getroffen zu sein; ja in den Fällen höchsten Gelingens kann die Wucht, in der das Urbild sich der nachgeschaffenen Nachbildung bemächtigt, gewaltiger und Größeres wirkend sein, als alle Oberflächenspiegelungen des weltnahen Nachschaffens mit ihrer Genauigkeit leisten können.

Viertens und letztens ergiebt sich aus diesen Darlegungen, daß zwischen dem weltnahen und weltfernen Schaffen des Geistes zwar ein Gegensatz herrscht, der mit dem zwischen menschnahem und menschfernem, also auch ichstarkem und ichschwachem Tun zusammenfällt, daß aber die Ichstärke einer geistigen Nachbildung des Urbildes der Welt nicht etwa die Macht dieses Urbildes, also der Weltwirkung auf den Geist auszuschließen braucht. Im Gegenteil, es ist möglich, daß durch die Ichstärke des Nachbildens das neu entstehende Bilderzeugnis aus einer tieferen Erkenntnis und Erahnung des Urbildes geschöpft wird als jene ichschwachen Spiegelungen der Weltnähe und der Oberfläche.

ZWEITES BUCH.

DIE FORTSETZUNG DES WELTGESCHEHENS IM UNTERBEWUSSTEN MENSCHHEITSGESCHEHEN.

Erster Abschnitt.

Geschlechtsleben und Geschichte.

Erstes Stück.

Bewirkungen und Entsprechungen.

Es ist wichtig, die Einwirkungen der Welt auf die spiegelnden, d. h. die geistigen Tätigkeiten des Menschengeschlechts zu erkennen, soweit sie sie als Gegenstand dieser Spiegelung ausübt; aber in noch tiefere Gründe führen die anderen Wege, auf denen das Weltgeschehen dem Menschheitsgeschehen, das doch nur sein Teil ist, sich nähert, um es noch weit stärker zu beeinflussen, nicht als Gegenstand irgend welchen Sehens, sondern als Quell, Ursprung, Ur-Teil, Kern des Menschheitsgeschehens, also als Subjekt, als beherrschende Urgewalt. Denn offensichtlich müssen die Geschehensformen, die unserm Tun von der Welt als ihre Mitgift mitgegeben sind, weil wir nur ein Teil von ihr sind, dann, wenn sie sich in Handlungen und Handlungsweisen ausformen, als von innen her, aus dem Kern unseres Wesens kommend, unser Dichten und Trachten noch viel tiefer und umfassender ergreifen.

Daß sie so stark wirken, wird vielleicht nicht vermehrt und verstärkt, wohl aber sichergestellt durch den Umstand, daß zum mindesten eine Kernschicht dieses Geschehens sich im Reich des Unterbewußten vollzieht. Daß wir von diesen Vorgängen reden können, ist nur dadurch ermöglicht, daß wir aus den uns bewußt werdenden Handlungen an der Oberfläche unseres Tuns auf sie Rückschlüsse machen können. Gegen sie kann allerdings sehr leicht der Einwand erhoben werden, daß diese Rückschlüsse nur zu Denkgebilden führen können, die lediglich durch begriffliche Maßnahmen gewonnen, selbst also auch nur Begriffe seien. Dieser Einwand aber, so richtig er ist, was die Form unseres forscherlichen Tuns angeht, ist doch hinfällig, insofern er seine Gehalte angeht. Allerdings haben wir keine anderen Werkzeuge, als die der Induktion, der von unten her bauenden Forschung, um zu solchen Geschehensformen im Unterbewußten zu gelangen, allerdings können die Ergebnisse dieses Verfahrens nur durch echte Unterstellungen gewonnen werden, aber diese Ergebnisse sind der Ausdruck für Tatsachenbestände, nicht aber für Begriffsbauten. Sie behaupten das Dasein von Faktizitäten, von Urdingen — wie ich diese unterbewußten Tatsächlichkeiten nennen möchte. Und da sie jeder begrifflichen Nachprüfung Stand halten, so wird man sie als hinlänglich bestätigte und widerstandsfähige Unterstellungen hinnehmen dürfen und müssen, so wie man etwa die Grundtatsache, das Urding Willen hinnimmt oder das Urding Empfindung.

In den bisher gegebenen Darlegungen ist als eine der die Welt bewegenden Urkräfte der Verbindungsdrang zwischen Körpern beleuchtet worden und es sind ihm die im Menschheitsgeschehen entsprechenden Antriebe: der Gemeinschaftstrieb und die Auswirkungen von Macht und Liebe zur Seite gestellt worden. Kein Zweifel, hier sind Geschehensformen herausgehoben, von denen zum mindesten ausgesagt werden darf, daß sie im Ergebnis ihres Wirkens dem Ergebnis der Verbindungsdränge im anorganischen Reich ähnlich sind.

Es wird kaum möglich sein, hier die Wege, die von dem einen zum anderen Geschehensreich hinüberleiten, so nachzuweisen, wie es den Forderungen heutiger Naturforschung entspräche. Als Brücken würden die Geschehensformen im

Mineral-, im Pflanzen-, im Tierreich in Betracht kommen; immer aber würden nur Ähnlichkeiten, Entsprechungen, Analogien festgestellt werden können. Der Weg von jener Anziehungskraft, die die positiven auf die negativen Urkörper ausüben, bis zu der anderen, nicht minder starken, nicht minder unerklärlichen Anziehungskraft, die weibliche auf männliche, sei es tierische, sei es menschliche Einzelleiber ausüben, ist sehr weit und noch völlig dunkel und die Brücken, die hier forscherliches Vermuten bauen möchte, sind schwach genug. Es erscheint zum mindesten für heutige Wissenschaftsbegriffe unmöglich, diese Brücken zu tragfähigen Ursachenzusammenhängen, die die von ihnen verbundenen Tatsachenbestände schlüssig und zwingend verbinden, umzugestalten.

Aber auch die Feststellung jener Ähnlichkeiten führt, so dünkt mich, unser Erkennen weit genug: denn sie ergiebt eine Bauähnlichkeit zwischen dem anorganischen, dem biischen und dem menschlichen Reich, die unser Denken wenigstens auf die Annahme von — vorläufig allerdings uns unerkennbaren — Zusammenhängen zwischen jenen an sich tausendfach unterschiedenen, in dieser einen Eigenschaft ihres Grundaufbaus aber mit einander übereinstimmenden Geschehensweisen hindrängt.

Zu der Annahme solcher Zusammenhänge sind wir des Näheren berechtigt durch die zeitliche Anordnung, in der uns diese Geschehensweisen im Weltbild entgegentreten: wären sie allein in einem zeitlichen Nebeneinander vor uns aufgebaut, wie es in der Tat in jeder Gegenwart der Fall ist, so würde uns dieses Recht fehlen. Wenn es aber in der Naturgeschichte, das Wort in seinem betonten Sinn verstanden, eine unanfechtbare Grundtatsache giebt, so ist es die, daß die Geschehensweisen des anorganischen Reichs in demjenigen seiner Bezirke, der uns zunächst angeht, auf dem Stern Erde, vollkommen ausgebildet waren, ehe das biische Reich die seinigen auszuformen begann. Und wiederum hat sich der Mensch als im Höchstmaß bevorzugte

Tierart aus dem Insgesamt der belebten Welt erst losgelöst und in Jahrzehntausenden seine geistig-seelischen Handlungsweisen ausgebildet, als alle die besonderen Geschehensweisen des biischen Reiches schon noch viel längere Zeiträume hindurch betätigt und ausgebildet waren.

Dieser Tatbestand verbietet uns zwar, Ursachenzusammenhänge etwa zwischen der Zweigeteiltheit und den Verbindungsdrängen von positiven und negativen Elektronen einerseits, dem Unterschied Männlich-Weiblich im Tierreich andrerseits und endlich den Auswirkungen von Macht und Liebe im Verhalten der Menschen anzunehmen, aber er ermächtigt uns, eine Werdensverkettung der jüngsten mit der mittleren und endlich beider mit der ältesten dieser drei Geschehensformen zu vermuten, wie immer auch diese Verkettung beschaffen sein mag.

Gewiß darf bei solcher höchst verantwortlichen Feststellung kein Wort zuviel über den Wahrscheinlichkeitsgrad dieser Annahme gesagt werden, doch ebenso gewiß auch keines zu wenig. Es würde allen Gewohnheiten unseres forscherlichen Sehens widersprechen, wollten wir nicht zum mindesten dies erklären: daß die Ähnlichkeit der Baueigenschaften in allen drei Geschehensschichten als höchst wahrscheinlich vermuten läßt, daß hier entweder eine von je bestehende Ordnungsgerichtetheit immer wieder von neuem die gleiche Baueigenschaft sich hat auswirken lassen, oder daß unter der Wucht des Vorbildes zuerst der unbelebten Welt, demnächst auch der belebten Welt das menschliche Verhalten sich in diesen grundsätzlichsten Geschehensordnungen nach ihnen habe richten müssen. Sei es Urform, sei es Eingeübtheit zuerst des Welt-, demnächst des Menschheitsgeschehens hier anzunehmen, drängen uns alle Ziele und Wünsche unseres wissenschaftlichen Trachtens, das ja zuletzt immer auf die Herstellung des einheitlichsten Weltbildes gerichtet ist, wohl gemerkt aber in Befolgung einer Vorschrift, die uns die Natur selbst aus ihrem eigenen Walten hat ableiten lassen: des Grundsatzes, das sie um ihre Ziele zu erreichen, sich beständig des kleinsten Wirkungsaufwandes und der kürzesten Wege bedient[1].

Aber, um dies zu wiederholen, auch bei so bedingter Annahme einer geschichtlichen Bewirktheit der menschheitlichen Geschehensformen durch die Ordnungen des Weltgeschehens ist schon die — an sich unumstößliche — Feststellung jener Bauähnlichkeiten ertragreich genug. Denn wenn Zweck, und Trachten der ganzen Reihe des hier vorgelegten Werkes vornehmlich der ist, durch die Ausnutzung der naturwissenschaftlichen Sehweisen die Zahl der Gesichtswinkel zu vermehren, unter denen die Formen des geschichtlichen Werdens anzuschauen sind, so wird er völlig erreicht, wenn im menschheitsgeschichtlichen Reich den Weisungen nachgegangen wird, die für ein spähendes Auge eben diesen Bauähnlichkeiten abzugewinnen sind.

Immerhin könnte einem solchen Vorhaben der Einwand entgegen gehalten werden, daß der Nachweis solcher Entsprechungen wohl den Zwecken einer Gesellschaftslehre, in Sonderheit einer Gesellschafts-Seelenkunde dienen könne, daß er aber noch nicht Nutzanwendungen auf die Geschichte in sich schließe oder zu ihnen hinleite.

Daß wenigstens die letztere Möglichkeit im reichsten Maße gegeben ist, muß zunächst an einer Anzahl der wirksamsten Einzelfälle dargetan werden.

Doch möge, bevor es geschieht, noch auf zwei Einzelähnlichkeiten hingewiesen werden, die als Bestandteile der Gesamtähnlichkeit angesehen werden können, die zwischen den hier verglichenen Baueigenschaften der drei Reiche besteht.

Die eine ist die Polarität dieses Geschehens, d. h. die ausnahmslos gegebene Zweiheitlichkeit der wirkenden Geschehensträger, verbunden mit der überragenden Bevorzugung

[1]) Vgl. Der Stufenbau und die Gesetze der Weltgeschichte ([2]1927) 188f., Naturgeschichte und Menschheitsgeschichte (1933) 85, zur Geschichte des Gedankens: Planck Das Prinzip der kleinsten Wirkung (Kultur der Gegenwart, Physik [1925] 772ff.).

einer bestimmten Geschehenseigenschaft: der Aufeinanderbezogenheit dieser beiden Geschehensträger.

Dies mag wie selbstverständlich erscheinen. Nicht selbstverständlich, im Gegenteil von höchst befremdlicher Besonderheit ist eine zweite Eigenschaft dieser Baueigentümlichkeiten in allen drei Reichen: es ist die völlige Unerklärbarkeit des Grundgeschehens, die sich ebenfalls in allen drei Reichen wiederholt. Es ist jener Mangel an nachweisbaren Verursachtheiten, den die Cartesianer als *causae occultae* bezeichneten und verdammten und von dem schon des Mehreren die Rede war.

Daß dieser Mangel sich gerade an dieser Stelle wieder und wieder eingestellt hat, ist bezeichnend. Am augenfälligsten tritt er das erste Mal, im anorganischen Reich, zu Tage: es ist nicht der leiseste Anhalt vorhanden, um das doppelte Anziehungsverhältnis zwischen positiven und negativen Elektronen zu erklären, ganz zu geschweigen von den Einzelrätseln, die es noch über diesen Tatsachenkern hinaus, etwa in dem Größenverhältnis beider Urkörperformen, etwa in der relativ ungeheuren Entfernung zwischen beiden, der Forschung aufgiebt. Die Leibeserotik zwischen Mann und Weib im biischen Reich ist ebenso unerklärlich, die Seelenerotik zwischen den Menschen beider Geschlechter desgleichen. Aber man wird nicht sagen können, daß die Ähnlichkeit zwischen den Baueigenschaften der drei Reiche durch diese Unerklärbarkeit minder einprägsam wird: im Gegenteil.

Zweites Stück.

Polarität und Anziehungskraft der Liebe in ihren menschheitsgeschichtlichen Auswirkungen.

Von der Liebe — zwischen den Geschlechtern — sei zuerst gesprochen, vor allem um deswillen, weil an ihr die Einwirkungen von der außermenschlichen Welt auf den

Menschen zur Ausnahme sehr deutlich zu verspüren sind. Denn wenn auch soeben als Regel aufgestellt wurde, daß die vielleicht vorauszusetzenden Überstrahlungen der früheren Geschehensformen auf die jüngste, die menschheitliche, nicht als Ursachenverkettungen nachgewiesen werden können, so bildet doch die Beziehung der menschlichen Ordnungen zum Tierreich rückwärts eine nicht anzuzweifelnde Ausnahme: das erotische Verhalten der Menschen zu einander, auch das seelische, d. h. außersinnliche, ist zu tief eingebettet in seine eigene Leiblichkeit, die mit der tierischen nicht verwandt, sondern ihr völlig gleich ist. Hier also findet eine Einwirkung des biischen Reiches auf das menschheitliche statt, wie sie gar nicht unmittelbarer und vollkommener gedacht werden kann; das Verhältnis, das zwischen beiden obwaltet, ist nicht Ähnlichkeit, sondern — zu einem Teil — Dasselbigkeit. Und selbst die Auswirkungen, die die mit dem Tier geteilte Leibeserotik in das dem Tier ganz oder halb versagte Liebestun der Seele ausübt, sind um der leibseelischen Einheit des Menschen willen unzweifelhaft sichergestellt.

Wie aber verhält es sich um die Einwirkung der Liebe, die hier ebenfalls als ein zwar doppelseitiges, aber aus einheitlicher Wurzel entsprungenes Geschehen angesehen werden soll, im allgemeinsten Sinn auf die Geschichte der Menschheit? Dem beschreibenden Geschichtsforscher würden, um diese Frage zu beantworten, Gestalten wie Kleopatra, Maria Stuart oder Frau von Maintenon und die Rolle, die sie in der Politik gespielt haben, in den Sinn kommen; der Kulturhistoriker würde an die Formen der Eheschließung und der Liebesverhältnisse denken und man würde beide nicht als in die Irre gehend widerlegen können. Aber beide Antworten, auch die zweite, bleiben am Kreisrand des Geschehens. Es giebt tiefere, viel schicksalsmäßigere Einwirkungen des Liebesgeschehens auf die Geschichte, solche, von denen man sagen kann, daß sie den Aufbau alles Völker- und Menschenschicksals grundlegend bestimmt haben.

Daß diese Einwirkungen bei weitem am meisten, wenn nicht gar ausnahmslos in der Urzeit stattgefunden haben, kann nicht Wunder nehmen. Damals war der Erbgang vom Tier her noch am ungestörtesten, damals aber wurden, zumeist, wenn nicht in allen Fällen unbewußt, die Entscheidungen über den Grundbau der Familie und des Staates getroffen, die dann für alle Jahrtausende, die in der Geschichte unseres Geschlechts bis auf den heutigen Tag noch folgen sollten, maßgeblich blieben. Und noch ein dritter Grund kommt hinzu, der als einer aus der zweiten Reihe erscheinen mag und doch vielleicht den Ausschlag gegeben hat: der Geschlechtsverkehr und seine Regelung standen für den Urzeitmenschen so sehr im Mittelpunkt seines Dichtens und Trachtens, daß er für alles handelnde Leben die Hauptangelegenheit war.

Eine vergleichende Darstellung der Bauformen der Urzeitfamilie und des Urzeitstaats muß zu dem Endergebnis gelangen, daß beide nicht einen einheitlichen Entwicklungsweg durchlaufen haben, sondern daß ihr Werdegang sich in sehr früher Urzeit gegabelt und dann zwei weit von einander sich entfernende Bahnen eingeschlagen hat, die sich nie wieder vereinigt haben. Als Grundwurzel dieses Stammbaums wird die Horde angesehen werden müssen, die zwar nur zur äußersten Seltenheit — so an den Zwergnegern der westafrikanischen Küste — als noch gegenwärtig vorhanden beobachtet worden ist, auf die aber hundertfach zu belegende Schlußfolgerungen aus den *survivals*, den Überlebseln, die sich bei keimhaften Geschlechterstaaten noch heute finden, in vollkommener Sicherheit zurückleiten. Namentlich die ganz entwicklungsfrühen Heiratsbünde der festländischen Australier, die erwiesener Maßen bei ihnen den Geschlechtern vorangehen, sind durchaus nur als durch Teilungen von Horden entstanden zu erklären.

Als das Zeitalter der Horde aber zu Ende gegangen war, hat der eine Hauptast des Stammbaums der Völker sich der Sonderfamilie zugewandt, d. h. dem aus einem Mann und einer oder mehreren Frauen bestehenden, lebenslänglichen

Geschlechtsverkehrsverband, und gleichzeitig mit ihr der Siedlerschaft, d. h. dem politischen und unter Umständen auch locker-wirtschaftlichen Lebensverband, der an Umfang zuweilen nur der Horde entsprach. Dieser Hauptast umfaßt auf der Erde zwar weitausgebreitete Stämmefamilien und ungeheuer ausgedehnte von ihnen besessene Ländermassen: in Amerika fast alle Südostamerikaner, ferner im arktischen Nordamerika und in Grönland die Eskimos und Athapasken, in Asien einen großen Teil der Bewohner des ungeheuren Länderblocks von Nordsibirien, endlich die über Afrika und Südasien zerstreuten Urrassen der Zwergvölker, von manchen anderen Völkersplittern abgesehen; aber er stellt auch denjenigen Teil der Urzeitvölker dar, aus dem kein einziges Glied zu den höheren Stufenaltern stärkerer Gesellschaftsgesittung und feinerer Geistesbildung emporgerückt, und — was noch schwerer wiegt — von denen keine einzige Geschichtseinheit auch nur zu der festeren und reicher gegliederten Staatlichkeit und der entfalteten Geistigkeit der höheren Urzeitvölker emporgestiegen ist.

Man wird nicht sagen dürfen, daß dieser Hauptast dürr geworden ist, aber er hat nicht die Fülle der Blüten und Früchte getrieben wie der andere, der zweite Hauptast, und die Geschichte der Menschheit wäre blaß, arm und verkümmert geblieben, hätten alle Völker diesen Entwicklungsweg eingeschlagen.

Das Schicksal aber wollte es, daß erstens die stärksten und entwicklungsfähigsten unter den Urzeitvölkern, sodann aber alle, ausnahmslos alle Völker, die über die Urzeitstufe fort zu den mittleren und höheren Entwicklungsaltern emporgestiegen sind, die andere Bahn einschlugen, die des Geschlechterstaates. Am Stammbaum der Menschheitsordnungen war dieser zweite Hauptast der unvergleichlich viel stärkere, der hundertfach ausgebreitetere, der tausendfach wertvollere von den beiden.

Der grundsätzlichste Unterschied im Aufbau des Geschlechterstaats im Vergleich zu dem der Siedlerschaftsvölker ist das Vorhandensein von Teilgebilden, die an Personenumfang kleiner als die Horde und die spätere Siedlerschaft, größer aber als die — zunächst noch nicht vorhandene — Sonderfamilie sind. Die Teilgebilde sind Geschlechtsverkehrsverbände, die in ihrem ersten, für ihre spätere Verfassung aber grundlegenden Wachstumsabschnitt in sich durch gemeinsame Abstammung zusammengehalten, zugleich aber in einem Tausch-Geschlechtsverkehr mit einem anderen Verband ihres Gleichen zu einer größeren, einer Doppeleinheit verbunden sind. Entwicklungsgeschichtlich mag sich diese Baueigenschaft in einer Anzahl von Staffeln ungefähr so herausgebildet haben, daß sich zuerst die Horde in eine Doppelhorde verwandelt hat, d. h. in einen in zwei Bruderschaften geteilten Doppelkörper, der sei es durch absichtliche Teilung, sei es — was viel wahrscheinlicher ist — durch Angliederung einer zweiten ursprünglich fremden Horde entstanden ist. Das Grundgesetz dieser Doppelhorden war der Frauentausch oder richtiger ausgedrückt, der Männertausch zwischen den beiden auf dem Grundsatz der Mutterfolge aufgebauten Bruderschaften. In dieser Urform, die unter den festländischen Australiern in der Gegenwart zwar nirgends rein erhalten ist, durch sehr viel neuere Deckformen aber deutlich hindurchschimmert, wird der Mischverkehr, d. h. der gar nicht oder nur wenig eingeschränkte freie Geschlechtsverkehr zwischen den Männern und Frauen einer Horde, d. h. einer Lebens-, Staats- und Wirtschaftsgemeinschaft insofern eingegrenzt, als Inzucht innerhalb der Teilhorde der Bruderschaft verboten, jeder Geschlechtsverkehr mit den Frauen der anderen Bruderschaft aber erlaubt ist — ein Verhältnis, das zwar den Personenumfang, nicht aber den Grundsatz des freien Geschlechtsverkehrs zwischen einer Anzahl von Männern und einer Anzahl von Frauen eingeschränkt zeigt. Dann mögen sich — in den Noa- und Nupagruppen, den Verlöbnisgruppen der Dieri und der Urabunna — weitere Verengerungen vollzogen haben, bis es zu den völlig regulären Bildungen der Heiratsbünde — genauer gesagt: Begattungsbünde — am einfachsten bei den Kamilaroi gekommen ist, durch deren Einrichtung jede Bruderschaft in je zwei Hälften, die ganze Doppelhorde also in vier Quartiere zerlegt wird. Das nunmehr vorgeschriebene Gesetz schränkt den Geschlechtsverkehr noch einmal auf die Hälfte des bis dahin freigegebenen Personenstandes ein und erlaubt nur noch den Männern und Frauen je eines Quartiers, eines Heiratsbundes aus der ersten Bruderschaft, sich mit den Männern und Frauen eines Heiratsbundes der zweiten Bruderschaft zu begatten. Zuletzt hat dann noch das Geschlecht Platz gegriffen, ein Geschlechtsverkehrsverband, der die Quartiere zwar durchquert, aber der Teilung der Bruderschaften sich anpaßt. Es ist bei den festländischen Australiern vielleicht als Kultgemeinschaft aufgekommen, da es sich nach einem Tier- oder Pflanzengeist nennt und sich unter dessen Schutzherrschaft stellt. Seine Teilungen haben sich zwar über die der Heiratsbünde herübergedeckt, haben sie aber nicht beseitigt.

Durch das Geschlecht hatte der Personenbestand der erlaubten Verbindungen noch eine weitere Verengerung erfahren; immer noch aber war eine Vielheit von Männern mit einer Vielheit von Frauen zu einem unter ihnen freien Geschlechtsverkehr oder wie man diese Form des Mischverkehrs genannt hat, zu einer Gruppenehe zusammengeschlossen.

Der letzte, doch freilich von neuem entscheidende Schritt wurde erst getan, als sich über alle diese Verwandtschafts- oder richtiger zu sprechen, Geschlechtsverkehrsordnungen doch noch die Sonderfamilie, d. h. also die lebenslängliche Geschlechtsverkehrsverbindung zwischen einem Mann und einer oder mehreren Frauen herüberschob und damit ein für alle Mal wenigstens der durch Sitte und Gebot gutgeheißenen Ausübung von Mischverkehr und einer Vielheit des Geschlechtsverkehrs ein Ende machte.

Der Werdegang des Geschlechterstaats, wie er hier für die festländischen Australier gezeichnet wurde, hat sich bei denjenigen Gruppen lebender Urzeitvölkern, die ihn vielleicht am stärksten ausgeprägt haben, bei den Nordwest- und Nordostamerikanern wesentlich einfacher vollzogen. Der Umweg über die Heiratsbünde ist von ihnen nicht gemacht worden; umso gewisser ist aber auch für sie erweislich zu machen, daß die Bildung der weiteren Bluts- und Geschlechtsverkehrsverbände der Bruderschaften, der Großgeschlechter, der Geschlechter und der Teilgeschlechter der Entstehung des engsten Verbandes der Sonderfamilie vorausgegangen sind. Nirgends ist, wie man von vornherein erwarten muß, diese Abfolge irgendwie unmittelbar zu beobachten, wohl aber ist sie mittelbar mit schlagenden und schlechthin unwiderleglichen Gründen als die einzig mögliche zu beweisen. Der wichtigste und freilich Ausschlag gebende von diesen Beweisgründen ist die sehr schlichte Erwägung, daß der ganze höchst zusammengesetzte und verwickelte Aufbau von Inzuchtverboten und Ausheiratsgeboten — genau gesagt: Ausbegattungsgeboten — völlig sinnlos wäre, wenn damals, als sie geschaffen wurden, die Sonderfamilie schon bestanden hätte. Denn dann hätte man sie auf die Sonderfamilie hin und nach ihren Bedürfnissen und Beziehungen eingerichtet, hätte sie ganz anders und sehr viel einfacher ausgebildet. Ein großer Teil, wenn nicht das Insgesamt der weiteren Bluts- und Geschlechtsverbände wäre vermutlich überhaupt nicht entstanden, wenn die Sonderfamilie schon vor ihnen geschaffen worden wäre. Den besten Beweis für diese Behauptung legt der Zustand derjenigen Stämmefamilien unter den Urzeitvölkern ab, die nur Siedlerschaft und Sonderfamilie ausgebildet haben: sie hatten wohl schon seit ganzen Jahrhunderte-Reihen die Einrichtung der Sonderfamilie in voller Geltung und sind doch, wie es scheint, niemals auf den Gedanken gekommen, sie zu Geschlechtern oder Bruderschaften fortzubilden.

Nun könnte man wohl meinen, wenn doch auch der zweite Hauptast am Stammbaum der menschlichen Gesellschaftsordnungen in einen Zustand hereinwuchs, in dem die Sonderfamilie die Grundform bildete, so habe sich auch für ihn die gleiche Verfassung, nur später durchgesetzt. Dies aber würde ein vollkommenes Mißverständnis bedeuten: denn in der Tat war die Ordnung, die sich nach Einführung der Sonderfamilie in den Geschlechterstaaten vorfand, eine im Tiefsten von der der Siedlerschaftsvölker unterschiedene.

Einmal nämlich behielt der Geschlechterstaat auch nach der Durchsetzung der Sonderfamilie alle die weiteren Bluts- und Geschlechtsverkehrsverbände bei, die er, ehe es zu ihr kam, geschaffen hatte. Und selbst innerhalb der Ordnungen des Geschlechtslebens stellte sich im Rahmen des Geschlechterstaats die Sonderfamilie weit mehr als ein Baustein für diese weiteren Verbände, denn als eine selbständig dem Staat gegenüberstehende und ihn zusammensetzende Formeneinheit dar. Der nordwestamerikanische Geschlechterstaat, etwa der der Tlinkit und der nordostamerikanische, etwa der der Irokesen, lassen in ihrem Aufbau auf das deutlichste erkennen, daß die unterste Einheit, die für seine Gliederung in Betracht kam, das Teilgeschlecht war, d. h. der immer noch aus einer Anzahl von Sonderfamilien bestehende Bruchteil eines Geschlechts.

Zum zweiten aber — und dies fällt für den großen Zug des Werdegangs der Menschheit noch weit mehr ins Gewicht — die Ausbildung jenes Aufbaus von Bruderschaften, Großgeschlechtern, Geschlechtern und Teilgeschlechtern, der sich inzwischen, also vor Entstehung der Sonderfamilie vollzogen hatte, war gleichzeitig, also auch wiederum vor der Entstehung der Sonderfamilie, das Mittel geworden, durch das es zur Schaffung eines Urzeitstaates von reicher Gliederung und wesentlich größerer Ausdehnung und damit höherer Machtentfaltung kam, als es je in der Reichweite des Zwergenstaates der Siedlerschaft gelegen hatte.

Noch Gewaltigeres bedeutete es dann für die nähere und weitere Zukunft dieser Gebilde, daß innerhalb des Urzeitalters es diesen reich ausgegliederten Geschlechterstaaten allein gelang, im Innern wie nach außen eine Staatskunst größeren Maßstabes auszubilden, und daß ebenso gewiß das Emporwachsen aller höheren Völker zu den mittleren und den obersten Stufen der Geschichte die Ausbildung von Geschlechterstaaten, die sie sämtlich in ihrer Urzeit durchgesetzt hatten, zur Voraussetzung hatte. Der Verlauf der Geschichte hat so entschieden: die Urzeitvölker, die sich mit Siedlerschaft und Sonderfamilie begnügt hatten, blieben zu Stillstand und vielleicht ewiger Urzeit verdammt, die aber, die den Weg der Geschlechterstaaten gingen, stiegen zu den Stufen großer Geschichtswirkung auf oder versuchten wenigstens innerhalb des Urzeitalters ein Staatsleben höheren Stiles vorzubereiten.

Drittes Stück.

Kämpfe und Friedensschlüsse zwischen Mann und Frau in der Geschichte.

Ganz selbstverständlich erhebt sich, nachdem dieser große Zusammenhang ins Klare gestellt ist, die Frage: ist er nun wirklich, sei es ganz, sei es zu einem Teil Auswirkung des außermenschlichen Weltgeschehens, und wenn zu einem Teil, bis wohin.

Nicht kann in Zweifel gezogen werden, daß die Handlungsweisen, dann aber auch die aus ihnen erfließenden Ordnungsformen des Geschlechtslebens tief eingewurzelt sind in außermenschliche, zunächst tierische Geschehensform. Es sei als kaum zu ermitteln völlig dahingestellt, ob die Einwirkungen, die hier anzunehmen sind, sich unmittelbar im Wege des echten Erbgangs vollzogen haben oder ob beide Entwicklungsstammbäume, der der höheren Affenarten und der der einen oder mehreren Menschenarten sich weiter rückwärts aus gemeinsamen Ahnenarten entfaltet haben. Entscheidend bleibt, daß der Geschlechtsunterschied und eine große Fülle seiner physiologischen und biologischen Folge- und Begleiterscheinungen im höheren Tierreich schon vorgeformt vorhanden waren, bis zu den Ordnungsformen hin, die auch vom Urzeitmenschen zunächst ausgebildet wurden. Denn die im unbeschränkten Mischverkehr lebende Horde und die, sei es zur Einehe, sei es zur Vielweiberei ausgeformte Sonderfamilie waren schon Besitz vieler Tiergattungen.

Von der ganzen ungeheuren Erbmasse, die vom Tier auf den Menschen überging, ist der Bestandteil, der der selbstverständlichste und von uns deshalb am wenigsten beachtete ist, die Aufteilung unserer Gattung in zwei Geschlechter, der schicksalvollste und folgenreichste. Es ist kaum abzusehen, in wie feine und wie grobe Ausfaserungen des seelischen, des geistigen und des gesellschaftlichen Grundverhaltens sich die Wirkungen dieser plumpsten und einfachsten und doch wieder abgründigsten und zartesten Urtatsache menschlicher Ordnungen erstreckt. Und vornehmlich die Geschichte der frühesten und keimhaftesten Urzeit lehrt, daß selbst die gröblichsten, elementhaftesten und für unser Sehen deshalb selbstverständlichsten Folgerungen, die das Menschengeschlecht aus diesen Gegebenheiten gezogen hat, weder von Anbeginn noch ausnahmslos verwirklicht worden sind. Die Einteilung von Völkerschaften in Altersklassen und Geheimbünde, wie sie sich in klassischer Ausgeprägtheit bei den Kwakiutl an der nordamerikanischen Nordwestküste erhalten hat, wie sie in Form von Restspuren und Überlebseln in fast planetarischer Verbreitung nachzuweisen ist und wie sie vernünftiger Weise nur als Erbstück aus dem Zeitalter der Horde zu erklären ist, läßt erkennen, daß in der ursprünglichsten, in der einfachsten Form, die diese Einrichtung anfänglich gehabt haben mag, den drei Geheimbünden der Jünglinge, der jungen und der alten Männer wie ebenbürtig drei Geheimbünde der jungen Mädchen, der jungen und der alten Frauen gegenübergestanden haben. Es schimmert also ein Zustand frühester Urzeit durch, in dem innerhalb der Horde die Männer und Frauen sich noch als Einzelne, noch nicht durch die Sonderfamilie zu kleinsten Geschlechtsverkehrsverbänden zusammengeschlossen, gegenüberstanden und als die einzig gültige Form von Verbindung die gleichgeschlechtlichen und gleichartigen Männer- und Frauenbünde kannten. Es hat also, so darf man hieraus schließen, selbst im Zeitalter der schon etwas gereiften Horde noch eine Art von Gleichgewicht von Männern und Frauen gegeben.

Ja nicht einmal das Übergewicht und die Vorherrschaft des Mannes, die doch durch seine stärkere Verstandes-, Willens- und Einbildungskraft und seine wesentlich stärkere Leibeskraft wie von vornherein sichergestellt erscheint, sind in den Anfängen der Menschheit völlig ausnahmslos durchgesetzt worden. Bei den Ona — neuerdings Selkmaren — auf Feuerland hat sich in der Form eines Festspiels, aber aller Wahrscheinlichkeit nach als Nachhall von wirklichem Geschehen der Vorzeit, die Erinnerung eines Zustandes erhalten, in dem die Frauen ungefähr in demselben Sinn wie in der Gegenwart — der Ona — die Männer die Oberhand hatten, in dem den Männern alle Hausarbeit aufgebürdet war, die Frauen aber in der Ratsversammlung saßen und den Männern der Zutritt zu ihren Beratungen versagt war[1].

Eine chinesische Chronik von den Sui- und den Thang-Dynastien weiß von einem Frauenreich am Kaspischen Meer zu berichten; die zahlreichen Nachrichten von den langen Zeiträumen, in denen die scythischen Frauen ohne Männer dahinlebten und vornehmlich die Geschichten, die bei den Griechen von dem fabelhaften Weiberstaat der Amazonen auf Lemnos umliefen — sie alle mögen Nachhälle sein von Zuständen, in denen es den Frauen zur Ausnahme gelang, die Vorherrschaft an sich zu reißen[2]. Wenn Aristoteles gar der Meinung ist, es habe in der Vorzeit überall einmal eine Frauenherrschaft bestanden, so ist nicht zu durchdringen,

[1]) Hyades et Deniker, Cap Horn VII 376f.; in etwas eingängigerer Darstellung Gusinde, Männerzeremonien auf Feuerland (Zeitschr. f. Ethnol. LVIII [1926] 264ff).

[2]) So die ganz nüchterne Nachrichtensammlung bei Bachofen: Das Mutterrecht [[2]1897] 25ff.

auf welchem Wege er zu dieser Behauptung gekommen ist; aber soviel mag dadurch erhärtet werden, daß zu seiner Zeit mehr dergleichen schwankende Nachrichten im Umlauf gewesen sind.

So wirr und überdeckt alle diese Klänge zu uns herübertönen, aller Wahrscheinlichkeit nach sind sie doch Bruchstücke des Nachhalls vom wirklichen Leben der Urzeit und es läßt sich aus ihnen als gewiß wenigstens die, wenn auch allgemein-ungenaue Tatsache entnehmen, daß in dem großen Wettstreit der beiden Geschlechter um die Oberhand, der sich zumeist in Myriaden von leisen Einzelgeschehnissen aufgelöst haben mag, zuweilen es doch auch zu Siegen der Frauen und zu einer Niederlage der Männer selbst im Staat gekommen ist.

An dem Obsiegen der Männer als der für das Insgesamt der Urzeit entscheidenden Grundtatsache darf doch nicht gezweifelt werden, trotz Bachofen und trotz des großen Urzeitforschers in diesem Punkt sicher ganz weit in die Irre gehenden Fehlurteils und der meist töricht-naiven Schlußfolgerungen, die dann die Vertreter und Vertreterinnen der Frauenbewegungen an Bachofens Irrtum, ihn noch übertreibend, geknüpft haben. Das wird erhärtet durch viele Hunderte von Nachrichten, die bestätigen, daß bei den lebenden Urzeitvölkern die Lage der Frau gegenüber dem Mann in der Regel gedrückt und oft bis zu Sklaventum und schwerer Demütigung herabgemindert ist.

Gleichwohl ist der Werdegang des Machtverhältnisses zwischen Mann und Frau schon in der Urzeit ein wandlungsreicher und auch im Querschnitt der Gleichzeitigkeit kein einförmiger. So war, dies soll sogleich noch des Näheren beleuchtet werden — von den Einrichtungen und deren Einzelentwicklung her, weil sie festere Leitfäden darbieten — die Errichtung der Sonderfamilie ein Sieg der Frauen, der größte wohl, den sie je errungen haben, so war die Durchsetzung zuerst der mutterrechtlichen Heiratsbünde und später der Muttergeschlechter ein neuer Sieg der Frau.

Des Ferneren ist in der Wirtschaftsgeschichte der Familie die Erfindung des Gartenbaus, d. h. der Domestizierung und des regelmäßigen Anbaus von einigen auserlesenen Pflanzengattungen Sache und Erfolg der Frau, ingleichen die Erweiterung des Gartenbaus zum Ackerbau. Dieses Geschehen muß die Stellung der Frau im Haus und dem Mann gegenüber ganz wesentlich verbessert haben, denn sie wurde in Sachen der Ernährung noch unabhängiger vom Mann: wenn der Mann als glücklicher Jäger das Braten erfunden hatte, so erfand nun die Frau für den Brei, den sie aus ihren Körnerfrüchten bereitete, das Kochen. Und dies bedeutete, in groben Worten ausgedrückt, daß ihre Mahlzeiten nun nicht mehr auf die halb abgenagten Knochen beschränkt waren, die ihr der Mann von seinem Wildpret zuwarf, sondern daß sie ihn sogar ihrerseits zu ihren brodelnden Kochtöpfen und ihrem Mandioka- oder Weizenbrei als Gast laden konnte. Und es leuchtet ein, daß eine Folgeerscheinung, die sich, an und für sich betrachtet, wie eine schwere Last und wie ein erniedrigender Druck für die Frauen ausnimmt, ich meine die Überweisung aller Arbeit an dem zu bestellenden Acker an die Frau, nur ein selbstverständliches Ergebnis dieses Grundverhältnisses zwischen Frau und Pflanzenbau ist. Und wenn so hohe Urzeitvölker, wie die Irokesen in Amerika, die taciteischen Germanen in Europa dies taten, so vertrug sich das durchaus mit der hohen Stellung, die sie — nun wieder im Gegensatz zu niederen und mittleren Urzeitstämmen — den Frauen einräumten.

Über die Grenzen des Urzeitalters fort die Entwicklung des Machtverhältnisses zwischen Mann und Frau zu verfolgen, ist im Sinn des hier verfolgten Gedankenganges nicht rätlich. Denn jenseits dieser Grenze setzen Wandlungen ein, die ihrem ganzen Gepräge nach dermaßen absichtsvoll und bewußt waren, daß man sie zum mindesten nicht unbedingt als aus dem Unterbewußtsein aufsteigend wird ansehen dürfen.

So gewiß nämlich aus diesem dunklen Unterreich der Seele auch später und noch bis in unser überbewußtes Zeitalter hinein die Entscheidungen über das leiblich-seelische und über das gesellschaftliche Verhältnis zwischen Mann und Frau, im Allgemeinen wie im besondersten Einzelfall, beeinflußt worden sind, so gewiß sind sie doch von der Altertumsstufe ab auch im hellen Tageslicht der Bewußtheit von Verstandes- und Willensentschließungen bestimmt worden. Und sie verwehren es, auch die späteren Entwicklungsabschnitte dieses Grundverhältnisses zwischen Menschen als eine Fortsetzung des außermenschlichen Weltgeschehens aufzufassen.

Allen diesen Einschränkungen zum Trotz stellt sich immerhin folgendes Grundverhältnis zwischen dem außermenschlichen und dem menschlichen Weltgeschehen in diesem Bezirk unseres Lebens heraus. Die tiefste, einschneidendste Teilung, durch die die menschliche Gesellschaft gegliedert ist und zugleich diejenige, die die seelisch und geistig gewaltigsten Wirkungen in allen späteren Folgen der Zeit hervorgebracht hat, die Scheidung nach Geschlechtern, nach Mann und Weib, ist ein der Menschheit vom Tierreich her überkommenes Erbgut. In der Urzeit haben sich an dem Verhältnis zwischen Männern und Frauen elementare Umgestaltungen vollzogen, die nicht nur ihrem Ursprung, ihrer Grundrichtung nach dem unbewußten Handeln dieser kindnahen Menschheit zugerechnet werden müssen. Insofern sind sie unzweifelhaft den Einwirkungen des Welt- auf das Menschheitsgeschehen zuzuweisen; im weiteren Sinne aber auch alle die gesellschaftlich so wichtigen Maßnahmen des Urzeitalters, die nur mittelbar aus dem Verhältnis zwischen Männern und Frauen hervorgegangen sind, wie die Schaffung des Geschlechterstaates und damit jedes höheren Staates überhaupt. Alle weiter hinaus in die späteren Lebensalter der Menschheit reichenden Entwicklungen, die sei es mittelbar sei es unmittelbar das Verhältnis der beiden Geschlechter fortgestaltet haben, gehören zwar auch noch als Folgeerscheinungen dem Einwirken des Welt- auf das Menschheitsgeschehen an, aber sie sind als Erzeugnis überwiegend geistiger Arbeit nicht mehr diesem Grenzbezirk unterbewußten Handelns zuzurechnen.

Viertes Stück.

Das Geschlechtsleben und die Entstehung von Sonderfamilie und Geschlecht.

Wie schicksalsvoll die Grundbeziehung zwischen den beiden Geschlechtern den Verlauf der Geschichte der Menschheit innerhalb der Familienordnungen, aber auch noch weit über diese hinaus beeinflußt hat, wird erst recht deutlich, wenn sie in ihrem Werdegang an der Hand der Entwicklungsgeschichte der Einzeleinrichtungen verfolgt wird.

Schon an jenen drei Ordnungen des Geschlechtsverkehrs, die als aus der Tierwelt überkommene Erbstücke gelten können, läßt sich dies aufzeigen. Zwar die Horde, die unzweifelhaft tiernächste von den zum Erbgang kommenden Formen der Ordnungen des Geschlechtsverkehrs, ist nur in den Entwicklungsaltern der keimhaftesten Urzeit festgehalten, dann aber abgestreift worden und von den anderen, etwas entwicklungshöheren verdrängt worden. Aber als völlig ausgeschieden aus dem Leben der Menschheit wird man sie darum doch nicht ansehen, denn sehr oft war in der Vergangenheit und ganz gewiß ist in der Gegenwart der freie Geschlechtsverkehr das Urverhältnis zwischen Mann und Frau, zu dem ungebundene Männer, seltener dem Geschlechtsleben eigens zugeneigte Frauen, als Einzelne wieder und wieder zurückkehren und von dem auch durchaus nicht sicher ist, ob es nicht in dem Gesellschaftszustand irgend einer Zukunft noch einmal zur Regel erhoben werden wird. Es zur Lehre und zum Ziel zu erheben, hat schon mehr als ein Anarchismus versucht. So wenig wünschenswert eine solche Ordnung sein mag, dem Vorrat der denkbaren Möglichkeiten gehört sie doch an.

Weit wichtiger sind freilich die Entwicklungsgänge, die Familie und Geschlecht in der Urzeit durchlaufen haben. Und ganz nahe sind hier die Verbindungen, die die Einrichtungen beider Formen mit dem Geschlechtsleben zunächst im Körper-, demnächst auch im Seelensinne verknüpfen.

Denn um die Dinge beim rechten Namen zu nennen, es sind doch die Äußerungen und Auswirkungen des Geschlechtstriebes, die durch diese Lebensordnungen in Schranken und Regeln gebracht werden sollten.

Wäre nun erst vom Menschen diese Einschränkung und Regelung vorgenommen, so würde man nicht wohl an dieser Stelle von einer Fortsetzung des Weltgeschehens in das Reich des Menschheitlichen hinein sprechen dürfen; da aber die Horde, die Sonderfamilie in den Formen der Vielweiberei wie sogar der Einehe schon vom Tier ausgebildet worden sind, so wird man alle diese Gebilde als Ergebnisse eines Hinübergreifens der Geschehensformen des Tierreichs in das Menschenreich ansprechen dürfen.

Und zwar wohlgemerkt, es kann hier von solchem Hinübergreifen mit vollem Recht gesprochen werden, wennschon es sich allerdings nicht in der Form des unmittelbaren Erbganges vollzogen hat: die Anthropoiden, die menschenähnlichen Affen, von denen der Mensch zwar auch nicht abstammt, die aber doch diejenige Tierart sind, mit der die Art Mensch am nächsten vervettert ist, haben die Sonderfamilie nicht ausgebildet, sondern leben überwiegend in Rudeln, d. h. Horden, mit geschlechtsmonarchischer Spitze. Wohl aber findet hier das gleiche Verwandtschaftsverhältnis statt, das am Stammbaum der Arten immer wieder und wieder auftritt und ihn recht eigentlich kennzeichnet: jene Form der Verzweigung, an der zuweilen die vom Grundstamm verhältnismäßig früh, d. h. nahe der Wurzel, entsandten Zweige Formen aufweisen, die an den höher abzweigenden Ästen erst sehr viel später ausgebildet worden sind. So wenn

— in dem hier vorliegenden Fall — schon einzelne Vogelarten, etwa der Adler oder der Papagei und selbst schon Schlangenarten, etwa die indischen[1] Brillenschlangen die Einehe ausgebildet haben, während die höchsten, menschennächsten Arten der Affen sie gar nicht kennen.

Aber auch bei so sprungweise wiederkehrender und einigermaßen entfernter Verwandtschaft wird an der Tatsache festzuhalten sein, daß die Geschehensformen Sonderfamilie, Vielweiberei, Einehe dem Erbgut zuzurechnen sind, das der Mensch vom Tierreich überkommen hat.

Zwar ist in diesen besonderen Zusammenhang einzuschließen die Ursachenverkettung, die den Urzeitmenschen — in schon geschichtlicher Zeit — zu den einzelnen Formen der Geschlechtsverkehrsverbände hingeleitet hat; doch erscheint auch bei solcher Betrachtung der Dinge der Werdegang des Geschlechtslebens und der aus ihm erfließenden Ordnungen nicht losgelöst von dem allgemeinen Erbgang zwischen Tier und Mensch, denn es handelt sich ja auch dann noch um den Geschlechtstrieb und seine Auswirkungen, von denen beiden anzunehmen ist, daß sie im Urzeitalter zum weit überwiegenden Teil aus dem Unterbewußten bestimmt worden sind.

Gerade dann, wenn dergestalt die Entscheidungen als aus dem Unterreich der Leibseele emporgestiegen angenommen werden, wird die Frage brennend, wie die Gabelung der Entwicklungswege, die die Urzeitvölker von dem Zeitpunkt ab, an dem sie sich von dem Urstamm der Horde trennten, so weit von einander gerissen hat, hat zu Stande kommen können.

Die Horde gab dem Geschlechtstrieb die Betätigung nach allen Seiten völlig frei. Die Siedlerschaftsvölker, die sich für die Sonderfamilie entschieden, griffen damit sogleich zu der weitest gehenden Beschränkung des Geschlechtstriebes,

---

[1]) Deegener, Die Formen der Vergesellschaftung im Tierreich (1918) 262f.

der an sich als wahllos, lediglich wie sein Name es aussagt, auf das Geschlecht gerichtet angesehen werden muß. Eine äußerst tiefgehende Umwälzung in Sachen des Geschlechtslebens wird so herbeigeführt, aber dem Geschlechtstrieb wird seine Befriedigung nicht genommen, ja in gewissem Betracht nicht einmal gemindert, sondern geradezu gewährleistet.

Hält man für die Erklärung der Verursachung eines Geschehens den Nachweis, zu wessen Gunsten dieses Geschehen ausmündet, für zulänglich, so kann die Entstehung der Sonderfamilie nur als ein Sieg der Frau angesehen werden. Denn sie errang damit für sich die Herstellung eines dauernden Geschlechtsverkehrsverbandes gegenüber den vorübergehenden, ganz unverbindlichen Beziehungen im Zeitalter der Horde und des Mischverkehrs. Daß sie damit auch eine Lebens-Sicherung für sich und ihre Kinder erlangte, dazu eine Vertiefung des seelischen Verhältnisses zu dem einen Mann, waren Weiterungen, die weitgehende gesellschafts- und seelengeschichtliche Wirkungen hatten, die auch wesentlich zur Verursachung des Geschehens beigetragen haben mögen, die aber noch als Folgeerscheinungen des ursprünglich geschlechtlich-körperlichen Grundgeschehens gelten können. Daß die Sonderfamilie zunächst fast regelmäßig die Form der Vielweiberei annahm, war ebenso gewiß ein Zugeständnis an den minder leicht zähmbaren und freier schweifenden Geschlechtstrieb des Mannes, der, wenn er schon dem überlegenen Lebenswillen der Frau in dieser für sie freilich in viel höherem Sinn schicksalbestimmenden Angelegenheit nachgab, doch nach der größeren Freiheit einer Ehe griff, die ihm mehrere Frauen dienstbar machte.

Ist so der Ursprung der Sonderfamilie aus vormenschlichtierischen, leiblich-unterbewußten Geschehensquellen sichergestellt, so gilt das Gleiche eher noch gewisser von der etwa gleichzeitigen Herkunft des Geschlechtes, der Sippe, und seiner Vorformen, der Bruderschaft und des Heiratsbundes.

Das entscheidende Kennzeichen der Urformen des Geschlechterbundes — der Bruderschaft in Amerika und Australien und des besonders deutlich ausgeprägten Heiratsbundes in Australien allein — ist die Gruppenehe, d. h. eine Einrichtung, die innerhalb eines größeren Lebensverbandes, der Doppelhorde, eine Gruppe von Männern und eine andere Gruppe von Frauen von den anderen Teilen dieses Lebensverbandes abschließt und ihnen gegenseitig das Recht eines im übrigen unbeschränkten Geschlechtsverkehrs verleiht.

Hier findet, wenn man will, zum mindesten ein halber Sieg des Mannes statt, insofern der freie Geschlechtsverkehr zwar in dem Personenstand, auf den er sich bezieht, eine Einschränkung erleidet, im Grundsatz aber aufrecht erhalten wird. Und nimmt man für die Erforschung der Entwicklungsbahn, auf der es überhaupt erst zur Entstehung der Doppelhorde und des weiteren der Bruderschaft kam, den von Heinrich Schurtz vorgeschlagenen Weg der Vereinigung zweier schweifender Einzelhorden als den wahrscheinlicheren an, dann muß auch dieser erste Ursprung der neuen Form des Geschlechtslebens und seiner Ordnungen als ein Sieg des mächtigeren, schweifenden Geschlechtstriebes der Männer angesehen werden. Denn wenn wirklich der Hergang so war, daß von zwei auf einander stoßenden Horden zuerst die Männer der einen der anderen die Frauen raubten oder sich zu ihnen stahlen, daß dann aus diesem Raub- und Einbruch-Verhältnis ein geduldeter Tausch und daß endlich aus dem Tausch eine zur Vorschrift erhobene Regel wurde, dann feierte die unzähmbare Geschlechtslust der Männer zunächst eine Reihe von Triumphen, indem er sein Begehren nach anderen als den gewohnten Frauen der eigenen Horde löschte. Die Frauen trugen dem gegenüber nur einen Teilerfolg davon, insofern als sie wenigstens eine Festigung dieses erweiterten Mischverkehrs durchsetzten.

Ganz anders wäre freilich der Vorgang gewesen, wenn er, wie Frazer will, innerhalb einer Einzelhorde zur Teilung geführt und so die zwei Bruderschaften und ihr Inzuchtverbot hervorgebracht hätte. Es müßte dann als Beweggrund, so wie Frazer in der Tat vorschlägt, angenommen werden, daß man an dem Geschlechtsverkehr zwischen Eltern und Kindern und dem zwischen Geschwistern Anstoß genommen hätte und deshalb die Horde in zwei wie durch eine Kluft von einander geschiedene Teilgruppen zerlegt hätte. Auch dieser Weg ist durchaus möglich und es fehlt nicht an Seitenstücken etwa bei den arktischen Nordamerikanern, die für diese Annahme zu Hilfe gezogen werden könnten.

Der Endzustand, der ja der gleiche ist, wie der, den die andere Vermutung zu erklären unternimmt, der es also bei der Gruppenehe zwischen einer Anzahl von Männern und einer Anzahl von Frauen beließ, bei dem die Männer den Grundsatz des Mischverkehrs retten, muß nun nur seiner Verursachung nach anders erklärt werden. Sei es, daß die Frauen — wozu man geneigt sein möchte — die Abkehr von dem bisher auch Eltern und Geschwister umfassenden Mischverkehr gewünscht hätten, sei es, daß beide Geschlechter sich zu dieser Selbsteinschränkung geeinigt hätten: eine Selbstzügelung wäre eingetreten. Die Annahme, daß irgend eine Einsicht in die Schädlichkeit der Inzucht an sich, gewonnen an der Beobachtung der Tiere, zu dieser Maßnahme hingeleitet hätte, schließt sich selber aus, da die festländischen Australier, von deren Entwicklung hier ausgegangen ist, keine Viehzucht kennen.

Gerade weil die erste Erklärung von einer Zügellosigkeit der Männer ausgeht, erscheint sie nach allen Einsichten in die Seelenkunde des Urzeitmenschen als die wahrscheinlichere.

Doch auch wenn der zweite Entwicklungsweg in das Insgesamt der Berechnung mit eingeschlossen wird, bleibt noch immer ein Bild, das die beiden in der Urzeit entstandenen Grundordnungen des Geschlechtslebens eben in Hinsicht auf das Verhalten des Geschlechtstriebes in den schroffsten Gegensatz setzt.

Die Sonderfamilie war ein Triumph der Frau, aber der Hauptast am Stammbaum der Menschheit, der nach diesem

Gesetz lebte, blieb stagnierend, unfruchtbar, dürr: er hat den Völkern, die ihm zugehören, das Leben erhalten, aber kaum mehr. Er hat keine Geschichte gehabt.

Das Geschlecht aber, wie seine Vorformen, die Bruderschaft und der Heiratsbund, in denen der noch ungezügelte Geschlechtstrieb der Männer für sich die Gruppenehe, d. h. die Erhaltung des nur im Personenumfang eingeschränkten, sonst aber freien Geschlechtsverkehrs durchsetzte, hat sich als die Wurzel für alle starke Gesellschafts-, alle reiche Geistesentwicklung im Urzeitalter erwiesen und alle, ausnahmslos alle Völker der höheren Stufen der Menschheit sind ihr ebenfalls entsprossen. Alle große Geschichte ist aus ihr hervorgegangen.

Fünftes Stück.

Das Geschlechtsleben und die Entstehung des Staates.

Forscht man nun nach dem Mittelglied, das die Erklärung für diesen doch immerhin rätselhaften Zusammenhang zu geben vermag, so bietet sich eine Zwischentatsache dar, die allerdings sehr viel weiter führende Aufklärungen giebt. Es läßt sich behaupten, daß das Geschlecht einen sehr unmittelbaren Weg zur Entstehung von Staatsgebilden weiteren Umfanges und kräftigeren Gefüges gebildet hat, während die aus Sonderfamilien bestehende Siedlerschaft ihre Unfähigkeit zu aller höheren Gesellschaftsentwicklung durch nichts deutlicher bewiesen hat, als daß es auf ihrem Boden so gut wie nie zu starker Staatsbildung gekommen ist.

Und es ist der Geschlechterbau selbst, der durch die ihm schlechtweg eigentümliche Baueigenschaft der Entfaltung, aber auch des Zusammengeschlossenbleibens eines Gliederbaus die außerordentlichen Wirkungen zu Werke gebracht hat, die auf dem Wege der universalen Baugeschichte des Staates von den südostaustralischen Kamilaroi bis zu den nordwestamerikanischen Tlinkit und weit höher zu den nordostamerikanischen Irokesen und von ihnen zu den stolzen und starken Geschlechterstaaten von Japan und Sparta, von Athen und Rom geführt haben.

Es ist wirklich die Fähigkeit der Gliederung, die den Geschlechterstaat zu den gewaltigen Bau- und demnächst zu den noch wunderbareren Geschichtsleistungen in den Stand gesetzt hat, von denen zuerst die Überlieferung der Urzeit, demnächst die der höheren Völker auf ihren Blättern zu berichten hat. Und sie setzt schon bei den ersten, noch ganz keimhaften Anfängen der Geschlechterverfassung ein, von denen diese Entwicklung ihren Ursprung genommen haben muß: d. h. bei der ersten Doppelung — oder Teilung — einer Horde in zwei Hälften oder Bruderschaften, wie wir sie heute nach Morgans, des großen Entdeckers dieser über die Erde fort verbreiteten Staatseinrichtung, Vorgang nennen. Sie wird zwar in dieser einfachsten Form als heute noch bestehend schwerlich nachzuweisen sein, sie kehrt aber als oberste Einteilung im Grundriß des australischen und des nordostamerikanischen Geschlechterstaats und über Japan und Rom fort noch bei den Arabern so beständig wieder, daß sie ohne das leiseste Bedenken als Urform angesehen werden kann. Und schon in dieser Keimgestalt muß sie jene Fähigkeit der Gliederung und des Umfaßthaltens bewährt haben. Denn gleichviel ob von Anfang an durch Doppelung, d. h. durch Anlagerung einer zweiten Horde an die erste der doppelte Personenbestand zu einer Einung verbunden wurde, oder ob durch Teilung der Horde in zwei Bruderschaften für die gleiche Verdoppelung der Kopfzahl wenigstens der Raum geschaffen wurde, die Gliederung führte zur Ausdehnung und hielt doch die aufs Zweifache gebrachte Personenzahl zusammen. Der Stammbaum der Bauformen aber, auf den sich alle heute im zeitlichen Nebeneinander vorhandenen Ordnungen der australischen Geschlechterstaaten in einem genetischen Nacheinander abtragen lassen, läßt erkennen, wie die Fähigkeit zur Ausgliederung zu einer nahezu grenzenlosen Fülle von Formen geführt hat. Die Bruderschaften, die ja die ursprünglich einzigen Heiratsbünde — genauer gesagt Geschlechtsverkehrsbünde — waren, haben sich in vier, in acht, zuletzt selbst in sechzehn Bünde gespalten, die alle noch auf Gruppenehe gestellt waren. Darüber schob sich später die Schicht der Geschlechter, d. h. von Geschlechtsverkehrsverbänden, die ursprünglich auch noch dem gegenseitigen Mischverkehr dienten. Man sieht, die Zahl der Lebenseinheiten wuchs erstaunlich und mit ihr selbstverständlich auch die Kopfzahl der immer noch zu einer deckenden Einheit, jetzt schon einer Völkerschaft, Verbundenen. Und dies muß Alles geschehen sein, ehe zuletzt mit der Bildung der Sonderfamilie der Werdegang dieser Entwicklung zu einiger Endgültigkeit kam.

Die Schaffung der Sonderfamilie hat nun zwar gewiß einen Entwicklungsabschnitt in der Geschichte des Geschlechtslebens der Geschlechterstaaten zum Abschluß gebracht: sie bedeutete etwas Ungeheures für das Geschlechtsleben; doch davon später. Hier aber, wo zunächst die Entwicklung der Ordnungen, die aus der Bildung und Fortgestaltung des Geschlechts sich ergaben, zu Ende verfolgt werden soll, muß auf das nachdrücklichste hervorgehoben werden, daß in dieser Entwicklungsreihe im Grunde alles geschah, was diesen Einschnitt zu verbergen geeignet war. Alle Einrichtungen und Teilungen, die auf die Gruppenehe hin geschaffen waren und erst durch sie ihren Sinn erhielten und ihn mit der Einrichtung der Sonderfamilie im Grunde verloren, wurden mit völlig unverminderter Zähigkeit festgehalten; insbesondere die Inzuchtverbote, die Ausheiratsgebote wurden genau in der alten Form und mit der alten Strenge aufrecht erhalten, obwohl nach den Gesetzen begrifflicher Folgerichtigkeit sie alle hätten umgeformt und nach dem Bedürfnis der Sonderfamilie auf viel einfachere Formen hätten gebracht werden müssen.

Daß es nicht geschah, läßt sehr deutlich erkennen, daß alle die weitverzweigten Gemeinschaften, aus denen der Geschlechterbau einer Stammesgruppe bestand, zwar gewiß dem Geschlechtstrieb ihren Ursprung verdankten, daß aber zugleich auch andere Antriebe hier am Werke waren — Verbindungsdränge auch sie, aber nicht von der schärfsten, heißesten, leidenschaftlichsten Gattung, sondern von jenen sanfteren und stilleren Formen, die die Geselligkeit als solche bewirken wollen und die man unter den Begriff des Gemeinschaftsdranges zusammenfassen kann. Und auch diese behaupteten ihr Recht und ihre Stärke: sie haben zartere und feinere, aber deswegen nicht leichter zerreißbare Bande um die Menschen geschlungen.

Die eigentlich Schicksal wendende, Schicksal gründende und in ihren Folgewirkungen über Jahrtausende fort reichende Neuerung, die sich aus diesem ganzen unendlich reich gegliederten und mannigfach verflochtenen Werdegang von immer neuen gesellschaftlichen Gebilden ergab, war noch eine andere: die Entstehung des Staates. Sie ist nicht das Erzeugnis bestimmter, zu staatsmännischen Handlungen zugespitzter Einzelereignisse gewesen, sondern ein langsames Hinüberwachsen und Hinüberfließen von einem Zustand in den anderen und vor allem von einer Gesinnung in die andere.

Es giebt ganze Schichten in der Entwicklungsgeschichte des Geschlechterbaus der Urzeitvölker, in denen es zu diesem Übergang noch nicht gekommen ist. So die freilich keimhafteste und entwicklungsfrüheste der festländischen Australier. Bei ihnen ist es zu der Gesellschaftsordnung und zu der Seelenverfassung, die man als eine im betonten Sinne staatliche wird bezeichnen können, noch nicht gekommen: nämlich zu einer im Innern stark gefestigten, nach außen widerstands- und angriffsfähigen Baubeschaffenheit, die beide als grenzsetzende Merkmale solcher nach dem Dichtigkeits- und Festigkeitsgrade gesteigerten Staatlichkeit werden anzusehen sein. Nur eine betonte Staatlichkeit darf freilich diesen Stämmefamilien abgesprochen werden. Als Staat an sich, als Staat im elementaren Sinn muß schon eine schweifende Horde von Zwergnegern angesprochen werden, sobald sie sich nur gegen jeden Angriff von außen zu wehren weiß und irgendwelche und sei es auch nur die lockersten Formen des inneren Zusammenhalts aufweist.

Immerhin haben nach den Baueigenschaften der gesellschaftlichen Ordnung auch diese entwicklungsfrühen Geschlechterbauten die Voraussetzungen für die Bildung von wirklichen Geschlechterstaaten geschaffen. Sie bestanden aus der Ausbreitung einer einzelnen Siedlerschaft zu einer Mehrzahl unter Aufrechterhaltung der Verbundenheit: so entstand eine Völkerschaft, die zwar der äußeren Gestalt nach den ersten eigentlich staatlichen Verband darstellte, dem inneren Wesen nach aber nichts anderes war, als ein erweiterter Geschlechtsverkehrsverband oder — ganz genau zu sprechen — nur mehr ein Blutsverband von Sonderfamilien mit sehr bestimmten, scharf aufrecht erhaltenen Teilungen und Heiratsvorschriften, die als Erbe von der älteren Gruppenehe fortbestanden.

Mit anderen Worten, das Schema für etwas weiter ausgebreitete Lebensgemeinschaften — Völkerschaftsgruppen, die aus einer Anzahl von Siedlungen, Dörfern bestanden — war gegeben; aber durch keinerlei staatliche Einrichtungen zu einem Staat von höheren Macht- und Verfassungsgraden gesteigert.

Auch bei den Nordwestamerikanern, unter denen die sicher politisch höchstorganisierten Tlinkit durch immer weitere Bevölkerungsvermehrung und ihr folgende Spaltung in neue Siedlungen, neue Völkerschaften es sogar bis zur Bildung einer Stammesgruppe von dreizehn Völkerschaften brachten, hat es keinerlei Einrichtung gegeben, durch die die Stammesgruppe oder auch nur die Völkerschaften durch Häuptlinge oder Ratsversammlungen zu Verbänden, die ja dann wirklich staatliche geworden wären, zusammengefaßt worden wären.

Ja, erstaunlich genug, nicht einmal die Siedlerschaften — im Sommer auf der Wanderschaft begriffen, im Winter in festen Dörfern angesessen — hatten Dorfhäuptlinge. Das einzige Häuptlingstum, das es gab, war das der Teilgeschlechter, d. h. derjenigen Untergruppen eines von den etwa zehn Geschlechtern, die in einer Siedlerschaft ein Geschlecht vertraten. Die einzige Form von staatlicher Leitung, ja von Staatseinrichtung überhaupt, die es bei den Tlinkit gab, war noch immer die eines Bluts- — ehemals Geschlechtsverkehrsverbands und war bezeichnender Weise in jedem Dorf in einer Mehrheit von Fällen, also von selbständig neben einander bestehenden Körperschaften vertreten.

Sechstes Stück.

Die Gabelung der Entwicklungswege von der Horde zum Siedlerschafts- und zum Geschlechterstaat.

Der entscheidende Schritt, der denn freilich auch zum Ziel führte, ist auf diesem Entwicklungswege erst von Nordostamerikanern getan worden; der Geschlechterstaat im betonten Sinn des Wortes ist von ihnen geschaffen worden, in klassischer Form von den Irokesen, die nach dem Aufbau ihres Gemeinwesens wie nach der Höhe ihrer staatlich-kriegerischen Leistungen allerdings den Gipfel der gesellschaftlichen Gesittung, wie auch der geistigen Bildung unter den Urzeitvölkern der roten Rasse erstiegen haben.

Sie haben — was hier nur angedeutet, nicht im Einzelnen beschrieben werden kann — eine ganz straffe Hierarchie von Ratsvertretungen aufgebaut, die vom Teilgeschlecht über die Völkerschaftsräte und ihre Kurien bis zum Stammesrat hinaufreichten. Sie haben ferner zwei Formen von Häuptlingtum nebeneinander ausgebildet, die einen mit höheren, mit bürgerlichen Machtbefugnissen, die anderen, auf etwas tieferer Ebene stehend, mit dem Auftrage im Krieg die Führung zu übernehmen. Jene, achtundvierzig an der Zahl, diese etwa zweihundertfünzig, sind in Krieg und Frieden die Lenker ihres Stammes; denkwürdig ist aber, daß auch ihre Beamtung nicht eigentlich eine politische ist, sondern sie sind durchaus Erwählte der Bluts-, ehemals Geschlechtsverkehrsverbände, die einen, die Achtundvierzig, die die höchste Behörde des Stammes bilden, sind die Häuptlinge der Teilgeschlechter, d. h. der Untergruppen der acht Geschlechter, in die der Stamm zerfiel. Die anderen aber mögen auch wieder nur die Führer derjenigen Mitglieder eines Teilgeschlechts gewesen sein, die in einem Dorf bei einander waren. So stark also war noch bei diesem stärksten und, wenn man will, staatlichsten der Staatsgebilde amerikanischer Urzeit der Antrieb vom reinen Blutsverband her, daß auch die Beamten des Staats ihren Auftrag nie von ihm, sondern von den Geschlechtern und ihren Teilen her erhielten.

Hier aber endet der von der vor- und außermenschlichen Wirklichkeit her kommende Einstrom von Ursachenzusammenhängen. Wenn die Irokesen, wie ihnen freilich nur ein gewaltsam von Europa zudrängendes Schicksal zumutete, große und nahezu europäische Staatskunst trieben, so hatte das nicht das Mindeste mehr zu schaffen mit jenen im Unterbewußtsein fortgehenden Wirkungsverkettungen, die aus den Anfängen der Horde schließlich ein Gesellschaftsgebilde entstehen ließen, das zwar ein vollkommenes Gerüst für einen Staat herstellte und doch nicht im mindesten für einen politischen Zweck geschaffen worden war. Nun setzte eine wirkliche Staatskunst ein, die ihre Entschlüsse wahrlich nur im vollen Tageslicht der hellsten Bewußtheit fassen konnte. Ja, man wird behaupten dürfen, daß die Irokesen, auch ehe dieses Ausnahmegeschehen an sie herantrat, schon eine Staatskunst haben treiben müssen, die, wenn auch gewiß noch nicht grundsätzlich, aber in einzelnen Verkettungen zweckvoll bewußt gewesen ist. Wenn wir hören, daß die Irokesen militärisch-politisch ein Gebiet anderthalb mal so groß wie das Deutsche Reich unmittelbar oder mittelbar beherrschten, so kann auch dieser Erfolg, der doch nur den benachbarten Indianerstämmen abgerungen war, nichts anderes als das Erzeugnis eines folgerichtig durch Jahrhunderte fortgesetzten und also verstandesmäßig, nicht mehr instinktmäßig bestimmten Handelns gewesen sein.

Der Geschlechterstaat der Irokesen stellt innerhalb der Urzeitvölker roter Rasse, ja vielleicht auf der Erde eine der höchsten Leistungen dar. Zugleich ist er auch für die Kulturvölker höherer Stufen ein artvertretender Fall, aus dem sich mindestens für ihre Urzeit die entscheidenden Grundzüge der Entwicklung gewinnen lassen. Es ist erstaunlich, mit wie wenig Lücken und Unebenheiten sich etwa der Geschlechterstaat der japanischen Frühzeit an die Entwicklungsverzweigung des irokesischen Baus anschließen läßt; Morgan selbst hat Athen, Sparta, Rom auf das engste angeschlossen. Und noch der Bauernstaat der Dithmarschen, der zwar erst um die Mitte des fünfzehnten Jahrhunderts geformt worden ist, sich aber ganz und gar wie die Wiederbelebung eines Geschlechterstaates aus der germanischen Urzeit ausnimmt, schließt sich wie ein jüngerer Bruder mit den genauesten Entsprechungen an das amerikanische Seitenstück an.

Wichtigkeit und Wucht des Entwicklungsganges der australischen und nordamerikanischen Geschlechterstaaten wachsen ins Ungemessene und schlechthin Universale, wenn sie dergestalt als Unterbau für die Bauformen der Urzeit unserer Kulturvölker erkannt werden. Nicht gewiß im Einzelnen, wohl aber in den allgemeinen und weiten Umrissen wird so auch für ihre Urzeit, auf die sonst nur ganz wenige Überlebsel Rückschlüsse zu machen erlauben, eine Sicht in die Tiefe der Zeiten gewonnen, denn in einiger, sei es näherer, sei es fernerer Ähnlichkeit müssen auch ihre ersten Entwicklungswege verlaufen sein.

Um so wichtiger wird für die allgemeine Geschichte des Menschengeschlechts die Deutung, zu der jene besser beleuchteten Frühgeschichten der lebenden australischen und amerikanischen Urzeitvölker hinleiten. Wohl läßt sich erweislich machen, daß die Einwirkungen der schon im Tierreich ausgebildeten Geschehensformen bis in die Ausgänge der Urzeit und bis zum Aufkeimen eines so starken und so reich gegliederten Geschlechterstaates, wie des irokesischen, reichen, und ebenso gewiß ist, daß diese Ausstrahlungen, vermittelt durch den Geschlechtstrieb, aber auch die feineren und zarteren Verbindungsdränge der Seele im Unterbewußtsein, die eigentlich vorwärts tragenden Kräfte in dem an sich neuen Menschheitsgeschehen waren. Da aber erhebt sich die Frage, warum, wenn ein so allgemeiner Antrieb stattfand, ist es zu der Gabelung der Entwicklung gekommen, die die eine Hälfte der Menschheit den aufwärts führenden Weg der Gruppenehe und des Geschlechterstaates einschlagen ließ, die andere Hälfte aber den Weg der Sonderfamilie und des Siedlerschaftsstaates, der zuerst wie ein überrascher Fortschritt zu letzten Zielen sich darstellte und so bald in Stagnation und — fast scheint es — in ewigen Stillstand, in ewige Unfruchtbarkeit ausmündete?

Der Unterschied bei der Wegtrennung kann nur in dem Verhältnis der beiden Geschlechter zueinander und in dem Heftigkeitsgrade des Geschlechtstriebes gesucht werden. Denn daß es sich um Gewalten im Unterbewußtsein handeln muß, nicht um irgendwelche verstandesmäßige, d. h. utilitarische, auf Nützlichkeitserwägungen gestellte Beweggründe, ist mehr wie wahrscheinlich.

Unstreitig tat der Geschlechtsgier des Mannes der Weg der Gruppenehe mehr Genüge, als der der Sonderfamilie. Denn einmal erhielt er den ihm nun wohl seit undenklichen Zeiten gewohnten Mischverkehr und zum zweiten entsprach er ihm vollends in noch gesteigerter Stärke, wenn das neue Verhältnis auf dem Raub- und Tauschwege zu Stande kam, wie Heinrich Schurtz' Lehre gesehen hat. Es war dann der Mann, dessen Leidenschaft und Lebensgier den Ausschlag gab.

Die Herbeiführung der Sonderfamilie aber war ebenso gewiß das Erzeugnis eines Obsiegens der Frau und ihrer Geschlechts-Instinkte, der leiblichen wie der seelischen. Aus dem Erbgang der Triebe vom Tierreich her muß sicher auch deren Geschehen abgeleitet werden. Die Frau folgte damit ihrem passiven, saugenden, lockenden Verlangen, wie der Mann seinen aktiven, schweifenden, raffenden, raubenden Antrieben.

Wahrlich die Sonderfamilie war am Schluß der Entwicklung, an dem Bahnpunkt, an dem die Entwicklung der nordamerikanischen, ja schon der australischen Geschlechterstaaten ebenfalls zur Sonderfamilie hin einbog, ein großer Fortschritt der menschlichen Gesittung, ein Sieg der Frau auch dann und ein hoher Segen für alle zukünftige Entwicklung. Kennzeichnend ist dennoch für die Richtung, die damit eingeschlagen wurde, daß schon die Irokesen über die erste Form der Sonderfamilie, die sonst fast ausnahmslos die Regel bildete, nämlich die Vielweiberei, hinausschritten und zur reinen Einehe gelangten, zuletzt in einer Steigerung, an die die Kulturvölker der Frühzeit so wenig wie die Menschen unserer Gegenwart dachten: es galt für einen verwitweten Ehemann für unanständig, sich noch ein zweites Mal zu verheiraten. Er fühlte sich zur Treue noch über das Grab hinaus verpflichtet.

Aber aus derselben starken Lebensgesinnung heraus, die auf der Höhe der Entwicklungsbahn eine Selbstregelung und Selbstbeschränkung des Trieblebens stark und heilvoll empfindet, wird man in ihren Anfängen die Seele des glühenden und starken Lebens auf Seiten der Gruppenehe und der Leidenschaft des Mannes sehen. Und der Ausgang dieses Geschehens, sieht man es in der weitesten Sicht der vollen Menschheitsgeschichte, spricht wahrlich für die gleiche Auffassung: was nutzte eine Selbstbeschränkung des Mannes zu Gunsten der Frau und einer späteren Sittlichkeit, wenn sie zu Stillstand und Unfruchtbarkeit führte: sie erwies sich damit als Mißgriff und verfrüht.

Des weiteren kann man sich des Gedankens nicht entschlagen: die lebensschwächere Entscheidung, eben die für die verfrühte Sonderfamilie des Siedlerschaftsstaates, mag wie von den schwächeren Männern, so auch von den schwächeren Völkern getroffen worden sein. Vielleicht hat in jenem allerfrühesten Teilalter der Urzeit eine Siebung und Lese zwischen den Gliedern der Menschheit stattgefunden, und wenn damals die einen sanft und fromm, die anderen wild und leidenschaftlich wählten, so ist es nicht Zufall, sondern Folgerichtigkeit, wenn diesen die Zukunft, jenen aber nur eine beschränkte und werdensschwache Gegenwart gehörte.

Nur vom Geschlechtstrieb und seinem Walten unter der Schwelle des Bewußtseins, aber mit den stärksten Auswirkungen an der Oberfläche des Geschehens soll so ausführlich, wie hier geschah, gesprochen werden. Diejenigen Verbindungsdränge, die etwa die — ebenfalls unterbewußten — Antriebe zum festen Zusammenschluß der wirtschaftlichen, der staatlichen, kurz aller Gemeinschaften des äußeren Lebens gaben oder die innerhalb der Familie die nicht-sinnlichen, die seelischen Bande um die Einzelnen schlangen, können ebenfalls nicht außer Zusammenhang mit den vor- und außermenschlichen Geschehensverkettungen stehen. Dieser Zusammenhang mag vermittelt sein durch die Fülle von Gemeinschaftsdrängen und Gemeinschaftsformen, die das Tierreich darbietet. Doch seine Auswirkungen sollen hier nur angedeutet, nicht aber des Einzelnen verfolgt werden.

Zweiter Abschnitt.

Die Schulung des Verstandes durch das Vorbild der Welt.

Erstes Stück.

Das Unterbewußtsein im Ich als Wirkungsleiter für die Einflüsse der Welt auf den Menschen.

Ich halte inne, denn die erste Reihe der Geschehensverkettungen, durch die das menschliche Tun mit der außermenschlichen Welt verbunden ist, ist nunmehr zur Genüge für den hier obschwebenden Zweck zur Übersicht gebracht. Die Untersuchung hat vom Gefühl und seinen Verbindungsdrängen fortzuschreiten zum Verstand und seiner freilich helleren und klareren Tätigkeit. Doch indem dieser Übergang vollzogen wird, bedarf es einer Verteidigung gegen eine Phalanx von Einwänden, die sich gegen die Annahme dieser wie mehrerer anderer, später zu behandelnder Verbindungsreihen der gleichen Art erheben könnten und die gerade die hier überschrittene Grenze zwischen unbewußtem und bewußtem Handeln zum Anlaß ihres Angriffs nehmen.

Allen den Zusammenhängen, die hier unter der Aufschrift Geschlechtsleben und Geschichte verfolgt wurden, ist gemeinsam, daß sie als durch das Unterreich des Ich, das wir als den Bezirk des Unbewußten bezeichnen können, hingeleitet angenommen werden müssen. Nun aber werden die Logizisten, die heute in den Einzelwissenschaften zumeist als bewußte Neuplatoniker, aber auch als unbewußte Neukantianer die Sache des reinen Begriffs mit Leidenschaft verfechten und dabei die der reinen Erfahrung schädigen, der sie im übrigen durchaus und oft mit großem Erfolg dienen, hier nach ihrer Gewohnheit einwenden: alles Menschliche, vornehmlich in seiner Abgrenzung gegen das Außermenschliche, in Sonderheit das Tierische hin, sei nur mit dem Geist und aus dem Geist zu begreifen und endige da, wo der Bereich des Geistes, mithin auch das Bewußtsein ende. Sie werden mithin jedes Hinübergreifen der vormenschlichen und außermenschlichen Geschehensformen leugnen, etwa aus denselben Gründen, aus denen sie die Entstehung von Sprache und Begriff in einem langen, tausendfach gestaffelten Werdegang oder die physiologische Abzweigung der Menschenart aus einer Tierart leugnen.

Gegen die metaphysischen und die aus ihnen abgeleiteten erkenntnistheoretischen, gegen die daseins- und denkwissenschaftlichen Setzungen zu fechten, von denen diese Anschauung ausgeht, ist an sich aussichtslos. Denn sie sind, als solche Setzungen-im-Voraus, reine Denkgebilde, denen auf keinem erfahrungswissenschaftlichen Wege beizukommen ist. Die Fechtweise aber, mit der sich die einzelnen von einander abweichenden Lehren dieser Denkweise unter einander befehden, ist uns, den an Erfahrung Gebundenen, versagt, ganz abgesehen davon, daß wir sie für wenig ertragreich halten.

Aber es giebt in diesem Gedankenkrieg Grenzgebiete, auf denen es sehr wohl zum Streit kommen kann. Es handelt sich besonders um die Angriffe der Logizisten, die uns, den Empirikern zum Vorwurf machen, daß unsere Beweisführungen nicht, wie wir wähnen, erfahrungsmäßig gestützt seien, sondern genau wie die ihren metaphysisch-aprioristisch, d. h. durch Setzungen-im-Voraus unterbaut. Und so wird man uns vorwerfen, alle die Hinüberwirkungen der außermenschlichen Geschehensformen in die menschlichen beruhten auf derlei Setzungen.

Was ist darauf zu erwidern: ich denke dieses. Formal, d. h. nach den Maßstäben reiner Denklehre ist dieser Einwand gerechtfertigt, insoweit er das denkmäßige Zustandekommen unserer Annahmen betrifft; er trifft aber das innere Geschehen, das er doch als nicht vorhanden oder wenigstens nicht erfahrbar hinstellen möchte, gar nicht.

Mit anderen Worten: allerdings können die Vorgänge im Reich des Unterbewußten, die hier angenommen werden, nur »gesetzt« werden, da sie nicht erfahrbar sind. Aber — und das ist der entscheidende Punkt — diese Setzungen geschehen nicht »im Voraus« nach Art der gegnerischen, sondern in begrifflicher Verkettung mit solchen Vordersätzen, die selbst aus Erfahrung gewonnen sind, oder sich wenigstens auf Erfahrungsergebnisse stützen können.

Als ein Beispiel, das nicht nur einen artvertretenden Fall, sondern den wichtigsten an sich darstellt, möge hier der Zusammenhang zwischen den außermenschlichen, anorganischen wie biischen Verbindungsdrängen einerseits und den menschlichen andererseits untersucht werden, den die auf diesen Blättern vertretene Anschauung behauptet. Hier ist nun einmal die Erfahrbarkeit und Gewißheit der physikalischen und biologischen Tatsachen, aus denen das Bestehen und beständige Wirken jener außermenschlichen Geschehensformen hervorgeht, nicht dem mindesten Zweifel ausgesetzt, noch weniger die Summe der gesellschaftlichen Tatbestände, die den gleichen Sachverhalt auf der Seite der Menschheit nachweisen. Als eine dritte, wenigstens mittelbar helfende Tatsachengruppe kommt in Betracht, daß die Verbundenheit der Wachstumsströme im außermenschlichen Reich mit denen der menschlichen Werdegänge zwar gewiß nicht erfahrungsmäßig festzustellen ist, daß ihre Annahme sich aber auf zahlreiche erfahrbare Tatsachen stützen läßt.

Nun ist allerdings bekannt, daß zwar nicht die Einzelforscher der beteiligten Naturwissenschaften — die man an sich für die zuständigsten Richter in dieser Angelegenheit halten sollte — wohl aber Philosophen oder philosophierende Gelehrte aus anderen, an sich unbeteiligten Bezirken etwa der Geisteswissenschaften, die Gewißheit dieser Wachstumsströme in Zweifel ziehen. Man ist so weit gegangen zu erklären, daß die Schöpfungsgeschichte der Genesis eine weit wahrscheinlichere Form des Werdens von Welt und Menschheit darstelle, als alle Lehren der Erd- und Artengeschichte. Man hat also die reaktionären Velleitäten einer — sehr romantischen, aber durchaus nicht religiösen — Schriftgläubigkeit so weit getrieben, wie es heute nicht einmal die Väter Jesu, die sich ernsthaft um Naturforschung bemühen, für nötig halten.

Aus dieser allgemeinen Geistesverfassung heraus zieht man nun, wie selbstverständlich, nicht allein die Tatsache der Artengeschichte in Zweifel, sondern würde auch erst recht — wüßte man von dergleichen Wagnis schon — das Fließen und Wachsen eines Erbganges, der vom Tierreich durch das körperlich-unterbewußte in das bewußte Menschheitsgeschehen leitet, nicht nur in Zweifel ziehen, sondern schlechtweg leugnen, immer auf die gleiche starre Formel sich berufend: daß alles Menschentun ein Geistgeschehen sei und deshalb seine Gesetze nur vom Geiste selbst, nicht aber von außerhalb empfange. Dies freilich ist dann wieder eine Setzung-im-Voraus, wie sie nicht selbstherrlicher gedacht werden kann.

Wir aber, die wir der Erfahrung anhängen und von ihr allein die Regeln für unsere Forschung annehmen wollen, werden hier freilich auf die Gewißheit, die die mit den Sinnen empfangende Erfahrung in Naturdingen giebt, verzichten müssen, aber wir werden uns auf Hunderte von Entsprechungen und Ähnlichkeiten berufen dürfen, die uns zu der Unterstellung der hier hilfsweise eintretenden Annahmen, die nach allen Regeln induktiver, d. h. von unten her bauender Wissenschaft geformt sind, das Recht erteilen.

Für den Geschlechtstrieb, von dessen Auswirkungen im menschlichen Gesellschaftsleben bisher allein gehandelt wurde, ist der Zusammenhang fast bis zur Gewißheit sichergestellt. Denn Bau und Tätigkeit der Geschlechtswerkzeuge des Menschen sind denen der Tiere nicht ähnlich, sondern im Wesen schlechthin identisch: Dasselbigkeit kann von ihnen ausgesagt werden in demselben Sinn, wie zwischen zwei Arten der höheren Säuger. Es ist nur ein sehr kurzer Schritt von dieser Gewißheit zu der Annahme, daß auch die übrigen Verbindungsdränge, die sich in den Geselligkeits- und Gemeinschaftstrieben des Menschen auswirken, durch einen Erbgang von Anlagen mit den entsprechenden Trieben und Gewohnheiten des Tierlebens ursächlich zusammenhängen. Nirgends wird sich diese Behauptung naturwissenschaftlich zureichend beweisen lassen; dazu fehlt es an vielen Annäherungen an die beobachtbare Wirklichkeit. Es ist also eine reine Unterstellung, die zu dieser Vermutung führt. Aber man wird zugeben, daß sie um vieles gesicherter erscheinen muß, als irgend eine der Behauptungen, die eine rein begrifflich verfahrende, deduktiv-analysierende, ableitend-auflösende wahrlich ganz *a priori*, sich also auf Setzungen-im-Voraus gründende Forschung so oft und so bereitwillig aufstellt.

Und dies ist denn nun das Endergebnis, das als Summe aus allen diesen Darlegungen zur Abwehr der hier unterstellten logizistischen Angriffe gezogen werden möge. Abzuweisen ist die Behauptung, als seien die Kettenglieder, mit denen der Zusammenhang zwischen den außermenschlichen und den menschlichen Verbindungsdrängen hergestellt wurde, Denkgebilde von dem gleichen Wirklichkeitswerte wie die Setzungen-im-Voraus der Logizisten. Dies zu behaupten bedeutet nur ein Qui-pro-quo, einen Scheinbeweis. Jene Glieder sind vielmehr, sei es rein erfahrbare Gewißheiten, sei es Unterstellungen von unvergleichlich viel größerer Seinsgefülltheit, Wirklichkeitsnähe.

Zweites Stück

Die Ordnungen der Welt und die Ordnungen des Verstandes.

Des Längeren war die Rede von den Baueigenschaften der außermenschlichen, zunächst der unbelebten Welt, deren Insgesamt man die Vernunft der Welt nennen darf, wenn man diesen Begriff von allen anthropomorphen, allen allzu menschennahen Bestandteilen befreit denkt. Es läßt sich dartun, daß dem Weltgeschehen im anorganischen Reich die Eigenschaften der Folgerichtigkeit, Genauigkeit, Zusammengesetztheit, Verflochtenheit bereits zukommen, in deren Anwendung auf die Spiegelung der Welt im Geist, aber auch auf die denkende Lenkung der menschlichen Angelegenheiten selbst die Tätigkeit des menschlichen Verstandes besteht.

Läßt sich das Verhältnis zwischen Weltgeschehen und Vernunft so von Seiten der Welt anschauen, so muß dieser Sicht auf Seiten unseres Verstandes folgerichtiger Weise die Annahme entsprechen, daß dieses unser Denkvermögen auf dem langen Entwicklungswege, den es von der Abtrennung der Art Mensch aus dem Tierreich zurückgelegt hat, die allerwesentlichsten Förderungen von dem Vorbild erhalten haben muß, das ihm die Welt in ihrem eigenen Sein vor die Augen hielt. Aber noch beträchtlicher, weil noch mehr aus dem Kern her wirksam, müssen die Einwirkungen gewesen sein, die unser Verstand aus unserem Körpersein empfangen hat, das ja wieder nur ein anderer Vermittler zwischen dem Welt- und dem Menschengeschehen ist, insofern es tief in das Weltgeschehen als dessen Teil eingebettet ist und so doch auch den Geist als den Träger unseres Tuns auf das folgenreichste beeinflußt haben muß. Das Unterbewußte muß den Wirkungsleiter auch für dieses Geschehen abgegeben haben.

Der Bereich dieser zweiten oder richtiger zu sprechen ersten Form der Einwirkung der Welt auf den Menschen kann trotz ihrer dumpfen und elementarischen Beschaffenheit gar nicht weit genug angenommen werden. Drängt man alle die Einzelgattungen absichtsvoll geregelten Tuns unter den Menschen zu dem Gesamtbegriff Ordnung zusammen, so findet sich, daß ein gar nicht geringer Kernbestand aller Geordnetheiten unseres Handelns und Denkens auf diesen Ursprung zurückzuführen ist: der zum großen Teil in ebenmäßiger Doppelung errichtete Aufbau unseres Leibes hat — vornehmlich durch den aus ihm entsprungenen Gleichschritt unseres Ganges — vermutlich mehr als jeder andere Einfluß von der Welt uns zu ordnerischen Wesen gemacht, sodann, in weitem Abstand, Atem und Puls. Die ungeheure Macht der Zweiheitlichkeit, der Dualismen aller Arten und Formen in unserem Denken, aber auch in unserem Handeln mag in einer ihrer Wurzeln auch von hier aus gespeist sein.

Wesentlich sichtbarer liegt der unmittelbare, sachliche, von außen auf den Menschen als Empfänger treffende Einfluß der Welt als eines Bildes am Tage. Insbesondere alle unsere Zeitordnungen, wesentlich seltener unsere Raumordnungen sind uns durch die Vorgänge am Himmel eingegeben. Der unabänderliche Wechsel von Tag und Nacht, demnächst, doch auch in weitem Abstand folgend der Jahresablauf der Sonnenstellung und der monatliche des Mondes, zuletzt auch der Wechsel von Ebbe und Flut, von Jahreszeit-Erscheinungen in der Pflanzen- und Tierwelt, sie alle haben das Tun der Menschen zu einem geordneten machen helfen. Und es kommt hier auf ein Doppeltes an: zuerst auf die Einzeleinwirkung, durch die — etwa im Fall des Wechsels von Tag und Nacht — in tausend Dingen des äußeren und inneren Lebens bestimmte Einzelordnungen heraufgeführt sind. Sodann aber, und dies ist vielleicht die wichtigste der Beeinflussungen, ist zweifellos auf diesem Wege dem menschlichen Geist der Sinn für Ordnung überhaupt eingegeben worden oder doch in ihm aufs äußerste verstärkt und in Zucht und Regel gebracht worden. Man wird sagen dürfen, noch jede Staatsordnung von der eines kleinen Geschlechterstaats aufwärts bis zu der eines Weltreiches, jede Wirtschaftsordnung, von der Fischfängergemeinschaft von Eskimos, die einen Walfisch unter sich in Stücke zerlegt, bis zu der eines heutigen Weltkonzerns, aber auch jedes noch so komplexe Glaubens- oder Forschungsgebäude, jeder noch so unendlich gegliederte Dom ist nicht zu denken ohne den ersten und elementhaftesten Antrieb zum Ordnen an sich, den uns die Gestirne und ihr ewig gleicher Gang in die Seele gedrückt haben. Die Ordnung der Welt hat sich als das Urbild aller Ordnung in unseren Geist geprägt.

Und ferner: es giebt noch weitere Einwirkungen der Welt, vorzüglich aus ihrem anorganischen Reich, die unser Denken — und zwar das forschende, wie das dem Handeln zugewandte — bestimmen und ihm die Wege weisen. Es kann sich dabei immer nur um die allgemeinsten Eigenschaften des Weltgeschehens handeln und schon um deswillen werden die Quellen dieser Wirkungen am ehesten im anorganischen Reich zu suchen sein, als demjenigen Bezirk dieses Geschehens, in dem für dessen Regelung die ersten und deshalb grundsätzlichsten Entscheidungen gefallen sind.

Unter diesen obersten Entscheidungen ist eine der stärksten, der folgereichsten, doch freilich auch eine der unausgesprochensten und verborgensten die Erscheinung, die die Physiker das Prinzip der kleinsten Wirkung genannt haben. Erst das reine Denken des achtzehnten Jahrhunderts, erst die Entdeckungen von Leibniz und Maupertuis haben es gefunden, erst Helmholtz hat es mit den Mitteln der Physik begründet und Planck hat es endgültig festgestellt. Es besagt, daß sich die anorganische Natur stets und ausnahmslos des geringsten Aufwandes an Weg und Vorbereitung bedient, um irgend ein Geschehen seinem Ziel zuzuführen. Als das weitgreifendste und gewaltigste Beispiel, zugleich als denjenigen Beleg für die Geltung des Satzes, der die stärkste und überzeugendste Schlagkraft offenbart, wird man das erste von jenen drei großen Gesetzen ansehen müssen, die Newton wie Grundsteine für den Gesamtbau der neueuropäischen, d. h. der eigentlich wissenschaftlichen Naturerkenntnis gelegt hat. Ein in Bewegung befindlicher Körper, auf den keine Kraft wirkt — so heißt dies Gesetz — bewegt sich geradlinig und mit der gleichen Geschwindigkeit unaufhörlich fort. Hier ist das Prinzip der kleinsten Wirkung in der Aussage »geradlinig« gegeben und besagt ein Ungeheures, zwingt viele Tausende von Formen des Naturgeschehens unter ein Gesetz. Und doch stellt diese Regel nur einen Sonderfall jenes größeren Gesetzes dar[1].

Es wird nicht ganz leicht sein, die Wege, auf denen diese große Regelhaftigkeit des Weltgeschehens, die man eher sein Schrittmaß, seinen Rhythmus oder richtiger gesagt, seine Richtungsgewohnheit nennen möchte, das Menschentun erreicht hat, auch nur zu ahnen, geschweige denn wissenschaftlich aufzudecken. Und doch wird kaum irgend ein forscherliches Empfinden sich der Annahme dieses großen Zusammenhanges — ist sie nur erst einmal ausgesprochen —

[1]) Vgl. Planck, Das Prinzip der kleinsten Wirkung (Physik, herausgegeben von Lecher [1925], S. 777ff.), dazu: Der Stufenbau und die Gesetze der Weltgeschichte ([2]1927 S. 189).

widersetzen mögen. Gleichviel ob diese Richtungsgewohnheit den menschlichen Geist durch die Wirkung so vieler von ihr geregelten Einzelerscheinungen — namentlich am Sternenhimmel — von außen her erfaßt und sich ihm unbewußt oder halb bewußt eingeprägt hat oder ob das Arbeiten unseres Hirn-Denkwerkzeuges doch auf irgend welchen, wenn auch noch so weiten und umständlichen Umwegen, auf den Umwegen eines in vielen Staffeln sich vollziehenden Erbganges in diese Richtungsgewohnheit hineingezwungen ist: dieser restlos-folgerichtige Rhythmus des innersten und des weiträumigsten Weltgeschehens muß uns erreicht und uns sich untertan gemacht haben.

Wie sehr wir es ihm geworden sind, ist mit dem raschesten Umblick über die Handlungsweisen des Menschengeschlechts festzustellen. Es handelt sich dort am sichtbarsten um Auswirkung des Prinzips der kleinsten Wirkung, wo sich das Streben nach Einheit und Vereinheitlichung geltend macht: denn was heißt Einheit, was heißt Vereinheitlichung anderes als die Herstellung von immer kürzeren Wegen, von immer unmittelbareren und deshalb mit einem kleineren Kraftaufwand zu erzielenden Wirkungen auf einen bestimmten Zweck hin.

Drittes Stück.

Das Prinzip der kleinsten Wirkung in Tat und Glauben.

Zieht man, um eine ganz summarische Formenlehre dieses in Wahrheit sehr grundsätzlichen Geschehens zu gewinnen, zunächst den Halbglobus des handelnden Lebens in Betracht, so ist die Geschichte des Staats unter den Menschen im großem Zuge auf der einen Entwicklungslinie abzutragen, die von dem Ausgangspunkt kleinster, zwerghafter Menschen- und Machtgemeinschaften zu sehr großen oder doch wenigstens großen Menschenzusammenballungen führt.

Wollte man die Größe der heutigen Staatsgebilde auf einen Erd-Durchschnitt zurückführen, so würde man vermutlich angesichts der ungeheuren Weltreiche auf einen größeren Mittelstaat von dem Umfang von Dänemark oder Costarica, wenn nicht von Griechenland oder Guatemala kommen. Und hat es auch auf dem Wege zu diesem Ziele an Mannigfaltigkeiten der Ausformung wie an Tempoverschiedenheiten für diesen Entwicklungsmarsch nicht gefehlt, im Weitesten gesehen ist der Hergang der einer beständigen Erweiterung des Landesumfangs und der Kopfzahl dieser Menschengefüge gewesen[1]. Darüber hinaus aber sind auch fast alle Vorgänge zwischenstaatlichen Geschehens, bis auf die Schöpfung des Völkerbundes in der Gegenwart Auswirkungen der gleichen Entwicklung.

Vergrößerung aber heißt nichts anderes als Vereinheitlichung: immer mehr Einzelne, immer mehr kleinere Gemeinschaften werden unter das Einheitsgepräge bestimmter Staats-, d. h. Lebensverhältnisse, ja auch bestimmter Menschenformen gestellt, oft genug gepreßt.

Was aber von der Entwicklung des Staates gilt, ist mit den sinngemäßen Änderungen auch von der des Wirtschaftslebens auszusagen. Auch hier ist der Weg von der engsten Beschränkung und äußersten Absonderung der wandernden Trupps einer kleinen Fischer- und Jägervölkerschaft bis zu den Volkswirtschaften und schließlich selbst den Weltwirtschaftskreisen unserer Gegenwart ein Vorgang beständig fortschreitender Vereinheitlichung der wirtschaftenden Einzelmenschen und der kleineren und mittleren wirtschaftenden Gemeinschaften zu immer größeren Menschenkreisen, zu immer einförmigeren Handlungsweisen des Wirtschaftens.

Und es ist leicht zu ermessen, wie folgerichtig jeder dieser über das Insgesamt der Menschheit und über Jahrtausende ihrer Geschichte sich erstreckenden Kollektiv-Vorgänge mit

[1]) Vgl. um der näheren Einzelheiten willen den sehr eingehenden Artikel *Empire* (Encyclopaedia of the Social Sciences, New York).

dem Prinzip der kleinsten Wirkung in Verbindung zu bringen ist. Jede einzige von den nach Billionen zählenden Einzelauswirkungen dieser ungeheuren Massenvorgänge bedeutet eine Verkürzung des Weges zwischen der Richtung gebenden Zentrale und dem von ihr in Bewegung gesetzten Heer der Geleiteten, eine Herabsetzung der Mittel, eine Vereinfachung und Verminderung der Zwischenhandlungen, die zu der Durchführung eines von der Zentrale ausgehenden und gewollten Geschehens erforderlich sind.

Würde man das Geschehen zwischen Menschen nach der Summe seiner Einzelhandlungen zahlenmäßig berechnen, so würde sich herausstellen, daß auf jeder weiteren Staffel der Menschheitsgeschichte die Zahl wirklicher Entscheidungen über ihr Tun abgenommen hat, d. h. jener Entscheidungen, die in Wahrheit solche waren und nicht Wiederholungen, sei es im Längsschnitt geschichtlicher, sei es im Querschnitt nachahmender Wiederholung.

Man mag annehmen, daß die Zahl der Handlungen schlechthin im Zuge der Menschheitsentwicklung — etwa auf Einheiten von gleichen Bevölkerungsgrößen berechnet — immer ungefähr dieselbe geblieben ist, ja es ist wahrscheinlich, daß sie um der fortschreitenden Verfeinerung und Ausgliederung — Differenzierung — des menschlichen Handelns willen beträchtlich zugenommen hat. Alle jene Entscheidungen aber, die sei es als schöpferische, sei es doch wenigstens als entscheidende, ihr Ziel und ihren Gegenstand immer neu formen, haben unzweifelhaft durch die fortschreitende Zusammenballung der Bezirke gleichen Staats- und Wirtschaftshandelns beständig abgenommen. Das Prinzip der kleinsten — man könnte für den Verlauf dieses Werdegangs mit noch größerem Recht sagen: der kleineren — Wirkung hat an ihm beständig seine Macht erwiesen.

Ein Einwand wird sich erheben, mit dem eine Auseinandersetzung stattfinden muß. Ist nicht die eigentliche seelische Triebfeder, die sich an allen einzelnen Handlungsveränderungen, aus denen sich dieser Werdegang zusammensetzt, und also auch an ihm selber zeigt, der Machttrieb? Das muß zugegeben werden: die Freude des Menschen an jeder Willensbetätigung und so auch an der ausgeprägtesten und wuchtigsten ihrer Formen, an der Erwerbung und Ausübung von Macht hat sicher jeden einzelnen dieser Entwicklungsschritte wie das Insgesamt dieses Werdeganges beeinflußt. Man möchte an diese Feststellung den weiteren Vorwurf knüpfen, daß die Hervorbringungen eines aus dem Gefühl aufsteigenden Antriebes hier ganz zu Unrecht einer seelischen Wirkungsquelle zugeschrieben würden, die sich wie ein logisches Prinzip darstelle, wenn sie auch dem wahrlich unbewußten, also gewiß auch nicht-logischen anorganischen Reiche angehöre.

Hierauf ist zu erwidern: auf beiden Seiten wird hier der wirkliche Tatbestand etwas verschoben; das Prinzip der kleinsten Wirkung ist weder — auf Seiten des hier verglichenen Natur-Geschehens — ein logischer Tatbestand, wie schon das Wort Prinzip so irreführend sagt, noch auf der anderen, der Seite der Menschheit, als Wirkung ein einseitig und genau abgrenzbar auf den Machttrieb eingestelltes Geschehen. Auf beiden Seiten muß die gegebene Wirklichkeit etwas anders gesehen werden: daß die Denker, Mathematiker und schließlich selbst die Physiker den Ausdruck Prinzip brauchten, ist bei den ersten beiden, zumal sie dem achtzehnten Jahrhundert angehörten, nicht verwunderlich und selbst die Physiker von heute, so wenig sie in ihren Grundanschauungen einem übermäßigen Logizismus verschrieben sind, haben doch aus hundertjähriger Gewohnheit noch immer die Neigung, ihren Beobachtungen eine eigens logische Benennung und damit auch eigens verstandesmäßige Zuspitzung zu geben. Es wird nicht allzu umständlicher Beweisführungen bedürfen, um darzutun, daß zwischen der Sprache, die das Naturgeschehen selbst spricht und der anderen, in die heutige Wissenschaft sie übersetzt, eine weite Kluft gähnt: jene ist dunkel, dumpf und ungewiß, oft breit oder stumpf — nicht von sich selbst her gesehen, aber an den Maßstäben menschlicher Verstandeswerkzeuge gemessen, diese aber überhell und sehr zugespitzt. Nicht in dem Sinn sind diese Worte zu verstehen, als ob das Naturgeschehen nicht letzte Exaktheiten und Präzisionen hätte — diese hat es im Grunde überall und immer, wie noch des Näheren dargelegt werden soll; dabei aber sind sie von so vielen Hüllen eines für uns schwer durchdringlichen Oberflächengeschehens verborgen, daß ihre Sprache doch wieder nur dunkel oder fast stumm für unser Ohr ist. Und wie schwer ist es dann für uns zu entscheiden, ob die Worte, die wir diesem so verborgenen Kerngeschehen zuschreiben, nicht ganz weit von dessen Sinn abirren. Man gedenke nur des in den letzten Jahren ausgefochtenen Streites über die Vorgänge innerhalb des Atoms: noch weiter als die von Schrödinger und Heisenberg hier, von Niels Bohr und seinen Anhängern dort verteidigten Vorstellungskreise können solche kaum von einander abweichen.

Zu dem hier in Rede stehenden Gegenstand der Überlegung läßt sich nun sagen: auf Seiten des Naturgeschehens war das Wort Prinzip von vornherein, gleichviel ob es aus der allzu rationalen Geistesrichtung der es als Losung ausrufenden Gelehrten oder aus Verlegenheit um einen wesensnäheren Ausdruck geschah, falsch gewählt. Der dritte Fall, der allein zu rechtfertigen wäre — und der für die heutigen Benutzer des Wortes zutreffen mag — daß man von vornherein Prinzip als rationales Symbol für ein als irrational erkanntes Geschehen benutzen wollte, entbehrt für die ersten Urheber des Ausdruckes aller Wahrscheinlichkeit. Hätte man von einer Tendenz zur kleinsten Wirkung oder einer Geschehensgerichtetheit auf die kleinste Wirkung gesprochen, so wäre man dem Wesen der Sache nähergekommen. Das Wort ist ja viel zu anthropozentrisch, viel zu menschennah: wie kann das Geschehen der Welt Prinzipien haben.

Auf der anderen Seite aber, auf der Seite des Menschheitsbereiches, ist die Zurückführung alles dieses Geschehens auf den Machttrieb zwar durchaus gerechtfertigt; aber die Annahme, daß der Machttrieb die Ursache von allem diesem Geschehen sei, ist das Ergebnis nur einer von zwei — oder gar mehreren — möglichen Betrachtungsweisen dieses selben Geschehens, das einer anderen Sicht unterworfen sich ganz anders darstellt: nämlich auch als Erzeugnis einer Werdensrichtung zum direktesten und kürzesten Wege, also — in der Sprache der alten Prägung gesprochen — der kleinsten Wirkung.

In Wahrheit entspringen beide Ansichten einer Wurzel. Man überlege doch: wenn erklärt wird, daß ein im Raum dahineilender Körper sich nie auf einem anderen als dem kürzesten Weg vorwärts bewegen werde, so heißt dieses doch nichts anderes, als daß der Körper sich mit dem größten ihm zur Verfügung stehenden Kraft- — oder wenn man lieber will — Energie-Aufwand vorwärts bewegt. Giebt sich aber ein handelnder Mensch dem ihm innewohnenden Machttrieb rückhaltlos hin, so heißt dies, daß er die Bahn seines Tuns möglichst geradlinig, möglichst umweglos verfolgt. Hieraus aber folgt, daß die geradlinige Vorwärtsbewegung, die das erste Newtonsche Gesetz fordert, als Einzelfall des Prinzips der kleinsten Wirkung oder wie hier vorgeschlagen wurde, der Geschehensgerichtetheit zum kürzesten Wege, aus der Sprache des anorganischen in die des menschheitlichen Reiches übertragen, ungefähr das Gleiche bedeutet, gewiß nicht im Formalen, wohl aber im Tatsächlichen. Formal, das ist ja auf den ersten Blick zu erkennen, sagt der Newtonsche Satz die Wirkung eines Geschehensgesetzes aus, während der Machttrieb die bewirkende Ursache des entsprechenden menschheitlichen Geschehens bezeichnet. Wollte man die Form des zweiten Ausdruckes der des ersten annähern, man müßte sagen: ein in handelnder Bewegung befindlicher — und auf Erwerbung von Macht gerichteter — Mensch wird die Bahn seiner Richtung geradlinig verfolgen.

Und um nun wiederum zum Ausgangspunkt dieser Gedankenreihe zurückzukommen: ist es so, daß das Walten des Machttriebes nur der gesellschaftswissenschaftliche Ausdruck für ein menschheitliches Geschehen ist, das ebensowohl auch in den Geltungsbereich des physikalischen Ausdrucks für die Geschehensgerichtetheit auf die kleinste Wirkung gezogen werden kann, dann kann um so weniger in Zweifel gezogen werden, daß dies Naturgeschehen, auf welchen Wegen immer, dies ihm so nahverwandte Menschentun bewirkt und in seine Weise hineingezogen hat.

Ganz voll von Beweisen für eine ähnliche Gleichgerichtetheit ist das Reich des Geistes[1]. Die Staffelfolge der Formen des Geister-, Götter- und Gottesglaubens, die die Glaubensgeschichte auf dem Wege durch die Stufenalter der Menschheit durchlaufen hat, zeigt wie in so vielen anderen Stücken die augenfälligsten Gleichläufigkeiten mit der Entwicklung des Staats und insbesondere des Königtums. Und Niemand wird verkennen dürfen, daß hier eine — zumeist geradlinige, wenngleich zuweilen auch mäandrisch gewundene — Entwicklungslinie vorliegt, die durchaus dem allmählich immer stärker, immer folgerichtiger sich durchsetzenden Prinzip der kleinsten Wirkung unterworfen scheint. Vergleicht man etwa den Anfangs- und den Ausgangspunkt dieser Linie, das Geister-, Halbgötter- und Göttergewimmel eines sehr hochstehenden Urzeitvolkes wie der Irokesen und die unsäglich starke, völlig vereinzelt dastehende Gestalt eines All-Einen Gottes, wie die des Islams, so sieht man den vollständigen Sieg der Vereinheitlichung und damit der Verminderung und Ersparung von Kräften des geistig-gläubigen Schaffens sich vollenden. Die Antriebe, als deren Auswirkung man diesen Werdegang wird ansehen müssen, sind einmal der Machttrieb, nur von dem Gläubigen auf den von ihm geahnten Gott übertragen, sodann aber rein geistig der Drang nach Vereinheitlichung, der aus sehr vielen immer weniger Bilder und Gegenstände der Verehrung und zuletzt nur eines noch macht. Es findet hier, man wird es zugeben

[1]) Man vergleicht hier vielleicht die Abhandlung Einheit als Geschehen (Jahrbuch für Soziologie [1925] 115—136).

müssen, ein stetig fortschreitender Hergang von immer neu auftretenden Begriffsvereinfachungen statt, die ein Doppeltes in sich schließen: eine Verstärkung der Wucht der geistigen Gehalte, eine Steigerung der begrifflichen Gewalt und eine Aufhöhung der zu verehrenden Gestalt, zugleich aber eine beständig fortschreitende Ersparung und damit doch auch Verarmung an Vorstellungsgehalten. Rückläufige Zwischenbewegungen, wie die im germanischen Mittelalter aufkommende Bevölkerung des christlichen Himmels mit einem annähernd polytheistischen Gewimmel von Heiligengestalten werden deshalb auch als Geschehensfolgen empfunden, die das Ziel dieses Herganges wieder weiter hinausgerückt haben, die zugleich aber auch jene Zunahme an Gestaltenverarmung für eine Weile zum Stillstand gebracht, ja rückgängig gemacht haben. Und selbst an der Einzelgestalt eines so herrscherlich auf sich gestellten höchsten und einzigen Gottes, wie der des erst früh-, dann spätjüdischen, weiter christlich-gestalthaften und endlich christlich-metaphysischen Gottes, läßt sich die gleiche Doppelwirkung von Begriffsverstärkung und Bildverarmung beobachten. Von jenem Jahve, der Abends im Garten Eden sich ergeht oder der den unseligen Hiob in einem triumphierenden Hohnlied fragt, ob er etwa dem Behemoth ein Strohseil durch die Nase ziehen und ihn seinen Mädchen zum Spielwerk bringen könne, bis zu dem Gott heutiger christlicher Metaphysik, der die Welt aus dem Nichts schafft, ist ein weiter Weg, und wer dürfte leugnen, daß das Schlußglied dieser Kette zwar begriffsstärker, aber auch sehr viel bildärmer, als das Anfangsglied ist. Aber selbst bis in diese letzten Folgerungen hinein mag sich der Vergleich mit jenem physikalischen Urprinzip aufrecht erhalten lassen: denn niemand möchte wohl daran zweifeln, daß die gerade Linie zwischen zwei Punkten zwar gewiß die an Kraft wuchtigste Verbindung zwischen ihnen darstellt, daß aber eine völlig unregelhafte, mäandrisch gewundene Linie zwischen denselben zwei Punkten viel reicher, d. h. wechsel- und bilderreicher sein würde.

Viertes Stück.

Das Prinzip der kleinsten Wirkung in der Forschung.

Innerhalb der Wissenschaft strömen dem gleichen Sachverhalt von allen Seiten die mannigfachsten und nachdrücklichsten Bestätigungen zu. Eine von ihnen ist die gewichtigste und nachdrücklichste, weil grundsätzlichste: man wird sagen dürfen, jede Erwerbung schon von rohem Wissensstoff bedarf als des ersten und unentbehrlichsten Hilfsmittels die Sammlung von Einzelbeobachtungen unter einen Begriff von etwas höherer Denkebene und von etwas weiterer Deckungskraft, die Herstellung also von Sammelbegriffen. Was aber bedeutet eine solche Vornahme anderes, als Vereinfachung, Vereinheitlichung[1]. Ein einzelner Tatbestand, den auch das zu keinerlei auflösender — analytischer — oder zusammensetzender — synthetischer — Denktätigkeit vorbereitete Vermögen aufzunehmen versteht, wird nach seinen Eigenschaften zerlegt und, indem man eine oder zwei von diesen Eigenschaften zu Gruppen bildenden und Namen gebenden erhebt, zur Unterlage für die Bildung eines Sammelbegriffs gemacht. Diese Vornahme aber wiederholt sich nicht zu Hunderten, sondern zu unzählbaren Malen; alle Wissens-, vollends aber alle Wissenschaftsgebäude bestehen aus Bauwerken von vielen Querschichten und von sehr vielen diesen dann wieder angepaßten Längsschnitten, in denen sich in den mannigfachsten Abweichungen und Ausgliederungen — Varianten und Differenzierungen — jene allgemeinen Querschichtbildungen teils wiederholen, teils verändern. Die Gebäude der Sprachen sind die frühesten — im Sinn der entwicklungsgeschichtlichen Zeitrechnung frühesten — und zugleich die am feinsten und am mannigfachsten gegliederten

[1]) Man vergleicht vielleicht die kurze Auseinandersetzung dieser Dinge mit den — etwas abweichenden — Kantischen Teilungen in der Abhandlung: Der Aufbau der Persönlichkeit von Kant (1931) 59f.

Begriffsbauten dieser Art. In langsamen, in Hunderten von Staffeln sich vorwärts schiebenden Werdegängen haben sie keine andere Denkvornahme so oft betätigt als diese und jede einzelne von ihnen ist ein Tun im Dienst des Prinzips der kleinsten Wirkung.

Denn jede von ihnen macht, sei es aus sehr vielen Einzelfällen eine *species* — eine Art — oder aus einer Anzahl von Arten ein *genus*, eine Gattung, und ermöglicht dadurch ein weiteres Handhaben mit den so gewonnenen Sammelbegriffen. Jede von ihnen bedeutet eine Abkürzung, eine Vereinfachung der weiteren und zwar gerade der schöpferischen Denkvorgänge.

Ja man wird bei diesem Vergleich mit dem physikalischen Urbild zu ihm in noch größere Nähe, wenn auch nur auf dem Wege des Gleichnisses gelangen können. Wollte man für die Herstellung von Sammelbegriffen ein geometrisches Gleichnis gewinnen, so würde man auf die gerade Linie verfallen müssen. Denn, wenn man, wie billig, die völlige Unregelmäßigkeit einer Gruppe von noch ungeordneten und vom Begriff noch nicht bezwungenen Tatbestandsbildern mit einer in vielfachen Kurven und Zacken sich hierhin und dorthin bewegenden Linie zusammenstellen könnte, so würde ein Sammelbegriff, der nun auf der nächst höheren Denkebene diese Unebenheiten zu einer Einheit zusammenzuziehen bestimmt wäre, durchaus am glücklichsten mit einer Geraden oder doch mit einer der Geraden sich nähernden Linie zu vergleichen sein[1].

Und diese Formen des Dienstes am Prinzip der kleinsten Wirkung, obwohl sie eben wegen ihrer Elementhaftigkeit von letzter Tragweite und also von entscheidender Bedeutung sind, sind keineswegs die einzigen selbst von diesem Rang. Man kann sagen, daß der Entwicklungsgang ganzer Wissenschaften wie von einer magischen Kraft durch den immer von neuem sich auswirkenden Drang zur Vereinheitlichung

---

[1]) Ich entnehme diesen Vergleich meiner Gesellschaftslehre Bd. I.

auf seiner Bahn vorwärts getrieben ist. Am eindeutigsten läßt sich diese Beobachtung an der Geschichte der Physik im letzten halben Jahrhundert nachweisen und die Physiker selbst haben schon auf diesen Tatbestand aufmerksam gemacht[1]. In Sonderheit an den großen Entdeckungen von Maxwell und Hertz, die zuerst die Verwandtschaft zwischen Licht und Elektrizität, demnächst ihre Dasselbigkeit nachgewiesen haben, dann an dem gewaltigen Funde Plancks, mit dem er die Quantentheorie aufstellte, weiter an den großen Forschungen Einsteins, durch die er die Einheit von Energie und Masse nachwies, und schließlich an allen den Enthüllungen, die von Lorentz bis zu Niels Bohr den innern Aufbau der Materie aufgehellt haben, läßt sich dieser Sinn der neuesten Entwicklung der Physik nachweisen. Ja es giebt an ihr noch allgemeinere Erscheinungen, die diesem Zuge entsprechen: alles Hinstreben dieser jüngsten Physik in den innersten Bezirk des anorganischen Reichs, in das Kerngebiet der Urkörper und der kleinsten Dimensionen bedeutet im Grunde ein Hindringen zu den elementarsten Geschehensformen, die eben deshalb für alles Sich-Ereignen in den höheren, der Oberfläche näheren Schichten bestimmend und entscheidend sind und dies wiederum ist nichts anderes als ein Forschen nach den letzten Vereinheitlichungen allen Weltgeschehens.

Man sieht, die Physik ist nicht umsonst in so großer Nähe zu dem Sich-Begeben in der Welt gewesen, in dem sich das Prinzip der kleinsten Wirkung am ersten offenbarte: sie, die in einem gesteigerten, einem doppelten Sinn bei dem anorganischen Weltgeschehen und dem in ihm verkörperten Prinzip der kleinsten Wirkung in die Schule gehen konnte, hat sich von ihm eigens stark beeinflussen und fördern lassen und wenn die Physik in der Gegenwart unter den Erfahrungsdisziplinen nicht allein im Bezirk der Natur-, nein auch der Geisteswissenschaften um ihres alle früheren Zeiten überstrahlenden Erfolgs willen eine Führerstellung einnimmt, so

---

[1]) Haas, Das Naturbild der modernen Physik ([2] 1924) 1.

mag sie das nicht zuletzt diesem Umstand zu verdanken haben.

Aber sie ist nicht die einzige unter den Zweigen der Naturwissenschaften geblieben, auch die anderen, am stärksten vielleicht die Biologie, sind von dem gleichen Drang beseelt und haben in ihrem Trachten nach den Zentren, nach letzten Vereinheitlichungen, das gleiche Gepräge erhalten. Bemerkenswert weniger zeigen sich die Geisteswissenschaften von diesem Zuge beherrscht: hier wirkt der Gegendruck einer idiographisch dem Einzelnen zugewandten Bewegung fast übermächtig. Nur einzelne Geschichtsforscher, einzelne Philologen waren Schwimmer gegen diesen Strom. Und wenn Lamprecht zur Zusammenschweißung von Staats-, Wirtschafts- und Geistesgeschichte kam, wenn eine vergleichende europäische, eine vergleichende Universalgeschichte in Angriff genommen wurde, so diente auch sie in der Gedankensprache der Wissenschaft dem Prinzip der kleinsten Wirkung. Die Forschungsweise der Entwicklungsgeschichte kann geradezu als Schulfall für die Ausstrahlungsmöglichkeiten dieses Prinzips gelten. Entwicklungsgeschichte steht schon in derjenigen ihrer Betätigungen, von der sie den Namen führt, bei der Herstellung von zeitlich, aber auch zugleich sachlich-begrifflich geordneten Entwicklungsreihen durchaus in Diensten des Prinzips. Denn indem sie diese sachlich — im Querschnitt — fest zusammengeschlossenen Längsschnitte als Ganzheiten in dieser ihrer Zeitfolge behandelt, drängt sie sie zu Sichteinheiten zusammen, die sie, um auch hier wieder ein optisch-geometrisches Gleichnis zu wählen, für den sie begreifenden, sie nun auch in der Länge zusammenfassenden Blick des Forschers verkürzen.

Diese erste Form der Vereinfachung aber — tausend Einzelheiten bleiben ja fort — steigert sich dann, wenn Entwicklungsgeschichte, wie es ihre begrifflich geforderte Pflicht ist, als vergleichende Entwicklungsgeschichte eine Anzahl von Geschehensreihen, sei es an Sach-, sei es an Volksgeschichten zu einer neuen höheren Einheit zusammenfaßt; es wiederholt und verstärkt sich dieses Tun: neue Vereinfachungen der Bildreihen entstehen.

Zum dritten Mal aber vollzieht sich die gleiche forscherliche Ausführung des Prinzips der kleinsten Wirkung, wenn eine Geschichtslehre, die nicht mehr auf die Abschilderung von Ereignisketten in der Zeitfolge gerichtet ist, nunmehr das geschichtliche Geschehen in seiner Allgemeinheit untersuchen und einer Wissenschaft vom Wesen und den Formen des geschichtlichen Werdens dienen will. Denn indem sie die langen Ereignisketten, mögen sie auch durch die entwickelnde Forschung schon zu Längseinheiten zusammengefaßt sein, auf die eine Ebene einer Werdenssicht wirft, nimmt sie von neuem Vereinheitlichungen und Vereinfachungen von kaum übersehbarer Zahl und Mannigfaltigkeit vor. Eine solche Geschichtslehre, wie die Kette von Einzeldarstellungen, der der heute und hier vorgelegte Band angehört, erreicht dann, wenn sie — wie in einem späteren Werk — die Absicht verfolgt, die Formen des menschheitsgeschichtlichen Werdens mit denen der naturgeschichtlichen Entwicklungsvorgänge zu vergleichen, vielleicht die äußerste Grenze eines geschichtswissenschaftlichen Dienstes am Prinzip der kleinsten Wirkung: denn es ist jene monokosmische Sicht hergestellt, die das menschheitliche und das außermenschliche Weltgeschehen zu einer Einheit zusammenschließen und der der Schreiber dieser Zeilen am meisten zur Geltung verhelfen möchte.

Fünftes Stück.

Das Prinzip der kleinsten Wirkung in der Kunst.

Die Kunst hat, da sie ihr Spiegelbild der Welt zu einem Teil nicht der Strenge des aufnehmenden Verstandes, sondern dem freien oder doch halbfreien Spiel der Einbildungskraft unterwerfen will, mit dem Prinzip der kleinsten Wirkung nicht im gleichen Sinn zu schaffen, wie die Wissenschaft.

Insbesondere kann ihr nicht in den Sinn kommen, es zu einem letzten Richtweiser für ihre Verfahrensweisen zu machen. Dennoch sind von diesem Grundsatz Einwirkungen der gewichtigsten Art auf alle Künste ausgegangen.

Der Grund für diesen Sachverhalt ist nicht weit zu suchen: der Verstand hat am Werk des Künstlers durchaus nicht einen so geringen Anteil, als ein aus der Ferne sehendes Urteil annehmen möchte. Der Verstand hat doch nicht nur die erste In-Empfang-Nahme, Buchung, Umschreibung der von den Sinnen an ihn überlieferten Wirklichkeitsbilder vorzunehmen, sondern er hat der schaffenden Einbildungskraft bei der Gestaltung ihrer neuen Gebilde überall da Hilfe zu leisten, wo es sich um ordnerische Tätigkeiten handelt. Es ist kein Gemälde denkbar, bei dessen Linienführung, Flächen- und Gestaltenverteilung diese bedenkende, abwägende, nahezu rechnerische Hilfe vom Verstand nicht in Anspruch genommen werden muß.

Und da ist nun für die Wertung wie insbesondere für die Formenlehre der künstlerischen Maßnahmen, die ganz ebenso wie die ihnen entsprechenden forscherlichen dem Prinzip der kleinsten Wirkung — gleichviel ob unbewußt, wie meistens, oder bewußt — zur Geltung verhelfen, von großer Bedeutung zu erkennen, in welchen Kunstrichtungen und in welchen Kunstzeitaltern sich dieser Drang am eindeutigsten offenbart. Alle Kunst der Urzeit hat diesen herrscherlichen Drang nach Vereinfachung noch nicht, wenigstens nicht als Generalidee, als Leitgedanken, so oft im Einzelnen ihr technisches Nichtkönnen in uns Heutigen diesen Eindruck hervorrufen mag. Ganz beherrscht von ihm aber zeigt sich die Kunst der Altertumsstufe: denn indem sie den Willen zur Durchsetzung von absichtsvoll bestimmten Schönheitsformen zeigt, gelangt sie zu Stil und Stilisierung, d. h. zur Ausbildung von gewollten und ständig festgehaltenen Formen einer besonderen Schönheitsgattung, und wenn auch gewiß nicht bei allen so entstehenden Kunstweisen, so doch bei sehr vielen, ist eine gewollte Vereinfachung der

Linien, Flächen und Körper das vorschwebende Ziel der Stilisierung. Gleichviel ob man die Königsdenkmäler der Geschlechter der Ming-Herrscher, oder die Reliefs an den assyrischen Königsburgen oder die Reste der Hethiterkunst mustert, dieser Zug kehrt immer wieder und die Baukunst der ägyptischen Tempel wie der babylonischen Herrscherpaläste zeigt sich vollends von ihm beherrscht. Die Bauform der Pyramide, zuerst in Ägypten auftauchend und zu riesenhaften Maßen entwickelt, dann, durch drei Jahrtausende und die Hälfte des Erdumfangs von dieser ersten Verkörperung getrennt, von den Maya in den Urwäldern von Alt-Yukatan erneuert, kann als äußerster Grenzfall, ja als Bild und Gleichnis für das Grundstreben der wuchtigsten Altertumskunst gelten. Hier ist die Geometrisierung, die Geradlinigkeit und damit die Vereinfachung auf ihren Gipfel getrieben. noch weiter hätte die Verkörperung des Prinzips der kürzesten Linie und damit der kleinsten Wirkung in der bildenden Kunst nicht getrieben werden können.

Die griechische Kunst hat von ihren mittelalterlichen Anfängen, vom dorischen Tempel und den Kouroi-Standbildern an, den Drang zu stilisierender Vereinfachung bewährt und ihn in der edelsten, lautersten Form verkörpert. Daß sie in ihren späteren Entwicklungsabschnitten dabei vielfach einer verringernden Verglättung verfiel, ändert an dem Grundzug dieses Geschehens nichts.

Im neueuropäischen Weltalter sind zum mindesten die Baukunst der romanischen und gotischen Zeiten voll von Zeugnissen des Dranges zur Vereinfachung, die romanische noch nachdrücklicher als die gotische. Denn gegenüber der klaren und übersichtlichen Schlichtheit der romanischen Weise, spaltet die Gotik durch Ausgliederung und Vervielfachung der einzelnen Bauteile vornehmlich an der Außenseite des hohen Chors und an den Fassaden der Kathedralen den ästhetischen Eindruck bis zum Wirrsal. Doch ist sie dem Prinzip der kleinsten Wirkung auch dann noch in nicht geringem Maße untertan: denn die von ihr zum Grundsatz erhobene Gleichheit so vieler, ja man möchte sagen aller entscheidenden Bauteile, von den Pfeilern und ihren Diensten bis zu den Fialen und Wimpergen diente ihr doch auch, wenngleich auf eine andere Weise, als eine Form von Vereinfachung. Denn wenn durch die immer neue folgerichtig und grundsätzlich durchgeführte Wiederholung zwar nicht das Liniengefüge selbst, wohl aber der von ihm hervorgerufene sinnlich-seelische Eindruck auf das wirksamste vereinfacht wird, so geschieht im Grunde dasselbe. Es giebt keine Bauweise, die so grundsätzlich mit diesem Mittel der Wiederholung wirkt wie die gotische, und es wird dadurch, daß sie ihre Bauteile gemäß ihrer Grundlosung — schmale Höhe — unermüdlich in der Senkrechten aufstreben, diese Wiederholung aber in der Wagerechten sich vollziehen läßt, noch nachdrücklicher zur Wirkung gebracht.

In vielen Stücken weit abweichend von der Baukunst der Gotik, haben ihre freien Kunstgattungen, haben Malerei und Bildnerei ihre Werke mit sehr wirklichkeitstreuen und deshalb vielfach von Einzelstoffen viel zu sehr bedrängten Schilderungen überfüllt. Sie haben dann Gesamteindrücke hervorgebracht, die dem Prinzip der kleinsten Wirkung schlechthin entgegengesetzt sind. Es fehlt auch an Ausnahmen nicht: Bildwerke und Bilder sind geschaffen worden, in denen ähnlich wie in der gotischen Kirchenbaukunst, nur durch Gestalten, senkrechte Wirkungen durch Wiederholung in der Wagerechten zu vereinfachtem Eindruck gebracht werden. Aber im Gesamtbild dieser Kunstgattungen überwiegen Wirklichkeitstreue, Überfüllung, Wirrsal durchaus.

Umso eindeutiger macht sich dann der Übergang von der gotischen oder doch noch halbgotischen Kunst des Quattrocento zu der der Renaissance als ein Sieg des Prinzips der kleinsten Wirkung auf der ganzen Linie geltend. Wer die großen Gipfelwerke der hohen Renaissance in der italienischen Malerei, die Disputa und die Schule von Athen Raffaels und vor allem das früheste und höchste von ihnen, das Abendmahl Lionardos auf die Urbestandteile ihrer schönheitlichen Wirkung untersucht, wird finden, daß sie in hohem Maße erstens auf abwägende, messende, fast rechnerische Tätigkeit des Verstandes zurückzuleiten sind und daß sie zweitens durch Vereinfachung im buchstäblichen, aber auch im unmittelbaren Sinn, im Sinne der Vereinfachung des Eindrucks als dem Prinzip der kleinsten Wirkung dienstbar zu erkennen sind.

In der Behandlung der Gewänder, der architektonischen oder sonstigen Hintergründe, aber auch noch der Köpfe und Körper finden Vereinfachungen aller Art statt, d. h. gegenüber dem Knitterwerk gotischer Gewänder werden schlichtere, größere Flächen, ruhigere Falten geschaffen, den Körpern werden ruhevollere Gebärden, stillere Haltung aufgenötigt; die Innenarchitektur des Abendmahls und der Schule von Athen sind Musterstücke von geschwichtigter Gliederung. Die Verteilung der Gestalten in Gruppen, der Gruppen über den Raum, ferner die beiden geschwungenen Gesamtlinien in die auf der Disputa die Gestalten der irdischen und der himmlischen Heiligen verteilt sind — dies Alles dient noch der Vereinfachung der künstlerischen Ordnung schlechthin.

Die letzten beiden von den hier umschriebenen Tatbeständen greifen schon in die zweite Gattung der vereinfachenden Vornahmen, derer nämlich, die nicht unmittelbare, sondern mittelbare Vereinfachung hervorbringen, in sofern sie durch Wiederholung oder durch Zusammenordnung das empfangende Geschehen in uns, den Beschauern vereinfachen wollen. Und diese zweite Gattung ist durch die Malerei der hohen Renaissance fast noch klassischer vertreten als die erste. Harmonie und Symmetrie, Gleichklang und Ebenmaß sind die Ordnungsformen, unter die vornehmlich die Verteilung der Gestalten und der Gestaltengruppen über den Raum gestellt ist, dazu die axiale, die herrscherliche Mittellinie einhaltende Stellung der Hauptpersonen: dies sind recht eigentlich die Werkzeuge zur Erreichung des zweiten Zieles, der Vereinfachung und durch sie der Verstärkung des Eindrucks auf den Empfangenden.

Im Abendmahl und in der Schule von Athen sind das Zusammenwirken dieser Ordnungsweisen am architektonischen Hintergrund und an der Aufteilung der Gestalten und Gestaltengruppen an die Teilräume im Gesamtraum des Gemäldes und dann die Durchgliederung der Gruppen und die In-Beziehung-Setzung der Gestalten zu den Gruppen bis zur Vollendung gesteigert, höher gewiß noch in der Abendmahls-Darstellung des einzigen Lionardo, an der Goethe gerade diese Durchbildungen so dankbar bemerkte. Verstandesarbeit — so nahe an geometrische Wissenschaft grenzend — auch hier und ein Zusammenschluß der Eindrücke in Sinnen und Seele des Empfangenden, die alle konzentrisch derselben Mitte zueilend die zweite Form des Dienstes am Prinzip der kleinsten Wirkung gleich folgerichtig durchsetzen.

Alle Spätrenaissance, das Barock und am meisten das Rokoko haben in einem Teil ihrer Aufbaugesetze, in der Baukunst wie in der Malerei, ein nicht geringes Maß dieser verstandesmäßigen und vereinfachenden Grundabsichten geerbt, in allem aber was Bewegtheit und Überbewegtheit in ihrer künstlerisch-seelischen Wesensart in ihren Werken hervorbrachten, entfernten sie sich mehr und mehr von der Befolgung dieses Prinzips, handelten ihm schlechthin entgegen.

Gemäß dem eigentümlichen Wechsel von Gesinnung, ja Seelenbeschaffenheit, der einen Grundzug im geschichtlichen Werden der Menschheit darzustellen scheint, ist dann an der Schwelle der Neuesten Zeit, dicht vor 1789 ein Umschlag eingetreten, der dem Grenzübergang zwischen Gotik und Renaissance kaum an Ausgeprägtheit und Grundsätzlichkeit etwas nachgiebt. An seiner Grundrichtung ist umso weniger zu zweifeln, als in den letzten Jahrzehnten des schon ermattenden Rokoko sich neben dessen letzten Auswirkungen in der Dichtung wie in der Malerei des damals herrscherlich führenden Frankreichs eine zweite Kunstweise durchgesetzt hatte, die zwar dem Rokoko denkbar fremd, ja entgegengesetzt gegenüberstand, mit dem Prinzip der kleinsten Wirkung aber eher noch weniger als jenes zu schaffen hatte; es war der Rousseau-Realismus, der auf die möglichste Annäherung an die Wirklichkeit bedacht war und deshalb zu dem Formenwillen des Rokoko im schroffsten Widerspruch stand, aber aus demselben Grund auch sich noch mehr als das Rokoko von dem Prinzip der kleinsten Wirkung entfernte. Denn alle Wiederspiegelung der Wirklichkeit und ihrer tausend Unregelmäßigkeiten und Besonderheiten ist ihrem innersten Wollen nach diesem Prinzip höchster Vereinfachung und also auch entschlossensten Formenzwanges grundsätzlich fern und fremd. Rousseau selbst und Greuze, Goethe — der Goetz- und Werther-Goethe — und der Schiller der Räuber und der Louise Millerin schlugen für Jahrzehnte — bis gegen 1789 — diese Richtung ein.

Dann aber trat der Klassizismus auf den Plan und er war in jedem Betracht das Fleisch gewordene Prinzip der kleinsten Wirkung. Wie sehr, läßt sich am eindeutigsten, weil sinnlich greifbar, an der Malerei nachweisen. David und Carstens haben an ihren Gestalten, an ihrem Gewand, an ihrer Haltung, ihren Gebärden, am entschiedensten an ihren Köpfen ein solches Maß von Entleerung an Einzelheiten vorgenommen, sie waren beständig bedacht die weitesten Flächen der Gestalten, der Gegenstände ihrer Bilder mit den einfachsten — und deshalb kürzesten — Umrißlinien zu umgrenzen, sie führten das Geschehen ihrer Bilder auf die möglichst geringe Anzahl von Personen, den Bau ihrer Körper ebenso auf die möglichst geringe Zahl von Linien, die Gewänder ihrer Gestalten auf die möglichst geringe Zahl ihrer Falten und ihrer Randlinien zurück. Daß sie die Farbe fast auf Tönung zurückleiteten, wie David, oder ganz fortließen, wie der Zeichner Carstens, hat dieselbe Bedeutung: eine Fülle von Einzeleindrücken, die Auge und Sinne des Beschauers hätten ableiten und zerstreuen können, wurden solchergestalt von vornherein ausgeschieden und der noch einfacheren, noch nachdrücklicheren Gewalt der Linie alle Wirkung vorbehalten.

Und die Dichter verfuhren nicht anders: der Goethe der Iphigenie, des Tasso, der Natürlichen Tochter hat entgegen der Weise seiner Frühzeit die Zahl seiner Gestalten und der Reden, der Handlungen, die er ihnen zuschreibt, der Einzelzüge, die er an ihrem Wesensbild schildert, außerordentlich verringert. Die Kunst des Klassizismus wird nicht durch ihren Namen und die von ihm hervorgehobene Abhängigkeit von der Antike primär gekennzeichnet, sondern durch diesen entschlossenen Drang zur Vereinfachung und Vereinheitlichung ihrer Bilder, den Formennachdruck und die Wirklichkeitssparsamkeit. Der klassizistische Schiller, d. h. der von 1788 und vom Don Carlos ab schreibende Schiller zeigt die gleiche Wendung. Und gemäß der viel schwächeren Kraft seines Ingeniums treten die Mängel — die Dünnheiten und Blässen — dieser Kunstrichtung an seinen Werken eigens deutlich hervor, Mängel, die allerdings nicht dem Prinzip der kleinsten Wirkung als solchen, sondern der schwächeren Hand, die es hier verkörperte, zuzuschreiben sind.

Die Romantik hat in der bildenden wie in der redenden Kunst diesen Grundzug als ein Erbe vom Klassizismus her beibehalten. Je mehr sie sich aber dem Realismus, ihrem Nachfolger zuwandte, einem Nachfolger, dem sie durch mancherlei wirklichkeitsnahe erst Seelen-, dann Umwelt-Schilderung die Bahn bereitete, desto mehr verlor sie diese Eigenschaft und schon von Walter Scott ab hat der Realismus gesiegt, d. h. eine Kunstweise, die wiederum das Prinzip der kleinsten Wirkung fast ganz aus den Augen verlor und ihm, gleichviel ob bewußt oder unbewußt, geradenwegs entgegen handelte.

So fällt eine lange Jahrzehnte-Reihe, von den Ausgängen der echten Romantik um 1830 bis zum Jahrhundertende für dieses Geschehen fast gänzlich aus; nur Böcklin, der Maler und seine wenigen Kampfgenossen, Nietzsche, der Dichter und Sprachformer, sind mit der Bewußtheit ihres Willens zu großer Form Schwimmer gegen den Strom und je an ihrem Teil Kämpfer für das Prinzip der kleinsten Wirkung gewesen. Zur vollen Entfaltung aber hat diese Gegenbewegung erst die redende wie die bildende Formenkunst von etwa 1890 und die Ausdruckskunst von 1911 ab gebracht. Die Formenkunst von 1890 hat, wie an Georges Dichtung noch nachdrücklicher als an Lechters oder Ludwig von Hofmanns Malerei zu erkennen, mit aller Anstrengung der Wucht, Schwere, Gedrungenheit der Form, mithin auch dem Prinzip der kleinsten Wirkung zu dienen getrachtet. Die Expressionisten, die von 1911 ab die Arena betraten, haben ebenfalls, wie Stramms Dichtung, Franz Marcs Malerei am deutlichsten erweisen, alles irgend Entbehrliche, Nebensächliche fortzutilgen, alle stärksten Eindrücke aber zur unbedingten Herrschaft zu bringen gesucht, auch sie also dem Prinzip der kleinsten Wirkung getreu.

Doch darf über diesen Gegenbewegungen nicht vergessen werden, daß der eigentliche Hauptstrom in der Kunst der jüngsten Vergangenheit allem diesem Dichten und Trachten nach Zusammendrängung, nach Wucht durchaus abgeneigt war. Und wer will sagen, wie lange der Naturalismus, die stets in seiner Begleitung einhergehende Formerschlaffung und die ihm ebenso eigentümliche Wahllosigkeit dem Stoff, auch dem gleichgültigen und nebensächlichen Stoff gegenüber, noch die Herrschaft über Sinne und Seele der heute Lebenden behalten und damit dann freilich Leitgedanken, die dem Prinzip der kleinsten Wirkung schlechthin entgegengesetzt sind, die Macht über sich einräumen wird.

Immer von Neuem aber, diese Lehre scheint der Verlauf der Kunstentwicklung im letzten Jahrtausend unserer Völker zu erteilen, scheint die Neigung zur Befolgung des Prinzips der kleinsten Wirkung mit Zeiten der Abkehr von ihr abzuwechseln. Immer wieder also mag es, wie man mit einiger Sicherheit vermuten kann, in der Kunst zur Herrschaft gelangen, dann aber wieder aus ihr verdrängt werden. Daß es immer von Neuem zur Geltung gelangen wird, dafür leistet wohl schon der Umstand Gewähr, daß aller Kunst, selbst der wirklichkeitsnächsten, der stoffgefülltesten, das Wählen unter den Wirklichkeiten Gewohnheit und Gesetz ist. Man kennt den Ausspruch, daß das Zeichnen die Kunst des Weglassens ist. Mit demselben Recht könnte man sagen, daß alle Kunst immerdar für das Bild, das sie aus ihrer Freiheit von der Welt entwirft, beständig Stoffe verschmäht und Stoffe bevorzugt — was beides dem Prinzip der kleinsten Wirkung dienen heißt.

Sechstes Stück.

Identität und Exaktheit als Leihgut der Natur an den Menschen.

Mustert man die Reihe derjenigen Verstandeswerkzeuge, die aller Vermutung nach unter Beihilfe der außermenschlichen Natur zu Stande gekommen sind, so gelangt man zu immer minder allgemeinen, immer besondreren Sätzen, die zwar noch eine sehr ausgedehnte Tragweite besitzen, aber nicht von einer so herrscherlichen Bedeutung sind wie die Geordnetheit des Geschehens und das Prinzip der kleinsten Wirkung.

Einer der Grundsteine alles festen und sicher sich fortsetzenden Erkenntnisbaues ist der Satz von der Identität, der Dasselbigkeit, die Forderung also, daß in allen Denkmaßnahmen an der Kennzeichnung eines Tatbestandes als eines so und nicht anders beschaffenen festgehalten werde, daß ein einmal als A bezeichneter und in seinen Eigenschaften umschriebener Sachverhalt in seiner Besonderheit unveränderlich festgehalten, daß also A immer A bleiben müsse.

Die Begriffswissenschaft von heute pflegt den Satz von der Identität als *a priori* gefunden, als Setzung-im-Voraus, richtiger als Gesetztheit-im-Voraus anzusehen. Das trifft noch nicht einmal zu für den Begriffsbau, wie er heute als gültig hingestellt und zu Ganzheit und Vollkommenheit abgerundet[1] ist, denn ein streng und folgerichtig erfahrungswissenschaftliches Urteil wird den echten Apriorismus, d. h. die vollkommene Erfahrungsfremdheit für kein einziges Apriori, keine einzige Setzung-im-Voraus zugeben. Denn kein einziges Denkgebilde dieser Gattung ist entstanden zu denken ohne eine, wenn auch noch so schmale Erfahrungsgrundlage und einen auf ihr errichteten Notbau von unten bauender, induktiver Forschung, der den Forscher überhaupt erst zu der hoch gelagerten Begriffsebene gelangen läßt, auf der er seine angeblich erfahrungsfreie Setzung-im-Voraus auszusprechen vermag. Dies läßt sich im Einzelnen für Kants sittenwissenschaftliche Gebote, die ansprüchlichsten Setzungen-im-Voraus, die je ausgesprochen worden sind, nachweisen[2], und man wird es gegen die Aprioristen und Kant, ihren obersten Führer, noch an der allgemeinsten und wirklichkeitsfernsten Stelle, an der die Setzung-im-Voraus aufgestellt werden konnte, gegenüber dem Apriori der Aprioris, der Setzung, daß Aprioris überhaupt möglich sind, geltend machen können. Denn auch diese kühnste Setzung-im-Voraus fordert wie jede andere ein Aposteriori oder eine ganze Kette von Aposterioris, von erfahrungsmäßig bauenden Setzungen-im-Nachher, vermittelst deren es dem Forscher möglich wurde, zu dieser obersten Ebene der Wissenschaftslehre zu gelangen[3]. Zur völligen Klarheit aber wird man in diesen Dingen erst dann gelangen können,

---

[1]) Vgl. die Begriffsumgrenzung für die Setzung-im-Voraus bei Kant und im Allgemeinen in der Schrift: Die Persönlichkeit von Kant aufgezeigt an seinem Werk (1931) 66ff.

[2]) Vgl. ebenda 21—35.

[3]) Vgl. vorläufig Die Persönlichkeit von Kant S. 62ff.; die endgültige Darlegung kann erst in dem heute noch nicht veröffentlichten, den Forschungswegen und Forschungsweisen gewidmeten Schlußband dieser Reihe gegeben werden.

wenn man sich entschließt, die geschichtliche Entstehung aller dieser Denkgebilde in das Bild einzubeziehen. Deren Weg wird sich zwar gewiß nicht urkundlich erweisen lassen: in dem Prozeß, der durch lange Jahrhunderte-Reihen sich fortsetzenden Ausbildung unserer Verstandes-, d. h. Begriffswerkzeuge ist niemals Protokoll geführt, es sei denn durch die Sprachen, die uns aber in der Regel im Fall der Urzeitvölker in dem starren Zustand einer letzten, endgültig gewordenen Form vorliegen und nicht wie bei zu höheren Lebens- und Entwicklungsarten aufgestiegenen Kulturvölkern in einer Abfolge von mehreren Zuständen sich darbieten. Ist so also die Feststellung einer Entwicklung des Begriffsvorrates nur in den seltensten Fällen möglich, so sind doch für sehr frühe Ausgangspunkte hinlänglich sichere Anhalte gegeben in Gestalt der Denkzustände der allerunreifsten Urzeitvölker.

Sie lassen denn auch für den in Rede stehenden Werdegang Zeugnisse dafür gewinnen, daß der menschliche Geist durch die Beobachtung der Natur zu einer ersten, zunächst begreiflicher Weise unbewußten Anwendung der Identität hingeleitet worden ist.

Wie sehr es dabei zuerst auf ein Ringen hinauslief, ist denkwürdig genug. Wir wissen von mehr als einem der lebenden Urzeitvölker, daß ihnen keineswegs die Dasselbigkeit der Sonne von heute mit der Sonne von gestern oder die des Mondes im letzten Viertel mit dem des ersten schon zur Überzeugung geworden ist; die Navajos sind der Meinung, daß die Sonne jeden Morgen neu von einem Weib an den Himmel gesetzt werde und die Dakota glauben, daß der Mond alle vier Wochen von einer Herde kleiner Wölfe gefressen werde. Den Tasmaniern aber ist doch schon eine erste Vorstellung von der Sonnenbewegung aufgegangen: wenn sie einem europäischen Forscher klar machen wollten, daß eine Reise, die er vorhatte, zwei Tage erfordern würde, so hoben sie an einer Hand zwei Finger in die Höhe und machten mit der anderen eine zweimalige kreisende Armbewegung, die den Lauf der Sonne darstellen sollte[1]. Hier ist also, wie deutlich aus dieser Gebärdensprache hervorgeht, der erste Schritt zur Erkenntnis einer Identität getan, die an sich nicht für die Sinne erkennbar ist.

Es ist mehr als wahrscheinlich, daß der Umfang dieser Identitäts-Erkenntnis sich ähnlich schrittweise erweitert hat, bis er etwa den Ägyptern ermöglichte — vermutlich vom Jahre 2781 vor Christus ab — dem Sirius für eine Periode von 1461 Jahren seine Identität zuzugestehen[2] oder gar den Babyloniern den 5 Planeten, dem Mond und der Sonne ihre so vielfach unterschiedene, so schwer zu erkennende Wiederkehr abzugewinnen und damit dann freilich auch ein ebenso verschlungenes Netz von Bahnen für die stets mit sich identisch bleibenden, stets auch die identische Bahn durchlaufenden Himmelskörper zu entwerfen.

Da in der Welt der sichtbaren Gegenstände der Gedanke der Identität, der Dasselbigkeit eines Dinges mit sich selbst schwerlich auf eine härtere Probe gestellt werden konnte, so wird man darauf verzichten dürfen, die Bahn, die dieser Gedanke bei seinem weiteren Fortschreiten vornehmlich im menschheitlich-soziologischen Reich zurückgelegt hat, auch nur in ihren wichtigsten Staffeln anzudeuten. So weit sie auch von ihrem Ausgangspunkt sich entfernen mag: daß dieses Geschehen der anorganischen Welt und ihrer Beobachtung zu danken ist, erscheint unumstößlich.

Erwägt man, daß im Grunde alle Sicherheit wissenschaftlichen Tuns von der Festigkeit dieser Annahme abhängt, daß im Grunde, obwohl uns diese Tatsache nur zur äußersten Seltenheit bewußt wird, auf dem beständigen Fürwahrhalten der Dasselbigkeit jedes Menschen und jedes Dinges mit sich selbst auch die Zuverlässigkeit alles werktätigen Handelns im Leben als auf ihrer Voraussetzung beruht, so wird man gewahr, von wie ungeheurer Wichtigkeit für unser Dasein

[1]) Ling-Roth, The Aborigines of Tasmania (1899) 133.

[2]) Die von Ed. Meyer (Geschichte des Altertums I 2 [[3]1909] 100ff.) angesetzte Periode von 4241 ist angefochten worden.

der Umstand ist, daß die Lehrmeisterin Natur uns diese Erkenntnis langsam und schrittweise zugänglich gemacht hat.

Der erkenntniswissenschaftliche Einwand, den die Gegner in diesem wie in manchem ähnlich gelagerten Fall aus ihrer Weltsicht heraus zu machen pflegen: daß es nur der menschliche Geist sei, der aus dem ihm zufließenden, an sich ganz rohen Bewußtseinsbild einen so hohen und zugespitzten Begriff wie den der Dasselbigkeit geformt habe, wird auch hier zurückgewiesen werden können.

Denn wohl hat der Verstand des Menschen im Verein mit seiner Einbildungskraft aus den Eindrücken, die ihm von dem Weltgeschehen kamen, mit den Mitteln der von unten her bauenden, der induktiven Erfahrungswissenschaft diesen wie sehr viele andere Begriffe erst geformt; aber so gewiß Wie und Werkzeug die seinigen waren, so gewiß hat ihm das Vorbild des Weltgeschehens doch die Bildung dieser Denkformen langsam und leise, unmerklich und doch unwiderstehlich in die Hand gedrängt: in diesem Fall durch die billionenfache Wiederholung der immer und unabänderlich gleichen Vorgänge vor allem am Himmelszelt, aber auch auf dem Meere — durch Ebbe und Flut — und auf der Erde durch das Jahreszeitgeschehen der Pflanzenwelt.

Erst in unseren Zeiten ist erkannt worden, daß das Weltgeschehen noch in einem ganz anderen, tausendfach eindringlicheren Sinn auf Dasselbigkeit seiner Einzel- und Teilereignisse gestellt ist: sobald sich unter der sichtbaren Welt das ihr zugrunde liegende, sie bis ins letzte bestimmende Geschehen, die Schicht der Moleküle, Atome und Elektronen auftat. So wenig diese späte Erkenntnis zum Aufbau der Denkform der Dasselbigkeit hätte beitragen können, so gewiß war sie nachträglich die denkbar stärkste Bestätigung für die Gewalt dieses Urdings, das gleichermaßen Geschehens- und Denkform ist und das zwei Grundeigenschaften des Weltgeschehens, seine Genauigkeit, seine letzte Präzision und seine unaufhörliche Wiederholtheit in sich zusammenfaßt.

Man wird sagen können, wenn zur Linken dies Weltgeschehen, zur Rechten aber jene Bildung von aufnehmenden Sinnen, ordnendem Verstand und hilfreich vorauseilender Einbildungskraft als Gegebenheiten vorhanden waren, so mußte der Begriff Dasselbigkeit, Identität, entstehen. Und es ist ziemlich müßig, darüber zu streiten, auf welche von den beiden wirkenden Gewalten es mehr ankomme. Der Irrtum, den die gegnerischen Beurteiler dieses Sachverhaltes begehen, ist nur der alte, vom achtzehnten Jahrhundert und seiner Begriffslehre, in der Hauptsache von ihrem Führer Kant herstammende, der in der Welt ein Chaos, einen Geröllhaufen von durcheindergewirrten Tatsachen, jeder Ordnung, selbst der nach Raum und Zeit entbehrend, erblickte, und für dessen Sicht alle Ordnung in unserem Weltbild lediglich durch das unserem Verstande durch höhere Fügung von Anbeginn eingepflanzte Fächergefüge von Einzelordnungen erzeugt war. Keine echt erfahrungswissenschaftliche Weltsicht wird dieses Gemisch von Denkerstärke und Denkerhochmut hinnehmen wollen; umso gesicherter aber erscheint dann ein Sehen, das dem Weltgeschehen läßt, was des Weltgeschehens ist, ohne dem Verstand zu nehmen, was des Verstandes ist. —

Was Ordnung als von innen her in das Menschheitswesen einströmendes Weltgeschehen, was Ordnung als sich dem Menschen von außen aufprägendes Vorbild für das Dichten und Trachten unseres Geschlechts bedeutet, davon war schon kurz die Rede. Die volle Wucht dieser Einwirkung würden wir uns vermutlich nur dann klar vor Augen stellen können, wenn unsere Einbildungskraft im Stande wäre, sich ein Weltbild zu gestalten, das aller oder auch nur des größten Teiles seiner heutigen Ordnungen entbehrte: ein wildes Wirrsal von Himmelskörpern, Gasnebeln etwa, die ohne Regel nach Willkür den Weltraum hierhin und dorthin, von Urkörpern, die ebenso gesetzlos die kleinsten Räume der Moleküle und Atome durchmäßen. Und wir müßten dann im selben Maß der Hinbewegung zu Wirrsal und Regelwidrigkeit uns ein Menschheitsbild ausmalen, das ebenso jeder Wiederholung und jedem Gesetz Hohn spräche, um zu ermessen, was die Welt, die den Griechen der gleiche Begriff wie Ordnung war, uns als Mitgift für unser Sein verliehen hat.

Und noch bis in die Grade des Geordnetseins erstreckt sich die Wirkung der Ordnungen des Weltgeschehens. Deshalb wird man auch die zweite von den beiden Eigenschaften des menschlichen Erkennens, die hier ins Auge gefaßt werden sollten, als aus dem Weltgeschehen erflossen ansehen dürfen: die Exaktheit, das Höchstmaß von Genauigkeit, das all unser Erkennen anstrebt und das als Forderung recht eigentlich ein Grundgesetz für jegliches Forschen darstellt. Was heißt denn Exaktheit anderes als der höchste Grad, den Ordnung im Erkennen erreichen kann. Wie sehr aber auch dieser Grenzfall von Geordnetheit wie ein uns vor Augen gestelltes Vorbild vom Weltgeschehen uns dargeboten wird, läßt zum mindesten das von unserer Gegenwart enthüllte Weltbild unzweideutig erkennen. Die Umläufe der Himmelskörper halten auch dann, wenn ihre Länge nach Billionen von Kilometern und ihre Dauer nach Millionen von Jahren mißt, ihren Betrag mit Kilometer- und mit Sekundengenauigkeit inne und die kleinsten Urkörper vom Größenmaß der Atome und Elektronen zeigen in den Billionsteln ihrer Sekunden- und Zentimetermaße nach der entgegengesetzten Richtung äußerster Kleinheit dasselbe Höchstmaß von Genauigkeit.

In der Vergangenheit war dies Urbild der Weltgenauigkeit noch nicht sichtbar. Aber man wird sagen dürfen, daß noch weit rückwärts in die Tiefe der Zeiten eine Stufenleiter von anderen, minderen Genauigkeiten reicht, die zwar weit zurückbleiben hinter dem heute erkannten Höchstmaß von Genauigkeit, immer aber, gemessen an dem Maßstab dieser früheren Zeitalter, eine genügend starke Einwirkung auf das menschliche Erkennen hervorbringen konnten, um es zu immer höheren Graden genauen Sehens vorwärts zu locken.

Dritter Abschnitt.

Die Bewirkung der Einbildungskraft durch das Weltgeschehen.

Erstes Hauptstück.

Der Einfluß des Weltbildes auf die Entwicklung der menschlichen Einbildungskraft in der Kunst.

Erstes Stück.

Anfänge der Kunst.

Wenn nunmehr von den Einwirkungen die Rede sein soll, die Wachstum und Ausbildung der menschlichen Einbildungskraft vornehmlich durch die Tiefen des unterbewußten Reiches, zugleich aber auch durch ein zwar im groben, aber nicht im feineren Sinn bewußtes Aufnehmen des Weltbildes erfahren, so sei zuerst daran erinnert, in welchen Zusammenhängen schon im Verlauf der bisherigen Darlegung von dem Verhältnis der menschlichen Einbildungskraft zum Weltgeschehen die Rede war. Es ist erwiesen worden, wie unsäglich überlegen die Schöpfermacht des Weltgeschehens der Summe alles Schaffens ist, zu dem die menschliche Einbildungskraft in Kunst, Glauben und Forschung je in aller Geschichte gelangt ist[1]. Es ist dann in kürzeren Worten ein Vorbehalt für jenen Außenbezirk im schöpferischen Tun der menschlichen Einbildungskraft gemacht worden, der hier als der eigenmenschliche bezeichnet wurde[2] und in dem, wiederum durch die Werke der Kunst, des Glaubens und der Forschung, der menschliche Geist diejenigen Formen seines Schaffens erzeugt hat, die er nicht mit irgend welchen Gattungen und Arten des Weltgeschehens

[1]) Naturgeschichte und Menschheitsgeschichte (1933) 175—216.
[2]) ebenda 221—245.

teilt. Doch wurde auch von diesen im betonten Sinn des Worts eigenmenschlichen Wirkensformen unserer Einbildungskraft behauptet, daß alle ihre Gebilde, wie sie zuletzt nur auf Spiegelung und Wiedergabe des Weltgeschehens abzielen, weder nach Umfang, nach Tiefe noch nach Formenreichtum auch nur von fern an dies ihr Urbild heranreichen.

Man erkennt leicht, daß durch diese Betrachtungsreihen nicht selten das Gebiet gestreift worden ist, das jetzt in Angriff genommen werden soll. Aber ebenso offenbar liegt zu Tage, daß von jenen beiden Beweisführungen nur ein Vergleich hergestellt werden sollte, daß jetzt aber ein Werdenszusammenhang aufgedeckt werden soll.

Als die eigentliche Verwalterin der menschlichen Einbildungskraft im Geist gilt uns die Kunst. Aber es bedarf nur einiger Einsichten in das Wesen der Urzeit, um gewahr zu werden, daß es so nicht immer war, daß wenigstens in den Anfängen des bewußten Geisteslebens der Mensch Kunst in unserem Sinn noch nicht hatte, daß er aber genug Gebilde schuf, an denen sich seine Einbildungskraft tätig erwies. Versteht man unter Kunst erstens — als freie Kunst — die Schaffung von Spiegelbildern der Welt und des Lebens in Stoff oder Ton, die dazu bestimmt sind eine freudig erregende Wirkung auf den sie empfangenden Menschen herbeizuführen und zweitens, als angewandte Kunst, die Umformung von Lebensnotwendigkeiten — Haus und Gerät — zu Gegenständen von ähnlich anmutender Form, so erweist sich schnell, daß das Tun der Urzeitvölker zwar vieles geschaffen hat, was auf unser Empfangen und gewiß auch auf ihr eigenes durchaus den freudig erregenden Eindruck gemacht hat, daß aber diesem Wirken ganz und gar die Absicht abging, ohne die nicht nur nach der hier umrissenen Begriffsumgrenzung, nein auch nach dem allgemeinen Empfinden Kunst nicht Kunst ist. Ja noch mehr, man wird sagen dürfen, daß die Erzeugnisse der Urzeitgesittung, an denen sich dergleichen unabsichtliches Kunstvermögen betätigte, von ganz anderen und zwar völlig bewußten Absichten des Lebens beherrscht und geformt waren.

So hat vornehmlich der Glauben die Urzeitmenschen bestimmt, etwa den Boden ihrer Boote oder ihre Waffen und ihr Gewand und Werkzeug mit Sinnbildern zu schmücken, die feindlichen Gewalten wehren, günstige zum Schutz anlocken sollten.

Doch wird selbstverständlich an dem Tatsachenkern dieses Geschehens, der für den hier verfolgten Gedankengang allein in Betracht kommt, gar nichts durch das Obwalten glaubens- oder anderer lebensmäßiger Absichten geändert. Im Gegenteil, durch die Festsetzung, daß die Kunst nicht fertig wie die Athene aus dem Kopf des Zeus, aus dem Haupt der Menschheit hervorgegangen ist, daß sie nicht eines Tages gemacht worden ist, sondern daß sie sich in langen Jahrhunderte-Reihen gemacht hat, wird der Hervorgang des kunstschaffenden Vermögens aus der so viel gewaltigeren Schöpfermacht des Weltgeschehens eigens deutlich. Denn er kann wenigstens in diesem ersten Entwicklungsabschnitt der Kunstgeschichte in einem Übergangsgeschehen beobachtet werden, das schon in das helle Licht wissenschaftlicher Beleuchtungsmöglichkeiten gerückt ist und doch sich noch ausnimmt wie ein naturnahes Wachstum.

Dieses Wachstum kann noch bei den Urzeitvölkern der höheren Teilstufen beobachtet werden: so etwa bei den Nordwestamerikanern, die auf dem Grunde eines guten irdischen Gedeihens — das Meer nährt sie aus überaus reichen Fischbeständen — zwar nicht in Staat und Tat, wohl aber im Geist ein nicht geringes Maß von Kulturleistung zu Stande gebracht haben. Bei ihnen ist nun gewiß noch keine Spur von Kunst — so wenig wie von Künstlern — zu finden. Dabei aber ist ihre Einbildungskraft beständig am Werke die Gebilde ihrer Hand, die an sich nur den Notwendigkeiten oder Erwünschtheiten des Lebens dienen, immer nur in einer freien Willkür des persönlichen Wohlgefallens auszuführen, sodaß doch schon das, was wir Schmuck und Zierde nennen, entsteht, ohne daß an sich noch eine künstlerische Absicht bestand.

Man bemalte etwa den Boden eines Bootes mit einem Auge und mannigfaltigen Tierbildern und hat damit aller Vermutung nach die Gewalten, deren Zeichen sie waren, zu Schirmherren gegen Sturm und Wogenprall gewinnen wollen. Man stellte neben dem Haus einen fast turmhohen Wappenpfahl auf, nur bestehend aus den Totemzeichen des eigenen und verwandter Geschlechter, wahrscheinlich auch um den Schutz der Tiergeister zu gewinnen, deren Gestalten durch diese Zeichen dargestellt wurden. Man bildete einen beinernen Zauberstab, der in der Hand des Sehers Wunder wirken sollte, und man formte endlich Totenmasken etwa zu dem Behuf, daß bei der Leichenfeier sie von Lebendigen, als Stellvertretern der Toten, im Reigen getragen wurden. Alles dies also geschah zu Zwecken des lebendigen Lebens, nicht aber der Kunst. Und doch entstand so Kunst, sei es Zierwerke von hoher Vollendung — Adler, kunstvoller als alles, was heutige Schmuckkunst hervorbringt — oder wie jener Zauberstab ein Erzeugnis der Zierkunst, dessen Zauberkraft für uns von seiner berückenden Schönheit ausgeht. Und zuweilen ist selbst der Gipfel höchster frei schildernder Kunst erstiegen worden, wie in zwei Totenmasken, die früher im Berliner Museum ausgestellt waren, die mit ihrem leidvoll-schweren Ernst noch Schlüters Kriegerköpfe am Berliner Zeughaus weit übertreffen und als Werke höchster, reifster Bildnerkunst gewertet werden müssen.

Je höher aber dies erste künstlerische Schaffen auf den Stufen der Rangordnung künstlerischer Werte emporstieg, desto deutlicher wird, wie das absichtsvolle und ganz eigenmenschliche Phantasietun, das wir Kunst nennen, ganz absichtslos emporgewachsen ist: man kann sagen, die Kunst ist ihrer unbewußt gewachsen und geworden. Und desto deutlicher wird zum zweiten, wie völlig weltbedingt dies Wachstum in seinen Anfängen war. Das außermenschliche, zum kleinsten Teil auch das menschliche Weltgeschehen dringen auf die menschlichen Sinne und hinter ihnen auf die menschliche Seele ein, pressen sich und ihr Bild in beide ein und bestimmen so auf das durchdringendste die ersten Regungen der zur Kunst hinstrebenden menschlichen Einbildungskraft.

Zweites Stück.

Entstehung und Ausbildung der Kunst.

Das erste Wunder und ein an sich sehr schwer zu enträtselndes Sondergeschehen liegt freilich weit vor der Entstehung der eigentlichen Kunst: es ist der Entschluß der Menschen Dinge zu bilden, die zwar außer ihnen da sein und doch Träger eines seelischen Geschehens sein sollen. Gerade die Anfänge der Urzeit und menschlicher Geistbetätigung sind sehr geeignet, den Forscher zu lehren, daß nichts so hinderlich für das Erkennen einer geschichtlichen Wirklichkeit ist, als wenn wir nach einer, gleichviel ob Jahrhunderte oder Jahrtausende währenden Eingewöhntheit Tätigkeiten und Eigenschaften der Menschen als selbstverständliche Gegebenheiten hinnehmen, während sie doch auch einmal entstanden sein müssen und vielleicht nur durch höchste Spannungen geistig-seelischer Kraft zu erwerben gewesen sind.

Es war gewiß eine der ersten Aufstufungen menschlicher Lebensbeherrschung, aber auch menschlicher Geistigkeit, als der ganz frühe Urzeitmensch das erste Werkzeug formte. Es wird, wie etwa bei den Kubu auf Sumatra, die überhaupt kein anderes besaßen, am öftesten der Grabstock gewesen sein, mit dem man dem Boden Wurzeln und Knollen abgewann.

Aber das Werkzeug ist noch nicht der Träger übermenschlicher Kräfte und zu dem Entschluß sich einen solchen zu schaffen hat es sicherlich noch eines zweiten Fortschrittes bedurft, der dann dazu führte, sei es altgewohnten Werkstücken durch Bemalung oder Schnitzerei, d. h. durch

Anbringung von Bildern und Zeichen übermenschlicher Gewalten eine Kraft beizugeben, von der Schutz und Schirm im Kampf des Lebens zu erwarten war, sei es Gegenstände — wie Zauberstäbe, heilige Trommeln und dergleichen — anzufertigen, lediglich zu dem Zweck, daß sie eine derartige Kraft ausströmten.

Die Wege, auf denen der frühe Urzeitmensch zu diesem Tun gelangte, das als Lebensbetätigung ein Zeichen sehr hoher Kraftleistung war, können nur vermutet werden: sei es, daß Fetischvorstellungen ihn dazu leiteten, sei es der Allbeseeltheitsglaube der Inuavorstellungen, der Gedanke also, daß Eigner allen Dingen und Wesen vom Stein bis zum Berg, von der Pflanze bis zu Tier und Mensch innewohnen, die ihm eine Innenkraft verleihen, die der der menschlichen Seele durchaus entspricht. Ja auch vom Werkzeug her konnten wohl solche Gedankengebilde ihre Anregung erhalten: bei der weit verbreiteten nordostamerikanischen Stämmefamilie sind Vorstellungen aufgekommen, nach denen die Werkzeuge, die sie schon geschaffen hatten, ihren Zweck nicht durch ihre Gestalt, also etwa der Löffel nicht durch seine Wölbung oder der Schneeschuh durch seine lange Gleitfläche, erfüllten, sondern durch eine ihnen innewohnende zauberische Gewalt. Aus allen diesen Vorstellungskreisen können die Anregungen erflossen sein, die jenen Entschluß hervorriefen, Dinge absichtlich zu formen, die Träger übermenschlicher Gewalt werden sollten.

Wie immer aber dieser seelisch-geistige Vorgang von tiefster Bedeutung zu Stande gekommen sein mag, für den hier verfolgten Gedankengang ist nur die Wirkung wichtig, daß dies Geschehen den Anlaß dazu gab, Spiegelbilder der Wirklichkeit zu entwerfen. Aus dieser Entstehungsursache aber folgte wie zwangsläufig die oberste Richtweisung, die alles dieses neue Bilden erhielt, das Gebot, die Natur unbedingt nachzuahmen; denn alle die Vorstellungsweisen, die dazu beigetragen haben mögen, diesen Entschluß heranreifen zu lassen, schlossen sicherlich auch für den Grad der Geistigkeit, den der frühe Urzeitmensch überhaupt erstiegen hatte, die ganz naive und ganz allgemeine Überzeugung in sich, daß der eigentliche, der zauberische Zweck dieses Tuns nur durch möglichst getreue Nachformung der Urbilder in der Natur erreicht werden könne. Denn zunächst waren im Vorstellungsbereich dieses Entwicklungsalters diese selbst die Träger über- oder wenigstens außermenschlicher Gewalten; sollten diese und ihre wohltätigen, schützenden Wirkungen aber auf ihre Abbilder übertragen werden, so mußten diese ihren Mustern so sehr wie möglich gleichen.

Eine Losung der allerfolgerichtigsten Stoffkunst, des striktesten Naturalismus — wenn dieser Begriff der Neusten Zeit, an sich unkorrekter Weise, auf ein so ganz anderes Entwicklungsalter angewandt werden darf — war also von vornherein die Richtschnur für die Entstehung der Kunst. Und wenn, für unser Sehen, die Erzeugnisse dieser Kunst so häufig absichtsvolle Vereinfachung oder Steigerung — also Stilisierung —tragen, so muß, wie schon öfters auf diesen Blättern geschah, daran erinnert werden, daß dieser Eindruck in der überwiegenden Anzahl von Fällen und Formen weit mehr durch ein Versagen des technischen Könnens in der Wiedergabe des Urbildes als durch irgend welche Absicht der Steigerung hervorgebracht worden ist. Nicht ausgeschlossen ist sogar noch die dritte Möglichkeit, daß den Urzeitmenschen schon ein Blick in die Tiefenwirklichkeiten verstattet gewesen ist, wie ihn unser Naturalismus und Impressionismus in der zweiten Hälfte des neunzehnten und in den Anfängen des zwanzigsten Jahrhunderts noch nicht besessen, wie ihn sich und uns aber die Bewegung des Expressionismus seit 1911 erstmalig errungen hat.

Überschaut man das Insgesamt aller Kunstentwicklung von den Anfängen bis zur Gegenwart, so wird man keinen Augenblick darüber im Zweifel verharren können, daß der heftigste und stärkste, der breiteste und dauerndste Einstrom von Einwirkungen des außermenschlichen Weltgeschehens auf die menschliche Kunst und damit auf die menschliche Einbildungskraft in diesen frühen Abschnitten des Urzeitalters stattgefunden hat.

Wie in mehr als einer Entwicklungsreihe menschlicher Gesittung und Geistesbildung ist auch im Bezirk der Kunst der Urzeit dadurch ein Übergewicht über alle späteren Lebensalter der Menschheit gegeben, daß in ihr alle Grundentscheidungen über das Was und das Wie ihres Tuns gefallen sind, am gewissesten in dem hier untersuchten Tatsachenbezirk der Beeinflußtheit der Entstehung der Kunst durch das Weltgeschehen. Es ergab sich, daß die Kunst zwar nicht um ihrer selbst willen geschaffen ist, sondern vornehmlich aus dem Glauben zu Zwecken des Lebens, des Lebensschutzes, daß sie aber auf diesem Weg, auf dem man Naturdinge wiederspiegeln wollte, die breiteste und unbedingteste Beeindruckung durch die Natur erfahren hat. Es war nicht nur der stärkste Einstrom von Naturbewirkung, den alle Kunstübung im Laufe ihrer Gesamtgeschichte erfahren hat, der sich hier vollzog, sondern es war die Entstehung der Kunst selbst als einer Form menschlicher Seelen- und Geistesbetätigung, die so unter dem Einfluß der Natur zustande kam. Dabei ist noch in Rücksicht zu ziehen, daß der Umstand, daß die Mitwirkung, die erste Anregung vom Glauben ausging, das Grundbild dieses Geschehens nicht ändert, da ja der Glauben nur eine andere und noch lebenstiefere Form der Betätigung menschlicher Einbildungskraft war.

So wird man sagen dürfen: daß dem Menschen Kunst geworden ist, ist nur unter der stärksten Einwirkung der Natur möglich gewesen. Ja, der Vorgang ist zwar nicht seiner ersten Entstehungsursache nach, wohl aber nach dem Übergewicht seines Geschehens anzusehen wie eine Reflex-, eine Widerhalls-Handlung, hervorgebracht von der Natur an den Menschen, herausgereizt von ihr aus den Menschen.

Drittes Stück.

Kosmologische und anthropologische Kunst.

Kein Zweifel, die Urzeit läßt nicht nur die Kunst als Ausfluß der Einwirkungen vom Welt- auf das Menschheitsgeschehen auf das unmißdeutbarste erkennen, sondern es setzte mit ihrem Ende und also mit dem Übergang der Völker zur Altertumsstufe eine Gegenbewegung ein, die im Rückblick jene Besonderheit der Urzeit besonders scharf beleuchtet, insofern sie mit der gleichen Bestimmtheit als von menschlichen Zielsetzungen eingegeben erscheint. Als absichtsvoll wählende, höhende, steigernde, als stilisierende Kunst ist sie von einem Grundtrieb beherrscht, der ebenso gewiß nur, wie es schon einmal in einem anderen Zusammenhang dieser Darlegungen geschah, als eigenmenschlicher angesprochen werden darf, wie die Urzeitkunst als weltbestimmt angesehen werden muß.

Und es ist von diesem Schwellenpunkt der Entwicklung ab recht eigentlich das Schicksal der Kunst gewesen, in seltsamem Widerstreit, zumeist wechselnd, zuweilen auch in einem Nebeneinander des Gegensatzes von anthropologischen und kosmologischen Zielsetzungen, von eigenmenschlichen und von außenweltischen Antrieben bestimmt zu werden.

Die Scheidung zwischen diesen beiden Hauptgattungen aller Kunst ist, wie selbstverständlich, auf der Altertumsstufe, auf der sie sich zuerst durchgesetzt hat, am deutlichsten zu Tage getreten. Alle die Willensmächte, aber auch alle die Verstandeskräfte, die in Staat und Tat dieses Entwicklungsalters das Königtum und so oft das Großkönigtum und die erste Form absichtvollen und durchgeordneten Staatsbaus haben entstehen lassen, haben sich auch in der Kunst dieses Zeitalters offenbart und ihre Spannungen waren durchweg auf zwangvolle Umformung des von der Außenwelt dargebotenen Urbildes gerichtet.

Daß alle die Grundzüge der in Wahrheit hohen Kunst dieser Stufe das Gepräge einer unnaturalistischen, ja gegennaturalistischen Gerichtetheit tragen, wird nicht in Zweifel zu ziehen sein. Nicht als ob nicht eine Fülle ihrer künstlerischen Siege doch auch durch Erzeugnisse von großer Wirklichkeitsnähe errungen worden wären; aber der Grundkern alles ihres Wollens und Vollbringens ist gar nicht anders zu kennzeichnen als durch den Gegenausschlag zu Stil und gewollter Schönheit hin.

Die Kraft, die bei diesem Geschehen als Richtung gebende am stärksten in Tätigkeit trat, war nicht mehr, wie bisher, die Natur, sondern das Menschentum selbst, die eigenwillige Herrscherlichkeit des Menschen. Sie hat das Wesen und die Eigenschaften dieses neuen Phantasiestrebens bestimmt. Daß jetzt erst im eigentlichen Sinn Kunst entstand, kann man um deswillen sagen, weil jetzt mit Absicht Schönheit geschaffen wurde. Allerdings geschah das auch jetzt noch nicht um der Kunst selbst willen, so wie nach unseren heutigen Begriffen Kunst und Kunstwerke erzeugt werden. Denn noch immer war die Kunstübung denkbar tief in Lebenszwecke eingebettet — jetzt zumeist zur Verherrlichung von Götter- und Königsmacht — wohl aber war sie infolge der gewaltigen Heraussteigerung dieser Zwecke auf ihrem Weg zum absichtvollen Tun weit vorwärts getrieben. D. h. zwar im Dienst jener Lebensdinge, aber mit dem Eifer und der Bedachtheit einer eigenen Angelegenheit wurde jetzt Schönheit geschaffen und damit denn zwar nicht freie, wohl aber dienende Kunst ins Leben gerufen, wie denn auch aller Vermutung nach von jetzt ab Künstlertum als besonderer Beruf aufkam.

Es begann das Erstreben von Schönheit, d. h. einer von Menschen — in den Zeiten wechselnd — gewählten und gewollten Form der Wiederspiegelung von außermenschlicher oder menschlicher Umwelt in den sogenannten freien Künsten und einer ebenso absichtsvoll von Menschen gewollten Ausformung von Haus und Gerät in den angewandten Künsten.

Das aber bedeutete im Insgesamt wie im Einzelnen des Bestrebens unzweifelhaft die Durchsetzung eines eigenen Kunstwillens gegenüber dem Urbild der Natur in den freien Künsten oder — in den angewandten Künsten — gegenüber den rohen Zweckhaftigkeiten des Lebensbedarfes.

Daß es der eigenmenschliche Kunstwille war, dem hier die Leitung zufiel, wird aber auch in den Einzelheiten dieses an sich unendlich breiten, mannigfaltigen, vielgliedrigen Geschehens offenbar. Die Formen der Umwandlung, die er an seinem Urbild vornahm, sind verschieden. In Sonderheit die Vereinfachung, die in einem so sehr großen Bruchteil aller der Kunst, die wir stilisierend zu nennen pflegen, recht eigentlich die entscheidenden Richtweisungen erteilt, ist willensbestimmt: ein Teil der Einzelwirklichkeiten, die das Urbild der Natur den freien Künsten zur Wiederspiegelung darbietet, wird von ihnen für überflüssig gehalten und auf die nächst kürzere und schnellere Form der Wiedergabe hingeführt und also durch zugleich weniger zahlreiche und wesentlich nachdrücklichere Einzelzüge ersetzt. Das Gleiche vollzieht sich im Bereich der angewandten Kunst, insofern als auch hier die Lebenszwecke, denen sie dient, noch unmittelbarer, schneller und damit stärker verfolgt werden.

Vereinfachung bedeutet zunächst noch nicht eigentlich Abfall von dem Urbild der Natur, sondern immer noch Gefolgschaft und Anpassung. Einzelne von den Gegebenheiten des Wirklichkeitsbildes werden aus diesem Insgesamt herausgehoben und dann sogar mit besonderer Treue wiedergespiegelt. Zerlegt man dieses Geschehen in seine Urbestandteile, so führt es sich auf ein Wählen unter den Wirklichkeiten und zum zweiten auf ein Steigern der gewählten Einzelwirklichkeiten zurück. Beides ist Werten, beides also ein Empordrängen des Eigenmenschlichen im Kunstgeschehen. Das schauende und bildende Ich des Kunst schaffenden Menschen wagt es, sich frei und herrscherlich der Fülle der Wirklichkeiten gegenüberzustellen und hier die eine hervorzuheben, dort die andere zu verwerfen.

Man mustere ein so kennzeichnendes Werk wie das farbige Blatt des Totenbuchs, das dem königlichen Schreiber Hunefer mit ins Grab gegeben worden ist, einen Papyrus, der aus dem 13. Jahrhundert vor Beginn unserer Zeitrechnung stammt und im Britischen Museum zu London bewahrt wird: da bemerkt man, um von allem menschlich Gewichtigen zu schweigen und zuerst von rein sachlichen Wahlen und Höhungen zu sprechen, daß alle Köpfe im Profil dargestellt sind, auch an den Gestalten, die ihrer Körperstellung nach die Vordersicht verlangen. Man wird den nächstliegenden Grund für diese Wahl — es ist derselbe, der zeichnende Kinder die gleiche Vorliebe zeigen läßt — den Grund technischen Unvermögens schwerlich herbeiziehen dürfen, denn ein Blick auf dieses Blatt des Papyrus lehrt, daß der Künstler auch sehr wohl im Stande gewesen wäre, seinen Gestalten Antlitze in Vordersicht zu geben. Die Ursache, die ihn bei seinem Wählen bestimmt hat, mag vielmehr die Meinung gewesen sein, daß jedes Profil an sich wirksamer sei als jede Vordersicht eines Kopfes.

Man sieht, wie hier ein sehr schlichter, ganz sachlicher Formungsgedanke die Wahl bestimmt, und obwohl hier gar keine Gedankenverbindungen mit irgend welchen Lebensdingen, etwa großem oder starkem Menschentum — wie auf dieser Stufe oft genug geschah — sich geltend machen, so ist der innere Sachverhalt, die Verschiebung des Schwergewichts von der Nachahmung des Weltgeschehens zu dem herrscherlichen Menschentum einer künstlerischen Beurteilung völlig unverkennbar.

Gleichzeitig offenbart sich aber auch an einem so elementhaft einfachen Beispiel, daß nun nicht etwa die Einwirkung des Urbildes der Natur ganz zum Stillstand gebracht wird. Im Gegenteil, es ist so, daß der — allerdings vom Menschen her aus eigenmenschlichen, künstlerischen Beweggründen — gewählte Bruchteil der wiederzuspiegelnden Wirklichkeit offenbar mit einem viel stärkeren Anprall seelischer Bewirkung auf den Urheber des Kunstwerkes eingedrungen ist. Ja man wird annehmen dürfen, daß die Summe der Eindrücke, die diese bevorzugten Stücke der Wirklichkeit auf Sinne und Seele des dergestalt wählenden Ichs hervorbringen, eher größer, denn kleiner ist als das Insgesamt der Eindrücke, die die Urzeitmenschen mit ihrer unterschiedslosen, aber auch etwas gleichgültigen Hingabe an alle Wirklichkeit empfingen. Akzente sind jetzt gesetzt und die Entgegennahme erfolgt mit einer viel gefühlsmäßigeren, oft geradezu leidenschaftlichen Unterwerfung unter die Werte des Urbildes.

Und so entsteht ein Spiel gegenseitiger Bewirkungen, das in seiner wohl abgewogenen Doppelseitigkeit erkennen läßt, daß die nun erst recht eigentlich geborene Kunst doch auch in dem eigenmenschlichen, im betonten Sinn des Wortes künstlerisch-absichtsvollen Teil nicht im mindesten von der Berührtheit durch das Weltgeschehen losgelöst und noch weniger seinen Bewirkungen entrückt ist. An Stelle des geruhigen Andante des Urzeitnaturalismus ist das Staccato eines leidenschaftlich rhythmisierten Auf und Ab von übersehender Gleichgültigkeit und begeisterter Hingegebenheit getreten.

Das Wesentlichste an diesem sinnlich-seelischen Geschehen ist, daß der Fortschritt von der dumpf unbewußten Bewirktheit des Phantasieschaffens der Urzeit zu der absichtsvoll bewußten Kunst der Altertumsstufe sich nicht in der Form eines Pendelschlags von Gegensatz zu Gegensatz vollzieht, sondern daß die neue, eigenmenschlich absichtsvolle Kunst zwar sich zutraut, viele Einzelwirklichkeiten als für sie belanglos zu verwerfen, die anderen, von ihr bevorzugten aber mit umso tieferer Empfänglichkeit zu umfassen.

Muß danach nicht selbst ein Teil der Glut und Stärke der neuen, ichmäßig eigenmenschlichen Kunst als ein dem Weltgeschehen entströmtes Nachschaffen ausgewertet werden?

Viertes Stück.

Das Gegenspiel von Welt- und von Menschheitskräften in der Kunst.

Nicht immer waren Kampf und Wettbewerb der Welt- und der Menschheitskräfte um die Herrschaft in der neu entstandenen Kunst auf so einfache und nur die Formensprache angehende Elemente wie im Totenbuch des Königsschreibers Hunefer beschränkt: der Lebenszweck der Königsherrschaft, die fast öfter noch als der Dienst der Götter der Kunst Ziel und Ansporn gab, hat dazu geführt, ein anderes Compelle, einen zweiten Antrieb in dies Spiel zu fügen: die Steigerung im geistig-seelischen Sinn, d. h. die Heraustreibung großer und bedeutender Züge in dem Spiegelbild des von der Kunst wiedergegebenen Menschentums. Wenn die ungeheuren Standbilder von Ramses II. am Eingang des Tempels von Abusimbel in den Felsen gehauen wurden, um das Gedächtnis des Pharao zu erhalten, so ist bei aller Wirklichkeitsnähe, die diese Werke einhalten, doch ersichtlich, wie ein Drang zur Größe, wenn auch fürs Erste mehr im Zoll- und Ellensinne, den Künstler, der sie schuf, beherrscht hat. Das Geschehen, das sich in seiner Seele zugetragen haben mag, war im Grundstock noch immer die Nachbildung und die möglichst treue Nachbildung des von der Natur dargebotenen Urbildes, aber dazu tritt als eigenmenschliche Zutat der Wille zur Vergrößerung und zwar ungeheurer Vergrößerung. Das ist ein Verhalten der Seele, das der Emporsteigerung der Königsmacht, der Göttergestalten in diesem Entwicklungsalter der starken, der in Tat und Geist führenden Völker durchaus entspricht: denn ein gut Teil reiner Größen-, reiner Quantitätssteigerung wird sich auch in diesen Bewegungen nachweisen lassen.

Andere Formen eigenmenschlicher, weil absichtsvoll-willkürlicher Änderung an dem in die menschlichen Sinne geworfenen Weltbild sind die der Vereinfachung. Unter ihnen treten die der Geometrisierung besonders hervor: es gibt ganze Kultur- und Kunstkreise, die diese folgerichtigste und eben darum willensmäßigste Gattung der Vereinfachung ersichtlich bevorzugen, so der babylonisch-assyrische, noch mehr der ägyptische. Zerlegt man die baukünstlerische Wirkung des Terrassentempels Nebukadrezzars von Babylon, so wie ihn Herodot beschrieben, Sir Edward Rawlinsons allzu wagemutiges und vielleicht vielfach fehlgehendes Modell im Nationalmuseum zu Washington oder das bescheidenere aber wahrscheinlichere Modell Ungers wiederaufgebaut hat, in ihre Urbestandteile, so ist nicht einer unter ihnen, der nicht aus geradlinigen Flächen und Körpern bestünde, und dies Werk, daß der völkische Haß der altjüdischen Überlieferung nach Möglichkeit herabzusetzen getrachtet hat, mag eine Gipfelleistung babylonischer Baukunst gewesen sein. Des assyrischen Königs Tiglathpileser I. Doppeltempel von Assur, ein sehr viel späterer Bau von ungefähr 1150 vor Beginn unserer Zeitrechnung, den Andraes Modell im Plan wieder herzustellen versucht hat, weist den gleichen Wesenszug unbedingter Geradlinigkeit auf. Den letzten Gipfel dieses Grundgesetzes baukünstlerischer Gestaltung bildet die Pyramide, die im Alten Reich der Ägypter, nur für eine sehr kurze Zeit, die Grundform für Königsgräber und — in kleineren Maßen — Gräber von hohen Beamten abgab. Die Pyramide darf in der Weltgeschichte der Kunst als eine Sondererscheinung gelten, da in ihr ein bedeutender Lebenszweck zu einem denkbar allgemeinen Formgedanken ausgearbeitet worden ist. Die Pyramide soll Grabmal, zunächst des Königs sein und enthält nur die Grabkammer und den zu ihr führenden Zugang, d. h. Innenräume, die nur den kleinsten Bruchteil des von der Außenseite des Bauwerks umschlossenen Kubikinhalts einnehmen. Diese ungeheure Steigerung des Umfangs über den unmittelbaren Zweck hinaus — die Pyramide des Cheops mißt 233 Meter in der Breite und 145 Meter in der Höhe, d. h. fast das dreifache der Höhe der Türme des Kölner Doms — ist Vergrößerung im Sinne der soeben besprochenen einfachsten Form der Stilisierung: der Majestät des Königs, der hier beigesetzt ist, soll die Gewalt des sinnlichen Eindrucks entsprechen, den seine Grabstätte hervorrufen soll. Zu ihr aber fügt sich nun die Anwendung der zweiten Gattung der Stilisierung, die Vereinfachung, in ihrer geradlinig-geometrisierenden Unterform und zwar in einer Ausbildung, die nicht anders hätte ausfallen können, wenn der theoretisch eindruckreichste Fall dieser Wirkung hätte dargestellt werden sollen. Eine ungeheure Höhe soll erreicht werden, die auf eine überweite Entfernung hin die Ebene beherrschen soll, nnd sie soll durch ein Bau-, nicht aber durch ein Bildwerk erreicht werden — der Turm ist ein dem Pfeiler ähnliches Gebilde und insofern eher ein Erzeugnis der Bildnerei als der Baukunst, auch ist der Turm wohl der Regel nach in Anlehnung an ein in der Wagerechten ausgedehntes Gebäude oder in der Zuordnung zu einem solchen errichtet worden. Dann war das Aufsteigen von einem breiten Grunde zu einer Spitze das begriffsmäßig Geforderte. Das Geviert als Grundlage aber und die im Aufsteigen zurückweichenden Kanten als Hinleitung zur Spitze waren die für eine geradlinige geometrisierende Vereinfachung ebenfalls denkmäßig gegebenen Ausführungen des obschwebenden Baugedankens. Nie vorher, nie nachher ist im Bereich der alten Welt dieser Gedanke aufgetaucht und der nach einem Seitenstück suchende, über die Erde schweifende Blick muß ein volles Drittel ihres Umfangs und einen Zeitabstand von vier Jahrtausenden zurücklegen, ehe er in Alt-Yukatan wieder auf die gleiche Bauform, nur in geringeren Abmessungen trifft.

Der Zusammenhang zwischen Tat und Geist ist auch hier unverkennbar; die ungeheure Machtanhäufung des Großkönigtums nach innen und nach außen drängt sich hier auf das Unmittelbarste in Sinne und Seele des Beschauers: und der Wucht, der Verdichtung dieser Machtmasse entspricht die Wucht dieser Formensprache, die alle ihre Wirkungen in zwei Mal vier Linien und einmal vier Flächen zusammendrängt.

So ungemischt gradlinig-geometrische Mittel wie an der Pyramide hat die große ägyptische Baukunst nur in der kurzen Zeit und auf dem sehr beschränkten Raum, in denen sich diese Bauform durchsetzte, zur Geltung gebracht. Es überwog in ihr bei weitem eine Art stilisierende Vereinfachung, die zwar auch geradlinige Summierungen liebte, aber sie mit Formen der gleichen Absicht, aber von linderer, naturnäherer Ausführung verwirklichte. Der Tempel von Karnak, aus dem Anfang des vierzehnten Jahrhunderts vor Beginn unserer Zeitrechnung, enthält im Hauptschiff die steilen geraden Ebenen senkrechter Mauern und die rein geometrischen geradlinigen Öffnungen zwischen den Schiffen; aber die zwar geradlinigen jedoch kreisrunden Formen der Säulen lindern die Strenge und die bildlichen Darstellungen der Reliefs an deren riesigen Trommeln leiten vollends zu naturnaher Schilderung hinüber.

Ein anderes Mittel der Stilisierung, d. h. der absichtsvollen Entwirklichung, das der gewollten Wiederholung, findet sich in allen darstellenden Künsten, aber auch in den das Leben nicht wiederspiegelnden, sondern ihm unmittelbar dienenden, angewandten Künsten: der Bau- und Zierkunst; ja es hat ihnen vielleicht noch nachdrücklicher seinen Stempel aufgeprägt, als jenen. Hier findet zwar nicht eine Entwirklichung im eigentlichen Sinne des Wortes statt, wie in Bildnerei und Malerei, denn es wird ja nicht eine Entfernung geschaffen zwischen dem Urbild der Wirklichkeit und dem sie wiedergebenden Kunstwerk. Dennoch ist die Wirkung, die durch die absichtliche Wiederholung gleicher Einzelstücke innerhalb eines Gesamtwerks hier hervorgebracht wird, insofern eine ähnliche, als sie dem Grundzug des uns rings umgebenden Naturbildes, das sich von beständigem Wechsel und ebenso beständiger Unregelhaftigkeit beherrscht zeigt, vollkommen widerspricht. Mit anderen Worten, die gewollte und sich den Sinnen und der Seele des Beschauers eigens stark aufdrängende Wiederholung giebt sich auf das nachdrücklichste als von Menschen gewollte und nicht von der Natur eingegebene Fügung zu erkennen.

Die Art der Wirkung auf die Seele tritt vielleicht an den Werken der Baukunst nicht so greifbar hervor, hat aber an ihnen trotz aller Verhülltheit noch mehr als irgendwo in der ganzen Welt der Kunst Macht gewonnen.

Gleichviel ob man von dem Tempel Ramses III. in Medînet Hâbu von 1180 und seinen Säulenordnungen oder von dem durch die Forschung wiederhergestellten Bild von Nebukadrezzars Tempelturm in Babylon von vor 1123 ausgeht, die Wiederholung ist der herrschende Zug in der aus der Maßen großartigen Stilisierung der Werke. Doch ist nicht ganz einfach bis zu den seelischen Wurzeln des in uns durch diesen Grundzug hervorgerufenen Eindrucks vorzudringen. Säule, Säule, Säule, Säule so ruft uns das Bild von Medînet Hâbu, Stockwerk, Stockwerk, Stockwerk, Stockwerk das von Babylon zu. Das eine Mal wird in uns der Grundeindruck der Senkrechten, das andere Mal der der Wagerechten aufs äußerste verstärkt. Denn den einen würde auch schon eine einzeln für sich dastehende Säule, den anderen auch ein vereinzelt gelassenes Erdgeschoß hervorrufen, aber die Wiederholtheit beider Einwirkungen verstärkt nicht nur den Grundeindruck, sondern steigert ihn durch die Zusammenfassung zu der größeren Einheit der Säulenhalle dort, des Gesamtbaus hier in eine höhere Ebene, die den weiteren Eindruck eines überstarken Regelzwanges in uns hervorruft. Er wird im Einzelnen auf das wirksamste vermehrt durch die ähnlich unerbittlich wiederholten Maße des Zwischenraums zwischen den Säulen hier und zwischen den Geschossen dort. Und er wird an dem Tempelturm Nebukadrezzars des weiteren dadurch vermehrt, daß auch die Pilaster der Geschoßfassaden und die treppenartig gestuften Kleingiebel, die die Gesimse der Geschoß-Terrassen krönen, in derselben Regelmäßigkeit durch immer gleiche Zwischenräume von einander getrennt sind.

Die entscheidende Wirkung mag doch von der Urtatsache des Regelzwanges ausgehen und sie fällt mit jener allgemeinen Eigenschaft des Eigenmenschlichen, des Nicht-Naturbestimmten in der stilisierenden Kunst zusammen.

Fünftes Stück.

Wirkensformen der Stilisierung.

In den darstellenden Künsten, vorzüglich in der Bildnerei, die der Malerei um so Vieles vorangegangen ist, hat die Wiederholung nicht in dem gleichen Umfang wie in der Baukunst den Vorrang behauptet: aber sie ist zuweilen doch auch in diesen Werken mit dem absichtsvollsten Nachdruck angewandt worden und bringt dann eine der baukünstlerischen ganz nah verwandte Wirkung hervor. Man schaue nur die Darstellung von fünf Kriegern der Leibwache des Großkönigs der Perser an einer Mauer der Königsburg von Susa an, die heute im Louvre aufbewahrt wird. Bis auf den Schnitt der Nasen und Augen und die kleinste Locke an Haupthaar und Bart, bis auf die Form der Spitzen der Speere und der Zierlinien an den großen Pfeilköchern ist an jeder der fünf Gestalten jeder Zoll wiederholt; nur an den frauenartigen Röcken der Speerträger findet ein Wechsel der Zierlinien statt, der aber auch im gleichen Schrittmaß wiederkehrt. Der Eindruck ist gewaltig und er setzt sich auch hier aus der Verstärkung durch die Vielheit und aus der Wirkung des Regelzwangs als solchem zusammen.

Aber noch eine Form der Stilisierung ist auf dieser Stufe der universalen Kunstentwicklung ausgebildet worden, es ist die höchste von allen: es ist die der Steigerung des Weltbildes in der darstellenden Kunst zum rein künstlerischen Zweck. Die Mittel, die diesem Zweck dienstbar gemacht wurden, waren sehr oft dieselben elementaren, von denen bisher die Rede war: Vergrößerung, Vereinfachung, Wiederholung. Allein dazu ist ein Neues getreten, die Absicht und das Vermögen ein Kunstwerk zu schaffen, in dem Sinn, den wir dem Worte beimessen, d. h. ein Werk der Nachbildung von menschlichem oder Weltgeschehen, das mit diesem Zweck der Nachbildung den anderen der Erregung von Freude an der Form dieser Nachbildung verbindet. Dabei kann der ältere, rein lebensmäßige Zweck der Aufbewahrung eines Geschehensbildes im Bewußtsein des schaffenden Künstlers und noch mehr seines Auftraggebers noch durchaus überwiegen, unbewußt aber erzeugt sich in der Seele des Urhebers das Werk als Kunstwerk in diesem engeren Sinn.

Ein Werk der großen Kunst der Altertumsstufe sei hier an Stelle von vielen herausgehoben, das freilich von höchstem Rang ist. Es ist jenes Alabaster-Relief, das heute im Britischen Museum aufbewahrt wird, das, ein Erzeugnis des siebenten Jahrhunderts, aus der assyrischen Königsburg von Ninive stammt und das den König Assurbanipal auf seinem Streitwagen Löwen jagend darstellt. An diesem Werk fallen zum mindesten drei Fähigkeiten künstlerischer Wirkung auf, die den meisten Hervorbringungen archaischer Kunst völlig oder zum Teil fehlen. Zuerst die Möglichkeit planmäßiger Anordnung der dargestellten Wirklichkeiten, d. h. eine Bezwingung, ja Beseitigung des Zufalls, d. h. derjenigen Geschehensordnung, wie sie der Zufall schafft. Zunächst ist höchst absichtsvoll eine weite Hintergrundsfläche völlig leer gehalten, wodurch die naiv unbedachte Überdrängtheit und Überfülltheit der meisten darstellenden Kunstwerke dieses Entwicklungsalters vermieden wird und die Umrisse derjenigen Kernfläche, auf der allein die zu schildernde Handlung dargestellt wird, in Klarheit hervortreten und das durch sie umschlossene Bild zu unvergleichlich viel stärkerer Wirkung gebracht wird.

Von noch wesentlicherer Bedeutung ist der Aufbau dort, wo das Innere, die Gestaltung und Teilung des Bildes selbst in Betracht kommt. Die durch Wölfflins Scharfblick zuerst erkannte innere Geometrie an Werken der darstellenden

Kunst zeigt sich schon hier in voller Wirkung: von den vorderen Hufen der den Wagen entführenden Rosse leitet aufwärts bis zu der Spitze des Helms, den der König trägt, eine Linie, die dann von dort nach hinten abwärts entlang den Speeren, die die beiden Geleiter des herrscherlichen Jägers gegen den verfolgenden Löwen richten und weiter entlang der Kopf- und Rückenlinie der den Wagen anspringenden Bestie bis zu den Tatzen ihrer Hinterbeine wieder zum Boden führt, indem dergestalt ein ungefähr gleichschenkliges, stumpfwinkliges Dreieck entsteht. Und diese Anordnung ist nicht mit ängstlicher Pedanterie zu einer allzu peinlichen Regelhaftigkeit gebracht, sondern von ganz lebensnaher und hier und dort das Schema überschreitender Gewachsenheit. So springen die Köpfe der Pferde über die Grenzen des Rahmens hinaus und ein schon zur Strecke gebrachter Löwe bleibt rechts oben ebenfalls außerhalb des einschließenden Dreiecks. Dieses selbst aber erhält in der Gestalt des Königs eine Spitze, in dem vorderen Rad des Streitwagens eine Mitte — namentlich diese letztere von wunderbar starker Wirkung, vermutlich nicht trotz, sondern gerade wegen dem einfach-klaren Bau des Gefüges.

Zum dritten aber, und dies mag die künstlerisch stärkste Errungenschaft dieses Werkes ausmachen, bewährt sich hier eine Fähigkeit zur inneren Steigerung des von der Außenwelt den Sinnen des Künstlers überlieferten Eindrucks über die Einzelheiten des Urbildes hinaus, die man Stilisierung in engerem Sinne nennen könnte. Wenn auf dem Relief von Ninive das Vorwärtssprengen der Rosse noch gespannter, das Aufwärtsschießen des in rasender Wut den Streitwagen verfolgenden Löwen noch sehr viel straffer geschildert ist, als die Natur es zu beobachten hergiebt, so ist dies ein Steigern des wirklichen Geschehens über sich selbst hinaus, das an sich, in seiner Grundabsicht nur aus gesteigertem Künstlertum hervorgehen kann. Es ist Kunst zur zweiten Potenz erhoben, künstlerischere Kunst als diejenige, die sich mit der Nachahmung der Natur bescheidet. Die Durchführung dieses Hauptbestrebens aber erfordert sehr viele einzelne Hilfsmaßnahmen, die erst zu finden, dann auszubilden es des weiteren neuer, in demselben betonten Sinne künstlerischer Kräfte bedarf. Um die Beine der Pferde, des Löwen so gespannt erscheinen zu lassen, wie jener allgemeine Zweck es verlangt, muß der Bildner die Wichtigkeit der Muskeln im Bau und ihre Eindrucksfähigkeit im Spiel des tierischen Leibes erkannt haben. Er muß des ferneren die Fähigkeit gewonnen haben, die sinnliche Wirkung wallender Locken, üppigen Barthaares nicht zu mindern, sondern zu verstärken, indem er sie zu Geflecht-Einheiten verbindet, die die Gegebenheiten des wirklichen Körpers nicht darbieten. Alles dies aber sind, wie schon der erste Blick auf sie lehrt, durchaus nur eigenmenschliche, nicht naturpflichtige Zutaten des wunderstarken Künstlertums dieser Stufe.

Ich halte inne: denn wenn auch das Gegeneinander des naturbestimmten und des eigenmenschlichen Schaffens an den künstlerischen Werken — das in der Urzeit und auf der Altertumsstufe auftritt als ein Nacheinander, ein Wechsel in der Stufenfolge — sich im Laufe der universalen Kunstentwicklung noch mehr als einmal wiederholt, wenn es auch im spätesten der Geschichtsalter, in unserer Neuesten Zeit zwischen diesen beiden Bestrebungen zu einem engen Neben- und einem oft sehr feindlichen Gegeneinander gekommen ist, so ist doch der Vergleich jener ersten beiden Entwicklungsstufen durchaus ausreichend, um das Grundsätzliche dieses Gegensatzes zu erkennen; ja man wird behaupten dürfen, daß dieser Gegensatz später nie wieder in gleich vollkommener Klarheit zu Tage getreten ist. Und so mannigfach auch die Kreuzungen und Mischungen, die Näherungen und Entfernungen in dem die Weltgeschichte der Kunst umfassenden Spiel zwischen den beiden einander polar entgegengesetzten Grundbestrebungen sind und so wertvoll auch für den hier verfolgten Zweck eine wenigstens in den Umrissen vollständige Formenlehre dieser Wirkungen und Gegenwirkungen sein würde, so gebricht es doch, eine solche aufzustellen, dem hier vorgelegten Überblick an Raum; er will ja letztlich nur ein Begriffsbau, nicht aber eine neue Umordnung des Gesamtstoffes der Geschichte sein.

Wohl aber muß, wenn unter die hier vorgetragenen Erwägungen der Summenstrich gezogen werden soll, ein allgemeinster Vorbehalt für die Würdigung der eigenmenschlichen Kunstweisen gemacht werden, der von grundsätzlich tiefster Bedeutung ist. So gewiß nämlich alle die Abwandlungen der Anwendung menschlicher Einbildungskraft auf die Kunst, die hier als eigenmenschliche gekennzeichnet wurden, ihrem Grundantrieb nach abstammen aus einer nur dem Menschen eigentümlichen, nur ihm möglichen selbstherrlichen Neigung, das Bild der Natur, sei es im Dienst des Lebens in den angewandten Künsten, sei es die Wirklichkeit wiederspiegelnd in den freien Künsten abzuwandeln, so gewiß ist doch dieses sein, wenn man will, über-, ja gegennatürliches Verhalten durchaus nicht als völlig losgetrennt vom außermenschlichen Weltgeschehen oder gar ihm unabhängig entgegenwirkend zu denken.

Nicht allein aus dem allgemeinsten, von uns nur allzu oft als selbstverständlich übersehenen Grunde, daß alles menschliche und somit auch das eigenmenschliche Tun ein durchaus eingehöriger Bestandteil des Weltgeschehens ist und ihm deshalb in vollem Umfang zuzurechnen ist, nein auch um besonderer Zusammenhänge willen, die zwar bei weitem nicht so eng sind, wie diejenigen, die die entgegengesetzten, die wirklichkeitsnahen Kunstweisen ins Leben gerufen haben, die aber trotzdem als Einwirkungen von der Welt her angesehen werden müssen, die an Wucht jenen ersten, engeren nicht nachstehen, ja ihnen oft an Gewalt noch überlegen sind.

Eine einfachste und zugleich sich unumstößlich aufdrängende Verbindung dieser Art muß stattfinden zwischen der Stilisierung durch Wiederholung und dem sehr zahlreichen und noch eindrucksvolleren Auftreten der im strengsten Schrittmaß erscheinenden Wiederholung im Weltgeschehen, das auf Sinne und Seele unseres Geschlechts von allen Seiten seiner Umwelt eindringt. Wohl ist es mit bemerkenswerter Einseitigkeit nur das zeitlich regulierte und regulierende Schrittmaß, das von daher auf uns wirkt; das in Wiederholung gleiche Schrittmaß des Raumes ist im Bereich der für uns unmittelbar erkundbaren Natur auffällig selten vertreten. Doch hat dies schwerlich verhindert, daß dies Gleichmaß zeitlicher Wiederholung, das von dem Lauf der Sonne und der Gestirne, von Ebbe und Flut, vom Pulsschlag unseres Blutes und vom Schrittmaß unseres Ganges mit dem stärksten Nachdruck auf uns einströmt, sich auch in die Form der räumlichen Wiederholung übersetzte. Ohne solche Verwandlung nötig zu haben, hat dieses Gleichmaß Ton- und Dicht- und Tanzkunst, die allesamt vom zeitlichen Schrittmaß bestimmt werden, beeindruckt und ihnen sich nicht nur zu einzelner Anwendung hier und dort, sondern als Grund ihres Aufbaus eingeprägt[1].

Das Mittel der Vergrößerung vermochte das Gebirge einzuflössen; aber auch den viel weitergreifenden, viel tiefer bewegenden Antrieb zur Erhabenheit und durch sie zu der Stilisierung aller Art konnten Meer und Himmel, Berg und Kluft hervorbringen, wo immer sie sich eigens eindrücklich und wuchtig stark, steil, weit dem Auge des Menschengeschlechts darstellten.

Es mag eine oft kaum spürbare, oft dann wieder die Seele auf das leidenschaftlichste bewegende Einwirkung sein, die auf diesen schwer erforschlichen Wegen das Schaffen der menschlichen Einbildungskraft erreichte; an ihrem Dasein und ihrer Gewalt ist nicht zu zweifeln. Als letzter Schluß dieser Beobachtungen ergiebt sich also, daß selbst die Gegenbewegung, die unsere Einbildungskraft gegen die Einwirkung des Weltgeschehens auf sie in Gestalt des eigenmenschlichen Kunstschaffens aufbringt, in ihrem Kerngeschehen doch wieder zum Teil außermenschlich-weltischen Ursprungs ist.

[1]) Die ausführliche Begründung dieser Gedankengänge ist in dem noch nicht veröffentlichten I. Band meiner Gesellschaftslehre niedergelegt.

Zweites Hauptstück.

Der Einfluß des Weltgeschehens auf die Entwicklung der Einbildungskraft im Glauben.

Erstes Stück.

Urzeit und Altertumsstufe.

Es giebt neben der Kunst keine Form geistigen Schaffens, die so erfüllt von Auswirkungen der Einbildungskraft und von ihnen so abhängig ist, wie der Glauben. Denn wohl ist er eine lebendige Tat, insofern er nicht ein geistiges Gebilde erzeugen, sondern eine zweite seiende Welt neben der ersten, der rein erfahrbaren entdecken will, aber da diese zweite Welt nur geahnt und nicht aufgesucht werden kann, so ist ihr Bild zuerst nur mit den Mitteln der Einbildungskraft zu gewinnen, demnächst allenfalls mit denen des Verstandes zu ordnen und zu festigen.

Von dem Lebensalter der Urzeit wird man in dieser Entwicklungsreihe nicht mit der gleichen Entschiedenheit wie in der der Kunst aussagen dürfen, daß es ganz unter dem Einfluß des Bildes stand, das Sinne und Seele der Menschen von dem ihnen wahrnehmbaren Weltgeschehen erhielten. Aber überwogen hat dies Bild in den Anfängen der Glaubensgeschichte durchaus. Schon der eigentliche Kern alles Glaubens, der recht eigentlich der Antrieb für alle seine spätere Entfaltung gegeben haben muß, kann der menschlichen Seele nur durch die Umwelt eingegeben worden sein, von der sie sich umfangen sah.

Nicht die Furcht, wie die allzu christlich urteilenden ersten Bearbeiter der Glaubensgeschichte annahmen, hat den ersten Ansätzen des keimenden Glaubens die Richtung gegeben, sondern ein Streben, das an sich unbegreifliche Rätsel des Daseins durch die Annahme von Wesen hinter der Oberfläche der Dinge zu lösen, man wird sagen dürfen und müssen: ein metaphysischer Drang, ein Drang nach Erforschung des Wesens der Dinge, des Warums des Geschehens. Die volle unterste Grundschicht des Urzeitglaubens ist beherrscht von der Annahme der Allbeseeltheit der Welt und zwar aller ihrer einzelnen Bestandteile. Indem man Fels und Fluß, Bucht und Wolke, Stock und Stein, Sonne und Sterne, Pflanzen und Tiere als von Gewalten besessen ansah, vermeinte man die Bewirkungen des eigenen Lebens, die von den Dingen ausgingen, besser zu erkennen, als es geschehen wäre, hätte man sich allein auf den Eindruck der Sinne verlassen. Den Menschen selbst ordnete man ohne jede Bevorzugung in diese Reihe ein: die eigene Gewalt, als die man die menschliche Seele ansah, mag das Urbild für die Einzelgewalten abgegeben haben, die man in die Dinge der unbelebten, die Wesen der belebten Welt hineindachte. Eine weitverbreitete Völkergruppe wie die der nordamerikanischen Eskimos, die bei hoher Verstandesbegabung doch auf dieser untersten Teilstufe der Urzeit verharrten und ihren Glauben deshalb eigens scharf und klar ausgebildet haben, haben den Menschen und diesen Eigen-Einwohnern der Dinge denselben Namen — *inuit* — gegeben. Die Zaubervorstellungen minder entwickelter Urzeitvölker sind doch nah verwandt.

Diese Auffassung ist ungemein sachlich; sie hat noch keine Beimischung von der hingegebenen Demut, der zitternden Angst des Gläubigen aller höheren Entwicklungsstufen. Wir Forscher können uns rühmen, daß unsere Sicht auf die Welt, d. h. ein ruhiges, in sich gehaltenes Erklären-Wollen ihres Wesens die ersten Anfänge des Glaubens bestimmt und beherrscht hat. Doch freilich, es geschah unter der überwiegenden Anteilnahme der Einbildungskraft. Was unerklärlich schien, sollte durch Vermutungen erklärt werden und man schlug den Weg ein, der dem Menschen als der nächste erscheinen mußte, man schrieb den Dingen und den Wesen dieselbe Gewalt zu, die man über und neben dem Leib im eigenen Sein annahm, eine Seele.

Gewiß, man hat hier dem Weltgeschehen eine Menschenform auf-, oder vielmehr eingeprägt; aber der Antrieb ging doch von der außermenschlichen Umwelt aus. Sie forderte vom menschlichen Geist erklärt zu werden und er erklärte sie nach dem Muster, das ihm am nächsten lag, nach sich selbst oder vielmehr nach dem Bild, daß er sich von sich gemacht hatte. Er tat dies auf die allersachlichste Weise, jedem Einzelding gab er seine Gewalt, seinen Inhaber und glaubte damit dann jedes Geschehen, das, gleichviel ob schädlich oder nützlich, nicht durchdringlich erschien, auf eine zureichende Ursache zurückgeführt zu haben. Man erklärte mit einem geringen Aufwand von eigener Zutat der menschlichen Einbildungskraft die Welt durch sich selbst.

Auch die Geister, die man in anderen Völkergruppen schuf und die losgelöst von den Dingen ihr Wesen trieben, kamen doch aller Vermutung nach von jenen Dinggeistern her. Die Pflanzen-, die Tiergeister, die halb menschlichen, halb tierischen Geister, von denen die höchsten, stärksten als Heilbringer zu den keimenden wachsenden Göttern, den halben oder ganzen Weltschöpfern und endlich den Regierern von Welt und Menschheit emporgebildet wurden, können bis zu ihrer letzten Ausgipfelung in echten Göttergestalten ihren Ursprung aus dem zuerst mit den Sinnen aufgefangenen Weltbild nicht verleugnen.

Die Zutaten der eigenmenschlichen Einbildungskraft, seltener aus Zufügungen aus rein menschlichem Erleben, weit öfter aus innerer Steigerung der an sich naturgegebenen Stoffe bestehend, sind gewiß bedeutender als in der frühen Urzeit. Sie wachsen langsam den gleichen Bestrebungen der Vergrößerung und Höhung, ja der Stilisierung zu, die die Frühgebilde der Kunst der Altertumsstufe kennzeichnen. Diese Gestalten, die zuerst weit mehr geachtet, als verehrt oder gar angebetet werden, sind noch immer mehr Verpersönlichungen von Naturgewalten, als Nachbildungen gesteigerten Menschentums.

Ein wesentlich anderes Gepräge haben die Göttergebilde der Altertumsstufe. Wohl tragen sie, wie an den Tierköpfen so vieler Gestalten des ägyptischen Götterhimmels erkennbar ist, ihren Tier- und also betont naturbestimmten Ursprung oft deutlich an sich; aber die Steigerung ihrer Macht über das Geschick der Menschen, die Herabsetzung des Verhältnisses der Gläubigen zu ihnen in der Richtung auf demütig hingegebene Unterwerfung vor dem Gotte und die Ausbildung eines formenreichen Tempel- und Bilder-, Opfer- und Gebetedienstes reicht doch weit hinaus über alle Steigerungen, die die Urzeit in dem gleichen Sinne vorgenommen hatte. Der eigenmenschliche Grundzug dieser neuen und immer neuen Höhungen von Gestalt und Gewalt der Götter tritt dort besonders deutlich zu Tage, wo ihre Gleichläufigkeit, ja ihr Zusammenhang mit rein menschlichen, mit gesellschaftlich-staatlichen Einrichtungen erkennbar wird: so etwa bei der Zusammenlegung der ehemaligen Gaugötter zu Reichs-Götterkreisen in Ägypten und Babylonien. Aber auch eine neue daseinswissenschaftliche, schlechthin metaphysische Welle setzt ein: die Gottesmacht wird durch das in ganzen Jahrhunderte-Reihen fortgesetzte Glaubensdenken auch aus rein geistigen Gründen immer weiter gesteigert, die Macht des Gedankens verbindet sich mit dem seelischen Reiz immer tieferer Unterwerfung unter die Herrschaft der erträumten Gestalten. In Fällen äußerster Aufgipfelung dieses Geschehens verbinden sich Bewoggründe eigenmenschlich-staatlichen und eigenmenschlich-geistigen Ursprungs zu überstarker Wirkung, so als um 1450 Amenhotep IV., Großkönig von Ägypten, und als im Jahre 1450 — dies Mal nur nicht vor, sonder nach Beginn unserer Zeitrechnung — Huiracocha, Großkönig von Peru, beide einen strengen, ebenso im begrifflichen wie im staatähnlichen Sinn höchst entwickelten Monotheismus, einen Eingottesglauben gegen die bestehende Vielgötterei durchsetzten, doch ihn freilich nur für kurze Zeit aufrecht erhalten konnten.

Eine Einwirkung des Weltgeschehens auf den Glauben hat aber auch auf dieser Stufe seiner Entwicklung stattgefunden. Übersieht man die Reihe der hohen und in Sonderheit die der höchsten Götter, so findet sich, daß unter ihnen die Sonnengötter bei weitem überwiegen: es kann nicht anders sein, als daß die Herrscherlichkeit dieser einen Naturerscheinung zuerst die Neigung der Menschen dieses Stufenalters ihre Göttergestalten mit Naturgewalten zu verbinden eigens oft an sich gelockt, später aber den Göttern, die mit der Sonne in Eins geschmolzen wurden, die Vormacht vor den anderen verschafft hat. Wie tief diese Vereinigung ging, wird dort eigens offenbar, wo wie in der Geschichte von Isis und Osiris und hundert ähnlichen heiligen Sagen selbst das einfachste Naturgeschehen als Bild und Gleichnis für das menschliche Erleben und Erleiden der Götter benutzt und in dieses übersetzt wurde.

Es scheint sicher, daß die Urzeit nicht eigentlich auf dem Wege gewollter oder auch nur bewußter Vermenschlichung und Verpersönlichung die Naturdinge, die sie bevorzugte, zuerst zu Geistern, dann zu Heilbringern und endlich zu wachsenden Göttern gemacht hat; vielmehr sind, dem liebenden und zuletzt verehrenden Verlangen der Menschen entgegen kommend, die Tiergeister allmählich in Menschentum und Menschengestalt hineingewachsen. Ebenso gewiß aber ist, daß die Götter der Altertumsstufe, vielleicht am öftesten aus den tiergeborenen Urzeitgöttern abgeleitet, doch weit absichtsvoller und deshalb gewaltsamer den außerirdischen Naturgewalten aus dem anorganischen Reich, Himmel, Sonne, Mond und Sternen, die man nun als Träger der Gottesgestalten bevorzugt, einverleibt worden sind. Aber immer noch liebte man es, das Naturgeschehen in nächste, eben symbolisierende Verbindung mit dem nun ganz eindeutig ausgeprägten Menschentum der Götter zu bringen, so daß dann, wie in der Märchenwelt des ägyptischen Götterglaubens so oft, drei Wesensformen, die Tiergestalt des Urzeitkerns, die mit ihr verbundene Menschengestalt und endlich das Gleichnis der Sonne oder des Sterns, mit dem dieser Gott zuletzt verbunden ist, mit einander zu einer Einheit verschmolzen sind — ein geistiger Verbindungszwang, an dem die Gläubigen doch so wenig Anstoß nehmen, wie an den Götterbildern, die auf den Schultern einer Menschengestalt einen Ibis- oder Stierkopf tragen und die uns so unbegreiflich erscheinen.

Zweites Stück.

Die Daseinslehre im Glauben der Mittelalter.

Das Mittelalter, oder doch wenigstens die ihm eigentümliche Glaubensform der Mystiken ist wiederum doppeldeutig: insofern es einmal in diesem geistigen Gebilde eine Daseinslehre hohen Stiles und ganz kühner Phantastik schuf, zum Anderen aber eine Abkehr von den Menschlichkeiten des Götterglaubens der Altertumsstufe und eine Hinwendung zu den Vorstellungen eines Allgottesglaubens bedeutet, die beide, das Nein wie das Ja, als eine Verzichtleistung auf eigenmenschliche Gestaltungen und eine zur außermenschlichen Natur zurückkehrende Hingabe an sie ausgelegt werden können. Die Entplastisierung, die Entpersönlichung der Göttergestalten, zuweilen selbst ihre völlige Auflösung und Leugnung war an sich eine Ersetzung von Gestalten durch Gewalten und insofern ein *ritornar al segno,* eine Rückkehr zu dem alten die Urzeit beherrschenden Zeichen der Vorherrschaft des Weltgeschehens über die Glauben schaffende Einbildungskraft. Schwerlich zu Unrecht ist bereits der Allbeseeltheitsglauben der Urzeit eine Mystik genannt worden, so daß nach dieser ersten die eigentliche Mystik schon die zweite Welle gewesen wäre. Aber bei aller Verwandtschaft ihres inneren Wesens war die zweite Mystik nur in einem allgemeinen Sinn eine Wiederholung der ersten, insofern als beide von einer ungewissen und in den Umrissen weich verschwimmenden Grundvorstellung von ungreifbaren, unsichtbaren Gewalten ausgingen. Ein tiefer Unterschied aber trennt die mittelalterliche von der Urzeitmystik: sie verteilte diese Gewalten nicht mehr auf die einzelnen Teilstücke der Natur, auf die Einzeldinge und die Einzelwesen, sondern faßte sie in einen großen Weltbegriff zusammen. Sie vermochte dies, weil sie in sehr hohem Maße die Denkkraft einer Daseinslehre, einer Metaphysik ausgebildet hatte. Wenn die Mystik des spätbrahminischen und des buddhistischen Indiens nicht nur alle Gestalthaftigkeit der Götter, nein auch die der Menschen und selbst noch der Dinge auflöste und an den Anfang wie an das Ende von allem Menschheitserlebnis ein nicht-seiendes Sein, das Nirwana, d. h. ein gestaltloses und bewußtseinloses, aber fühlfähiges Allwesen setzte — dem dann Lao-tses Tao und Meister Eckeharts nicht-seiendes Sein so ähnlich wurden — so war doch das so entstehende geistige Gebild ein Erzeugnis von Weltverehrung, das aller seiner wahrhaft eigenmenschlichen Formgebung zum Trotz nur als ein Ausfluß des Weltgeschehens selbst und als ein Einstrom von ihm in die Glauben schaffende Einbildungskraft unseres Geschlechts anzusprechen ist.

Ja, man wird sagen dürfen, nie zuvor hat die Welt — als ein Insgesamt angesehen — einen so starken Eindruck auf die Menschheit wenigstens in ihren seelisch erregbarsten, geistig schöpferischsten Gliedern ausgeübt. Denn wenn die alten Göttergestalten aufgelöst oder doch weit in den Hintergrund gedrängt wurden, so war das gewiß ein zersetzendes und im Schulsinn analytisches Tun: Einzelwirklichkeiten wurden in Begriffe zerdacht. Es wurde damit eine Entwirklichung herbeigeführt, so weit man unter ihr eine Entfremdung von den Gegebenheiten der nächsten, der irdischen Umwelt begreift und von jenen Gebilden gläubiger Einbildungskraft, die aus ihnen abgeleitet worden waren. Aber nicht fand eine Entwirklichung statt, die mit einer Entweltlichung, einer Entfremdung vom Weltganzen gleichzusetzen gewesen wäre.

Wie sich dieser Vorgang im Glaubensleben dieses Stufenalters vollzogen hat, läßt sich am deutlichsten aus den Keim- und Frühformen der Mystik entnehmen, die die höchstentwickelten polynesischen Völker ausgebildet haben: etwa die

Samoaner, Tonganer, Maori und andere ihnen ebenbürtige. In den Götterstammbäumen treten in seltsam willkürlicher, aber seltsam geistreicher Mischung Naturgewalten und menschlich-geistige Kräfte, auf, aber auch schlechthin vermenschlichte Urheber einzelner Teile der Schöpfung. In einem und demselben Glaubensgebilde treten die Nacht — als Urmutter aller Dinge — das Sehnen, das Fühlen, der Gedanke, die Begierde um das Geheimnis der Welt zu wissen, die freudvolle Wollust auf, dann wieder Atua, das Weltall, das auch Geist und Seele, Gott und Mensch ist, Rangi und Papa, d. h. Himmel und Erde, die sich als Mann und Weib begatten, und schließlich eine Anzahl von göttlichen Gestalten, wie die Schöpfer der Bäume und Vögel, Tiki der Vater der Menschen, ein Urheber des Bösen, ein Urheber des Guten, ein Vater der Winde und ein Vater des Meeres und der Fische. Man sieht, wie hier noch die alte Götter- und Geisterwelt des Altertums, ja zum Teil noch der Urzeitstufe um die Herrschaft oder wenigstens doch um die Fortdauer ihres Daseins ringen mit den neuen Bildern von Gewalten, Naturgewalten und Seelengewalten.

Man sieht, hier vollzieht sich ein Doppeltes: wohl findet eine Vergeistung, ja eine Verbegrifflichung von lebendigen Kräften, von Urbestandteilen der außermenschlichen Welt, von Urtrieben des menschlichen Seins statt, denn es sind auch Begriffe, die hier gebildet werden und insofern sie solche erschuf, hat sich schon diese Frühmystik als einer der stärksten Förderer der Denkarbeit des Menschengeschlechts und ihres Werkzeugvorrats, ihres Instrumentariums, der Denkformen erwiesen. Aber diese Begriffe deckten wirkliche Urdinge, wirkliche Naturgewalten, und wenn man sie aufs ehrfürchtigste verehrte, so hieß das nicht Entfremdung von der Wirklichkeit, sondern Vertiefung der Hingabe an sie, an die Welt.

Und was in der keimenden Mystik der Maori und ihrer Stufenverwandten für einzelne Teile des von ihr geschaffenen Weltbildes gilt, das hat sich in der reifen Mystik der Inder und in ihren beiden Nachfahrinnen, in der chinesischen und in der germanischen Mystik an dem von ihnen geformten Insgesamt eines Weltbildes vollzogen. Das nichtseiend-seiende Ursein des Brahman der Vedanta-Lehre, das Tao Laotses, das unseiende Sein Eckeharts, so weit sie auch, jedes für sich, von einander geschieden sind, sie umgreifen alle das Ganze der Welt. Sie sind auch Hervorbringungen einer höchst gesteigerten Begriffskraft, aber sie sind, jedes in seiner Weise, auch ein Urding, nämlich das Allsein.

Drittes Stück.

Die Welt als Hintergrundsgedanke der Mystik.

Die stufenhöheren unter diesen Weltlehren des Glaubens verhüllen diesen welthaften Ursprung ihres Vorstellungskreises deswegen, weil sie gemäß dem eigentümlich nurgeistigen, alle Wirklichkeit vergeistenden Wesenszuge dieser höchsten Mystik dahin streben, die sinnlich greifbare Körperwelt als untergeordnet hinter einem ganz seelischen Weltgeschehen zurücktreten zu lassen; aber ehe sie zu dieser ihrer höchsten Gestalt vordringen konnten, muß wenigstens in ihren Schöpfern als Voraussetzung sich ein Denkvorgang vollzogen haben, der ihnen überhaupt erlaubte, zu einer Sehweise vorzudringen, die das Insgesamt alles Geschehens als Einheit zu begreifen vermochte.

Wer den Gang des menschlichen Geistes — und er hat sich in diesem Stufenalter überwiegend in der Gestalt von Glaubensschöpfungen vollzogen — als eine Werdenseinheit sieht, den mag bei diesem Geschehen ein Bedauern ankommen, daß er so rasch, ja so sprunghaft vorwärts stürmte. Uns, die wir zwischen Weltwirklichkeit und Weltlehre viele wachstumsähnliche Verkettungen sich spannen sehen, würde es wohl natürlicher dünken, wenn dieser Werdegang zuerst zu einer Verschmelzung von Welt- und Menschheitsbild geführt haben würde und erst zuletzt zu der völlig vergeisteten Seelen- und Gotteslehre, als die sich die reife Mystik von Anfang an dargestellt hat.

Doch ist vielleicht auch diese Unterstellung bauender Geschichtslehre nicht aufrecht zu erhalten; vielleicht war die Entwicklung, wie sie uns die Wirklichkeit gewordene Geschichte darbietet, der einzig mögliche Weg, auf dem der menschliche Geist zu dieser Einheitslehre vordringen konnte. Vielleicht war nur die Verbindung eines das All durchdringenden Gotteswesens mit der Seele der Menschen, wie sie die Brahmán-Vorstellung der spätbrahminischen Vedanta-Lehre vollzogen hat, die Voraussetzung für eine Auffassung, die schließlich doch auch die Welt selbst in diese in Wahrheit allumfassende Einheit einschmolz.

Die sinnlich wahrnehmbare Welt taucht in diesen Vorstellungskreisen nur in Andeutungen auf; aber der Brahmán, der Goldkeim, dessen Begriff die letzten und höchsten Lehrmeinungen der Vedanta krönt, ist doch nicht allein der Unerschaffene, der All-Ichbewußte, eine höher gesteigerte eigenschaftslose Form des — neutralen — Bráhman, d. h. des niederen Bráhman, das mit dem Gedanken des Allwesen noch mythologische und reale Bestandteile verband, sondern auch eine höchste, letzte der Welten, das ewige vollendete Nirvanam, das hier an dieser Stelle des Lehrgebäudes und an ihr allein[1] mit Namen genannt wird.

So unsicher dies überlieferte Glaubensbild auch dann erscheint, wenn es nur durch die sichersten und wenig zahlreichen Urzeugnisse der Überlieferung gestützt wird, so ist doch das Eine gewiß, daß in einer ursprünglich ganz menschhaften, ganz anthropologischen Glaubenslehre doch auch der Gedanke der Welt als eines Ganzen wichtig wird. Ganz

[1]) Vgl. zu den bei Deussen (Geschichte der Philosophie I 2 [[2]1907] 179f., 181) angeführten und übersetzten Stellen der Urtexte die Deutung Deussens (Das System des Vedânta [[2]1906] 483). Auf diese ursprünglichsten Zeugnisse kommt es umso mehr an, als mit dem Begriff Nirvana viel Mißbrauch getrieben wird.

frühe Glaubensgebilde aus dem weiter zurückliegenden vedischen Zeitalter, wie das von einem daseinslosen Nichts, aus dem dann die entstehende Welt zum Werden dringt, mögen nie ganz vergessen sein und wenn es in dem berühmtesten der Lieder des Rigveda vom Anfang aller Dinge heißt: nicht das Nicht-Seiende, nicht das Seiende war damals, so spiegelt sich darin jene alte Lehre. Aber in den nächsten Versen dieser Dichtung wird eine noch ganz sinnliche, der Maorimystik verwandte Vorstellung von einem Urchaos festgehalten: nicht war der Dunstkreis, nicht der Himmel oben. Und das Wasser war eine unergründliche Tiefe. Nicht der Tod war, nicht Unsterblichkeit damals, nicht war die Erscheinung von Tag und Nacht. Das Eine atmete, vom Winde nicht bewegt, aus eigener Kraft.

Dieses Eine, d. h. das Brahman wurde auf einer entwicklungsspäteren Stufe mit dem Atman, dem Selbst der Seele gleich gesetzt, das in jedem Einzelmenschen wohnt und doch die Weltseele in sich begreift. Und damit war jene Vergeistung vollzogen, die die Sinnenwelt als Wirklichkeit ganz aus ihrem Blickfeld rückte und sie in seltsamer Vorwegnahme der Kantischen Gedankengänge allein als Gegenstand des menschlichen Erkennens betrachtete. Aber immer bleibt die Welt doch als Hintergrundsgedanke bestehen: in der endgültigen Lehre des späten Brahminentums vom Brahman als dem Seiend-Nichtseienden bleibt diese Vorstellung noch als Keimzelle in Kraft. Denn der Seinsgedanke kann nur aus der Annahme einer Wirklichkeit und eines Weltganzen hervorgehen.

So weit die zweite große Mystik, die deutsche, sich in ihrer Daseinslehre von der indischen, von der sie doch letzten Endes abhängig gedacht werden muß, unterscheiden mag, dieses Lehrstück hat sie zum mindesten in ihrer letzten Ausgipfelung bei Meister Eckehart doch mit ihr gemein, daß sie ein Sein, ein Ursein annimmt und es zum tiefsten ihrer Grundbegriffe macht. Wohl ist dieses unseiende Sein, von dem Eckeharts Predigt von der Erneuerung des Geistes mit so beredtem Munde spricht, mit der Seele und mit dem Gott in Eines verschmolzen und wird dadurch wieder in den Bereich der vermenschlichten, der anthropologischen Glaubensformen gezogen; aber ohne die Vorstellung von einem Weltganzen und seiner Wirklichkeit konnte die Vorstellung von einem Seins-All nicht entstehen.

Wenn Eckehart, in der gleichen Predigt, untersagt, Gott als Person, als Gestalt, als Geist zu lieben, sondern nur als Nicht-Gott, als Nichtgestalt, als Einheit, aller Zweiheit fern, und wenn er dann mit der Mahnung schließt, in diesem Einen sollen wir ewiglich versinken vom Sein zum Nichts, so mag auch diese Sicht überwiegend bestimmt sein von einer Anschauung, die die Seele als den eigentlichen Umfasser, ja Erzeuger des All-Seins ansieht. Aber eine Erinnerung an das Sein der Welt als Grundform dieses All-Seins scheint doch nicht ausgetilgt; und wenn, nach der großen Predigt Von dem Sohne, Gott als Träger des »edlen Willens«, d. h. der Allkraft, wenn er die Kreaturen, d. h. doch die Welt schafft, in das Nichts verfließt, d. h. sich mindert, aber auch wenn er sich von ihnen zurückzieht und zu sich selbst zurückkehrt, die ganze Fülle seines Urseins zurückgewinnt, so scheint der große Begriff des Seins und damit der Welt als einmal gewonnen doch durch diesen Geistmythus durch, freilich sofort wieder entschwebend, als mit den lästigen Schlacken allzu irdischer Wirklichkeit belastet. Und der dunkle Spruch: »Gott ist aller Dinge ledig und deshalb ist er alle Dinge« in der nicht geringeren Predigt Von der Armut im Geist mag dasselbe Verhältnis andeuten.

Und so wird denn auch von dieser denkerischsten und zugleich kühnsten aller Mystiken, der des Deutschen Eckehart zu gelten haben, daß das Sein der Welt von ihr nur als Hintergrundsgedanke festgehalten wurde, aber eines Hintergrundes, aus dem ihre weiteren ganz entwirklichten und insofern entweltlichten Denkgebilde dennoch hervorgegangen sein mußten, wenn sie werden sollten, was sie wurden.

Zuletzt teilt ja in diesem Glaubensbild von äußerster Vergeistung das Sein der Welt, wenn es so absichtsvoll in Vergessenheit gebracht wurde, nur das Schicksal des Gottes, der Menschen: auch sie sind nur, insofern sie mit dem einzigen Bestandteil, der übrig bleibt, anerkannt und als einzig Höchstes verehrt wird, der ewigen, unwandelbaren Allkraft vereint sind.

Viertes Stück.

Weltbestimmtheit und Vermenschlichung im jüdischen und christlichen Gottesbild.

Weder im indischen noch im deutschen Mittelalter hat die Mystik die viel bildhafteren, körperlicheren Gestalten des Götter- und Gottesglaubens der älteren Stufen verdrängen können; sie war immer der esoterische Besitz eines inneren Kreises der geistigsten Gläubigen. Und so kann nicht Wunder nehmen, daß mit dem Dahinschwinden des Mittelalters und der besondern mittelalterlichen Geistigkeit auch die Mystik verging, bis auf einzelne leise und fast verborgene Unterströmungen. Ja die Neuere Zeit des neueuropäischen Völkerkreises hebt sich gegen das Mittelalter im Gesamtzug der Glaubensgeschichte sehr deutlich ab durch ein Hinüberschwingen des Pendels zu einer sehr nachdrücklich menschhaften und sehr wenig weltbestimmten Glaubenssicht.

In einem Mittelpunkte der Daseinslehre des Christentums, in der Auffassung von der Gewalt des höchsten Gottes, ist wie in der hellenistisch-römischen Antike, wie im Kirchenglauben des Mittelalters, so auch in den neueren Jahrhunderten, gleichviel ob alter oder neuer Gläubigkeit, ein Lehrbild aufrecht erhalten worden, das zwar nur aus einem starken Sich-Eindrücken der Welt in die gläubige Einbildungskraft herstammen kann, das aber von der Hand der Kirchenlehrer aller dieser Zeiten eine so starke Vermenschlichung erfahren hat, daß dieser Ursprung zur Hälfte in Dunkel und Vergessenheit geraten ist. Denn von dem naiv sinnlich aufgefaßten Bild des im Garten Eden lustwandelnden Gottes in der heiligen Sage der Urzeit bis auf den Gottesbegriff unserer Tage blieb dieser höchste Gottesbegriff, den die Menschheit geschaffen hat, wenigstens in seinen kraftvollen Formen, stets Gestalt, stets Persönlichkeit und insofern ganz menschennah.

Aber ebenso reicht von dem frühjüdischen Jahve und der Geschichte seiner Schöpfung her der Erbgang des Gedankens, der die Größe der Macht dieses Gottes von der Größe seines Welt-Werkes ableitet, bis zur Gegenwart. Und wenn von Staffel zu Staffel in der Gotteslehre des zuerst jüdischen, dann christlichen Gottes seine Schöpferkraft und seine Allmacht bis zu daseinswissenschaftlicher, zu metaphysischer Wucht und Folgerichtigkeit gesteigert ist, wenn die Welt nicht mehr die Erde sondern das All umfaßt und wenn dies All als durch den Willen des Allerhöchsten aus dem Nichts erschaffen erscheint, so bleibt dadurch der Grad von Weltbestimmtheit, der schon dem Schöpfergott der Genesis eigen war, unangetastet. Die Herrlichkeit und die Größe der als Schöpfung aufgefaßten Welt leiht noch in dem Christenglauben der Gegenwart dem Gottesbilde selbst sein bestes Recht auf die Unermeßlichkeit seiner Größe, auf die Unbegrenztheit der ihm zu zollenden Anbetung und Verehrung.

Mit allem Nachdruck muß eine wahrhaft menschheitsgeschichtliche Sehweise an diesem Zusammenhang den ganz frühen, den jüdischen, bis in die Urzeit zurückreichenden Ursprung hervorheben. Denn es war sicherlich die eigentümlich realistische, auf nüchterne Erfassung der Wirklichkeit gestellte Geistigkeit des jüdischen Volkes, die dieser höchsten irdischen Gottesgestalt ihren festen menschlichen Kern, ihre unzerstörbare persönliche Plastik verliehen hat. Und wenn so das jüdisch-christliche Gottesbild zu einem großen Teil in menschheitliche Schranken gebannt blieb, so widerfuhr ihm die gleiche Begrenzung in noch stärkerem Maße durch die sehr tiefe Umgestaltung, die sein jüdischer Kern durch das Hinzutreten der Sohnes- und Mittlergestalt von Jesus erfuhr.

Wer sich von den abgründigen Tiefen der spätbrahminischen Gottesschau zu dem Glaubensgebäude der paulinischen oder gar der urchristlichen Lehre wendet, der erlebt den Eindruck, als ob er aus weiten Himmelsräumen kommend in einem Bau Einkehr hielte, der zwar ein unvergleichlich viel fester und sicherer, aber auch viel enger umschlossenes Gehäuse für den gläubigen Geist darstellt. In Sonderheit die Lebensgeschichte der Hauptperson fügt einen Zug von fast familienhafter Traulichkeit in das Bild, das sich, dergestalt vermenschlicht, in einem schroffen Gegensatz von dem metaphysischen Mythus, der daseinswissenschaftlichen Heilssage vom Brahman und Atman abhebt.

Daß diese Vermenschlichung der Gotteslehre auch im höchsten und weitesten Sinn stattfand, kann nicht Wunder nehmen: es war ja ein Mensch, zum ersten und einzigen Male ein Mensch, der sich selbst den Zutritt in die Reihe der göttlichen Gestalten eröffnet hatte, die sonst der Bilderwelt im Jenseits vorbehalten blieb. Nicht Buddha, nicht Muhammed, die beiden einzigen unter den Erdensöhnen, die des Vergleiches wert sein könnten, haben Teil an diesem Gottmenschentum von Jesus. Nur weil er in Wahrheit der Gewaltigste unter den Sterblichen war, fiel ihm dieser höchste und einzige Preis zu. Dasselbe Geschehen aber, das diesen einzig zur Göttlichkeit Erkorenen so hoch in die andere, die obere Welt erhob, es hat doch auch das Bild des höchsten Gottes selbst näher an die Erde gebunden. Es war, als ob die Menschheit in diesem Stärksten, den ihr Schooß hervorgebracht hatte, mit saugenden Organen, mit umfangenden Armen den erschauten Gott enger an sich gepreßt hätte. Auch sein Wesen ist durch diesen Vorgang, der einen Menschen zur Höhe seines Throns hob, vermenschlicht worden. Die paulinische und johanneische Lehre, die der Väter und der Alten Kirche haben diesen Grundzug des christlichen

Glaubens von reiner Weltbestimmtheit fort zur Menschennähe hin viel öfter verstärkt, als — wie es etwa die Gnosis tat — in Frage gestellt. Eigens nachdrücklich aber hat die Gotteslehre der Reformation, in Sonderheit die Luthers dies menschennahe Gepräge des Gottesbildes herausgetrieben. Luthers Glaubenslehre ist in augenfällig hohem Maße die Lehre von dem Wesen und der Gewalt Gottes des Sohnes, Christologie. Das Verhältnis des höchsten Gottes zur gläubigen Menschheit erscheint als ein durch den Sohn-Gott bis ins Einzelne bestimmtes und bedingtes; die Beziehung aber des göttlichen Vaters zum Sohn und zur Menschheit wandelt sich zum Drama, dessen Personen durch die beiden Träger der Gottheit dargestellt werden und dessen Handlung aus ihrer beider Verhalten zur Menschheit besteht.

Die Gestalt des göttlichen Sohnes schiebt sich in Luthers Christuslehre mit solcher Macht vor die des Gottes, daß sie sie fast überschattet. Luther predigt in Wahrheit ein Christustum und mit so eifervoller Folgerichtigkeit, daß der Eingottesgedanke, hinter dem auf dieser höchsten Entwicklungsstufe der kosmische, der Weltgedanken steht, zurückweicht. Luther will von einem an sich daseienden Gott nichts wissen, sondern nur von dem durch Jesus offenbarten. Der Gott, der hinter Jesus steht, ist ein in seiner Gerechtigkeit furchtbarer, ein zürnender Richter, vor dem die sündhafte Menschheit nie bestehen würde. Sie wird vor diesem göttlichen Zorn nur gerettet durch Jesus, durch sein Leben und Sterben. Nur er versöhnt den Gott, nur er erwirkt für die Menschheit die Vergebung ihrer Sünden.

Wie wenig diese in der Zeit sich vollziehende Geschichte zwischen Gott dem Vater und Gott dem Sohn in rein begrifflichem Sinn einer folgerichtigen Ein-Gottes-Lehre entspricht, ist leicht zu erkennen. Einer solchen würde nur eine Person des göttlichen Wesens, nur ein Continuum, eine Zeitbeständigkeit des immer gleichen Verhaltens der Gottheit zum Menschengeschlecht entsprechen, noch ganz abgesehen von der bangen Frage, warum denn Luthers Verkündung einen Gott setzt, der zuerst eine sündig-schwache Menschheit schafft und sie später durch den unschuldigen Opfertod seines Sohnes mit seinem eigenen Richterzorn versöhnen läßt. Es ist, als sei die ewige Einheit und Beharrung der Gottheit, die der reine Ein-Gottes-Begriff fordern würde, nicht nur zur Doppeltheit ihrer Träger, nein auch zu dem Drama einer Entwicklung aufgelöst. Aber zugleich steigt die Vorstellung auf, es habe sich noch einmal aus den Tiefen der frühen Lebensalter der Menschheit der Drang zum Mythus, zu einer mit Menschentum und Menschentun erfüllten Ursage geregt und der allzu denkhaft gewordenen Glaubenslehre ihr Wesen einflößen wollen. Der an Willen und Kraft überstarke Urheber und Führer der Reformation war wohl eigens geneigt und befähigt, der Wirker und das Werkzeug eines solchen Dranges nach persönlich-menschlicher Ausgestaltung und Ausgliederung des Gottesbildes zu werden.

Seit der Reformation ist innerhalb der Glaubensgeschichte unserer Völker nie wieder eine Umwälzung von so aufwühlender Kraft und so grundsätzlichen Folgen zu Stande gekommen. Immerhin sind die so viel leiseren und weicheren Umwandlungen, die sich als Folgen der Aufklärung im Glauben vollzogen, nur als Anzeichen und Erzeugnisse einer neuen Rückwandlung von den Vermenschlichungen fort, die Luther und die Reformation am Gottesbilde der Christenheit verfochten hatten, und zu einer neuen mehr kosmischen, mehr weltbestimmten Formung des Gottesbildes hin auszudeuten. Wenn in Herders Blickfeld, das doch nicht nur alle Weiten und Tiefen großer Geschichtsauffassung, sondern auch die ganze Fülle tiefer Glaubenswissenschaft umfaßte, an die Stelle des persönlichen Gottes als Lenkers der Menschheitsgeschichte so oft die Vorsehung trat, so war der von Herder selbst schon zuweilen wie probeweise zurückgelegte Weg zu dem Begriff der Entwicklung als eines der Geschichte der Menschheit einwohnenden Gesetzes nicht mehr weit. Ihn bis zum Ziele zu gehen aber hätte schon eine Gleichsetzung vom Wirken Gottes mit dem Weltgeschehen, wenigstens soweit es sich innerhalb der Grenzen der Menschheit vollzieht, bedeutet.

Das neunzehnte und noch das zwanzigste Jahrhundert haben aus eigener Kraft nicht Glaubensbewegungen hervorgebracht, die als neue Schöpfungen in diese Reihe eingegliedert zu werden verdienten. Denn alle starken Regungen, die sich im Glaubensleben dieser Jahrzehntereihe durchgesetzt haben, waren geschichtsgebunden — Erzeugnisse des Historismus im eigentlichen Sinn, d. h. also der Geschichtsabhängigkeit, Betätigungen irgend eines Vergangenheitsdienstes. Leise Schwankungen des Grundverhältnisses zwischen kosmologischer und anthropologischer, weltbestimmter und schroff-menschhafter Glaubensrichtung sind auch an ihnen zu bemerken. Die dritte Mystik des frühen neunzehnten Jahrhunderts ist, wo sie philosophierend auftrat, wie bei Schelling, Baader, Steffens vom Bild der Welt in hohem Maß bestimmt, während sie dort, wo sie in den Grenzen christlicher, vornehmlich katholischer Gläubigkeit verharrt, wie bei Görres, ganz menschhaft blieb. Die beiden Grundbewegungen aber, die im Protestantismus und zwar mehr in der Glaubenslehre als im Glaubensleben seit der Mitte des Jahrhunderts auftraten, waren das, aus ganz anderen Gründen, beide: die von Baur und Strauß herkommende im Glauben freie, in der Glaubensüberlieferung ganz geschichtlich gebundene Weise des sogenannten kirchlichen Liberalismus um deswillen, weil sie in ihrer vollen Hingabe an Jesus' eigenste Verkündung, an des Paulus und des Augustinus Lehre ebenso menschhaft blieb, wie ihre Vorbilder; die rechtgläubige Gegenbewegung aber, die mit voller Macht erst seit Kurzem eingesetzt hat, darum, weil sie, ebenso geschichtlich gebunden wie jene, nur vornehmlich an Luther angelehnt, sich von diesem erst recht in einem Sinn bestimmen ließ, der durchaus anthropozentrisch den Einzelmenschen ganz und gar zum Träger und zum Gegenstand des Verhältnisses zwischen Gott und Menschheit machte.

An einer Welle von weltbestimmten Anschauungen vom übersinnlichen Reich hat es der Gegenwart nicht gefehlt; aber sie brandete an der Insel des Glaubens nur empor und ist nicht in ihr festes Land gedrungen. Denn sie kam von außen, aus der Sphäre der Naturerkenntnis, und wollte nur Glauben verneinen, nicht Glauben schaffen. Die Bewegung des materialistischen Monismus, der von Feuerbach bis zu Haeckel und Ostwald doch nicht nur dem Namen, sondern auch dem Gehalt seiner Verkündung nach nichts eifervoller verteidigen wollte, als die Wesenseinheit zwischen Welt und Menschheit, zwischen Leib und Seele, hat wahrlich eine tiefe Hingabe an die Welt und ihr sinnlich-geistiges Bild bewährt. Und wo sie als Wissenschaft tief klaffende Lücken der Erkenntnis nicht zu überbrücken vermochte, da half ihr die ganz glaubensähnliche Begeisterung ihrer stets wachsenden Anhängerscharen über sie fort. Daß sie noch der bedeutendsten Fortbildung fähig ist und daß sie als grundsätzliche Gegnerin jedes Glaubens diesem in Gegenwart und Zukunft die stärkste Gefahr ist, ist schwerlich zweifelhaft.

Drittes Hauptstück.

Der Einfluß des Weltbildes auf die Einbildungskraft in Forschung und Tat.

Kunst und Glauben sind ihrem Wesen nach die Bezirke menschlichen Schaffens, in denen sich die Einbildungskraft, wie überhaupt, so auch als Mittlerin zwischen Welt und Menschheit am ehesten auswirken kann. Aber sie sind nicht die einzigen, in denen sich dieses Übergangs-Geschehen vollziehen kann. Auch Forschung, auch Tat haben an ihm Anteil oder können ihn an ihm haben. Doch sollen von diesem Anteil im Folgenden noch nicht einmal nur, wie bisher, die weitesten Umrisse gegeben werden, sondern es mögen über ihn lediglich einige Andeutungen gemacht werden, in welchem

Sinn und auf welchen Wegen diese Bewirkung stattgefunden hat.

Die Wissenschaft steht durchaus im Vordergrunde dieses Vorganges der Geschichte des menschlichen Geistes. Nur hat es doch zuerst der Bemühungen von langen Jahrhundertereihen bedurft, ehe auch sie im Stande war, in wahrer Empfängnis des Eindruckes der Welt große Anschauungen vom Wesen der außermenschlichen Wirklichkeit in sich wachsen zu lassen und als lebendige Bilder aus sich zu gebären. Denn die Teilaufnahmen von der Umwelt des Menschen, die die einzelnen Sonderwissenschaften von bestimmten Kreisausschnitten des Insgesamts dieser Umwelt zu Werke brachten, haben zwar mancherlei völlig phantastische Gebilde menschlichen Weltwissens, oder, besser gesagt, Weltwähnens erzeugt. Diese aber pflegten in die Gefilde des Glaubens abzugleiten, oder wenn nicht, dann waren sie in seltsamer und schwer entwirrbarer Mischung mit haltbaren Erfahrungen zu eng an die Bruchstücke der Wirklichkeit gebunden, die sie bemeistern wollten, als daß sich aus ihnen das Insgesamt eines Weltbildes hätte zusammensetzen können, das sich den so schnell und so viel früher entstandenen Weltbildern des Glaubens hätte an die Seite stellen können. Die Anfänge von Erdkunde, Geschichte, Sternkunde, Zeitmessung, Tier- und Pflanzenlehre, die in der Urzeit aufkamen, die zumeist auch den mittleren Entwicklungsaltern der großen Völker genug sein mußten, und die im Grunde nur vorforscherliche Erzeugnisse eines noch regellosen Wissens waren, blieben zerstreute Glieder eines Körpers, der sich noch nicht zu einer Einheit zusammengeben konnte. Es mußte erst zur Schöpfung großer und allgemeiner Daseins- und Weltlehren kommen, ehe dergleichen möglich wurde.

Die Altertumsstufe vermochte ein im reinen Sinne wissenschaftliches Weltbild nicht zu Stande zu bringen. Selbst das höchste ihrer Erzeugnisse, der große Gedankenbau der Babylonier, in dem sie Stern- und Schicksalskunde, Geschichts- und Daseinslehre zu einer unsäglich ehrgeizig geplanten Einheit zusammenzuschmieden dachten, war zwar gewiß in hohem Maß ein von der Welt her dem menschlichen Geist eingedrücktes Phantasiebild; aber es war noch so unlösbar mit einer Glaubenslehre, die recht eigentlich seinen Kern bildete, zusammengeschweißt, daß es durchaus nicht als die Hervorbringung einer vom Glauben abgetrennten und in sich verselbständigten Wissenschaft gelten kann.

Auch die großen Führervölker der außereuropäischen Mittelalter haben dergleichen nicht schaffen können: die Herrschaft des Glaubens und seiner so viel freieren Gebilde über den Geist dieser Stufe war zu stark und unerschütterlich befestigt. Bezeichnend ist, daß die Inder in dem ersten und einzigen Versuch einer völlig entgötterten, ja entgotteten Daseinslehre, den sie unternommen haben, in dem Denkbau der Sankhyaphilosophie, doch nur tastend die ersten Schritte auf diesem Wege zurücklegten, ohne das Ziel der Gestaltung eines vollendeten Weltbildes auch nur von fern zu erreichen. Es blieb dabei, daß nur die Wirklichkeit der Welt anerkannt wurde; im übrigen aber war zwar nicht das Was, wohl aber das Wie der alten Glaubenslehre in dieser Denkrichtung so mächtig, daß lediglich ein metaphysischer Mythus, eine Heilssage entstand, die in ihren Zielen gänzlich anthropologisch war und psychologisch nur den Menschen und seine Seele zur Mitte hatte.

Vollkommene Klarheit hat der griechische Geist, der damit die höchste seiner Leistungen vollbrachte, in diesem Geschehen geschaffen. So sicher er die Trennung des reinen Denkens vom Glaubensdenken vollzog, so gewiß waren seine Werke, eben weil sie Hervorbringungen bauender Stärke waren, zu einem großen Teil von Einbildungskraft bedingt und erzeugt und schon in den ersten beiden Zeitaltern der Entwicklung dieses neuen, vom Glauben befreiten Philosophierens hat sich bis zur vollkommenen Sicherheit erwiesen, daß auch diese Form der Welterkenntnis, die immer auch Schau war, ganz wie der Glaube ihre Nahrung entweder aus der außermenschlichen Welt oder aus der Selbstbetrachtung der menschlichen Seele zog. Das Denken der Griechen wurde so in seinem ersten Entwicklungsalter von Herakleitos bis zu Anaxagoras vornehmlich von dem Eindruck des außermenschlichen Weltgeschehens, dem es sich mit weit geöffneten Sinnen, mit empfängnisbereiter Seele zuwandte, beherrscht: waren es auch nur, mit unseren Augen gesehen, begrenzte Sichten, die sie eröffneten, ihr Weltgefühl und oft auch schon ihr Erkenntniswille umfaßte doch schon das Insgesamt aller Wirklichkeit.

Das zweite, von Sokrates und Platon so ganz beherrschte Entwicklungsalter bedeutet dagegen die entschiedenste Abkehr von der bis dahin verfolgten Richtung: es ist im selben, ja in einem noch einseitigeren Maße anthropologisch, eigenmenschlich, wie sein Vorgänger weltbestimmt. Das dritte aber, von Aristoteles überschattete, vereinigt beide Sehweisen, denn er, der Allumfasser, umarmt und durchdringt jede von ihnen.

Geht man vom Menschen und seiner Seele als der Mitte aller vom Wissen zu umspannenden Wirklichkeit aus, so wird man die eine dieser beiden Sichten, die weltbestimmte, als mittefliehend, die andere, die eigenmenschliche, als mittesuchend ansehen können. Von den Griechen an den Tag gebracht, ist dieser Unterschied doch auch für das Denken des neueuropäischen Weltalters maßgebend geblieben, auch von dem Punkt seiner Entwicklung ab, an dem es sich von der Herrschaft der griechischen Philosophie befreite und eigene Flüge wagte. Die Linie Descartes-Hume-Kant bewegt sich, je weiter sie vorschreitet, desto entschiedener in mittesuchender Richtung; der Substanzbegriff, bei Descartes nur wie ein leises Zugeständnis an den Eindruck des von außen kommenden Weltbildes wirkend, wird aber bei Spinoza stärker ausgeformt und die Dasselbigkeit von Gott und Welt, die er fordert, ist schon ein Gebilde von weltbestimmter, mittefliehender Art. Vollends Leibniz' Monadenlehre ist ganz beherrscht von solchen die Welt suchenden, die

Mitte Mensch fliehenden Antrieben; sie ist zwar ein Gebilde, aufgebaut von einer fast dichterischen Einbildungskraft und entbunden von aller Fesselung an das sinnlich wahrnehmbare Weltbild, in ihrem tiefsten Sinn dennoch bestimmt von Weltgefühl und Weltbewußtsein. Auch die Versuche, die sich mit der an der Oberfläche der Dinge zu gewinnenden Wirklichkeit begnügen wollten, die von französischen Denkern mit allzu geringer geistiger Kraft unternommen wurden, waren zwar weltbestimmt, mittefliehend, aber sie gelangten nur zu starker, d. h. weit verbreiteter Wirkung, nicht aber zu starken Werken.

Am Eingangstor des neunzehnten Jahrhunderts stehen sich wieder Fichte als ein ausschließlich die Mitte Mensch, die Mitte Geist suchender Denker und Hegel als ein Größerer, alle Weiten von Welt und Sein Umspannender gegenüber, der den Geist wohl als Form und Weise des Weltgeschehens festhalten, die Wirklichkeit aber zum Gehalt seines Weltplanes machen will. Wie weit Hegels forscherliche Einbildungskraft in diesem Sinn weltbestimmt war, wird vornehmlich durch sein Eingehen in alle Einzelformen des Welt- wie des Menschheitsgeschehens erwiesen. Mit ihm hat er die ganze Fülle der Gesichte, die uns Natur- und Menschentum im Bilde zuwerfen, seinem Forscherdrang unterworfen und sie in sein großes allumfassendes Denkgebäude eingeordnet.

Das Ende des neunzehnten, der Beginn des zwanzigsten Jahrhunderts hat neues großes Philosophieren gesehen, aber seine zwei hervorstechendsten Hervorbringungen sind beide ganz mittesuchende Verkündungen, so weit sie von einander unterschieden sein mögen. Nietzsches Lebenslehre, ganz aus Gehalten von Menschennähe bestehend, Husserls Phänomenologie, ganz nur Formen des Sehens, des Denkens lehrend, sind doch insoweit einander nächstverwandt, als sie durchaus nicht kosmisch beeindruckt, nicht weltbestimmt sind.

Und wie im achtzehnten Jahrhundert, sind die Lehren, die dennoch solcher Weltbestimmtheit dienen möchten, zwar mächtig und verbreitet genug, so sehr, daß sie den Geist der Zeit in seinen Massen- und Außenbezirken sich zum großen Teil unterworfen haben; aber das Gewicht der in ihnen verkörperten Geistigkeit kann sich im Mindesten nicht messen mit der in jenen starken Verkündungen, sei es von Lebenslosungen, sei es von Denkformen mächtig gewordenen. Von Feuerbach bis zu Haeckel sind die ganz vom Weltbild beeindruckten, ganz auf Vereinheitlichung von Welt und Menschentum gestellten Lehren weder in ihrem Ja allzustark, noch in dem Nein, mit dem sie die gegnerischen Meinungen zu widerlegen trachteten, irgend erfolgreich gewesen. Niemand wird deshalb behaupten dürfen, daß auf dem von diesen Naturalisten des Gedankens eingeschlagenen Wege nicht noch hohe Ziele und große Siege errungen werden können, noch daß die Richtung, in der dieser Weg verläuft, kein Recht für sich in Anspruch nehmen dürfe; doch scheinen die Entscheidungen über das uralte und doch ewig neue Für und Wider der beiden Weltsichten erst einer nahen oder späten Zukunft vorbehalten zu sein. Oder wird dieser tiefste Zwist, der je in den Feldlagern des forscherlichen Geistes entbrannt ist, sich immer erneuen, wird er ewig dauern? —

Nur mit den wenigsten Worten seien die Einwirkungen berührt, die vom Bild der Welt auf die Betätigungen menschlicher Einbildungskraft ausgegangen sind, die sich im handelnden Leben der Menschheit vollziehen. Sie sind von ungemeiner Stärke und von kaum begrenzter Ausdehnung da, wo es die gründenden Ordnungen, die allgemeinsten Regelungen von Menschensein und Menschentun angeht. Es ist nicht zu sagen, bis zu welchen innersten Beschaffenheiten unseres Wesens, bis zu welchen gebieterischsten Vorschriften unseres Handelns diese Einwirkungen reichen. Und es sind, wohl gemerkt, damit nicht diejenigen Bewirkungen gemeint, die von dem außermenschlichen Weltgeschehen tatsächlich durch die tausend und aber tausend Gemeinsamkeiten und Verbindungen auf das Menschheitsgeschehen als seinen ihm eigenhörigen Teil übergehen, sondern nur diejenigen, die als Bild der Welt in unseren Geist geworfen und von ihm erst auf unser Tun weitergeleitet werden. Aber auch ihre Zahl ist Legion: Zeit- und Schrittmaß, Tempo und Rhythmus unseres Lebens sind vom Lauf der Gestirne abhängig, die Geschichte der Völker aber wird von ihren äußerlichsten bis zu ihren innersten Vorgängen durch die Eindrücke bestimmt, die sie vom Antlitz der Erde, vom Klima und Boden der Länder, doch auch wieder vom außerirdischen Weltgeschehen erhalten. Und es waltet kein Zweifel ob, daß diese Einwirkungen des Weltbildes auf den menschlichen Geist nicht zum geringsten, sondern — zum mindesten in allen frühen und mittleren Lebensaltern der Völker — eher zum größten Teil in ihm die Einbildungskraft getroffen und in Bewegung gesetzt haben.

Das Einströmen dieser wuchtigsten und dauerndsten Eindrücke ist, zwar zum größten Teil im Unterbewußtsein sich vollziehend, ein unaufhörliches und urmächtiges Geschehen. Von den Bewirkungen aber, die auf den gleichen Wegen verlaufend bis zu hell bewußten Betätigungen der menschlichen Einbildungskraft im Reich der Tat geführt haben, läßt sich das Gleiche, soweit wenigstens das heutige geschichtliche Sehen reicht, nicht behaupten. Nur einmalige Einstrahlungen lassen sich als sichtbare Zeichen und Zeugnisse jenes verborgenen Wurzelgeschehens nachweisen. Wenn sich zwei Großkönige gewaltiger Reiche, jedes Mal auf dem Scheitelpunkt der Bahn des von ihnen verwalteten Königtums angelangt, nach der Sonne nannten, wenn der eine, Pharao von Ägypten, sich den Namen Chuen Aten, Abglanz der Sonnenscheibe, beilegte, der andere, Inka von Peru den des Sonnengottes Huiracocha annahm, so kann dies nicht von ungefähr geschehen sein. Daß die eine dieser beiden Selbsterhöhungen von der anderen durch fast drei Jahrtausende an Zeit- und durch den halben Erdumfang an Raumabstand getrennt war, läßt eigens deutlich erkennen, um eine wie allgemeine, dem Geschehen selbst eingeborene

Lebenssteigerung es sich hier handelt. Der Umstand aber, daß es jedes Mal der Name einer Gottheit, eben des Sonnengottes ist, vermindert freilich in gewissem Maße die Wucht dieses Geschehens, insofern es jedes Mal die Wiederholung eines Vorgangs der Glaubensentfaltung ist, insofern also das Königtum nicht aus eigener, sondern nur mit erborgter Kraft die Herrscherwürde der Sonne am gestirnten Himmel als Urbild für die eigene auf Erden auf sich wirken ließ. Allein in beiden Fällen war dies Tun mit einem anderen auf das engste verbunden, das in ganz entgegengesetzter Richtung Zeugnis davon ablegte, wie stark die Macht dieses zu seiner höchsten Kraft gediehenen Königtums auch in Sachen des Glaubens war: jedes Mal nämlich war die Rangerhöhung, die diese Könige sich selbst verliehen, nur die Geleiterscheinung eines viel stärkeren Unternehmens, das den Glauben mit den Machtmitteln und nach dem Vorbild des Königtums umgestalten sollte. Es war die Aufnötigung des reinen Ein-Gottes-Gedankens, die den Priestern und den Gläubigen aufgedrungen werden sollte und in deren Gefolge die Selbst-Umnennung der Herrscher erfolgte. Doch wie immer dieser mehrfach zusammengesetzte Vorgang sich innerlich geschichtet haben mag, das Bild, das die Welt von sich in den Menschengeist von Anbeginn der Tage geworfen hat, hatte sich hier auch in einer starken Einzelgestaltung von Tat und Staat als wirksam erwiesen.

Wenn sich das unumschränkte Herrschertum der Neueren Zeit in so vielem Betracht wie die Wiederholung des Großkönigtums der Altertumsstufe ausnimmt, so erscheint der Name König Sonne den man dem glanzvollsten Träger von Königsmacht und Königswürde in dieser Spätzeit beigelegt hat, im gleichen Sinn wie Nachhall und Seitenstück jener uralten Vorgänge. Ludwig XIV., den die Franzosen Louis-le-Grand nennen, muß den Genossen seines Zeitalters, als sie ihn Roi Soleil nannten, als ein echter Pair, ein wahrhaft gleicher Bruder des Königgestirns unter den Himmelskörpern erschienen sein.

Gewiß, diese Einstrahlungen der außermenschlichen Welt auf die als Tat sich auswirkende Einbildungskraft der Menschen erscheinen wie aus weiter Ferne kommend und selten genug sich ankündigend, allein wer will sagen, ob in den Tiefen des Unterbewußten sich nicht Wirkungen in der gleichen Richtung vollzogen haben, die zwar unsichtbar, dafür aber umso dauernder und umso mächtiger waren.

DRITTES BUCH.

URGESCHEHEN UND REGELGESCHEHEN.

Erster Abschnitt.

Die Fortsetzung des Weltgeschehens im bewußten Menschheitsgeschehen.

Erstes Stück.

Spiegelung und Regelung.

Wenn, wie hier versucht wurde, alles Geschehen im Geist angesehen wird als eine Spiegelung der Welt im schauenden und bildenden Menschen, so bleibt dabei noch unerwogen, ob diese Spiegelung nicht, wo nicht ungebunden, so doch halb frei vom Geist vollzogen wird. Oder, um das Wort dem hier verfolgten Gedanken noch mehr anzupassen, ob die Formung des Bildes, das sich der Geist von der Welt macht, sich nicht in einem anderen Sinn vollzieht, als dem des Weltgeschehens selbst, ob sie nicht abhängig ist von dem Wesen des Geistes selbst und ob dieses nicht abweicht von dem der Welt.

Doch hierüber kann erst später gehandelt werden. Denn alles liegt daran, zunächst innerhalb allen Menschheitsgeschehens das Massiv derjenigen Geschehensformen auszusondern, das unzweifelhaft sich als Folge des Weltgeschehens darstellt — sei es im Sinn der Spiegelung, wie sie dem Geist, sei es als Fortsetzung, wie sie dem Tun der Menschheit zufällt. Von dieser sei nunmehr die Rede.

Was ist der grundsätzliche Unterschied zwischen dem menschlichen und allem außermenschlichen Weltgeschehen?

Doch wohl der, daß der Mensch im Stande ist, sich erstlich der ihn umgebenden Welt, zum zweiten seiner selbst bewußt zu werden. Das will sagen: er, und er allein von allen Trägern von Geschehen überhaupt, vermag sich durch die einzigartige Einrichtung seiner leiblichen Werkzeuge für den geistigen Gebrauch unwillkürlich wie willkürlich sinnliche Bilder des von ihm aufgenommenen äußeren oder seines eigenen Geschehens, also Vorstellungen, oder abgezogene und sprachlich geformte Denkbilder von beiden, also Begriffe, Gedanken zu machen. Man sieht: der Begriff oder genauer gesagt das Geschehen Spiegelung ist entscheidend nicht allein für das geistige Tun, d. h. die Vorgänge von Spiegelung, die um ihrer selbst, um des so gewonnenen Bildes willen vom Menschen in ihm selbst hervorgerufen und des ferneren durch ein sinnliches Ausdrucksmittel — Sprache, Schrift, Bild, Tonbild — anderen Menschen weitergegeben, für sie, wie man sagt, nachgeschaffen — reproduziert — werden, sondern ebenso sehr für sein werktätiges Verhalten, für sein Handeln, die besondere, ebenfalls nur ihm eigentümliche Weise der bewußten Gestaltung seines Lebens.

Aber gerade indem der Begriff Spiegelung — sei sie nun Welt-Spiegelung oder Selbst-Spiegelung — auch für die Gestaltung des werktätigen, des handelnden Lebens durch den Menschen als eine ihrer grenzsetzenden Eigenschaften erkannt wird, wird offensichtlich, daß mit dieser Feststellung noch nichts über den Tatbestand des menschlichen Geschehens ausgesagt wird. Mit anderen Worten: die Möglichkeit ist gegeben, daß das menschliche Tun, insoweit es nur Verhalten, Handeln ist, sei es als Ganzes, sei es in bestimmten Teilen sich nicht anders vollzieht, als wenn es Weltgeschehen an sich, wie alles außermenschliche Geschehen, wäre, d. h. also der Spiegelung entbehrte. Denn dies ist offenbar, daß die Spiegelung des Welt- und des eigenen Geschehens an sich noch nicht ein Anderswerden des Handelns der Menschheit in sich schließt. Wird man gewahr, wie mächtig das Bild der Welt sich in den Spiegel des Geistes wirft, wie stark es sein Schauen und sein Nachschaffen bewirkt, so ist umso weniger an sich anzunehmen, daß es im handelnden Leben ein Unabhängigwerden, ein Sich-losmachen des Bestandteils Mensch vom Ganzen der Welt fördern wird. Denn selbst da, wo sein Einfluß etwa auch das werktätige Verhalten der Menschheit erreichen würde, möchte es doch eher dazu beitragen, dies Verhalten in Gleichklang und Richtungsähnlichkeit mit dem Urgeschehen der Welt zu erhalten, als die Unabhängigkeit seines Wachstums zu befördern. Es bleibt dann allerdings noch immer ungewiß, erstlich wie die Selbstbespiegelung der Menschheit wirkt und zum zweiten, ob in Dingen der Weltspiegelung nicht die Willkür des Geistes das Werkzeug der Spiegelung selbst verändert und wenn nicht verzerrte, so doch geänderte Bilder der Welt in uns entstehen und mächtig werden läßt.

Doch wie immer sich auch das Ergebnis herausstellt, zunächst ist notwendig das Menschheitsgeschehen ganz unbefangen darauf zu prüfen, wie weit es sich lediglich als Fortsetzung des Weltgeschehens darstellt, wie weit es selbst Urgeschehen ist.

Eine eigens tief in die Besonderheiten der Menschheitsgeschichte eingehende Einzelfrage ist hier die nach denjenigen Bestandteilen des Handelns der Menschheit, in denen sich ein absichtsvolles Leitenwollen dieses Handelns durch die Menschheit selbst oder, richtiger zu sprechen, ihre Führer auswirkt. War solche Absicht immer da oder erst von bestimmten Punkten der Menschheitsentwicklung ab, hat sie das Ganze oder hat sie einzelne Teile des menschlichen Handelns bestimmt? Werden diese Fragen zur Genüge beantwortet, so wird mittelbar auch die Abgrenzung des eigentlichen Weltgeschehens innerhalb des Menschheitsgeschehens bestimmt — denn wo jene Absichten, die nur aus der Bespiegelung, zwar mehr noch aus der Selbst- als der Weltbespiegelung herzuleiten sind und die den mächtigsten Ausdruck allen Spiegelgeschehens in der Menschheitsgeschichte darstellen, einsetzen, da hört offenbar jener

Kernblock reinen fortgesetzten Weltgeschehens im Zuge der Menschheitsentwicklung auf.

Heutiges Sehen, das durch alle Geschichts-Schulungen des neunzehnten Jahrhunderts hindurchgegangen ist, mag kaum für möglich halten, daß je eine geistige Sicht geltend gemacht worden ist, die alles Menschengeschehen aus dem Zusammenhang des Weltgeschehens herausgerissen und zwischen dem Menschengeschlecht und aller anderen Wirklichkeit eine unübersteigliche Kluft aufgerissen hat. Es ist dennoch geschehen und zwar — wen dürfte es verwundern — bei Kant. In seiner Idee zu einer allgemeinen Geschichte in weltbürgerlicher Absicht erklärt er kurzab und ohne auch nur den Versuch einer Begründung: die Natur hat gewollt, daß der Mensch alles, was über die mechanische Anordnung seines tierischen Daseins geht, gänzlich aus sich selbst herausbringe und keiner andern Glückseligkeit oder Vollkommenheit teilhaftig werde, als die er sich selbst, frei vom Instinkt, durch eigene Vernunft verschafft hat. So unmöglich diese Behauptung in jedem Buchstaben ist, so unmöglich ist die Begründung, die aus einem anderen, freilich kaum minder reichlich sprudelnden Fehlerquell der Geistigkeit dieses Zeitalters entnommen ist — ihrem Zielstrebigkeitsglauben, ihrem Teleologismus —: die Natur tut nämlich nichts überflüssig, so fährt Kant fort; da sie dem Menschen Vernunft und darauf sich gründende Freiheit des Willens gab, so war das schon eine klare Anzeige ihrer Absicht seiner Ausstattung. Er sollte nämlich nun nicht durch Instinkt geleitet oder durch anerschaffene Kenntnis versorgt und unterrichtet sein; er sollte vielmehr alles aus sich selbst herausbringen[1].

Überflüssig im Einzelnen darzutun, wie und warum der große Urheber des Formapriorismus hier irrt: noch aprioristischer, d. h. noch unbewiesener kann man Geschichte,

[1]) Idee zu einer allgemeinen Geschichte in weltbürgerlicher Absicht. Dritter Satz. (Kants Werke, herausgegeben von der Preuß. Akad. VIII [1912] 19.)

kann man Erfahrungswissenschaft nicht treiben, als hier geschieht. Die Seelenkunde wird den Grund, aus dem der Forscher so verfuhr, leicht genug auffinden: er hätte wohl geglaubt der Selbstherrlichkeit der menschlichen Vernunft, die ihm nicht die Erkennerin sondern die Erzeugerin aller Ordnung der Welt war, zu nahe zu treten, hätte er nicht die menschliche Geschichte von Anbeginn als nur aus der Vernunft geboren erscheinen lassen. Wie eine Selbstverspottung wider Willen aber mutet es den naturgeschichtlich denkenden Leser von heute an, daß Kant die Gewalt, von der dieser seltsame Vorgang angeordnet wird, die Natur nennt. Wir möchten denken, der Natur hätte an nichts mehr gelegen, als auch dies Geschehen möglichst natürlich zugehen zu lassen; nach Kants Bedünken aber hat die Natur offensichtlich zu Königsberg Erkenntnislehre studiert und deshalb alles *a priori* eingerichtet.

Und wer da vermeint, es sei überflüssig, auf diese so kleinen Denkfehler der Großen von ehemals einzugehen, dessen Augenmerk sei auf Einzelne unter den heutigen Neuplatonikern geleitet. Sie begehen, unzweifelhaft im wissenschafts-, im geistesgeschichtlichen Zusammenhang mit jenem grotesken Irrtum Kants, denselben Fehler. Auch für sie beginnt mit dem Auftreten des vernunftbegabten Menschen plötzlich eine andere Ära: die Begriffe, die in den Sternen von jeher fest geschriebenen Denkbilder — noch aprioristischer als ihr Apriori ist nichts zu denken — regieren von jetzt ab; des Menschen Aufgabe aber ist es, zu ihnen zu gelangen und sie zu verwirklichen. Wie das im Einzelnen geschieht, ist unsäglich gleichgültig und wird von vornherein als unwichtig, als nur psychologisch, nur geschichtlich interessierend bei Seite geschoben.

In Wahrheit aber mag das menschliche Geschehen sich aus dem tierischen in tausend Vorstößen, in immer neuen Übergängen entwickelt haben. Es wird also gerade das Gegenteil von Kants Annahme vor sich gegangen sein: die Ausnützung aller tierischen Anlagen — ihrer seelischen wie ihrer keimhaften Verstandes-Eigenschaften, die durch den Namen und Begriff Instinkt auf den höchsten Stufen zu Unrecht herabgewürdigt werden — muß stattgefunden und selbst zur Ausbildung der zweifellos beträchtlich höheren Fähigkeiten geführt haben. Die *missing links* des Stammbaums der vermutlich vielfach verzweigten Filiationen, die von den höchsten Tierformen zum Menschen hinübergeleitet haben, machen hier jede im Sinn der Erfahrungswissenschaft sichere Forschung zu Schanden, können aber an der allgemeinsten Annahme nicht irre machen.

Die gesellschaftlichen Gebilde des wirklichen Urzeitmenschen sind denen der bestorganisierten Tiergattungen noch seltsam nahe. Sie zeigen zwar auch wirtschaftliche, auch staatliche Eigenschaften und Tätigkeiten, ihr Ursprung aber und ihr letzter Zweck erschöpft sich in den Ordnungen des Geschlechtslebens, d. h. in den Angelegenheiten des Menschen, die er in weitestem Maße mit dem Tier gemeinsam hat. Es heißt nicht wesentlich übertreiben, wenn man die Gesellschaftsgeschichte der Urzeit Biologie nennt. Selbst das Wachstum höchst organisierter Urzeitstaaten, wie des irokesischen, macht noch diesen Eindruck. Ein Höchstmaß von Unbewußtheit kennzeichnet auch noch die wichtigsten und an sich durchaus nicht unbeträchtlichen Fortschritte der Verfassungsgeschichte. Noch der höchstentwickelte Urzeitstaat ist zwar Staat, aber ohne jedes Wissen darum.

Zweites Stück.

Die Entwicklungsalter keimender Bewußtheit.

Es ist sicher von tiefster Bedeutung für das Ineinandergreifen von Welt- und Menschheitsgeschichte, daß in der Reihe der Entwicklungsalter der Menschheit das erste, die Urzeit, sich um ihres traumhaft unbewußten Zustandes willen wie bedingungslos als Fortsetzung von Naturgeschehen und Welt-Geschichte darstellt. Für den Eintritt der Altertumsstufe aber muß es als eines der grenzsetzenden Merkmale gelten, daß dieser Zustand ein Ende erleidet, insofern mit dem Emporkommen des Königtums eine sehr viel gespanntere und sehr viel dauerhaftere Form des Wirkens für den Staat einsetzt. Das Königtum, das den Gedanken der Einzelherrschaft im Inneren außerordentlich viel stärker heraustreibt, dehnt ihn, und dieser Grundzug seiner auswärtigen Staatskunst ist der eigentlich entscheidende, über den Rahmen des ursprünglichen Stammes, der ursprünglichen Völkerschaft fort aus. Schon der äußeren Form, dem zuerst nur wenig, bald aber stark und in den klassischen Fällen bis ins erstaunliche erweiterten Umfang nach erweisen diese Königsstaaten der Altertumsstufe, daß jener Zustand fast pflanzenhaften Wachstums, der die Urzeit kennzeichnet, nunmehr dahinten gelassen ist. Am Maßstab heutiger Staatsausdehnung gemessen ist das Oberhäuptlingtum des Powhattan, einer der innerhalb der nordost- und nordwestamerikanischen Stämmefamilien der roten Rasse sehr seltenen Fälle aufsteigender Einzelherrschaft, von bescheidenem Gebiets- und Bevölkerungsumfang. Denn wenn wir hören, dieser Häuptling habe in dem Land, in dem die englische Siedlung Virginia gegründet wurde, zuerst acht, später aber dreißig Völkerschaften unter seiner Herrschaft vereinigt, so will das dem Umfang europäischer oder gar nordamerikanischer Staatswesen gegenüber nicht allzu viel bedeuten, umso weniger als die Völkerschaften, von denen diese unbestimmte Überlieferung spricht, ebenso wohl auch, alle oder teilweise, nur Siedlerschaften — also auch Dorfschaften — dargestellt haben können. Und dennoch ist mit einer solchen Staatsbildung die grundsätzliche Schwelle zu bewußterer Staatlichkeit schon überschritten: denn so lange eine Völkerschaft die Lebenseinheit bildet, und sei es auch in der Erweiterung zu einem fünf- und mehrgliedrigen Stamm wie die Irokesen, so lange vollzieht sich die Erweiterung auf dem Wege eines natürlichen Wachstums; so bald aber durch

Gewalt und Unterwerfung neue und immer neue Völkerschaften oder auch nur Siedlerschaften mit der ursprünglichen Einheit zwangsweise vereinigt werden, entsteht ein seiner inneren Wesenheit nach neues Kunstgebilde. Denn auch die hinzugebrachten unterworfenen Teile des Endganzen waren ursprünglich im Sinn des biologischen Urzeitstaats natürliche Einheiten.

Gleichwohl würde es im innersten irren heißen, wollte man diesen Übergang so deuten, als seien von Erreichung der Altertumsstufe ab die Völker, die dazu Entwicklungskraft genug hatten, in einen Zustand völliger Bewußtheit eingetreten, von dem hier als dem zuletzt erreichten Endziel, als dem Durchbruch eines wirklichen Menschheitsgeschehens durch das Weltgeschehen gesprochen werden soll. Es ist vielmehr nur der erste Vorstoß auf dem langen und staffelreichen Wege, der zu diesem vorläufigen Endziel führt. Der innerlich erstarkte und vielfach ausgegliederte, nach außen zur Gewalt erweiterte Staat der Altertumsstufe *ist* nun allerdings nicht mehr nur Staat, wie in der Urzeit, sondern er weiß sich auch, da er sich will. Aber er weiß nur sich und seine nächsten Zwecke. Die volle Bewußtheit aber, die hier als letzter Gegensatz zu der naturhaften Unbewußtheit der Urzeitalter gedacht ist, heißt sehr viel mehr, heißt bewußte Wegewahl, heißt absichtsvolle und aus erkannten Gründen abgeleitete Bestimmung des weiteren Fortganges, heißt Aufbau durchdachter Zielbilder für die Zukunft, heißt folgerichtiges Festhalten an dem Schreiten zu ihm hin für die Gegenwart. Und vor allem, sie kann, so wichtig auch die Einrichtung der öffentlichen Gewalten bleibt, sich nie auf den Staat beschränken, muß auch die andern Formen des gesellschaftlichen Daseins umfassen, muß Klassenteilung und Recht, Familie und Geselligkeit ergreifen, das ganze Kreisrund des Lebens sich unterwerfen.

An Anläufen zu solcher umfassenden Durchdringung des Lebens fehlt es nicht: die Vorschriften, nach denen junge Perser am Hofe der Könige erzogen wurden, mancherlei

Ausbildung chinesischer Staats- und Lebenslehre, am folgerichtigsten wohl die ganz zwanghafte Regelung des wirtschaftlichen und noch des Familienlebens im Inka-Reich legen davon Zeugnis ab. Auch die Vorstellung, daß der immer größer werdende Staat des eigenen Volkes das Insgesamt der Menschheit zusammenschließen solle, gehört in diese Ebene: sie hat den Großkönigen der Perser in der Tat vorgeschwebt. Ihre Eroberungszüge, die zuerst in Nordafrika, dann in Südeuropa weit westwärts vordrangen, hatten wirklich dies Ziel, den Völkerkreis, der der Länderkunde der Perser als das Insgesamt der Menschheit galt, völlig zu umspannen. Aber jene Vorstöße waren nur gelegentlich, keimhaft; diese Ausdehnung der eigenen Staatsgemeinschaft über die Menschheit, an sich durchaus kennzeichnend für die Auffassung der Altertumsstufe, war grob äußerlich.

Am allerwenigsten war die Überschau des Menschen über sein eigenes Sein und Werden so weit ausgebildet, daß von einem Erfassen und Regeln des Menschheitsgeschehens als eines in die Zeiten hinein gerichteten Wachstums die Rede sein konnte.

Dies Unvermögen aber bedeutet in dem weiteren und allgemeineren Sinn, der hier gemeint ist, Unbewußtheit. Es ist durch die Bewußtheit im Verfolgen einiger nächster Ziele so wenig aufgehoben, wie einem jungen Roß, das sich an der Leine in einem streng umzirkten Umkreis bewegen kann, die Freiheit eigener Bewegung geschenkt ist. Und in diesem Zustand ist die Menschheit in denjenigen ihrer Glieder, die die nächst höheren Lebensalter erreichten und durchlebten, doch noch sehr lange geblieben. Ja es läßt sich ein Auf und Nieder zwischen den Zeiten feststellen. Die vergleichsweise weitgehende, wenn auch auf den Umkreis nächster Lebens- — d. h. Sachzwecke — begrenzte Zielhaftigkeit der Altertumsstufe hat sich in den Mittelaltern wieder gemindert. Die Auflösung der großen Maßstäbe des Staatslebens, sei es auf dem Wege der Zersplitterung in die kleinen Staatseinheiten, durch deren Zusammenzwingung die Großstaaten der Altertumsstufe erst zu Stande gekommen waren und die nun halb oder ganz wieder hergestellt wurden, sei es durch die Verringerung der Königsgewalt, durch die kennzeichnend mittelalterliche Adelsherrschaft, hat auch die verhältnismäßig beschränkte Bewußtheit der Altertumsstufe sich wieder verringern lassen, ohne andere ähnliche Zielhaftigkeiten an ihre Stelle zu setzen. Selbst das germanisch-romanische Mittelalter unseres Völkerkreises mit seiner vergleichsweise weit entwickelten Staatslehre macht von dieser Regel keine Ausnahme. Der Aufeinanderprall der christlich-priesterlichen und der weltlichstaatlichen Welt- und Gesellschaftsanschauung hätte im Grunde die Formung eines Zielbildes und zum mindesten das Streben nach Verwirklichung einer wirklichen Wegewahl für das weitere Vorwärtsschreiten der christlich-germanischen Völker zur Folge haben müssen. Und daß es dazu nicht kam, weder auf der einen noch auf der andern Seite, beweist am nachdrücklichsten, daß die Reife dieses Lebensalters dergleichen Möglichkeiten noch nicht hergab.

Wohl haben die großen Bildner im Geist, Thomas von Aquino hier, Dante dort, an diese Aufgabe gerührt. Aber selbst dies geschah zuerst nur zag und unvollkommen: selbst in der Vorstellung des Thomas hat sich die Zwei-Schwerter-Lehre nie zu einer völligen Vorherrschaft von Kirche und Papst auch in den Dingen der Welt ausgebildet, geschweige denn, daß er auch nur im Bau seiner Gedanken eine völlige werktätige Durchdringung des gesamten Lebens mit den Geboten des Christentums gefordert hätte. Erst Dante hat in seiner Schrift über die Einherrschaft vom entgegengesetzten Lager der Verehrer des allmächtigen Staates, des Reiches, wie er sagt des *impero*, her ein Zielbild aufgebaut, das weit mehr gegliedert ist: er fordert in dem allgemeinen Einheitsstaat, der Universalmonarchie, durch den er die Menschheit, wie schon einmal zu den Zeiten des Augustus, zusammengefaßt sehen will, den vollkommenen Frieden und gemäß den drei Grundsätzen der Freiheit, der Gerechtigkeit, der Liebe einen Zustand der Beglückung des Menschengeschlechtes durch die Betätigung des Geistes.

Gewiß, Dante, der Verfechter einer menschlich-weltlichen Bildung im Rahmen eines überstarken Staates, langt hier nach einem höheren Ziel. Aber wird man sagen dürfen, daß irgend eine seiner Forderungen in das Fleisch und Blut des lebendigen Gesellschaftsleibes der christlich-germanischen Völkergemeinschaft übergegangen sei? Unmöglich. Thomas von Aquino aber und alle Anwälte der Verkirchlichung und Verchristlichung des Staates sind nicht einmal so weit gediehen: sie machten Halt vor den groben Tatsächlichkeiten des gegebenen staatlich-gesellschaftlichen Zustands. Von einem wirklichen Vorschreiten der Menschheit im werktätigen staatlichen und sonstigen Leben nach einem Ziel in dem von Dante umrissenen Sinne bewußten Strebens ist vollends keine Spur vorhanden.

Die Neuere Zeit des neueuropäischen Weltalters, auch darin wie in manchen anderen Gleichläufigkeiten an die Altertumsstufe erinnernd, hat mit ihrer Erneuerung des starken Königs- und des starken Staatsgedankens auch die Bewußtheit des Menschheitsgeschehens erneuert, ja noch stärker herausgetrieben. Gleichwohl bleibt es bei der alten Beschränktheit dieses Bewußtwerdens auf den Staat und seine Wirkungsformen. Dieses Zeitalter einseitiger Verstandesmäßigkeit macht den Staat in allen seinen Tätigkeiten und Betätigungsfähigkeiten nicht nur stärker, nein auch vernunftgemäßer und das heißt berechnender und also auch bewußter: die auswärtige Staats- und die Kriegskunst, Verwaltung und Rechtsprechung, Finanzgebarung und Heerwesen, sie alle nehmen an dieser Zuspitzung in Überlegtheit und Vernunftmäßigkeit Teil. Kein Zweifel, daß die Einrichtungen und Tätigkeiten des Staates in diesem Zeitalter an innerer Wucht und an Ausgliederung und Verbesserung ihrer Werkzeuge weit über die erste Bildungsform der sehr mächtigen Staaten der Altertumsstufe hinausgediehen sind.

Aber ebenso gewiß ist doch auch, daß es auch jetzt noch nicht zu einer bewußten Zielsetzung und Zielaufsuchung für die Menschheit, die Völker kam.

Es ist, als hätte auch dieses an sich so ganz in Verstand und Bewußtheit aufgehende Zeitalter alle seine Kraft nur auf den Weg, nicht auf das Ziel, nur auf die Mittel und Werkzeuge, nicht auf die Zwecke gerichtet. Über dem Werkzeug Staat hat es den Zweck Menschheit noch kaum ins Auge gefaßt.

Zweiter Abschnitt.

Selbstbespiegelung und Selbstregelung des Menschheitsgeschehens.

Erstes Stück.

Die Hinwendung zur Selbstbespiegelung und ihre Bedeutung in der Menschheitsgeschichte.

Zwei Wirkungsformen des Menschheitsgeschehens sind bisher unterschieden worden, um sein Verhältnis zum Weltgeschehen ins Klare zu bringen. Einmal ist an ihm ausgesondert worden, was sich als Spiegelung des Weltgeschehens darstellt, sodann ein innerer Block des Menschheitsgeschehens, der nicht anders denn als eine naturgegebene Fortsetzung des Weltgeschehens in das Menschheitsgeschehen hinein angesprochen werden kann, weil an ihm noch keine Spuren bewußter Wegewahl und eigenmächtiger Richtungsbestimmtheit im starken und ungeminderten Sinne des Wortes zu erkennen sind.

Es ist notwendig und sehr ergiebig darauf hinzuweisen, daß die Gebiete des menschlichen Dichtens und Trachtens, in denen die beiden hier bisher unterschiedenen Grundformen des Menschheitsgeschehens sich nachweisen ließen, sich dergestalt gegeneinander aufteilen, daß alle Spiegelung des

Weltgeschehens im Reich des Geistes, alle Fortsetzung des Weltgeschehens im Reich der Tat aufgesucht wurde. Dieses Sichdecken der beiden Grundverhaltensformen des Menschheits- zum Weltgeschehen mit den beiden Halbkugeln, in die sich alles Tun und Treiben durch seine Beschaffenheit zerlegt, ist gewiß nicht von ungefähr, ja mag einen Augenblick lang wie selbstverständlich erscheinen: denn gespiegelt kann die Welt nur im Geist werden und ganz verwandt, vornehmlich ganz unbewußt kann nur die Tat der Menschen das Weltgeschehen fortsetzen. Aber aus der Natürlichkeit dieser Aufspaltung darf nicht etwa die Folgerung gezogen werden, daß die Spiegelung der Welt im Geist sich immer als eine ihrer selbst bewußte vollziehen mußte, noch auch die andere, als ob alle Tat der Menschen sich im tieferen Sinn unbewußt und insofern als dem Weltgeschehen urverwandt, als ein letztes Teil von ihm sich darstellt. Es läßt sich vielmehr von sehr vielen und nicht nur von den frühen und unentwickelten Formen des geistigen Tuns der Menschen erweisen, daß sie zwar gewiß auch das Weltgeschehen spiegeln und insofern selbstverständlich im Teil- und Einzelgeschehen sich auch ihres Wesens als eines Spiegelgeschehens bewußt sind, aber auch, daß sie durchaus keine Einsicht in Maß und Grad dieser Abhängigkeit haben, sondern vielmehr ihre freien oder gebundenen Gebilde, d. h. die Erzeugnisse ihres Glaubens, Bildens oder Denkens aus eigenem freien Schaffen und Wollen ableiten. Ob es zu Recht oder Unrecht geschehe, davon soll noch die Rede sein, aber in jedem Falle kündigt sich hier das Hineinragen einer dritten Grundform des Menschheitsgeschehens auch in das Reich des Geistes, gleichviel ob wahr oder nur angenommen, an; es ist das freie oder vielleicht auch nur halbfreie Tun des Menschen, das nur seinem, dem Menschheitsgeschehen und keiner andern Schicht des Weltgeschehens zugewandt ist, in dem also, wenn man will, die Menschheit erst zu sich selber kommt; es ist die Vorbereitung des Regelgeschehens der Menschheit.

Für diese dritte, letzte und, wie alle den Menschen zur Mitte machende Weltsicht urteilen wird, höchste Form des Menschheitsgeschehens ist innerhalb der Geschichte des handelnden Lebens schon der Raum gefordert worden, bis zu dessen Grenzen die unbewußte Menschheitsentwicklung heranführt. Aber dafür, daß auch im Bezirk des Geistes ein Wirken dieser dritten, echtesten Form des Menschheitsgeschehens und damit auch der Menschheitsgeschichte angenommen werden muß, giebt es an dem Punkt der Entwicklung des handelnden Lebens, wo es in diese dritte Form, in die Selbstbewußtheit übergeht, einen sehr unmittelbaren Beweis: die Tat, die dieser Selbstbewußtheit entspricht, springt nicht aus sich selbst auf, sondern wird vorbereitet durch ein Einwirken des reinen Geistes, durch die Verkündung eines Menschheitsweges, eines Menschheitszieles, durch einen schöpferischen Gesellschaftslehrer, das ist Menschheitsbildner, durch Rousseau. Und sie wieder ist vorbereitet durch die Staatslehre, die als Seiten- oder Folgeerscheinung des Aufkommens der überstarken Königsstaaten der Neueren Zeit zwar gewiß sich nur mit Tat und Staat befaßt, doch gleichwohl ein Erzeugnis des Geistes ist.

Eine neue, bisher noch nicht aufgestellte Formenteilung fordert sich hier: es ist die Abtrennung der Selbstbespiegelung des Menschen, die innerhalb des Geistgeschehens als eine selbständige Unterform in ihm unterschieden werden muß. Spiegelung freilich auch sie; das scheint das Schicksal des Geistes auf lange hinaus bleiben zu müssen, daß er immerdar Auge bleibt und insofern ein Werkzeug nur wiedergebender, nicht schöpferischer Tätigkeit. Aber daß Spiegelung, die sich auf den Menschen selbst richtet, einem im tiefsten anderen Sinn dient, leuchtet ein.

Fast kann man sagen, sie bedeutet einen Gegensatz gegen die Weltspiegelung, eine Abkehr von ihr fort und, mehr als das, die Vorbereitung auf eine wirkliche Verselbständigung des Menschheitsgeschehens. Denn beginnt der Mensch im Spiegel seiner Weltanschauung sein Selbst, sein Tun und sein Sein aufzufangen, so nimmt er dem Weltbild einen Teil von Raum und Anteilnahme in seiner spiegelnden Seele. Es ist ein erstes Fortschwingen des Pendels von dem Pol Mitte Welt zu dem andern Mitte Mensch hin. Ehe die Menschheit begann, ihr Tun als ein unabhängiges anzusehen und es in eigene Regie zu nehmen, mußte sie erst sich selbst bemerken, ihrer selbst inne werden.

Dies ist im Lebenslauf der Menschheit erst recht spät geschehen: zu Beginn ihres Mannesalters, der Neueren Zeit, nicht früher. Nach all dem, was hier an der Daseins- und Glaubenslehre noch des Mittelalters, der träumenden Jünglingszeit der Völker, als Weltspiegelung nachgewiesen wurde, kein Wunder. Diejenige Form der Selbstbestimmung, die zuerst zu greifbaren Ergebnissen führte und damit die Grundlage bildete für die tatsächliche selbständige Hinwendung der Menschheit zu eigener Wegewahl und eigener Bahnbestimmung, die nur den Staat und seine Tat ins Auge faßte, ist erst in den letzten Jahrzehnten der Neueren Zeit zu Stande gekommen. Nur geht ihr eine Vorform voraus, von weit allgemeinerem Umfang, doch freilich auch von weit unsichrerer Kraft, die deshalb auch nicht zu irgend einer Folge im werktätigen, im handelnden Leben geführt hat. Sie tritt auch nur im alteuropäischen Weltalter, im Fortschreiten des griechischen Denkens auf, während wiederum die Selbstbespiegelung in Staat und Tat nur dem neueuropäischen Weltalter bei Ausbildung germanisch-romanischer Staatsgedanken gelang, während die Griechen erst in ihrer Neuesten Zeit, von Platon und Aristoteles gelenkt, zu jener nur geistigen Vorform vordrangen.

Wichtig für das Emporkeimen des Entschlusses der Menschheit, sich selbst Weg und Richtung ihres Schreitens zu bestimmen, das heißt des wichtigsten, den sie bisher in dem gesamten Verlaufe ihres Vorwärtsdrängens hat fassen können, ist doch auch jenes allgemeinere und unsicherere, noch schwimmende, schwankende Unternehmen erster Selbstbesinnung, das den Griechen zufiel. Denn aus der Tatsache, daß die Bildungsgeschichte des neueuropäischen Geistes kein Seitenstück zu diesem ersten Fortschritt des griechischen Denkens zur Selbstbesinnung des Menschen auf den Menschen aufzuweisen hat, ist nicht zu folgern, daß das griechische Vorgehen überhaupt folgenlos für unser Weltalter blieb, sondern das Gegenteil: es hat mittelbar auf dem Wege der Überlieferung doch auch die Fortbildung der Völker beeinflußt, die im germanisch-romanischen Kulturkreise die Bildner des Menschheitsschicksals wurden.

Denkwürdig spät ist auch dieses erste Auftauchen der Selbstbesinnung. Es ist höchst bezeichnend, daß die Anfänge eines eigenen Denkens über das Dasein, die eine ausschließliche Errungenschaft des griechischen Geistes darstellen, solange sie dem Mittelalter angehören, noch dem Weltgeschehen zugewandt sind. An sich ein ungeheures Geschehen in der Menschheitsgeschichte, denn es bedeutete eine Säkularisierung und eine Emanzipation, Verweltlichung also und Loslösung der Daseinslehre von der Herrschaft des Glaubens, die ohne Vorgänger bei den Mittelaltern der Welt ist. (Die späteren Mittelalter aber, wie namentlich das arabische und das germanisch-romanische kommen für einen reinen Vergleich nicht in Betracht, weil sie ja Erben des griechischen Geistes sind und so auch der eigentümlichen Befreiung des Gedankens von der Verbindung mit dem Glauben, in der diesem so völlig die Übermacht zufiel.) Innerhalb jenes Vorganges hat ein Umbruch stattgefunden, den die etwas allzu beschreibende Behandlung, die diese Dinge bei den Erforschern ihrer Geschichte gefunden haben, zumeist kaum bemerkt hat[1]. Dem ganz tief eindringenden Scharfsinn Hegelscher Geschichtsdeutung ist er nicht entgangen, ja er hat ihn auf das nachdrücklichste hervorgehoben, hat ihn recht eigentlich zum grenzsetzenden

[1]) Die obigen Äußerungen wurden lange vor dem Erscheinen von Jägers Paideia (1934) geschrieben, auf deren höchst wertvollen philosophiegeschichtlichen Abschnitt (S. 206—248) sie durchaus nicht bezogen werden dürfen.

Merkmal des griechischen Geschichtsaktes, gegenüber dem ägyptischen Teilabschnitt des orientalischen, erhoben[1]. Sicherlich mit Recht, insofern als nun erst der erkennende Mensch den Menschen zum Gegenstand seines Forschens machte. Doch geschah es, was Hegel bei seiner Entferntheit von jedem Stufengedanken innerhalb des Lebenslaufes der Völker freilich entgehen mußte, erst in geraumem Abstand nach Anbruch des reifen Alters — der Neueren Zeit — der Griechen. So lange hat die der Welt zugekehrte, noch ganz in ihrer Spiegelung gesättigte Weise der ersten Denker — die man als Naturphilosophie bezeichnet hat — gedauert: sie die erst vom Ausgang des griechischen Mittelalters geschaffen wurde, hat sich in beständiger Fortbildung bis tief in das fünfte Jahrhundert — die Neuere Zeit der Griechen — hinein erstreckt. Erst die Sophisten haben von der Mitte des fünften Jahrhunderts ab in der Geschichte des griechischen Gedankens die Wendung zum Menschen vollzogen.

Zweites Stück.

Keime und Anfänge der Bespiegelung von Leben und Staat.

Die erste Schule griechischer Denker, die die Wendung zur Selbstbespiegelung des Menschen vollzog, hat wahrlich nicht allzu starke Kraft an ihr Amt setzen können. Aber die Sendung, die sie sich gaben, verschafft den Sophisten ihren durchaus nicht niedrigen Platz und Rang im Gesamt-

[1]) In der ägyptischen Neith ist die Wahrheit noch verschlossen: der griechische Apoll ist die Lösung; sein Ausspruch ist: Mensch, erkenne dich selbst, so heißt es bei Hegel. Und er fährt fort: Dieses Gebot ist für die Griechen gegeben und im griechischen Geist stellt sich das Menschliche in seiner Klarheit und in der Herausbildung desselben dar. (Philosophie der Geschichte [^{3}1848] 269, vgl. Vom geschichtlichen Werden II [1926] 313, 327.)

zuge der Entwicklung des menschlichen Geistes. Sie schufen die Möglichkeit für Sokrates und damit für Platon, ihre Forschung, soweit sie sich darauf erstreckte sich selbst und die Anderen zu prüfen, auszubilden; aber auch ihr eigenes Denken hat Vorstöße herausgetrieben, die sich wie Weissagungen und keimhafte Vorwegnahmen der großen Erfüllungen darstellen, die in diesem Kreisausschnitt des Denkens über Welt und Menschheit erst dem neueuropäischen Zeitalter vorbehalten waren. Man kann nicht umhin, der Erkenntnislehre des Protagoras, die sich an sich nicht allzu großer Wertschätzung erfreut, eine solche Vorwegnahme kantischer Grundgedanken beizumessen, wenn er als seine Setzung — wahrlich im Voraus — aussprach, daß das Seiende für die Menschen unerkennbar sei, und es war schon der Grundsatz jedes Solipsismus verkündet, wenn er erklärte, daß keinerlei Erkenntnis an Andere mitteilbar sei. Die Kunstlehre des Lebens, die sie ausbildeten, mag nicht tief gewesen sein, aber ihre Lehre, daß alles Recht nur auferlegte Satzung sei und daß das natürliche Recht das Recht der Starken sei, greift der Form nach allem Naturrecht, der sittlichen Forderung nach den Verkündungen Macchiavellis vor. Sokrates, der der lebensmäßigen Grundrichtung seiner Lehre nach sich den Sophisten entgegensetzte, verdankt ihnen doch die Gesamteinstellung seiner Forschungsrichtung auf den Menschen als Gegenstand. Er ist aber auch — was einem anderen Zusammenhang hier schon vorweggenommen sei — mit ihnen verbunden durch die Hinwendung zu einer Prüfung des Erkennens selbst als eines Werkzeuges der Forschung. Die Inthronisierung des Begriffs, die erst Platon als Erbe von Sokrates vollzog, ist von diesem gefordert, von den Sophisten vorbereitet worden, und wie sehr auch sie in die Sicht einer Verselbständigung des Menschen gegenüber dem Weltgeschehen zu ordnen ist, davon wird noch die Rede sein.

Auch Werk und Wirkung des Sokrates bestehen vielleicht mehr in dem Aufbau einer Lebenslehre — einer Lehre vom

Sittlichen, einer Ethik, um bei der noch immer herrschenden Begriffs-Übereinkunft zu bleiben — als in den einzelnen Folgerungen und Forderungen, die er in ihrem Dienst ausgebildet hat. Das Wesentliche, was durch ihn geschaffen wurde, war der Anspruch des reinen Geistes auf das Recht, verbindliche Regeln für das Leben aufzustellen — ein Recht, das bis dahin nur der auf den Glauben und den Glaubensdienst hingewandte mit ihm untrennbar verbundene Beruf der Priester ausgeübt hatte, auch er gewiß Geist, aber ebenso gewiß nicht reiner, sondern nur angewandter Geist, angewandt auf die Aufrechterhaltung der Lebenszwecke gegenüber den Gewalten der Welt. Sie, die Satzungen der Glaubens-Sittenlehre, waren und wollten nichts anderes sein als Spiegelung des Weltgeschehens und aus ihr gezogene Folgerungen. Jetzt aber wurde zum ersten Mal eine Menschenkunde und Lebenslehre — Anthropologie und Ethik — begründet, die ihr Recht und ihr Ziel lediglich aus dem unabhängigen freien Geist ableitete, ein Geschehen, das in Platons und Aristoteles' Händen sich zu einem wohlgegliederten reichen Lehr- und Regelbau entfaltete. Daß es in den Anfängen aus Gründen des Glaubenseifers zu harter Anfeindung und Verfolgung der neuen Lehre kam, ist nicht von ungefähr; Protagoras wie Sokrates wurden der Gottlosigkeit angeklagt: eine Übereinstimmung, die bei dem Antagonismus ihrer Meinungen höchst bezeichnend ist.

Eine Erstreckung dieses neuen Anspruchs des Geistes auf den engeren, aber greifbareren Bezirk einer Staatslehre ist von den griechischen Denkern, in Sonderheit von Platon und Aristoteles zwar auch durchgesetzt worden, aber die Bedeutung dieses Lehrgeschehens erscheint dadurch herabgemindert, daß es von keinerlei Folgen im werktätigen Leben der Staaten begleitet war. Nicht der schöpferische Gedankenbau eines Staates von Platons starker Hand, die wahrlich fähig war, ein Zielbild neuer Bildungen darzustellen, noch weniger die begriffliche Durchdringung aller vorhandenen und geschichtlichen Gegebenheiten durch Aristoteles und seine ruhig besonnene Kasuistik der wünschenswerten Staatsformen haben sich in Formungen oder Umformungen der staatlichen Wirklichkeit umgesetzt.

Noch weniger als die Griechen sind die Römer hierzu gelangt. Ihr Geist, in allen anderen Dingen um Siriusweiten hinter dem der Griechen zurückbleibend, hat vermocht das Recht, d. h. den Grenzbezirk zwischen Staat und Leben, mit einem feineren und folgerichtigeren Scharfsinn erkennend zu durchdringen, wollend zu regeln als irgend ein Volk der Erde. Aber die so nahe liegende Aufgabe, das Wesen des Staates zu ergründen und demnächst ihm andere Formen aufzuprägen, hat er nicht bewältigt, ja nicht einmal als mögliche Forderung gesehen.

Es giebt vielleicht keinen schlagenderen Beweis für die erlahmende Lebenskraft des alteuropäischen Weltalters als den, daß weder Griechen noch Römer im Stande waren, einen Weg eigener Lebensregelung erst zu wählen und dann auch wirklich einzuschlagen. Ihre Stärke war zur Hälfte versiegt und sie reichte nicht mehr dazu aus, ein neues Urgeschehen innerhalb des Menschheitsgeschehens einzuleiten.

Vielleicht läßt der Umstand, daß in diesem Stück dem neueuropäischen Weltalter gelang, was dem alteuropäischen so völlig mißriet, deutlicher als jedes andere vergleichbare Geschehen erkennen, um wie viel stärkere Spannungen dem germanisch-romanischen Völkerkreis noch in seinem reiferen Alter zur Verfügung standen — wie noch heute stehen — als Griechen und Römern. Sein Stolz wird immer bleiben, daß erst er es vermochte, diese erste Wegwende im Bahnverlauf der Menschheitsgeschichte einzuschlagen, die im strengsten Sinn dieses Wortes weltgeschichtliche Bedeutung hatte, Weltgeschehen war.

An langsamer Vorbereitung hat es auch hier nicht gemangelt. Die Lehre ging auch hier der Tat weit voran. Freilich fehlt es hier, davon war schon die Rede, an einer Durchdringung des Lebens, des Verhaltens der Menschen untereinander im Sinn einer Lebenskunde — oder an einer Gesellschaftswissenschaft, zu der es erst sehr viel später kam — doch bleibt die Eröffnung dieser Sicht bei den Sophisten der altgriechischen Neuzeit nicht ganz ohne Seitenstück. Hat auch Macchiavelli nicht den Blick auf das Leben gerichtet, sondern mit denkbar leidenschaftlicher Einseitigkeit nur den Staat und immer nur den Staat gesehen, er teilt doch mit den Sophisten deren rücksichtslose Abkehr von den Satzungen eines gegebenen Zustandes. Er hat seine Staatslehre ebenso verweltlicht und von dem Joch des Glaubens und der Glaubenssittlichkeit befreit wie jene ihre Lebenslehre: die grundsätzliche Grundsatzlosigkeit allen sittlichen Bindungen gegenüber, die er den Fürsten in seinem Buch empfiehlt, ist davon nur die äußerste Folgerung. Ein erstes Hinüberschwingen der Nadel zu dem Pole Mitte Mensch kündigt sich darin an.

Die Verkünder des Naturrechts von ihrem Ersten, von Hugo de Groot an, teilen ingleichen mit den Sophisten die Abkehr von dem inneren Zwang, der Autorität des gesetzten Rechtes als solchem; aber wo jene nur wenige Sätze für das Ja ihrer Lehre fanden, haben sie die Kraft einen ganzen Lehrbau für die äußere und innere Staatskunst zu errichten. Hugo de Groot, der mit Macchiavelli für natürliches Recht den rein menschlichen Ursprung in Anspruch nimmt und jede Ableitung von göttlich-priesterlichen Ordnungen ablehnt, ist auch schon weitsichtig genug, über die Enge des — von Platon und Aristoteles her überlieferten — Staatsbegriffs hinauszudringen und den Menschen als gesellschaftliches, geselliges, als soziales, nicht mehr nur politisches Wesen anzusehen; ja er geht vom Menschen als Einzelwesen aus, nicht von der Gemeinschaftsmacht eines überpersönlichen Staates. Dennoch bleibt seine Lehre als Bau ganz so wie die aller späteren Naturrechtslehrer auf den Staat beschränkt. An Rückfällen in die alte Unterwerfung dieser Gedanken unter die Gotteslehre des Glaubens fehlt es nicht.

Die Lösung von allen alten Bindungen und die neue Losung geht erst von dem einen großen Neuerer aus, der ein Umformer nicht allein der Lehre von Staat und Gesellschaft, nein der Menschheit selber wurde. Rousseau nimmt diesen hohen Rang unter allen, die das handelnde Leben vom Geist her haben bewirken und ordnen wollen, zunächst aus keinem materiellen Grunde, keinem Grunde des Was seiner Lehre ein, sondern nur aus dem formalen, richtiger zu sagen dem seelischen Grund: daß das Wie seines Tuns so stark war, daß er es wagte, er als Erster unter den sterblichen Menschen, einen Weg des Fortschreitens, der schöpferischen Änderung anzuweisen. Seine nicht nur wissenschafts-, nicht nur geistesgeschichtliche Wirkung, ja mehr als das, seine nicht nur menschheits- sondern weltgeschichtliche Sendung, sie sind nicht abhängig von irgend einem Urteil über die Richtigkeit oder Unrichtigkeit seiner Verkündung. Man würde alle seine Lehren über den Aufbau des Staates — etwa aus Abneigung gegen ihren demokratischen Kern, ihre sozialistischen Entfaltungsmöglichkeiten — verwerfen können und müßte dennoch die schlechthin einzigartige Größe seines Wagnisses unangetastet bestehen lassen, das, aus dem Geist geboren, dem Leben galt und das Leben, die Menschheit völlig umgestaltet hat.

So ist denn auch für die übergroße Wichtigkeit dieses Geschehens, das aus dem Geist sich in die Tat ergoß, weit wesentlicher, welchen Ursprungs es war, welche Wege seine Entstehung einschlug, als was es im Ganzen oder im Einzelnen herbeiführte. Die Gewalt dieser Verkündung, die freilich — das wollen wir Forscher uns nicht nehmen lassen — ein Erzeugnis der Wissenschaft war und die doch auch selbst Handlung war, Handlung der schwersten Wucht und der weitesten Tragweite, muß freilich zuerst ermessen werden. In Rousseaus Geist ist nicht allein der Volksherrschafts- und der Freiheitsgedanke der Neuesten Zeit unserer Völker geboren worden, also Demokratismus und Liberalismus, nein auch Sozialismus und Anarchismus und jede der Kreuzverbindungen, die sie untereinander und mit Demokratismus und Liberalismus eingegangen sind. Ja in gewissem Sinn kann sogar eine so entgegengesetzte Bewegung wie der Nationalismus Rousseau zu ihren Vätern zählen: Rousseaus Gesinnung wenigstens war denkbar nationalistisch.

Heißt es nun, diese Frage drängt sich für das Suchen nach der Wertung dieser wahrlich schöpferischen Gedanken zunächst auf, nicht doch zuviel behaupten, wenn man von ihnen aussagt, sie hätten der Gesamtentwicklung der Menschheit eine andere Richtung gegeben? Ist es nicht doch nur wieder ganz so wie die Hervorbringungen der Verkünder des Naturrechts ein Zukunftsbild des Staates, wenn auch mit viel stärkerer Wucht, mit unvergleichlich viel nachhaltigerer Wirkung auf das werktätige Leben? Kein Zweifel, Rousseau hat mit der umfassendsten seiner Schriften, der vom Gesellschaftsvertrag vornehmlich das Zielbild eines Zukunftsstaates entwerfen wollen. Und mehr als das, die wichtigste seiner Einzellehren, die vom Staatsherrscher, vom Souverän, als welchen er die Gesamtheit aller Staatsbürger ausruft, bedeutete alles andere als eine Vergesellschaftung des Staates, vielmehr eine Verstaatlichung, eine Politisierung der Gesellschaft. Das sehr hohe Maß von Unterwerfung, das er dem Einzelwollen, also der Freiheit jedes Staatsbürgers, unter den Gesamtwillen — *la volonté générale* — der Volksgesamtheit, d. h. in Wahrheit den Willen der Mehrheit aller Einzelbürger zumutet, bedeutet nichts weniger als eine Abwerfung des Staatsjoches. An dieser Ziellehre des ganzen Gedankenbaus macht sich geltend, daß es ein Zeitalter der allergespanntesten Staatsmacht und Staatsgesinnung war, in dem Rousseau lebte und aus dessen Luft heraus er seine Lehre schuf.

Und dennoch, die Entwicklung der wirklichen Staats- und Gesellschaftslehre hat es gezeigt: auch in dieser letzten Frage kommt es auf das Wie, nicht auf das Was an. Nicht einmal der Umfang der Neuerungen, denen Rousseau das Leben der Menschheit unterwerfen wollte, fällt ins Gewicht im Vergleich mit der Grundsätzlichkeit seiner Verkündung.

Denn nicht allein die Revolution von 1789 ist durch sie hervorgerufen und in ihrer Richtung bestimmt worden, nein auch alle die sehr weitgehenden Lehren und Bewegungen, die seitdem als Demokratien und Liberalismen, Sozialismen und Anarchismen keineswegs nur den Staat, sondern auch die Wirtschaft und jede andere äußere Form des Lebens haben ändern wollen und geändert haben, sind ihrer unmittelbaren oder mittelbaren geistigen Abstammung nach aus Rousseaus Samen entsprossen.

Drittes Stück.

Die Bewußtwerdung der Menschheitswende durch Kant.

Kant hat in seiner Idee zu einer allgemeinen Geschichte in weltbürgerlicher Absicht bereits fünf Jahre vor Ausbruch der französischen Staatsumwälzung, aber mehr als zwei Jahrzehnte nach Rousseaus Verkündung — ohne die wohl auch ihm diese Satzungen aufzustellen nicht möglich gewesen wäre — folgende Zielforderung für die Entwicklung des Menschengeschlechts ausgesprochen: das größte Problem für die Menschengattung, zu dessen Auflösung die Natur ihn zwingt, ist die Errichtung einer allgemein das Recht verwaltenden bürgerlichen Gesellschaft. Dieses Problem, so fährt er im sechsten Satz dieser nach Art eines Gesetzbuches eingeteilten Abhandlung fort, ist zugleich das schwerste und das, welches von der Menschengattung am spätesten aufgelöst wird[1].

Die Bedeutung dieser Äußerung von Kant aus dem Jahre 1784 liegt in einem noch weit umfassenderen Sinn, als dies von Rousseau gesagt werden dürfte, im Daß, nicht im Was

[1]) Idee zu einer allgemeinen Geschichte in weltbürgerlicher Absicht (Kants Werke hrsgeg. von der Preuß. Akademie VIII [1912] 22f.).

seiner Forderung. Die Einzelheiten, mit denen er das von ihm aufgestellte Zukunftsbild erfüllt, sind wichtig, aber nicht ausschlaggebend; wohl aber hat es vielleicht der Überkraft eines Geistes, wie der Kants war, bedurft, um die Wucht, ja das Wesen des Geschehens zu erkennen, das sich eben jetzt vollzog. So nämlich verteilen sich die Rollen zwischen den beiden Erst- und Höchstbeteiligten an diesem Vorgang: Rousseau hat durch seine Lehre die Wende im Weg der Menschheit zur Selbstregelung hin herbeigeführt, denn sie war als Geistwerk ganz tief, als handelnde Bewirkung ganz stark, insofern sie zwar nicht eigentlich selbst Tat, aber mächtig genug war, um Taten ohne Zahl hervorzurufen. Doch sah Rousseau selbst noch nicht, was durch ihn, durch seiner Hände, seines Hirnes Werk geschah. Kants durchdringendem Scharfsinn aber offenbart sich der Sinn dessen, was sich soeben vollzogen hatte.

Kant bezieht seine Darlegung, die aller ihrer Kürze und Schlichtheit zum Trotz doch nichts geringeres bedeutet als eine große Verkündung der eigentlichen Aufgabe des Menschengeschlechts in allem seinem irdischen Tun, nicht etwa auf Rousseau und die nach ihm lautgewordenen Forderungen. Doch ist über allen Zweifel erhoben, daß das bewußte Tun der Menschheit, das seine Abhandlung herbeiführen will, durch Rousseau schon in die Wege geleitet ist. Und man wird Kant kaum Unrecht tun, wenn man annimmt, daß er zu seiner Erkenntnis nicht ohne Rousseaus Wirken gelangt wäre.

Und noch einen zweiten großen Franzosen hat Kants neue Forderung an das Menschengeschlecht zum Vorgänger, doch nur in Hinsicht auf die geistige Form: es ist Turgot. Ihn selbst, dessen Werke erst von 1808 ab veröffentlicht wurden, kann Kant zwar schwerlich gekannt haben; aber Turgots Lehre vom Fortschritt des Menschengeschlechts in der Geschichte, die er in seinen Abhandlungen in den Jahren 1748 bis 1751 niedergelegt hat, bedeutet die höchste Zuspitzung und vermutlich auch den geistigen Ausgangspunkt für eine Auffassung der Geschichte, die im Zeitalter der

Aufklärung weit verbreitet war, die die mannigfachsten Formulierungen fand, die aber hier doch nur unter dem Namen ihres ersten und ursprünglichsten Bildners auftreten soll. Denn Voltaire, der schon vor und von 1756 ab seinen Neuen Plan zur Geschichte des menschlichen Geistes veröffentlicht hatte, hat diese Gedanken bei weitem nicht so tief und folgerichtig durchdacht, während freilich seine Wirkung unvergleichlich viel weiter ging.

Es ist dem Leser von Kants Abhandlung, der die tiefe Abneigung und Abwendung des Denkers Kant von dem Wert aller Erfahrung und erst recht aller Geschichte kennt[1], vielleicht die auffälligste Erscheinung an ihr, daß Kant nicht, was dem Grundwesen seiner Geistigkeit wahrlich am nächsten gelegen hätte, seinem Zielgedanken eine rein begriffliche Grundlage gegeben hat, sondern eine geschichtliche. Er begründet seine Forderung, daß die Menschheit die Einrichtung einer allgemein das Recht verwaltenden bürgerlichen Gesellschaft als das Ziel alles ihres Tuns erstreben solle, nicht als eine Forderung der Vernunft — er würde etwa gesagt haben der praktischen Vernunft — sondern läßt sie als das Glied einer Kette von Betrachtungen auftreten, die er dem Amt einer allgemeinen und die Menschheit umfassenden Geschichtsübersicht widmet. Das ist gedacht im Sinn Turgots und der von ihm und seinen Folgern geschaffenen Geistigkeit: denn Turgot hatte zuerst in größerer Klarheit, als es allenfalls auch schon zuvor geschehen war, der Geschichtsforschung das Amt zugewiesen, die Entwicklung der Menschheit als beherrscht von dem inneren Antrieb zum Fortschritt, insbesondere zum geistigen Fortschritt nachzuweisen. Eine sehr weitmaschige Losung, bestimmt von der Verstandesmäßigkeit ihres Zeitalters und ihrer Wertschätzung von Vernunft und Wissenschaft, aber als Geschichtslehre vor allem um deswillen bedeutend, weil sie verbunden ist mit dem Gedanken einer quasi biologischen

[1]) Vgl. Der Bau der Persönlichkeit von Kant (1931) 130.

Teleologie, einer wachstumsgleichen Zielstrebigkeit der Entwicklung der Menschheit.

Diesen letzten Urbestandteil teilt Kants Verkündung mit Turgots Gedankengängen noch außer der geschichtlichen Sicht im Allgemeinen: sie richtet auf ihm den Gesamtbau ihrer Beweisführung auf, die gänzlich vom Zielgedanken und, wenn auch nicht ausgesprochen, von der biologischen, der Wachstumsform dieses Gedankens beherrscht ist. Denn so ist sein Gedankengang: alle Naturanlagen eines Geschöpfes sind bestimmt, sich einmal vollständig und zweckmäßig auszuwirken. Da dies aber dem Menschen als einem kurzlebigen Wesen nicht als Einzelnem, sondern nur als Gattung verstattet ist, so muß die Erreichung dieses Zustandes, der die Absicht der Natur vollständig erfüllt, in der vielleicht unabsehlichen Reihe der Zeugungen — Generationen — wenigstens in der Idee das Ziel seiner Bestrebungen sein[1].

Man sieht sogleich, wie weit Kant, einmal auf den Weg von Geschichte und Erfahrung gedrängt, nun nach dieser Seite hin geht: die Notwendigkeit absichtsvoller Wegewahl und Wegeführung für das Dahinschreiten des Menschengeschlechts, die ihm doch wohl als Erstem unter allen sterblichen Menschen offenbar wurde, wird ihm, dem sonst so unbedingten Verteidiger und Schöpfer des nur durch Setzung gewonnenen Begriffs, zu einer seit undenklichen Zeiten vorhandenen Gegebenheit nicht einmal der Menschheitsgeschichte nur, nein sogar schon der Naturgeschichte. Wer die Grundrichtung des Verfassers der Kritik der reinen Vernunft, die drei Jahre früher vollendet worden war, im Gedächtnis hat und ihre auf die Entwertung und Zertrümmerung jedes erfahrungsmäßig zu gewinnenden Weltbildes gerichtete Zielabsicht, der traut freilich seinen Augen nicht, wenn er diese Sätze liest. Denn so gewiß der Kant, dem die Welt ein wirrer Trümmerhaufen ist, der auf diesen Blättern vertretenen Weltsicht als ein gar nicht hart genug

[1]) Idee zu einer allgemeinen Geschichte (Werke VIII) 18f.

zu bekämpfender Gegner erscheinen muß, so nah ist ihr der Kant dieser im tiefsten Sinn des Wortes weltbürgerlichen Geschichtsidee.

Denn um schon jetzt ein naheliegendes Mißverständnis abzuwehren: wenn hier von einer Selbstregelung des Menschheitsgeschehens durch die Menschheit als einem absichtsvollen Verfahren die Rede war, so war doch nie — dies soll später noch des näheren begründet werden — die Meinung dabei, die alle Menschheitsentwicklung zu einem unteilbaren Ganzen zusammenschweißende Gewalt ihres Urgeschehens, des im Grundstock gleichen und nur weiter entfalteten Urgeschehens, das alles Naturgeschehen und alle Naturgeschichte ausmacht, zu leugnen oder auch nur einzuschränken.

Kant, der nicht ohne — ein sehr berechtigtes — Selbstgefühl von sich als dem Auffinder eines ersten Leitfadens der Menschheitsgeschichte spricht, in der Hoffnung, daß nach ihm ein Kepler oder Newton der Geschichte komme, der dies Werk erst recht ausführe — auf welchen Messias wir denn freilich auch heut immer noch warten — zeigt hier wahrlich das zweite Gesicht des Janushauptes seiner Geistigkeit. Nun er einmal zu Erfahrung und Geschichte sich hinwendet, sieht er durch die Maske des Menschheitsgeschehens sogar schon hindurch und ahnt zum wenigsten das Walten des tieferen Weltgeschehens — denkwürdiger Weise unter Beiseitesetzung aller vom Glauben her überlieferten Übereinkünfte von Gott, Vorsehung — diese mit einer Ausnahme[1] — Schöpferweisheit und dergleichen. Er dringt in seinem Erkennen bis zur Einsicht in die Verwandtschaft des biischen mit dem menschlichen Reich vor und erfaßt das Wachstum und die ihm innewohnende Zielstrebigkeit als Seitenstück und Vorbild des Menschheitsgeschehens, während er dann freilich das ihm an sich so viel besser bekannte anorganische Reich, für dessen werdens-

[1]) Werke VIII 30.

mäßig-geschichtliche Erklärung er so sehr viel selbst geleistet hatte, gänzlich bei Seite läßt.

Daran ist freilich nicht zu denken, daß nun etwa seine Sehweise in eine Welteinheitslehre, eine monokosmische Sicht über Welt und Menschheit, wie sie auf diesen Blättern eröffnet wird, unbedenklich aufgenommen werden könnte. Das verhindert mehr als eine der daseins- und erkenntniswissenschaftlichen Eigenschaften auch noch dieser im Verhältnis erfahrungsmäßigeren Entdeckung Kants: keine der Zweckhaftigkeiten, die er als entscheidende Maßstäbe für seine Auffassung braucht, ist für die Urseinslehre, wie sie hier vertreten worden ist, annehmbar. Dieser ist es unmöglich von einer Naturabsicht im allgemeinen oder von den zweckmäßigen Auswickelungen der Natur- wie der Menschheitsgeschichte im Einzelnen als entscheidenden Grundauffassungen des Geschehens auszugehen[1]. Beide Sehweisen sind ja dermaßen nach der Mitte Mensch und nach der Gestalt Mensch hin, anthropozentrisch und anthropomorph, abgestempelt, daß sie auf keine Weise mit einer Anschauung verträglich sind, die von der Mitte Welt ausgeht und alles Menschheitsgeschehen auf das Weltgeschehen hinbeziehen, also kosmozentrisch und kosmomorph deuten will. Alle diese Begriffe und Ausdrücke wie Zweckmäßigkeit, Absicht, Plan der Natur sind so wie Kant sie meint und ausspricht der Mitte Mensch viel zu nah, als daß sie ohne die mannigfachste Umschreibung und Übersetzung — in völlig unkantische Ebenen — hier aufgenommen werden könnten.

Andrerseits darf nicht etwa aus dem Kern von weltmenschheitlicher Vereinheitlichung, der der Verkündung

[1]) Kant will (Vorbemerkung) eine Naturabsicht als Leitfaden aller Menschheitsgeschichte ansehen; die Grundsetzung ist: daß alle Naturanlagen eines Geschöpfes bestimmt sind, sich einmal vollständig und zweckmäßig auszuwickeln (1. Satz). Eine Folgerung ist: die Natur hat gewollt (3. Satz), eine spätere: man kann die Geschichte der Menschengattung als die Vollziehung eines verborgenen Planes der Natur ansehen (8. Satz). So in der Idee zu einer allgemeinen Geschichte. (Werke VIII, 18f., 27.)

von Kant unstreitig innewohnt, die Folgerung abgeleitet werden, als dürfe sie um seinetwillen nicht als die Forderung eines neuen Verhaltens der Menschheit zu ihrem eigenen Weiterschreiten angesehen werden. Denn man könnte ja allenfalls erklären, daß wenn Kant so ganz von dem »verborgenen Plan der Natur« und der »Naturabsicht« als den herrschenden Gewalten im Menschheitsgeschehen überzeugt sei, dann von einer Bewußtwerdung der Möglichkeit und der Pflicht des Menschengeschlechts sein Verhalten selbst zu regeln bei ihm nicht die Rede sein könne. Und doch wäre nichts falscher als eine solche Deutung: denn wenn Kant auch von der Erreichung des Ziels der Menschheit, das ihm die Einrichtung einer allgemein das Recht verwaltenden bürgerlichen Gesellschaft ist, als von einem Bestandteil der Naturabsicht spricht, des verborgenen Plans der Natur, wie er sich ausdrückt, des Weltgeschehens, um in der Sprache dieser Blätter zu reden, so wird dadurch nur die geistige Form seiner Forderung in etwas verhüllt. Sie ist und bleibt die Verkündung eines Gebotes an die Menschheit: von jetzt ab ist es ihre Aufgabe und ihre Pflicht, diesem Ziel zuzustreben.

Daß diese Losung sich in der Form einer Einsicht giebt, einer Einsicht in den Plan der Natur, der dieses Ziel habe, darf ebenso wenig als Beweis dafür ausgegeben werden, daß Kant sie nicht als Forderung der Menschheit an sich selbst angesehen hätte, wie man etwa Marx nicht als Verkünder und stärksten Ausformer des Sozialismus gelten lassen dürfte, weil er die kommunistische Gesellschafts- und Wirtschaftsform als die völlig autogene, also eigenwüchsige und notwendige Hervorbringung der geschichtlichen Entwicklung selbst ansah.

Auch im Einzelnen erinnert die Stellungnahme Kants zu diesem seinem Unternehmen an die von Marx zu seinem Werk: er nimmt für sich nicht in Anspruch, daß er der Menschheit den Weg anweise, den sie zu ihrem Ziel zu beschreiten habe. Wohl aber nimmt er für sich die Entdeckung in Anspruch, daß ihr autogener, ihr ihr innerlich eingegebener Werdegang sie diesem Ziele zuführen müsse.

Und noch eine zweite Ähnlichkeit mit Marx' Verhalten: daß Kant ganz wie Marx den Umweg über die Geschichte nimmt, um zu einer wahrlich zukünftigen Zielsetzung zu gelangen und sie mit ihrer Hilfe zu unterbauen. Es ist doch seltsam genug, daß diese beiden Anwälte schroffster Begrifflichkeit an demselben Punkt ihres Eingreifens in das Menschheitsgeschehen nicht sich auf den Begriff allein verlassen, sondern, so wenig sie beide wahrlich ihrer ganzen Geistigkeit nach zu Geschichte oder gar zu geschichtlicher Auffassung von Gegenwart und Zukunft neigen, zur Grundlage ihrer Forderung die Geschichte machen — beide höchst bezeichnender Weise auch darin übereinstimmend, daß sie nicht die Geschichte, wie sie in der fachmäßigen Überlieferung vorliegt, die ihr die Geschichtsforscher gegeben haben, verwenden, sondern daß sie ihr erst — hier freilich mit aller ihnen innewohnenden Begriffsstärke verfahrend — eine Anordnung und Umprägung verleihen, die sie für ihren Zweck tauglich macht.

Zwischen Rousseau und Kant aber findet eine sehr denkwürdige Rollenverteilung statt: Kant kann weder der Wucht noch dem Umfang seines Gesellschaftsplanes nach mit Rousseau verglichen werden — davon soll noch sogleich die Rede sein —: Rousseau ist der unvergleichlich viel stärkere Beweger des Menschheitsgeschehens, zwar vom Geiste her, aber von äußerster Schlagkraft in der Bewirkung des werktätigen gesellschaftlichen Lebens. Kants Tun aber, dessen Zielsetzungen zwar an denen Rousseaus gemessen nicht unbedeutender, auch völlig ursprünglich sind, aber doch von viel geringerer Tragweite, ist insofern von primärem Rang, von geschichtlicher Urgewalt, als er erkannte, was zu seiner Zeit — vorzüglich durch Rousseaus Wirken — vor sich ging und daß er die grundsätzliche Bedeutung dieser inneren Umstellung der Menschheit zu einem zielhaften Vorwärtsschreiten offenbarte — ein Tun, das in dem Umkreis von

Rousseaus weit unmittelbarerer, weil triebhafterer Geistigkeit nicht gelegen hatte.

Viertes Stück.

Werte und Grenzen der Wegewahl Kants.

So grundsätzliche Bedeutung der Verkündung Kants zukommt — er hätte ihr schwerlich aus eigenem Antrieb einen so stolzen Rang in der geistigen Welt angewiesen, wie er es durch den Hinweis auf Kepler und Newton tat, wenn er von dieser Bedeutung nicht selbst erfüllt gewesen wäre — an zeitgemäßen Engigkeiten fehlt es ihr nicht. Kant spricht zwar von dem Gegenstand seiner Untersuchung als von einer Angelegenheit der Menschheit, aber er unterliegt doch noch der gleichen Begrenztheit des Blicks wie Rousseau: er sieht im Grunde nur die staatlichen Ordnungen des Menschengeschlechts als den Inbegriff ihrer Bildungsgeschichte und so auch ihrer zukünftigen Entwicklung an. Er wählt wie Rousseau den inzwischen durch Ferguson weit deutlicher ausgeprägten Mittelbegriff Gesellschaft, aber dieser hat für ihn offensichtlich mehr die Bedeutung eines Mengen- als eines Beschaffenheitsunterschiedes, mehr einer quantitativen als einer qualitativen Abweichung vom Staat. Denn was Kant an Forderungen dem von ihm aufgestellten Zukunftsbild einverleibt, ist erstens und zu oberst die vollkommen gerechte bürgerliche Verfassung des Staates, also der innere Bau des Staates, und zweitens, aber nur subsidiär, nur aushilfsweise, damit dieser Innenbau sichergestellt sei, die Herstellung eines gesetzmäßigen, d. h. gesichert friedevollen äußeren Staatenverhältnisses. Von allen anderen gesellschaftlichen Bedürfnissen und Beziehungen der Menschen ist nicht die Rede; als Grundbedürfnis des Einzelnen ist wohl das nach Freiheit anerkannt; aber seiner ist nur im flüchtigsten Vorübergehen gedacht. Und bei Erläuterung der Staatsform — offenbar schwebt Kant die unumschränkte, wenn auch bis ins Letzte aufgeklärte und gerechte Einzelherrschaft vor — wird auf sie nicht eben Bedacht genommen. Man kann sagen: es ist nicht eigentlich eine Gesellschaftslehre, die diesen Zukunftsplan entwirft, sondern immer noch nur eine Staatslehre.

Daß der Kant der Abhandlung vom ewigen Frieden, der Kant also von 1795 wiederum vom Gesichtspunkt des äußeren Verhaltens der Staaten her die Forderung, daß die bürgerliche Verfassung in jedem Staat republikanisch sein solle, als ersten Definitivartikel in jeden Vertrag vom ewigen Frieden zwischen zwei Staaten aufgenommen sehen will[1], ist wichtig, um die Stellungnahme des nachrevolutionären Kant erkennen zu lassen, ändert aber grundsätzlich an Gepräge und Umfang seiner Forderung nichts.

Nur in zwei Stücken reicht dieses Zielbild weiter hinaus: für die gegenwärtige Staatskunst ist die Forderung eines ewigen Friedens wie schon 1784 aufgestellt, noch dazu in der gleichen Form, in der seit 1918 seine Verwirklichung angebahnt ist, in der Form der Herstellung eines Völkerbundes. Und zur wissenschaftlichen Förderung der Gesellschaftslehre ist durch die Beleuchtung jedes gesellschaftlichen Gegensatzes — Antagonism sagt Kant — als eines allerwesentlichsten Förderungsmittels für jede gesellschaftliche Entwicklung einer der wichtigsten Grundsätze für die Lehre von der Macht der Zweiheit und damit für jede Gefügelehre innerhalb der Gesellschaftswissenschaft entdeckt worden[2].

Als eine noch lebenswichtigere Begrenztheit von Kants Zukunfts- und Zielbild mag die einseitige Denkhaltung angesehen werden, die ihm in Hinsicht auf das Verhältnis zwischen Welt- und Menschheitsgeschehen die gegebene ist. Wohl ist ihm aufs Höchste anzurechnen, daß er dies

---

[1]) Zum ewigen Frieden, ein philosophischer Entwurf (Kants Werke, hersgeg. von der Preuß. Akademie VIII [1912] 349f.).

[2]) Idee zu einer allgemeinen Geschichte: 4. Satz (Werke VIII 20).

Verhältnis — sicher als Erster unter allen sterblichen Menschen — überhaupt erkannt, man kann sagen aufgedeckt hat; aber er wäre nicht der Vorkämpfer letzter Begriffs- und Verstandesmäßigkeit gewesen, hätte er hierbei dem Weltgeschehen — er sagt: der Natur — ganz gerecht werden können. Es war schon sehr viel, daß er den Pendel seiner Weltsicht — hier einmal und wahrlich ausnahmsweise — so weit nach dem Pol Mitte Welt hin, von dem Pol Mitte Mensch fort schwingen ließ, aber er konnte nicht vermeiden gerade das innerste Naturgeschehen allzu menschennah, allzu vernunftnah, allzu anthropozentrisch, allzu logozentrisch zu sehen.

Denn wenn er schon in dem Vorwort vor dem Ersten Satz seiner Idee zu einer allgemeinen Geschichte in weltbürgerlicher Absicht und dann im Zweiten und Dritten und immer wieder von der Absicht der Natur spricht, von der zweckmäßigen Auswickelung aller Naturanlagen, vom Willen der Natur in Hinsicht auf die Entwicklung des Menschen, von den Mitteln, deren sich die Natur bei diesem Unternehmen bedient, von den Problemen, die die Natur dem Menschen stellt und zu deren Auflösung sie ihn zwingt, so ist dies Alles weder dem Ausdruck noch dem etwa hinter dem Wort anklingenden Begriff nach ebenso gemeint, wie sie etwa von einem Vertreter der Welteinheitslehre, der monokosmischen Sicht, die die hier vorliegenden Blätter begründen wollen, gebraucht werden könnten — falls er sich ihrer ein wenig fahrlässig, d. h. ohne die Vorausschickung sicherer Begriffsumgrenzungen bedienen wollte. Denn wenn Kant hier von Zwecken der Natur redet, so meint er nicht, aus einer biologisierenden Anschauung heraus, die Endziele, zu denen sich die Werdegänge des biischen Reiches hinbewegen, also etwa die Wachstümer eines Pflanzen-, eines Tierleibes im Sinn des Werdens eines Einzelwesens, im ontogenetischen Sinn — wie, in sehr augenfälligem Gegensatz[1]

[1]) Vgl. Vom geschichtlichen Werden II (1926) 236ff.

zu ihm Hegel schon vermochte — sondern die Zielauffassung, die er vertritt, ist — leider — nur vom Menschen und auch nur von dem allzu sehr als Verstandeswesen aufgefaßten Menschen her gegeben. Es findet sich in allen diesen denkbar grundsätzlichen Darlegungen von Kants Idee einer allgemeinen Geschichte nicht der leiseste Hinweis auf irgend ein Wachstums- oder sonstiges Lebensgeschehen, auf das doch schon der von ihm immerfort gebrauchte Begriff Entwicklung, namentlich in der von ihm eigens geliebten Nebenform Auswickelung auf das nachdrücklichste hinleiten konnte. Der führende Gedanke ist vielmehr, wenngleich er nie geradezu ausgesprochen wird, der, daß die Natur selbst als im Menschensinn Vernunft besitzend angesehen wird. Wie sie denn einmal auch, wie aus Versehen, Vorsehung genannt wird[1].

Nicht vielleicht nach den vielfach zerstreuten und allzu unsicheren Andeutungen Buffons, die eine Stammesgeschichte der Arten immerhin vorbereiteten, wohl aber aus der gleichen Kraft eigenen Denkens, die sehr bald danach zuerst Goethe (1790), dann Erasmus Darwin (1794), dann Lamarck (1809) auf diesen Weg führte, hätte Kant zu solcher Zielauffassung gelangen können, ja schon die alte unhaltbare Einschachtelungsauffassung von den undenkbar kleinen Tierwesen, aus denen der Tierembryo hervorgehend von Leeuwenhoek (1677) angesehen wurde und die Leibniz und Bonnet eifrig ausgebaut hatten, und vollends die äußerst keimfähige Lehre des ersten großen Epigenetikers, Caspar Friedrich Wolff (1759) von der wesentlichen Kraft hätte für eine solche Ziellehre ausgenutzt werden können. Kants Zielgedanken aber waren nur vom Menschen, vom Verstande her genommen, seine Teleologie war lediglich anthropo-, logozentrisch[2].

Ein innerer Zusamenhang zwischen der Herleitung von Kants Ziellehre und seinen Grundabsichten ist, wenn nicht

[1]) Werke VIII 30.

[2]) Vgl. hierzu Locy, Die Biologie und ihre Schöpfer (Übers. 1915) 310ff., 173f., weit gründlicher Rádl, Geschichte der biologischen Theorien I (1905) 56f., 67ff., 105ff., 154ff.

zu erweisen, so doch zu vermuten. Für eine Lehre, die zwar nicht eigentlich der Menschheit ein aus ihrer Vernunft geborenes Ziel, wohl aber eine ihr von der Natur eingegebene Zielstrebigkeit zuschrieb, lag es nahe, die Natur wenigstens zur Trägerin einer schlechthin menschlichen Vernunft zu machen.

Von geringerer Tragweite ist eine andere Enge in Kants Darlegung, die doch aus der gleichen Fehlerquelle, ihrer allzu menschennahen, allzu vernunfthaften Sehweise stammte. Sie bezieht sich auf die Geschichte selbst und bildet den Ausgangspunkt der gesamten Untersuchung. Kant geht aus von dem, wie er meint, offensichtlichen und zugleich schwer verletzenden Widerspruch zwischen dem schlechthin törichten, kindisch eitelen und kindisch boshaften Tun und Lassen der Menschen auf der großen Weltbühne und der Planmäßigkeit, die noch das ganz instinktmäßige Handeln der Tiere, der Bienen etwa oder der Biber, erkennen lasse. Er wirft die verzweifelte Frage auf: wo ist bei Menschen und ihrem Spiel im Großen noch eine vernünftige eigene Absicht zu erkennen. Und er folgert hieraus, daß der Philosoph bei sotaner Sachlage dazu gedrängt sei zu versuchen, ob er nicht eine Naturabsicht in diesem widersinnigen Ganzen menschlicher Dinge entdecken könne, aus welcher von Geschöpfen, die ohne eigenen Plan verfahren, dennoch eine Geschichte nach einem bestimmten Plan der Natur möglich sei[1].

So vortrefflich an sich hier das Hindurchschauen des Beobachters durch das Oberflächengeschehen, das oft genug nur ein Maskengeschehen ist, im Werdegang der Menschheit ist, so unhaltbar ist doch die reine Verstandesmäßigkeit, die dieser Beobachter offenbar als einzigen Maßstab kennt. Er wird offenbar nicht von dem leisesten Zweifel darüber angewandelt, ob denn wirklich aller Wert und Unwert in der Geschichte der Menschheit sich nach den Maßstäben

[1]) Werke VIII 18.

des Verstandes allein und zwar denen, die nach den Begriffen eines deutschen Philosophen von 1784 die gültigen sind, bemißt, und ob sie wirklich für alle Völker und alle Lebensalter der Menschheit die maßgebenden sind, während sie doch in Wahrheit nur auf seine Zeit zutreffen und auch für diese kein allseitiges Urteil abzugeben vermögen. Das Bild, das so entsteht, erinnert allzu sehr an die kleinlichen Vorstellungen, die noch Lessing mit seinem Begriff von der Erziehung des Menschengeschlechts durch einen allzu schulmeisterlichen Gott verband. Hegel hat später, davon ist schon ausführlich die Rede gewesen[1], den viel tiefer greifenden Schlackenbestandteil der Leidenschaften aus dem Gesamtfluß des Menschheitsgeschehens aussondern wollen und hatte doch auch damit nicht Recht, da in Wahrheit nur das volle Insgesamt von allem Hohen und Niedrigen, Weisen und Wilden, allem Recht und allem, was wir — wer kann wissen aus welchen Schranken heraus — Unrecht und Sünde und Laster nennen, das volle Bild des Menschheitsgeschehens bilden kann.

Der Geschichtsforscher, dem alle Kräfte der Seele als echte und ebenbürtige Träger von Menschentat und Menschengeist erscheinen wollen, wird aus dem Mißlingen dieser Deutung des vergangenen Menschheitsgeschehens bedenkliche Schlüsse auf die Vollwichtigkeit des Zielbildes ziehen, das Kant der Zukunft dieses Geschlechtes setzen will.

Allen diesen großen und minder großen Schranken zum Trotz, in die Kants Menschheitslosung gebannt erscheint, darf ihre Bedeutung nicht im mindesten unterschätzt werden. Zuerst um ihrer Grundsätzlichkeit willen: Kant tat, was Rousseau zwar viel stärker, aber noch unbewußt getan hatte: er setzte der Menschheit ein Ziel, wählte ihr einen Weg. Und daß er es in der Form nicht des begrifflichen Baus — wie Hegel getan haben würde — noch des herrscherlichen Befehls — wie Nietzsche ihn später ertönen ließ — sondern

[1] Vgl. Vom geschichtlichen Werden II (1926) 193 ff., 198 f.

in der bescheideneren Weise von Marx, als Entdeckung eines inneren, aus Werdenszwang gesetzten, unabhängig von den Menschen, die es auszuführen haben, waltenden Müssens sah, mehrt den Ruhm seines durchdringenden Forschergeistes.

Und es mindert nicht den Rang seiner Menschenbildner-, Menschheitsführer-Tat, wie man aus diesem Vordersatz allenfalls folgern könnte. Denn so gewiß in seine Feststellung, daß das Ziel, das er verkündet, aus der allgemeinen Eigenschaft einer Werdensrichtung der Menschheitsentwicklung abzuleiten sei, auch seine eigene Verkündung mit einzuschließen ist, so gewiß begreift doch eine solche Zielsetzung, wie sie durch ihn erfolgte, eine Wesensänderung des Menschheitsgeschehens in sich.

Wohl konnte sie, das muß freilich auf das nachdrücklichste vorbehalten werden, auch jetzt keinen andern Weg einschlagen, als der ihr durch ihre eigene, ihr eingeborene Werdensrichtung gegeben war, den sie also, um in der Sprache dieser Blätter zu reden, als Urgeschehen einschlagen mußte. Aber ebenso sicher ist, daß zwar gewiß nicht die Grundrichtung, wohl aber die Gestaltung des Weges im Einzelnen dadurch geändert wurde, daß die Menschheit ihn durch Selbstregelung festsetzte.

Es ist hier ein ähnliches Verhältnis anzunehmen wie im Leben des Einzelnen zwischen der Grundrichtung seines Vorwärtsschreitens und den Entschlüssen, die er im Einzelnen faßt. Jene ist ihm gegeben als das innere Gesetz seines Werdeganges, hervorgehend aus der Summe seiner Fähigkeiten und der von außen auf ihn treffenden Bewirkungen: er ist sich ihrer kaum oder nur halb bewußt; diese aber, die einzigen Wegentscheidungen, die sein Wille bewußt faßt, gehen wohl aus der Grundrichtung seines Vorwärtsschreitens hervor, können diese auch nicht im mindesten ändern, modeln aber die Wegrichtung. Es sind Zwischenziele, und den Weg zu ihnen hin, nur den nächsten Abschnitt der Gesamtbahn seines Lebens umfassend, vermag der Einzelne, soweit alle übrigen inneren wie äußeren Gegebenheiten es zulassen, zu gestalten.

Im gleichen Fall ist die Menschheit, wenn sie durch Hand, Herz, Hirn ihrer Führer sich Ziele setzt; mögen sie sich wie in der Verkündung Kants auch als Endziele geben, in der Tat sind sie nur Zwischenziele. Und nun ist offensichtlich — dies sei ganz allgemein für alle Versuche und Vorstöße der Selbstregelung des Menschheitsgeschehens gesagt, also auch für Rousseau, seinen stärkeren Vorgänger, und für seine ebenso gewiß an Geschichtsmacht überlegenen Nachfolger — daß die Trace der von diesen vorausschauenden Wegebahnern abgesteckten Bahnabschnitte anders geformt wird, als es geschehen wäre, wenn die alte Weise eines halb unbewußten, d. h. in Wahrheit nur immer für allerkleinste, allernächste Wegstrecken sorgenden Daherschreitens fortgedauert hätte. Wenn ein geometrisches, d. h. im engsten Sinn des Wortes landmesserhaftes Gleichnis hier erlaubt ist, die so abgesteckten Wegstrecken werden geradliniger, weil absichtlicher und, wenn man sich erinnert, ganz wie in der starren großen Kunst der Altertumsstufe ebenso wohl geometrisierter als stilisierter ausfallen. Die mannigfaltigen kleinen mäandrisch sich windenden Ab-, Irr- und Umwege werden ganz ausfallen oder vielfach begradigt werden, die das frühere, nicht durch Selbstregelung geleitete Menschheitsgeschehen so reich machten.

Dritter Abschnitt.

Versuche werktätiger und lehrhafter Selbstregelung des Menschheitsgeschehens.

Erstes Stück.

Die französische Revolution als Anbruch eines neuen Zeitalters der Weltgeschichte.

Ich halte inne, um noch einmal Richtung und Ziel des hier verfolgten Gedankenganges in Erinnerung zu bringen.

Wenn die Nützlichkeit einer im eigentlichen Wortverstand weltgeschichtlichen Auffassung der Menschheitsgeschichte d. h. einer tiefen Einbettung der Entwicklung unseres Geschlechts in das außermenschliche Weltgeschehen an irgend einem Punkt der Geschichte unserer Völker sich unwiderleglich erweisen läßt, so ist es an der Wegkehre, die das Zeitalter Rousseaus und der Revolution darstellt. Hier ist der tiefste Einschnitt zu suchen, den alles Geschehen seit dem Anbeginn der bewußten Menschheitsgeschichte aufweist. Wenn das altväterische Wort, das von dem oder dem Ereignis aussagt, daß es Epoche gemacht habe, auf irgend eine geschichtliche Wandlung zutrifft, so ist es die damals vollzogene.

Sieht man nämlich, wie hier immerdar geschehen soll, die Menschheitsgeschichte nur als die letzte Efflorescenz, die feinste Blüte der Weltgeschichte an — soweit sie sich wenigstens auf diesem Stern Erde zugetragen hat — dann ist in Rousseaus Geist und durch die Tat der in Wahrheit starken Revolution eine Wende vollzogen worden, die zuvor ihres gleichen nicht hatte.

Alle Urzeitgeschichte war noch wie ein Weiterträumen der alten Befangenheiten, in denen sich das außermenschliche Geschehen und Werden, selbst in seiner halbbewußten höchsten Ausgipfelung, im Tier, vollzogen hatte. Die Menschen dieses Kindheitsalters waren im Erwachen; sie regten sich wohl zu vielen neuen Taten und schufen viele neue Gebilde, aber sie wußten nicht was sie taten, noch was sie schufen. Ein erster Schritt zu größerer Klarheit ist beim Übergang von der Urzeit- zur Altertumsstufe vollzogen worden: indem der Staat als absichtvolles Tat-, Forschungs- und Kunstwerk, als formvolles Gebilde ins Leben gerufen wurde, stellte sich eine Art der Teilbewußtheit ein. Wenn das alte Gleichnis beibehalten werden soll, die Völker oder vielmehr ihre Führer übersahen jetzt wenigstens ein Stück des vor ihnen liegenden Weges, das nächste, gleichviel wie lang oder wie kurz es sein mochte. Im menschlichen Dasein war der Zweck geboren. Aber wie gewaltig auch das Unternehmen sein mochte, das man jeweils als »Werk« ins Auge faßte, ein Weltreich zu gründen, einen Wissenschaftsbau zu errichten, der Welt und Menschheit umfaßte, das Ziel war doch immer nur in absehbarer Weite gesteckt, der Zweck ein begrenzter.

Völkerführer waren, aber nie ein Menschheitsführer. Auch Buddha, auch Jesus, auch Muhammed waren das nicht in dem hier gemeinten ganz irdischen Sinne, denn die von ihnen gesteckten Ziele lagen außerhalb alles Erden- und insofern auch alles eigentlich menschlichen Daseins; sie waren nicht irdisch, sondern überirdisch und insofern nicht eigentlich menschheitlich.

Rousseau aber war ein Menschheitsführer und Kant in seiner Schrift von der Universalgeschichte als dem Weg zu einem Zukunftsziel war es als Ausleger und Fortsetzer von Rousseaus Gedanken auch. Noch schicksalsvoller aber war, daß eine werktätige Staatsbewegung den Staats- und Geschichtslehrern ihre Gedanken aus der Hand nahm und sie, indem sie sie zu verwirklichen trachtete, zugleich fortbildete. Die beiden Massive dieses Geschehens hatten irdische Dinge zum Gegenstand, rückten die Grenzen ihrer Zwecke bis zu den Grenzen der bewohnten Erde vor und waren insofern zum ersten Mal wahrhaft menschheitliche. Und gegenüber dem außermenschlichen Weltgeschehen wurde hier zum ersten Mal eine völlige Emanzipation unseres Geschlechts vom kosmischen Geschehen vollzogen: es war eine Selbständigkeits-, eine Unabhängigkeitserklärung der Menschheit im Verhältnis zum Weltgeschehen.

Nur ein an sich viel begrenzteres Geschehen werktätiger und doch auch schöpferischer Staatskunst hatte der französischen Revolution vorgearbeitet: die amerikanische. An sich auf viel engere Zwecke gerichtet, hat sie durch die Erklärung der Menschenrechte, die sie ihren Verfassungsurkunden vorausschickte, nicht nur im äußeren, nein auch im inneren Sinne weltgeschichtliche Bedeutung erlangt.

Denn wenn die englischen Siedlungen in Amerika von ihrem Mutterlande abfielen, so war das ein Sondergeschehen im Bereich der Entwicklung der europäischen Staatengesellschaft, wichtig für diesen Bezirk, aber nicht über ihn hinaus. Wenn aber eine Erklärung der Menschenrechte verkündet wurde, so war das einmal ein Vorbild für die anderen Völker und insofern Menschheitsgeschichte im äußeren Sinn, vor allem aber wurde hier zum ersten Mal eine Summe von Rechten für den Einzelnen in seiner Eigenschaft als Mensch — nicht als Staatsbürger — in Anspruch genommen, ein Geschehen, das eine außerordentliche Erweiterung des Grundverhältnisses zwischen Mensch und Staat bedeutete und das diese Festsetzung nicht als Forderung in eine weite Zukunft warf, sondern sofort tatsächlich verwirklichte. Und der Sinn dieser Festlegung fiel durchaus in die Linie Rousseau-Revolution, insofern sie auch ihrerseits einen Bruch mit der alten Unbewußtheit alles staatlichen Geschehens darstellte. Es wurde hier zum ersten Mal Geschichte gemacht aus den großen Grundsätzen einer wissenschaftlichen und also höchst bewußten Menschheitsregelung.

Und eben dies war die Schwelle, die hier und damals vom Menschengeschlecht überschritten wurde. Alle die Jahrhunderte hindurch, die seit der Erreichung der Altertumsstufe vergangen waren, hat sich auch in unserem neueuropäischen Völkerkreise in diesem Betracht nichts geändert: gleichviel ob von den Taten Karls oder Friedrichs II. des Staufers oder Karls V. oder Ludwigs des Königs Sonne oder Friedrichs von Preußen berichtet wird, nie hat sich in diesen Führern der Tat das geschichtliche Geschehen zur Bewußtheit gesteigert in dem Sinn, den Rousseau und Kant ihm gaben.

Man bemerkt vielleicht, daß mit dieser Sicht allerdings das tatsächliche, das Urgeschehen wie es hier genannt wurde, in den Bereich der Betrachtung gezogen wurde. Doch nicht zu Unrecht, weil auch dieses, wenn es sich nur den Spiegel der Bewußtheit vor das Antlitz hält oder gar wenn es sich Regeln setzt, zum Spiegel-, zum Regelgeschehen wird.

Die französische Revolution setzte die Gedanken Rousseaus und starke neue, die sie aus Eigenem hinzufügte, in die Tat um. Prüft man ihre großen Losungen, den Dreiklang Liberté-Egalité-Fraternité auf den Gehalt der von ihnen ausgerufenen Forderungen, so findet sich, daß sie alle drei aus der Interessensphäre der Menschenrechte stammen: von Staatsform und Verfassung ist unmittelbar in ihnen nicht die Rede. Man wird gewiß nicht sagen dürfen, daß der tatsächliche Hergang der Geschichte Frankreichs in den ersten sechs Jahren nach 1789, d. h. in der eigentlichen Revolutionszeit, in Wahrheit am meisten durch die in diesen drei Losungsworten ausgesprochenen Bestrebungen bestimmt worden ist; den lenkenden Staatsmännern lag an der Erlangung der tatsächlichen Macht und demnächst an den eigentlich staatlichen Ordnungen weit mehr. Aber die seelisch stärksten Antriebe, die die Sache der Revolution wenigstens diesen knappen Zeitraum hindurch aufrecht erhielten, gingen sicherlich von jenen aus und wenn das revolutionäre Frankreich sofort eine Reihe von Propagandakriegen im Angriff auf das alte Europa eröffnete, so waren für sie erst recht jene Menschentumslosungen die wirksamsten Werber und Träger. Und da sie als Menschentums-Angelegenheiten sich an die Menschheit richteten, so wird ihre Zielrichtung als die von Selbstregelungen des Menschheitsgeschehens eigens unzweideutig offenbar.

Daß die Gehalte dieser Regelung durch die Leitgedanken von Volksherrschaft und Liberalismus bestimmt wurden, darf den Geschichtsforscher nicht etwa dazu verleiten, jene weit allgemeinere Wesensbeschaffenheit aus den Augen zu verlieren. Wäre jeder Beurteiler der Großen Revolution schon im Sinn allgemeiner geschichtlicher Unbefangenheit übel beraten, der aus einer entgegengesetzten, etwa antidemokratischen Staatsgesinnung heraus den Maßstab seines Urteils bestimmen lassen wollte, so hat eine Sehweise, der es wie der hier angegebenen vor allem auf die Verfolgung der Menschheitsgeschichte als eines Naturgeschehens ankommt, doppelt die Verpflichtung sich von solcher Parteinahme frei zu halten. Daß die Revolution sich in der Richtung auf Demokratie und Liberalismus bewegte, war durch den Werdegang der europäischen Staatsgestaltung und Staatsgesinnung schon von Jahrhunderten her vorbereitet; vor allem hätte ein Ereignis von so ungeheurer Umsturzgewalt gar nicht eintreten können ohne den Antrieb, den eine geschichtliche Bewegung gerade aus ihrer Eigenschaft als Repuls-, als Rückschlagbewegung — hier also gegen drei Jahrhunderte unumschränkter Königs- und Beamten-, Adels- und Militärherrschaft — hat. Aber ihre tiefste Bedeutung lag nicht in ihrer demokratischen Besonderheit; denn sie hätte denselben Geschichts-, denselben Werdenswert gehabt, wenn sie sich in einer entgegengesetzten, etwa in einer in irgendwelchem neuen Sinn aristokratischen Grundrichtung bewegt hätte — nur mit der gleichen Heftigkeit vorwärts. Worauf es in dem hier vorschwebenden Gedankengang ankommt, ist lediglich die Bewußtheit und Absichtlichkeit des Geschehens.

Den Führern der Revolution ging das Bewußtsein von der außerordentlichen, im eigentlichen Sinn des Wortes Epoche machenden Bedeutung ihres Tuns keineswegs ab. Die Einführung einer neuen Zeitrechnung vom Tage der Abschaffung des Königstums ab ist ein höchstbezeichnendes Sinnbild dieser Überzeugung: mit dem alten christlichen Kalender sollte das Erinnern an alle frühere Zeit wie ein vergangener Traum aus dem Gedächtnis der Menschheit getilgt werden.

Zweites Stück.

Weitere Umgestaltungen der Pläne für ein Regelgeschehen der Menschheit.

Das neunzehnte Jahrhundert und die nach seinem Ablauf verflossenen Jahrzehnte stellen eine Zeit zwar noch nicht der Plangesellschaft, wohl aber immer neu sich gebärender Gesellschaftspläne dar. Der Ernst und die Begriffsschärfe Wilhelm Humboldts haben für den deutschen Liberalismus, lange noch ehe er als Staats- oder gar als Parteibewegung entstand, in seinen Ideen zu einem Versuch die Grenzen der Wirksamkeit des Staats zu bestimmen den ersten und festesten Grund gelegt. Und so abhängig sich diese Gedankengänge auch bewußter Maßen von den Ideen der Großen Revolution darstellen, sie sind doch auch auf eine eigene Weise Belege dafür, daß die in ihnen begründete Staatsgesinnung vornehmlich einer neuen Form von Menschentum die Bahn frei machen wollte. Der Staat wurde nicht mehr um seiner selbst willen in Betracht gezogen und von vornherein als Gegenstand der geistigen Fürsorge in den Mittelpunkt der staatswissenschaftlichen Betrachtung gestellt, ja er wurde nicht einmal, wie es für jede vor 1789 gültige Staatslehre und noch für Rousseau die selbstverständliche Voraussetzung gewesen wäre, als das höchste Gut der menschlichen Gesellschaftsordnung angesehen, sondern er wurde vor allem unter den Gesichtswinkel einer Sehweise gestellt, die vom Wohl des Einzelnen ausging und vorzüglich darauf Bedacht nahm, daß dessen Lebensbezirk gegen alle irgend entbehrlichen Eingriffe des Staats sicher gestellt wurde.

Die Forderung, daß im Verlauf des öffentlichen Lebens alle Kraft daran zu setzen sei, das auf jenen Blättern in äußerster Kürze aber mit der verdichtetsten Wucht der Gedankenführung entworfene Wunschbild einer zukünftigen Verwirklichung entgegen zu führen, stellt diese sehr frühe Äußerung des deutschen Staatsgeistes, von der freilich zur Zeit ihrer Entstehung nur ein Kernstück veröffentlicht wurde, durchaus in die gleiche Schlachtreihe mit Rousseaus Lehre, mit Kants Abhandlung von 1784 und mit den Gedanken von 1789.

Alle spätere Entwicklung des Demokratismus und des Liberalismus hat kaum zu grundsätzlichen Erweiterungen dieser ihrer Grundanlage als bewußter Selbstregelungen des

Menschentums geführt. Die Verflechtung der von ihnen ausgehenden Bewegungen des werktätigen staatlichen Lebens mit den gleichzeitigen Bestrebungen der von ihnen ergriffenen Völker sich die nationale, die völkisch-staatliche Einheit zu verschaffen, haben der Stärke des Fortschreitens jener Grundgedanken eher Abbruch getan als Vorschub geleistet. Denn indem den liberalen und demokratischen Bewegungen, vornehmlich bei den beiden großen Völkern Mitteleuropas, die bis dahin des staatlichen Zusammenschlusses entbehrt oder ihn nur in allzu lockeren Formen besessen hatten, eine liberalnationale oder nationaldemokratische Doppelspitze gegeben wurde, wurde allerdings zu einem Teil die Wucht der älteren Bestrebungen verstärkt, aber vielleicht noch mehr geschwächt, indem ihre Zielbilder mit den ganz anders gearteten, zum Teil entgegengesetzten der völkischen Bewegung verkoppelt wurden. Wie viel Möglichkeiten des Widerstreits zwischen den beiden Bundesgenossinnen es gab, ist in mannigfachen Spaltungen und Zwistigkeiten zwischen ihnen an den Tag getreten.

Immerhin blieb die Gewalt der Anfänge dieses Geschehens stark genug, um der deutschen Nationalversammlung den Plan einzugeben, ihr Verfassungswerk mit einer Erklärung von Grundrechten einzuleiten, die ungefähr der Erklärung der Menschenrechte in der ersten Verfassung der ersten französischen Republik und ihrem amerikanischen Urbild entsprachen. Und diesen Grundrechten war als einer Umwallung der Unabhängigkeits-Sphäre der Einzelnen die Eigenschaft einer bewußten Umformung gegenwärtigen, einer Richtweisung zukünftigen Menschentums eigens sichtbar aufgeprägt, mehr als den die Staatsform und die Staatsverwaltung angehenden Bestandteilen der neuen Verfassung.

Der Liberalismus und der Demokratismus haben teils nach vollkommenem Sieg wie in Italien, teils nach halbem Sieg und halber Niederlage wie in Deutschland einen Zustand der Sättigung und des Stillstandes erreicht, der es zu neuen oder gar schöpferischen Äußerungen ihres Wesens nicht kommen ließ. Nur ihre Auswirkungen in eine Umformung des äußeren Verhaltens der Staaten zueinander durch Pazifismus und Völkerbund haben vom Jahrhundertende einen hohen Rang im Weltgeschehen der Menschheit in Anspruch nehmen können. Aber andere und neue Bewegungen traten auf, die im gleichen Sinn zu bewußten Regelungen von Menschheitszuständen und Menschentums-Formen hinstreben.

Vielleicht hatten sich die stärksten Spannungen dieses Zeitalters in diesen Zielsetzungen entladen. Es wird heut wieder ein schlechter Brauch unseres Jahrhunderts, auf seinen Vorgänger zu schelten und ihn nach Möglichkeit herabzusetzen, ganz wie das neunzehnte Jahrhundert es liebte das achtzehnte mit allem erdenklichen Schimpf zu beladen. Treitschke pflegte in den Tagen, da ich jung war, in jeder dritten Stunde seiner Vorlesungen dem achtzehnten Jahrhundert denselben geschichtlichen Sinn, den er der eigenen Zeit als deren verdienstlichste Errungenschaft nachzurühmen nicht müde wurde, abzusprechen und daran die beweglichsten Vorwürfe zu knüpfen. Daß er dabei diesem geschichtlichen Sinn ganz untreu wurde, indem er die Stärke des Vorgänger-Jahrhunderts, seine begriffliche Kraft und mehr noch sein geistiges Schöpfertum so gänzlich verkannte, dessen wurde er selbst gar nicht inne. Wenn die Begriffsstarken von heute, die Logizisten, eher noch in den Einzelwissenschaften als in der Erkenntnislehre nun ganz ähnlich das neunzehnte Jahrhundert angreifen als unstolz und unstark, so können sie darum freilich nicht wie ihre Vorgänger gerügt werden wegen eines Vergehens gegen den geschichtlichen Sinn, denn dem sind sie weder in Lehre und Liebe noch in ihrem eigenen Tun sehr hold — Begriff und Geschichte sind seit Platons Zeiten feindliche Brüder — aber die Irrigkeit und Ungerechtigkeit ihres Urteils über das neunzehnte Jahrhundert wird dadurch nicht aufgehoben.

Man lasse nur unter dem Gesichtswinkel des hier verfolgten Gedankenganges die Blicke rückwärts schweifen über die Jahrhunderte, so wird sich finden, daß außer dem achtzehnten, das allerdings in diesem Betracht durchaus an der Spitze steht, auf lange hinaus keines anzutreffen ist, das an irgend ein auf die Zukunft gerichtetes Unternehmen so viel planendes und strebendes Wirken gesetzt hat, wie das neunzehnte und überhaupt keines, dessen Gedanken auf bewußte Selbstregelung des Menschheitsgeschehen ausgegangen wären. Wird also, was vielleicht nicht einmal jenen Gegnern unrichtig erscheinen wird, Spannung als solche zum Maßstab der Geschichtskraft und damit des geschichtlichen Ranges einer Zeit gemacht, dann wächst das neunzehnte Jahrhundert noch weit über die Leistungen erfahrender und bauender Wissenschaft hinaus, durch die es sich über alle Vorzeiten erhebt. Denn es ist voll von solchen Planungen. Doch scheint es zwischen den Jahrhunderten zu ähnlichen Seelenverhältnissen zu kommen wie zwischen den Generationen einer Familie: immer sind die Söhne ihren Vätern gegenüber die strengsten und ungerechtesten Richter.

Von den weiteren Bewegungen, die nach der großen Haupt- und Centrumsbewegung der Revolution und des Liberalismus auftreten, scheint der Nationalismus zunächst nicht eigentlich in diese Reihe geistig-staatlicher Regungen zu gehören. Denn da er sich mit dem äußersten Nachdruck auf das eigene Volk beschränkt, so scheint ihm die Eigenschaft des Menschheitlichen ganz abzugehen, ohne die wir uns eine Selbstregelung des Menschengeschehens nicht wohl denken mögen. Und doch wird man ihn an diese Stelle ordnen müssen, da er als eine allgemein europäische Bewegung eine Reihe von Völkern ergriffen hat und da er, als Grundsatz betrachtet, doch auch eine Regel für die Gestaltung der Menschheit selbst darstellt, ausgehend zwar nur vom Bedürfnis und dem Vorteil des eigenen Volkes, im Grunde auch alle anderen Teile der Menschheit ignorierend und für unbedeutend, ja unberechtigt ansehend, aber zuletzt doch willig oder widerstrebend einmündend in das Zielbild einer nur sehr streng gegliederten und in den Teilen schroff geschiedenen Gesamtmenschheit. Wohl ist für den Körper, als welcher diese

Gesamtmenschheit von dem Nationalismus aufgefaßt wird, immer der Teil, das einzelne Volksglied wichtiger als das Ganze, und der Einzelmensch, der dem einzelnen Volk angehört wird angehalten alle anderen Völker als fremd und fern und ihnen gegenüber sich als Gegner, wenn nicht als Feind anzusehen; aber zuletzt muß sich trotz aller Spaltung und Unterschiedenheit doch auch das Insgesamt der Menschheit als ein berechtigter Gliederbau darstellen, an dem nur seine Ausgliederung in Teile ein für allemal wichtiger erscheint als seine Baueinheit.

Ganz und gar war der Nationalismus eine Schöpfung des neunzehnten Jahrhunderts, obwohl es zu seinen Lieblingsgewohnheiten gehört, seine eigene Gesinnung als von jeher oder doch seit einem Jahrtausend bestehend anzusehen. Wohl hat es früher ein Nationalgefühl gegeben, das auch zuweilen sich in gesprochenen oder geschriebenen, also bewußten Äußerungen Luft machte. Von einem Nationalbewußtsein aber im Sinn des geordneten und geschlossenen Gedankenbaus einer Staatsgesinnung kann durchaus erst zu Anfang des neunzehnten Jahrhunderts die Rede sein. Und der Geschichtsforscher, dem darum zu tun ist diesen Tatbestand recht deutlich zu machen, hat, soweit Deutschland in Betracht kommt, nicht Ursache lange nach Beweisen zu suchen, denn noch der Preuße von 1800 war recht fern von allem Nationalbewußtsein. Er hatte allenfalls ein preußisches Staatsbewußtsein, aber vom Deutschtum als einem staatlich einigenden Blutsband war ihm nichts bewußt. Das preußische Staatsbewußtsein aber als Nationalbewußtsein anzusehen würde eine grobe Verkennung der wesentlichsten Artbestandteile des Nationalismus bedeuten. Die Bluts- und Kultureinheit, die sie darstellen, hatten beide mit dem preußischen Staatsbegriff nichts zu schaffen.

Daß der Nationalismus doch auch eine neue Menschentumsform und eine neue Menschheitsordnung herbeiführen wollte, ist vor allem dann offenbar geworden, als in den großen Völkern, für die er zuerst ein Werkzeug darstellte um ihnen die bis dahin fehlende oder nur mangelhaft ausgebildete Staatseinheit zu verschaffen, der Nationalismus noch einmal eine Macht wurde: in Italien in der Gestalt des Fascismus, in Deutschland in Gestalt des Nationalsozialismus. Wohl ist er in beiden Fällen eine Legierung eingegangen: das eine Mal mit der Diktatur als Staatsform und mit einer äußersten Zusammenraffung des Volkskörpers zu strafferer Lebensführung, das andere Mal im Plan wie im Werk durch Zusammenschluß mit der Führeridee und mit dem Staatssozialismus. Aber an der Eigenschaft dieser Staats- und Gesellschaftsformen als Versuchen der Selbstregelung des Menschengeschehens ist durch diese Verbindung nicht nur nichts herabgemindert worden, sondern diese Eigenschaft ist durch sie eher noch mehr betont worden. Denn indem sich diese Bewegungen auf das Entschiedenste von den Freiheitsgedanken des Liberalismus und des Demokratismus abwandten, indem sie der Selbstherrlichkeit und dem Unabhängigkeitsdrang des Einzelnen, dem jene dienen wollten, Schranken aller Art setzen, haben sie doch mit dieser Umbiegung erst recht neue Formen des Volkstums heraufführen können, und auch daran ist nicht zu zweifeln, daß sich unter ihrer Einwirkung die Gestalt des Staatenkörpers der Menschheit von Grund auf ändern, daß Pazifismus und Völkervereinigung zurückgedrängt werden würden, wenn etwa überall oder nur an sehr vielen Stellen der europäischen Staatengesellschaft der Fascismus oder ihm verwandte Staatsformen zum Siege kommen würden.

Freilich würde man dann, wenn es zu einer solchen Rücknahme aller der Staats- und Gesellschaftsbestrebungen des Liberalismus und Demokratismus und ihrer Folgeerscheinungen käme, einwenden können, daß nun im Grunde der alte Zustand vor der Großen Revolution oder ein ihm ähnlicher wieder hergestellt und mithin auch der Versuch einer Selbstregelung des Menschheitsgeschehen wieder aufgegeben würde. Aber einmal strebt auch diese volle Reaktion wohl vom Demokratismus fort, aber nicht zum Ancien Régime zurück. Und sodann sind auch die neuen Gesellschaftspläne des Fascismus und seiner Verwandten im vollsten Maße bewußte Selbstregelungen von Menschentum und Menschheitseinrichtungen. Von ihnen wird noch ausführlicher zu handeln sein.

Drittes Stück.

Sozialismus, Kommunismus und Anarchismus als Selbstregelungen des Menschheitsgeschehens.

Alle diese Beobachtungen greifen der Zeitfolge dieser Versuche zu einer bewußten Umformung der Zukunftspläne für die Entwicklung der Menschheit insofern vor, als lange bevor der Nationalismus sich recht ausgebildet oder gar ausgewirkt hatte eine Gesellschaftsplanung aufkam, die in noch viel unbedingterem Sinn Zielsetzung und Verwirklichung neuen Menschentums sein wollte. Der Sozialismus reicht zwar in seinen ersten Wurzeln, den Lehren etwa der *loi agraire* bis vor Rousseau, in seinem ersten Versuch zu tatsächlicher Verwirklichung — in der Verschwörung des Babeuf — bis in die Tage der Revolution zurück, zu seinen Jahren kam er aber doch erst dicht vor und während der bürgerlich-demokratischen Revolution von 1848. Und Marx, durch dessen Hand und Hirn dies geschah, war allerdings voll erfüllt von dem Gedanken, daß der Sozialismus wie er ihn wollte einen tiefen Einschnitt in der Geschichte der Menschheit bedeute, dergestalt daß alle frühere Entwicklung sich nur wie eine Vorhalle, ja wie ein wüster Traum zu dem vom Sozialismus verheißenen und demnächst von ihm heraufzuführenden Endzustand verhalte.

Kein Zweifel, als Geschichtsforscher hat Marx hier insofern ein irriges Bild entworfen, als der von ihm gefundene Einschnitt im Wesentlichen, Grundsätzlichen nicht erst durch den Sozialismus, sondern bereits durch Rousseau in der Geschichte der Menschheit hervorgebracht ist. Aber darauf kommt um deswillen nicht soviel an, weil für den hier verfolgten Gedankengang weit wichtiger ist, welche Bedeutung im Ichbewußtsein von Marx dem Sozialismus beigemessen wurde. Und dies war so sehr die eines Neuen Reichs, daß sie das Ausmaß des großen Menschheitstraumes der Revolution nicht nur erreicht, sondern eher noch übertroffen hat. Der eine Unterschied, der zwischen der Revolution und der sozialistischen Bewegung auch nach 1848 noch bestand, daß die Revolution in der Zeit ihrer höchsten Glut Siegerin war, der Sozialismus aber sich noch auf eine lange Jahrzehnte-Reihe im Stande der heißen aber noch unerfüllten Hoffnung befand, dieser Unterschied mag wie ein nur äußerlich geschichtlicher erscheinen, denn so eschatologische Steigerungen geben glühendere Stimmungen als die Gesättigtheit des Erfolges.

Dazu kam, daß die sozialistische Bewegung eine so viel breitere Menschenbasis zum Kampf aufrief, als dem Bürgertum je zur Verfügung gestanden hatte, daß sie sich, indem sie zu der staatlichen Umwälzung eine wirtschaftliche fügte, an viel gröbere aber auch mächtigere und allgemeinere Triebe im Menschen wandte, daß sie aber endlich auch noch durch eine so geistige und starke Hilfskraft unterstützt wurde, wie es Marx' Geschichtslehre war, durch die er, was doch Kants universalgeschichtlichem Gedankengang ganz fremd geblieben war, den neuen Zustand als den letzten Entwicklungsabschnitt einer zwangsläufig vorbestimmten, durch ein eisernes inneres Müssen verschmiedeten Kette von geschichtlichen Zuständen erweisen wollte.

Zunächst überwiegt in dem Gesamtanblick des neu ausgerufenen Menschheitsprogramms das äußerlich organisatorische: durch die Erhebung des grob-wirtschaftlichen Geschehens zum ausschlaggebenden Antrieb wurde in dem Zielbild das Einrichtungs-, Verfassungsmäßige stark herausgetrieben; es war weit mehr von Menschheitsordnungen als von dem durch sie etwa zu schaffenden Menschentum die

Rede. Daß aber immerhin ein solches sich unter der Herrschaft sozialistischer Staats- und Gesellschaftsformen bilden müßte, daran kann kein Zweifel bestehen und ebenso wenig daran, daß hier eine der bewußtesten und sicherlich auch folgenreichsten Selbstregelungen des menschlichen Geschehens unternommen worden ist.

Die tatsächlich durchgesetzte Form des Sozialismus, die im Kern nach Marx' Vorschriften durchgeführte Umbildung Rußlands in eine kommunistische Republik ist dafür der unwiderlegliche Beweis. Nach Ausbreitung und Wucht der Durchführung der radikalste Versuch eines völligen Neubaus der Gesellschaft, von dem die Geschichte weiß, läßt sich von der russischen Revolution heute wohl die Umwandlung der staatlichen und wirtschaftlichen Einrichtungen, die umfassend genug ist, nicht aber die innere Umbildung des Menschentums, in Sonderheit an der Jugend durchschauen, die ihr offenbar auf dem Fuße folgt. Nur daß auch sie tief und stark ist, tiefer und stärker als die im Gefolge des gemäßigten, des demokratischen Sozialismus einherschreitenden Umformungen, scheint gewiß.

Der Sozialismus, auch noch der der russischen Kommunisten, kann nur aufgefaßt werden als eine Ausdehnung und Steigerung der politischen Forderungen des Demokratismus in das Wirtschaftliche. Nach den begrifflichen Folgerungsmöglichkeiten, die im Wesen der Dinge liegen, müßte auch eine ähnliche Steigerung am Liberalismus vollzogen werden. Der Anarchismus, den Proudhon ungefähr in den gleichen Jahren wie Marx seinen Sozialismus ausbildete, hat diese im Aufbau der Lehre als notwendige Forderung gegebene Abwandlung vollzogen. Sie war um so zwangsläufiger, als der Sozialismus die Hinspannung zum Zusammenschluß, zum Kollektivismus, die im Demokratismus sich nur mäßig stark geltend machte, ganz außerordentlich gesteigert hatte. Ein Rückschlag wurde dadurch herausgefordert, der den Besonderheits-, den Persönlichkeitsdrang, den der Liberalismus an sich betont, doch vielfach umschränkt vertreten hatte, in viel stärkerem Ausmaß und weit unbedingter zur Geltung brachte. Der Anarchismus, der alle Voraussetzungen für die Entfaltung eines Zielbildes von völlig individualistischem Menschentum in sich getragen hätte, im Gegensatz zum Sozialismus, der immerdar vom Zwang der Gemeinschaft ausging, wurde von dieser Bahn doch abgelenkt. Einmal blieb er in bewußter oder unbewußter Abhängigkeit vom Sozialismus, wie dieser ganz auf Wirtschaft und Erwerb gerichtet und wurde deswegen von Anfang an zu einer proletarischen Bewegung gestempelt. Zum Zweiten hat er sich, vornehmlich unter der Einwirkung Bakunins, wenngleich auch einer Möglichkeit folgend, die seinem Inbegriff innewohnte, zu einer Propagandaform der Gewalttat hingeneigt, die ihm viele Möglichkeiten freier Entfaltung benahm und ihn zu der unterirdischen Form eines Verschwörerdaseins verurteilte. Und drittens haben sich doch nicht schöpferische Geister in seinen Dienst gestellt: weder der Bombenmann Bakunin noch sein Gegenpart, der gütige edle Fürst Krapotkin haben vermocht ihm einen so festen Lehrbau oder Schriften von so hinreißender Agitationskraft zu verschaffen, wie Marx seinem Sozialismus. Stirner, der dies mit seinen geistigen Fähigkeiten allenfalls vermocht hätte, war ein zu zügelloser Charakter, um seinem Leben so harte und beständige Spannungen abzugewinnen, wie sie für so große Leistungen unerläßlich gewesen wären.

So ist denn gerade diese Bewegung, die geistigen Menschen leicht als eigens lockend zu weitreichenden Zukunftsmöglichkeiten erscheinen mochte, nicht über die verhältnismäßig bescheidene Rolle einer antisozialistischen Spielart sozialer Revolutionsbestrebungen hinausgediehen. Immerhin hat auch sie, und sie vielleicht im Grundsatz tiefer und folgerichtiger als die anderen Bewegungen des neunzehnten Jahrhunderts den ernsten Anspruch auf eine Selbstregelung des Menschheitsgeschehens angemeldet.

Viertes Stück.

Versuche geistig-seelischer und körperlicher Höherzüchtung des Menschengeschlechts.

Allen drei Formen der Gesellschaftsplanung, die das neunzehnte Jahrhundert sei es fortgebildet sei es hervorgebracht hat, ist gemeinsam, daß sie von dem Bedürfnis Vieler, ja Aller innerhalb der großen Gemeinschaften, innerhalb der Völker ausgingen. Das Verhältnis zur Persönlichkeit war gradweise abgestuft; keine von ihnen aber machte sie zum Mittelpunkt ihrer Forderungen.

Man wird allerdings nur von dem Nationalismus sagen dürfen, daß er im Grundsatz von dem Bedürfnis, dem Vorteil und den Zielen dieser Gemeinschaften ausging; da er aber sich ebenso grundsätzlich mit sehr verschiedenen und insbesondere mit individualistischen Ordnungen des inneren Staats- und Wirtschaftsbaus vertrug, so war er auch dem Einzelnen, und selbst dem starken Einzelnen nicht abhold; ja dem tatsächlichen Verlauf nach hat er seinen Einfluß auf Staat und Volk nicht selten eigens gefördert. Heldenverehrung war auch in dem allgemeinen Sinn einer gesellschaftlichen Auslese der Starken und Stärksten neben dem völkischen Gedanken seine Losung.

Der Liberalismus und der ihm in diesem Betracht zumeist folgende Demokratismus war der Bevorzugung der durch Leistung ausgezeichneten Einzelnen zugewandt und in seiner der Wirtschaft zugekehrten Frontstellung, in der Lehre vom freien Wettbewerb, bevorzugte er sie auf das Eifrigste. Der Anarchismus schien sich vollends dem individualistischen Gedanken ganz dienstbar machen zu wollen. Und noch der Sozialismus ist durchaus nicht ganz oder auch nur überwiegend auf Kollektivismus und Dienst an der Gemeinschaft gestellt; denn er ist seinem ganz einseitig auf Genossenschaft oder Genossentum verweisenden Namen zum Trotz dem innersten Kern seines Wesens nach Massenindividualismus: er will zuerst und zuletzt das Glück Aller.

Und doch ist von allen diesen Gesellschaftsplänen zu sagen, daß sie sämtlich viel zu massenmäßig in ihren Denkweisen und Zielen geartet sind, als daß ihnen die Persönlichkeit, d. h. also Gestalt und Sein der in irgend einem Sinn überragenden Einzelnen ein Gegenstand der Pflege oder gar das höchste Gut eines zu erstrebenden Gesellschaftszustandes hätte sein können.

Diesen Gedanken gefaßt und ihn mit allem Reichtum seiner forscherlichen Einbildungskraft und seiner dichterischen Beredsamkeit vertreten zu haben, das ist die Sendung Nietzsches gewesen und wenn von den schöpferischen Leistungen des neunzehnten Jahrhunderts gesprochen werden soll, wird diese seine Verkündung als der zwar zeitlich letzte, der Wucht nach aber stärkste unter den Versuchen zur Selbstregelung des Menschheitsgeschehens anzusehen sein, soweit sie im neunzehnten Jahrhundert aufgetreten sind.

Nietzsches Lehre hat eine doppelte Frontstellung, sie war einmal der denkbar stärkste Rückschlag gegen die Gedanken von 1789, insofern sie den Adel der Starken gegen die Masse der Mittleren und Niederen ausspielte und insofern sie sich nicht wie der Demokratismus an das Gefühl und den Gemeinschaftstrieb sondern an den Willen und den Persönlichkeitsdrang wandte; zum zweiten aber wollte er in einem laut und fast überlaut hinausgerufenen Ja das Menschengeschlecht in der Gestalt seiner echtesten, bestgeratenen und kraftvollsten Exemplare höher treiben, höher bilden. Ob Nietzsche mit diesem seinem schöpferischsten Gedanken, für den er sich das Goethe-Wort Übermensch zueignete, auch an ein Züchten im biologisch-physiologischen Sinn, im Sinn also einer philosophisch geleiteten Lebens- und Leibeslehre gedacht hat, an eine Emporzüchtung im engeren Wortverstand, wird nicht ganz leicht auszumachen sein und bleibe hier ganz dahingestellt. Daß die Frage unentschieden gelassen wird, ist um deswillen nicht ausschlaggebend wichtig, weil alle Schwergewichte von Nietzsches Denken dem geistig-seelischen Emporkommen des Menschen galten. Dies gewollt zu haben war an sich etwas Ungeheures und wie schicksalwendend richtunggebend für Jahrhunderte der hier gegebene Antrieb sein wird, ist heut noch kaum abzusehen. Selbst in den kurzen vier Jahrzehnten, die seit Nietzsches geistigem Tod verflossen sind, war die Einwirkung nicht auf das geistige Sehen nur, nein auch auf das gelebte, das in Staat und Tat sich ausformende Leben sehr groß. Weder der Fascismus, noch der Nationalsozialismus und die ihm verwandten Bewegungen sind zu denken ohne die geistige Wurzel, die ihnen Nietzsches Lehre gegeben hat. Noch feinere und im Grunde noch wirksamere Antriebe haben Geschichte, Gesellschaftslehre und Dichtung von Nietzsche erhalten: alle im starken Sinn bauende Forschung und Kunst ist von ihm bestärkt und befruchtet worden.

Und so wenig eine solche Auffassung dem Begriff nach vielleicht zu rechtfertigen ist, man kann sich kaum dem Gedanken entziehen, daß die Verkündung Nietzsches nach der inneren Stärke, nach der Gefaßtheit und Geschlossenheit der allgemeinen Absicht und der besonderen Zielsetzung selbst der Rousseaus noch überlegen ist; nicht gewiß ihrer Ursprünglichkeit und Erstmaligkeit nach, wohl aber um deswillen weil sie das Sein und Wesen des Menschen ändern, höhen, steigern will, nicht aber nur, wie Rousseau und wahrlich auch Karl Marx taten, seine Wirkungsformen oder Betätigungsmöglichkeiten. Rousseau und Marx haben im Grunde nur die Lebensbedingungen des Menschen und wenn man will die Ordnungen seines Wirkens ändern wollen, Nietzsche aber hat das Maß seiner Kräfte vermehren, steigern wollen. So lange der Mensch selbst mehr zu gelten hat als sein Werk oder gar nur die Umschütztheiten und die Vermehrungen seines Genießens, solange wird auch eine Formung des Menschentums als eine tiefer greifende Gattung von Selbstregelung des Menschheitsgeschehens gewertet werden müssen, denn eine Verbesserung seiner Genußmöglichkeiten und selbst seiner Wirkensordnungen.

Noch aber war eine Möglichkeit offen zu einem Weiterschreiten auf dieser Bahn: der Plan nämlich durch eine biologisch-physiologische Bewirkung der Menschenrasse ihre körperlichen und, falls dies möglich ist, ihre geistig-seelischen Eigenschaften zu steigern. Doch ist dieser Gedanke noch kaum über die ersten und allgemeinsten Anregungen hinausgekommen, von werktätigen Versuchen, die doch unter Ausnutzung aller Erfahrungen der Tierzüchtung angestellt werden müßten, ganz zu schweigen. Über Vorschläge zur Verbesserung der Rassenhygiene war man bisher noch nicht hinausgekommen; die unter Mendels geistigem Schatten emporgeblühte Vererbungswissenschaft macht vorbereitende Forschungen. Erst wenn ein Großer in dieser Sache große Gedanken denken oder gar große Taten vollbringen würde, könnte auch dieser letzte vorläufig denkbare Vorstoß zu einer Selbstregelung des Menschheitsgeschehens, die Heranzüchtung einer leiblich oder gar geistig höheren Art des Menschengeschlechts vollzogen werden.

Er würde, falls er gelingt, auch der grundsätzlich weitestgehende und großartigste sein, weil mit ihm der Mensch der schaffenden Natur am nächsten kommen, ja sich ihr an die Seite stellen würde. Dann würde Menschheitsgeschichte im wahrsten Wortsinne wieder zur Naturgeschichte werden.

Fünftes Stück.

Revolutionen zum Zweck der Selbstregelung.

Wer dem zwanzigsten Jahrhundert nach Ablauf seines ersten Jahrzehnts hätte die Voraussage für die Grundrichtung seines Entwicklungsganges stellen wollen, der mußte, wenn er das im Lauf befindliche Strömen des Zeitalters recht ins Auge faßte, zu dem Ergebnis kommen, daß die großen seit 1789 zur Macht gekommenen Bewegungen, die Demokratie und Sozialismus, Massenherrschaft also und Massenwirtschaft zum Zielpunkt hatten, allerdings noch im vollen Vorwärtsdrängen begriffen waren, so viel Erstarrungs- und Ermüdungserscheinungen, kurz, Anzeichen beginnenden Alterns sie auch aufzuweisen hatten. Andrerseits bedurfte es nur geringer Prophetengaben, um die Wahrscheinlichkeit eines starken Rückpralls gegen diese an sich übermächtige Grundströmung auszusprechen. Und wenn einem solchen Rückprall Erfolg werden sollte, so war er am ehesten zu erwarten von der schärfsten und entschiedensten unter den denkbaren Gegenbewegungen, dem Caesarismus. Denn es war in einem weit geringeren Grade wahrscheinlich, daß die alten und noch halb bestehenden Staats- und Regierungsformen, also die konstitutionellen oder absolutistischen Verfassungen, soviel Kraft aufbringen würden, um die demokratischen Bewegungen völlig zu überwältigen. Daß aber der Caesarismus bei dem gleichen Unternehmen mehr Stärke entfalten würde, war einmal der alteuropäischen, vornehmlich der römischen Parallele wegen, sodann aber auch der vorbereitenden Anläufe des neunzehnten Jahrhunderts, insbesondere wegen der beiden napoleonischen Versuche in Frankreich wahrscheinlich. Eine Möglichkeit, wenngleich nur von geringeren Graden, mochten aristokratisch gestimmte Individualisten in einem auf Führertum und Gefolgschaft gestellten Leistungsaristokratismus sehen. Doch konnten sie sich nur auf ein soziologisches Wunschbild und allenfalls auf die Erwägung berufen, daß diese Entwicklungsrichtung um deswillen Aussichten auf Verwirklichung habe, weil sie keiner der überlieferten Gesellschaftsformen entsprach und so den Anreiz völliger Neuerung ausüben konnte. Als wahrscheinlichste Lösung aller dieser Ungewißheiten mochte sich ein Kampf zwischen Caesarismus und radikalem Sozialismus darstellen.

Man wird nun heute, ein Vierteljahrhundert nach dem hier angenommenen Zeitpunkt einer solchen Voraussage, sagen dürfen, daß sie im überwiegenden Teil eingetroffen ist. In den beiden Grundformen staatlich-gesellschaftlicher Verfassung, in denen das letzte Menschenalter sich zuerst am entschiedensten ausgewirkt hat, in der kommunistischen Rußlands einerseits, in der fascistischen Italiens andrerseits sind, so wird man sagen dürfen, die beiden damals in den Vordergrund gestellten Möglichkeiten verwirklicht worden. Der russische Kommunismus stellt buchstäblich die Verkörperung der von Marx und seinen nächsten Anhängern gestellten Forderungen dar; der von Mussolini geschaffene und fortgebildete Fascismus aber stellt eine Form des imperialistischen Caesarismus dar, die zwar ganz gewiß nicht nur als eine Nachahmung des römischen Caesarentums aufzufassen ist, die aber mit diesem genug Ähnlichkeiten aufweist, um den Namen mit ihm zu teilen. Er hat mit ihm die diktatorhafte Spitze gemein, neben der die Beibehaltung des Erbkönigtums als eine nicht eigentlich dem Grundkern des neuen Gebildes angehörige Nebenerscheinung bei Seite gestellt werden darf. Mit den älteren Caesarismen der Neuesten Zeit unseres Weltalters, mit dem des ersten und mehr noch dem des dritten Napoleon aber verbindet den italienischen Fascismus der starke Zusatz von demokratischen Bestandteilen der Verfassung, die das Gepräge einer Fassaden-Verkleidung haben, und von — tiefer greifenden — sozialistischen, jedoch gänzlich unmarxistischen Gesinnungen.

Die dritte von diesen unsere Gegenwart abstempelnden Bewegungen, der deutsche von Hitler geschaffene Nationalsozialismus, wird vornehmlich dadurch gekennzeichnet, daß er die Grundprinzipien der beiden anderen Strömungen, des Sozialismus und des caesaristischen Führergedankens, zu einer neuen Bildung verschmolzen hat.

Kein Zweifel, es hat ein großes Hinüberfließen von gründenden Gedanken aus den beiden älteren Strömungen in die jüngste stattgefunden. Zum wenigsten aus dem vor- und außermarxistischen Sozialismus ist eine Fülle von Erbgut auf den nationalen Sozialismus übergegangen, und wenn dieser schon in seinem Namen sich zu diesem Erbenverhältnis bekennt, so tut er das mit vollem Recht. Ebenso gewiß aber hat auch der Vorgang Mussolinis anregend und fördernd auf den ihm zeitlich nachfolgenden Nationalsozialismus gewirkt: so übermächtig die Gestalt Hitlers sich über die deutsche Bewegung reckt, so wenig ist zu verkennen, daß auch ihr das Voranschreiten des italienischen Staatslenkers auf ihrem Wege hilfreiche Dienste geleistet hat. Die Analogie der beiden Bezeichnungen Duce und Führer macht auch aus diesem geschichtlichen Zusammenhang nicht das mindeste Hehl.

Dennoch würde eine Geschichtsbetrachtung, die den Nationalsozialismus lediglich wie eine Legierung sozialistischer und caesaristischer Urbestandteile ansehen wollte, völlig in die Irre gehen. Der Nationalsozialismus ist keine Synthese; dies halb verschlissene, halb verschleiernde Fremdwort paßt in keinem Sinne auf sein innerstes Wesen. Er ist vielmehr unter den drei großen Grundbewegungen der europäischen Gegenwart gerade die ureigentümlichste, die aus tiefster Wurzel eigengewachsene: er ist vor allem dem russischen, erst recht aber dem rein nachahmerischen deutschen Kommunismus an Eigenwüchsigkeit außerordentlich überlegen.

Die Bevorzugtheit der dritten und jüngsten der drei revolutionären Bewegungen an Geschichtsmacht, an Ursprünglichkeit ist darin zu suchen, daß sie zwar die beiden einander so entgegengesetzten Grundgedanken, die das Zeitalter darbot, mit einander verband, daß sie aber aus dieser Verschmelzung ein Drittes hervorgehen ließ, das durch seine Eigentümlichkeit die anderen übertraf. Den Kern des Nationalsozialismus bildet der wirtschaftlich-soziale Zielgedanke, den Individualismus des freien Unternehmertums zu erhalten, ihn aber mit sozialen, d. h. gemeinschaftsfreundlichen Gesinnungen in Hinsicht auf die Ordnung der in selbständigen Betrieben vereinten Arbeitsgenossenschaften und auf die Einteilung des Arbeitsgewinns zu erfüllen. Dieser Zielgedanke schließt die Beseitigung der schwersten Gefahr in sich ein, die aller Kommunismus verwirklicht und die jeder Sozialismus im Keim in sich birgt: der Lähmung, wenn nicht der Ertötung des Persönlichkeitsdranges, der das beste Teil des freien Unternehmertums ausmacht. Er benimmt dem wirtschaftlichen Individualismus die Möglichkeit, der reinen Gewinngier zu fröhnen, die sein schlimmster Fehler ist und der er nur allzu leicht verfällt. Er vermag den sozialen und wirtschaftlichen Neid zu schwichtigen, der unter allen seelischen Antrieben des Sozialismus der unedelste, aber vielleicht auch der wirksamste ist. Er kann zu wahrer Gemeinschaftsgesinnung erziehen und beläßt doch den stärksten Antrieb zu gesundem Persönlichkeitsdrang, das Streben nach Auszeichnung durch Leistung, in voller Würde und Wirksamkeit. Man kann sagen, die Erreichung dieser Ziele würde die Lösung der schwersten Aufgaben bedeuten, die das Zeitalter unserer Generation stellt: einen ersten großen Friedensschluß in dem schlimmsten der Kämpfe, die sie bedrohen: in dem sozialen Kriege.

Die Selbständigkeit und Eigenwüchsigkeit dieses Kerngedankens der deutschen Revolution kann nicht in Zweifel gezogen werden. Ganz ebenso ohne irgend einen europäischen Vorgang ist die Hineintragung des Züchtungsgedankens in den Gesamtplan der Bewegung. Der Nationalismus, der als Gegenenthusiasmus dem Sozialismus entgegengestellt wird, wird zum Blutsgedanken gesteigert: die Liebe des Volkes zu seiner eigenen Wesenheit wird bis in ihre letzten Folgerungen vorgetrieben, bis zu der Überzeugung, daß nur ein Volkskörper, der ganz eines ungemischten Blutes ist, der echte Träger seiner Gesittung sein könne. Eine Anzahl sehr ernstlicher Bemühungen um die Freihaltung des Volkskörpers von gesundheitlichen Schädigungen machen sich geltend, doch läßt sich heut kaum sagen, wie weit die Entwicklung auf diesem Weg fortschreiten kann. Nicht vielleicht Nietzsche selbst, wohl aber manche seiner Ausleger haben dem Zielgedanken seines Übermenschen auch den Sinn einer körperlichen Höherzüchtung unterstellen wollen; wer aber wollte über die Ausführbarkeit einer so weit gespannten Möglichkeit urteilen.

Seine entscheidenden Züge hat das Gesicht der deutschen Revolution durch seine politische Form erhalten und sie hat in ihr und zwar mehr als durch irgend eine andere ihrer Eigenschaften den Kern ihres Wesens, die Verbindung der beiden Entwicklungsmöglichkeiten des Zeitalters zu einer ganz neuen dritten offenbart. Der Persönlichkeitsgedanke hat in der Gestalt ihres Führers die äußerste Ausprägung seiner politischen Form erhalten: ein Mann als Inhaber aller, aber auch aller Gewalt im Staat auf der einen Seite, die große Mehrheit des Volkes aber als der freiwillige Bewahrer und Beschützer dieser höchsten denkbaren Einzelherrschaft, das bedeutet eine Verflechtung der beiden Gegensätze der Zeit, wie sie inniger nicht gedacht werden kann. Der Begriff des Caesarismus gibt ein schiefes Bild für die in Deutschland herrschende Staatsform; selbst der der Diktatur entspricht ihrem Wesen nicht. Wohl hat der Führer des Reichs die ihm gegenüberstehenden Parteien auch im offenen politischen Kampf niedergeworfen, aber er ist doch mit noch stärkerer Gewalt durch die freiwillige Neigung und Begeisterung seiner Anhängerschaft zu der Stelle seines höchsten Amtes emporgetragen. Weit mehr innere Verbundenheit als äußere Unterworfenheit giebt dem Bau dieser Regierungsform ihren inneren Halt. Für die im eigentümlichsten Sinn deutsche Färbung der neuen Weise ist diese Einwurzelung in Gemüt und Hingabe des Herzens mehr bezeichnend, als viele ihrer staatsrechtlichen Ausgestaltungen.

Eine Bindung zweier sachlich-seelischer Gegensätze im Sinn der Gesellschaftslehre findet auch hier statt. Denn der letzten Ausgipfelung des Persönlichkeitsgedankens in Gewalt und Gestalt des Führers trat die Volksgemeinschaft zur Seite, die, dem Begriff nach sein äußerster Gegensatz, zum Teilhaber an seiner Macht und damit zu seiner festesten

Stütze umgewandelt wurde. Auch diese Verbindung, über die man weit weniger, ja so gut wie gar nicht nachgedacht hat, ist nur als Ausfluß einer schöpferischen Neuerung recht zu werten. Vor allem auch darum, weil es wirklich mehr die Gemeinschaft und ihre Schätzung als solche war, die den erregenden Keim dieser staatlich-seelischen Bewegung darstellt, als die Selbstbesinnung eines Volkstums auf seine Besonderheit. Der Name und der Inbegriff des genossenschaftlichen Zusammenschlusses einer Gemeinschaft wurde jetzt zum ersten Mal zu Banner und Losung einer politischen Bewegung erhoben. Und da man die weiteste Gemeinschaftsform, die innerhalb des Volksganzen möglich war, zur Trägerin des Gedankens machte, nämlich das Volksganze selbst, so gewann man damit im Gegensatz zum demokratischen Sozialismus des voraufgehenden Zeitalters die lebensvolle und lebensstarke Wirklichkeitsnähe, die der Volksgedanke im Vergleich zu dem blassen Internationalismus des Menschheitsgedankens und dem neidvoll engen Klassenbegriff gewährte.

In seiner inneren Bedeutung und zugleich seiner äußeren Schlagkraft kann auch der Gemeinschaftsgedanke der deutschen Revolution nur durch den Vergleich mit dem von ihr verdrängten demokratischen Sozialismus recht erkannt werden. Dieser war im Grunde gar nicht auf dem Sinn und der gesellschaftlichen Forderung einer Gemeinschaftsgesittung aufgebaut, sondern auf dem an sich ganz egozentrischen Streben des Einzelnen nach seinem Nutzen und Gewinn. Dieser Sozialismus hatte gar nicht das Heil der *societas*, sondern nur das ihrer einzelnen *socii* im Auge, war nicht so sehr Sozialismus wie Massenindividualismus. Diese Eigenschaft überwunden zu haben, mag die im gesellschaftsseelischen Sinn stärkste Leistung dieses Teils der Bewegung bedeuten.

Wenn schon die grundsätzliche Richtung des Geschehens am besten durch die Paarung der beiden allgemeinsten Gegensätze gekennzeichnet wird — von Persönlichkeitsdrang und Gemeinschaftstrieb — so hat dieser sehr weit gespannte

Rahmen doch auf Seiten der Gemeinschaft die lebendigste Füllung erfahren durch die Einbeziehung von ganz artmäßig-volkstümlichen Gehalten: so daß in mehr als einem Bezirk des öffentlichen Lebens nicht mehr Gemeinschaft, sondern Deutschheit die Losung wurde. Im Recht vornehmlich machten sich solche Bestrebungen geltend, hin und wieder auch in der Kunst. Doch kann hier nicht versucht werden, sie im Einzelnen zu kennzeichnen. Auf Seiten des Persönlichkeitsdranges hat sich die Entfaltung im Grundsätzlich-Formalen gehalten: der Führergedanke wurde als Grundzug auch für die Ordnungen der zweiten und dritten Reihe durchgesetzt: alle Spuren parlamentarischer und in vielen Fällen auch die kollegialer Betätigung in Körperschaften wurden zugunsten der Leitung durch Einzelne bei Seite geschoben.

Die breiteste Auswirkung und zugleich die stärkste Stützung erfuhr der Führergedanke dadurch, daß er vom Gebiete des öffentlichen Rechts und der Behördenordnung auf die Gestaltung des Wirtschaftslebens erstreckt wurde: rein wirtschaftliche und staatliche Zweckgedanken verbanden sich, um das Anrecht des Unternehmers auf die Leitung seines Betriebes sicher zu stellen und damit die Grundlage einer überwiegend individualistischen Wirtschaftsweise doppelt zu festigen.

Wurde damit die Einzelführung in den Großbetrieben des Gewerbes und der Landwirtschaft mit einem Schutzwall öffentlichen Rechts umgeben, so haben andere Vorstöße denselben Grundsatz auch in die Schichten des mittleren Besitzes hineingetragen. Eine Mittelstandspolitik entstand: sie hat sich vornehmlich auf die Befestigung des höheren Bauernstandes gerichtet. Jeder geschichtlich Fühlende wird angesichts dieser Sonderbewegung, die eine Renaissance des starken Bauerntums herbeiführen möchte, mit Genugtuung vermerken, welche uralten und im tiefsten Sinn urdeutschen Lebensformen hier wieder ans Licht streben. Es ist, als ob sich die Entwicklungslinie des deutschen

Bauernstandes wieder weit rückwärts zu ihren ersten großen Anfängen zurückbiegen wollte, weit fort über manches dazwischen liegende Zeitalter, das ihm mehr als eine Lähmung und Schädigung gebracht hatte. In der Urzeit war der freie Mann, der recht eigentlich an der Stelle des heutigen Bauern gestanden hatte, der Träger der Volkheit gewesen. Schon das Herrentum des karolingischen Adels, noch mehr die stark um sich greifende Grundherrschaft des Mittelalters und der Neueren Zeit haben große Bruchteile des Bauerntums in Abhängigkeit oder gar in Knechtschaft gebracht, und die demokratisch-liberalen und immer betont städtischbürgerlichen Gesetzgebungen des neunzehnten Jahrhunderts haben neue Schädigungen hinzugefügt. Selten ist in den Zwischenzeiten das Vorwärtsschreiten dieser Verluste und die Größe der Ursprungszeiten erkannt worden, am tiefsten und deutlichsten durch Justus Möser, der allen Gegenmeinungen und Gegenwirkungen eines halb aristokratischen und halb absolutistisch-bureaukratischen Zeitalters zum Trotz im deutschen Bauern, vornehmlich dem seiner niedersächsischen Heimat, den eigentlichen Träger der deutschen Geschichte sah. Für ihn schuf er den Begriff des gemeinen Landeigentümers und von ihm erklärte er, er sei oder solle doch sein in der Gegenwart dasselbe wie zu des Tacitus Zeiten, und in dem Schicksal des ursprünglich freien Bauern sah er den Kern der deutschen Geschichte. Wer die Erklärungen Darrés, des Führers der bäuerlichen Bewegung von heute prüft, hat den Eindruck, als seien in ihnen, vielleicht unbewußt, die Gedanken Mösers wieder lebendig geworden.

Die in Wahrheit mittlere Linie, die diese echte Mittelstandsbewegung einhält, mag insbesondere im Vergleich zum russischen Kommunismus wie ein Bild und ein Gleichnis jener Grundeigenschaft der deutschen Revolution angesehen werden, die ihr das gesellschaftsseelische Gepräge giebt: der Fähigkeit, die äußersten Gegensätze staatlichen und wirtschaftlichen Wollens zu einer im Innersten neuen Verbindung zusammenzuschließen. Sie ist es, die alle Erfolge dieser Umwälzung in der Vergangenheit bewirkt hat, die alle ihre Aussichten für die Zukunft in sich schließt.

Als Selbstregelung kennzeichnet sich diese dritte oder wenn man will vierte Revolution als die maßvollste, aber gerade darum als die fruchtbarste von allen. Denn indem sie die tiefsten Gegensätze des seit 1789 verflossenen Zeitalters zu einer neuen mittleren Verbundenheit zusammenschließt, kommt sie zu einer neuen ureigentümlichen Lösung, die unvergleichlich viel positiver und produktiver als die russisch-kommunistische, gesellschaftsseelisch umfassender und darum freilich auch stärker als die französich-demokratische, sie beide aller Vermutung nach an Wirkung und Dauer übertreffen wird. Zur letzten Formel zugespitzt ist ihre Zielsetzung: nicht Gemeinschaft allein, wie sie Demokratie und Kommunismus zur Herrschaft bringen wollen, noch Persönlichkeit allein, wie sie der Caesarismus auf den Thron erheben will, sondern Persönlichkeit und Gemeinschaft. Und diese Losung mag, zum mindesten für unser Zeitalter, die Lösung bedeuten.

Vierter Abschnitt.

Das Verhältnis des Regelgeschehens zum Urgeschehen in der Menschheitsgeschichte.

Erstes Stück.

Urgeschehen und Regelgeschehen in den frühen und mittleren Zeiten.

Das Ziel, das dem hier verfolgten Gedankengang vorschwebte, war aus dem Insgesamt der Menschheitsgeschichte einige Schichten loszulösen, in denen sich das Unterschieden-Menschliche, das Einzig-Menschheitliche deutlich absetzt gegen denjenigen Kern des Menschheitsgeschehens, der allenfalls als Fortsetzung, wenngleich auch als Fortbildung des Weltgeschehens aufgefaßt werden kann.

Da erhebt sich notwendig die Frage: wie begrenzt und wie beschaffen ist eigentlich die Kernschicht des Urgeschehens, um die sich erst die Deckschichten des Spiegel- und sodann des Regelgeschehens herumlagern, die ja durchaus mittelbarer und abgeleiteter Natur sind.

Auf diese Frage giebt es eine allgemeinste Antwort, die die Fragestellung selbst in etwas ändern und die erklären würde, alles Menschheitsgeschehen und deswegen auch alle Menschheitsgeschichte sei letzten Endes Urgeschehen d. h. also eine Geschehensform, die allem anderen Naturgeschehen gleich sich zwangsläufig aus sich selbst entwickelt. Denn eben der Wucht und Gewalt dieses Müssens komme es nicht an erster, sondern nur an zweiter Stelle darauf an, ob seine Vollziehung auf dem Umweg über eine bewußte Selbstbespiegelung und eine angeblich ebenso bewußte Selbstregelung vor sich gehe, oder in naiv unbewußtem Vorwärtsschreiten.

Im Grundsatz ist dieser Einwand zuzugeben: wird der Standpunkt für die Beobachtung menschlicher Angelegenheiten in genügend weiter Entfernung gewählt, so kann der Unterschied zwischen unbewußter und bewußter Wegewahl nicht mehr in Betracht gezogen werden. Und zwar aus zwei Gründen: einmal weil es dann nur auf die Faktizitäten, die Tatsächlichkeiten als das eigentliche und allein ins Gewicht fallende Endergebnis ankommt, zum zweiten weil es zum mindesten fraglich ist, ob die sogenannten bewußten Entscheidungen nicht von einem tieferen und überwiegend unbewußten Kerngeschehen bedingt und bestimmt sind, das dann unbedenklich als Urgeschehen anzusprechen wäre.

Ist dieses Zugeständnis aber einmal gemacht worden, dann muß mit umso stärkerem Nachdruck erklärt werden, daß der erst in zweiter Reihe stehende Unterschied zwischen ganz unbewußtem Urgeschehen und bewußtem Regelgeschehen immerhin wichtig genug ist um den Grenzen zwischen beiden Geschehensformen — und seien sie auch nur an der Oberfläche der Bewußtheit und Tat gewordenen Geschichte zu ziehen — nachzuspüren.

Fürs erste ist in Hinsicht auf diese Grenzziehung festzuhalten an der hier nachgewiesenen Zeitenscheide. Es mag auf den ersten Blick äußerlich und fast mechanisch erscheinen, einem Zeitpunkt so große Bedeutung beizulegen: aber es handelt sich hier ja nur für den oberflächlichsten Anblick um ein Datum der bezifferten Zeitrechnung, in Wahrheit vielmehr um die tief einschneidende, rein entwicklungsgeschichtliche Grenzmarke zwischen zwei Lebensaltern unseres Völkerkreises, zwischen der Neueren und Neuesten Zeit. Die hier beobachtete Erscheinung des plötzlich aufspringenden Aufkommens einer neuen Fähigkeit des Menschengeschlechts ist selber eines der kennzeichnendsten Merkmale dieses neuen Entwicklungsalters und sie ist es umso mehr, als in denkwürdiger Abweichung die sonst in so vielem Betracht gleichläufigen Neuesten Zeiten des alteuropäischen Weltalters gerade dieses Merkmals entbehren: weder die Neueste Zeit der Griechen, noch die der Römer hat eine solche Wandlung des werktätigen Gesellschaftslebens zur Bewußtheit seiner Wegewahl aufzuweisen.

Keinerlei Geschehnis ist im geschichtlichen Verlauf zu erblicken, das ein Hindernis darstellen könnte für die Einschätzung aller Entwicklung des handelnden Lebens bis zu diesem Einschnitt als eines noch unbewußten, für ihre Zurechnung zum Urgeschehen, wenigstens in dem angegebenen weiteren Sinne dieses Wortes, der noch alle mittleren Alter des geschichtlichen Lebens mit umfaßt. Wohl wurde auf diesen Blättern die Urzeit als ein noch halb nur biologisches Entwicklungsalter aller späteren Geschichte, von der Altertumsstufe ab, entgegengesetzt. Dann aber ist der Begriff Unbewußtheit in seinem strengsten und engsten Wortverstande, im Sinn eines noch halb tier- oder gar pflanzenhaften Verhaltens aufgefaßt: in einem weiteren Sinn aber dürfen und müssen noch alle mittleren Lebensalter der Menschheit von der Altertumsstufe bis zur Neueren Zeit als unbewußt angesehen werden, unter Einrechnung sogar der Neuesten Zeit des alteuropäischen Weltalters.

Daß in Myriaden von Lebens- und Gesellschaftsformen höchst absichtsvolle und also in ihrer Einzelheit von Grund auf bewußte Handlungen und Handlungsfolgen das geschichtliche Bild aller frühen und mittleren Entwicklungsalter erfüllen, darf an dieser Feststellung nicht irre machen; es waren ja immer nur Bewußtheiten auf kurze Sicht, um die es sich handelt. Wer den Gesamtanblick aller Geschichte bis zu der letzten Wegkehre von 1789 als ein Insgesamt vor Augen hat, wird allenfalls als Gleichnis ein unsäglich zahlreiches Gewimmel von Völkerzügen gelenkt von ragenden Führergestalten, er wird auch Richtungsgemeinsamkeiten, Richtungswiederholungen bemerken können, aber niemals wird er den Eindruck erhalten, als wäre aus eigenem Willen und Wissen eine Richtweisung für das Vorwärtsgehen auch nur ganzer Völker gegeben worden. Auch die gewaltigsten Führer haben ihre Heerscharen zwar oft zweckvoll genug geleitet, aber immer nur zu sehr bestimmten, nahen, d. h. erreichbaren Endpunkten ihres Marsches, aber nie zu Menschheitszielen in weiter kaum erkennbarer Ferne, und mögen sie Alexander, Caesar, Karl heißen. Nicht einmal der Umstand, daß ganze Zeitalter der Geschichte offenbar bewußter und zugleich zielstrebiger in ihrem Vorwärtsschreiten zu Werke gegangen sind, ändert an diesem Eindruck etwas. Daß etwa das Großkönigtum der Altertumsstufe, der überstarke Staatsgeist der Neueren Zeit sich so viel zweckbewußter als das Mittelalter oder gar als die Urzeit bei Durchsetzung ihrer großangelegten Pläne verhalten haben, bietet keinerlei Anstoß. Sonst müßten ja alle vom Verstand eigens beherrschten Zeitalter, wie die eben genannten es unzweifelhaft sind, aber auch alle ähnlich vernunftbestimmten Einzelbewegungen als Zeugnisse von völliger Bewußtheit gegen die hier festgehaltene Auffassung aufgerufen werden können. Und doch wäre dies nicht zulässig: der Verstand war wohl im Stande den Einzelunternehmungen so zielstrebigen Handelns die Waffen zu schärfen, nicht aber ihr Grundwesen so weit zu ändern wie es zu solcher Hinwendung zu voller Bewußtheit nötig gewesen wäre.

Große im Geist haben wohl Gebote von noch weiter gehender Wesenswandlung erlassen, als es im Bereich der Könige und der Tatformer lag, aber auch sie haben den Weg der Menschheit nicht anders richten können. Jesus, der Stärkste unter den Sterblichen, der mehr Wirkung auf das Menschengeschlecht ausgeübt hat als ein anderer Tat- oder Geistlenker, auch er hat dies nicht zu Stande gebracht. Andere Führer im Geist, Platon und Hegel und ihres gleichen haben den wandernden Heeren wohl die Tafeln ihrer Gesetzgebung vorangetragen, aber ihnen ebensowenig eine neue Grundrichtung vorschreiben können.

Zweites Stück.

Regelgeschehen und Urgeschehen in der Zeit nach der Großen Revolution: die Menschenrechte.

So bleibt denn durchaus nur die Spanne von annähernd anderthalb Jahrhunderten, die seit der großen Wegkehre verflossen sind, um an ihr zu erforschen, ob und inwiefern mit dem Obsiegen der vollen, der Kernbewußtheit über die bis dahin allein nachweisbare Teil- und Kreisrandbewußtheit eine innere Veränderung des geschichtlichen Verhaltens der Menschheit eingetreten ist. Denn nur daraus würde man erschließen können, ob und wie das Urgeschehen, das sich als bis 1789 überwiegend ergab, von dem vollbewußten Regelgeschehen, das damals einsetzte, sich unterscheidet.

Die große Revolution rückt sich zunächst noch einmal in das Blickfeld. Sie hat wie alle in irgend einem Sinn von ihr beeinflußten, d. h. alle seit 1791 überhaupt entstandenen

Verfassungen Europas und der europäischen Welt einen Januskopf. Das eine seiner beiden Gesichter ist das liberale, gesellschaftliche, das andere ist das demokratische, staatliche. Das eine schaut auf alle die Rechte, die dem Einzelmenschen als solchem zuerkannt werden, das andere auf den Aufbau des Staates. Der Liberalismus der französischen Revolutionsverfassungen ist für den Geschichtsforscher die bei weitem wichtigere ihrer beiden Auswirkungen. Einmal geschichtlich, weil er für die europäische Staatengesellschaft zum ersten Mal jene angelsächsisch-amerikanische Errungenschaft der Menschenrechte — auch sie erst soeben geschaffen — als eine für die Menschheit gültige Forderung formte und verkündete, sodann begrifflich, weil er der höheren, allgemeineren, umfassenderen Ebene der gesellschaftlichen, nicht nur der staatlichen Ordnungen angehört. Und endlich waren die allgemein menschlichen Losungen, die in den Menschenrechten ausgegeben wurden, das grundsätzlich Neueste, das Umstürzlerischste in dieser Umsturzbewegung. Die staatlichen Forderungen des demokratischen Bauplanes aber waren zwar noch neu genug in ihrem Insgesamt, aber sie hatten in manchen Stadtverfassungen des neueuropäischen Mittelalters, in manchen Staatsformen des alteuropäischen Weltalters so viele Vorgänger, daß sie nicht als vollkommene Neuschöpfungen gelten können.

Im umgekehrten Verhältnis zu ihrer Wichtigkeit sind die wenigen Artikel der grundlegenden Verfassung von 1791, die von den liberal-gesellschaftlichen Neuerungen handeln, nur allzu blaß und allgemein gehalten. Als die natürlichen und unveräußerlichen Rechte des Menschen werden die Freiheit, das Eigentum, die Sicherheit und das Recht auf Widerstand gegen Unterdrückung genannt. Die Freiheit wird umschrieben als die Berechtigung alles zu tun, was die anderen Glieder der Staatsgemeinschaft nicht schädigt; ihre Grenzen sollen dort gezogen sein, wo die gleichen Freiheitsrechte der Andern beginnen. Zwischen dem einzelnen Staatsbürger und der Staatsgemeinschaft aber soll der

Grundsatz herrschen, daß das Gesetz dem Einzelnen nur solche Handlungen verbieten darf, die die Staatsgemeinschaft schädigen.

Alle diese Bestimmungen leiden an Unklarheit um ihres weiten Umfanges und ihrer unscharfen Grenzen willen; es mangelt ihnen auch ganz der Unterbau von Einzelordnungen, der ihnen allein die Sicherheit ihrer vollkommenen Durchführung gewährleisten würde. Auch spätere Verfassungen, die dieses neue gesellschaftlich-menschliche Kernstück in ihren Aufbau aufnahmen, sind ähnlich verfahren. Immer sind die Menschenrechte mehr allgemeine Richtweisungen für die Ordnung der einzelnen Rechtsverhältnisse geblieben, als daß sie zu einer Gesetzgebung im Einzelnen ausgebaut worden wären.

Dennoch wäre es irrig um solcher Gebrechen willen dieser im Tiefsten großen Neuerung ihre Bedeutung abzusprechen oder nur zu mindern. Sie wird über allen Zweifel fortgehoben, wenn man die Losung, die hier für Freiheit und Recht des Einzelmenschen ausgegeben wurde, mit den überlieferten Zuständen zum mindesten des festländischen Europas vergleicht. Diese billigten dergleichen Rechtsschutz einzelnen bevorrechteten Ständen im Volk, dem Adel, der Geistlichkeit und allenfalls noch dem höheren Bürgertum der Städte, niemals aber den Einzelnen als solchen zu, niemals auch um des Grundsatzes willen, sondern immer nur in einzelnen sehr bestimmt umgrenzten Bruchstücken.

Dazu kam, daß diese Magna Charta des Menschentums doch wenigstens an einer und zwar einer grundsätzlichen Stelle hinübergriff in den anderen großen Grundbestandteil der Umwälzung von 1789, in den Aufbau der Volksherrschaft im Staate. Ganz gemäß der Staatslehre Rousseaus wurde zwar die Volksgemeinschaft zum einzigen Inhaber aller öffentlichen Gewalt erklärt, aber ihr allgemeiner Wille — Rousseau hatte ihn den Souverän genannt — wurde, ebenfalls nach seiner Vorschrift, als zusammengesetzt aus der Willensausübung aller Einzelnen verkündet. Selbst für den Grundsatz der Mehrheitswahlen und der Mehrheitsabstimmungen, der den Aufbau der Volksherrschaft im Besonderen am nachdrücklichsten bedingt und bestimmt hat, ist das Urrecht des Einzelnen als Wurzel in Anspruch zu nehmen.

Daß dieser Grundstock des eigentlich Neuen, das Recht der Einzelmenschen auf ein begrenztes Maß von Unabhängigkeit und Selbständigkeit, in einem grundsätzlichen Gegensatz steht zu den der Neuesten Zeit voraufgehenden Entwicklungsaltern zum mindesten bis zur Altertumsstufe rückwärts, wird auch dadurch nicht in Frage gestellt, daß die angelsächsisch-amerikanischen Einflüsse, von denen schon kurz die Rede war, auf die Vergangenheit zurückweisen. Denn einmal gehören die Verfassungen der jungen englischen Siedlungsstaaten, wie die Virginiens von 1776, die von Massachussetts aus dem Jahre 1780 und einige andere derselben Zeit an, in der die Gedanken der Revolution emporwuchsen und mögen gar schon von Rousseau beeindruckt worden sein. Sodann sind die Staatsgesinnungen des englischen Protestantismus, insbesondere die des Independententums, auf die man wiederum als auf eine tiefere Wurzelschicht des neuen staatlichen Individualismus wird zurückgreifen dürfen, von so allgemeiner und unbestimmter Beschaffenheit, daß sie wohl als Nahrung gebende Urbestandteile, nicht aber als Vorbilder in Betracht kommen können. Vor allem gilt von ihnen, wie von den Freiheit fordernden Bestimmungen der Magna Charta, bis zu denen man als letzten Ursprüngen der amerikanischen Verfassungsartikel zurückdringen könnte, daß sie sich in der englischen Geschichte immer mit Oberschichten des staatlich-gesellschaftlichen Geschehens haben zusammenfinden müssen, die ihnen schlechthin entgegengesetzt waren.

So müßte denn dieser oberste und gewichtigste unter den Staatsgedanken von 1789 als eine in Wahrheit ursprüngliche, zuvor nie erhörte Errungenschaft angesehen werden. Das würde wohl selbst eine vergleichende europäische Verfassungsgeschichte von weit gespanntem Rahmen annehmen können. Eine Universalgeschichte, die nur dem Insgesamt aller Menschheitsgeschichte ihre Maßstäbe entleihen will, wird dennoch zu einem anderen Ergebnis kommen. Sie wird finden, daß es unter den Entwicklungsaltern der Menschheit eines giebt, in dem die Freiheit des Einzelnen zwar niemals ein bewußtes Ziel oder gar eine zum Gedanken erhobene Losung gewesen ist, in dem sie aber unzweifelhaft als eines der schätzbarsten Güter der gesellschaftlichen Gesittung empfunden wurde und in dem ihr deshalb im Aufbau der staatlichen Verfassungen gründende Gewalt zugekommen ist.

Wohl ist die Urzeit ein Zeitalter des stärksten und ausgebildetsten Gemeinschaftstriebes, aber aus der Tiefe der Zeiten die noch hinter ihr angenommen werden muß, aus einer Urzeit also schaut uns, wenn auch noch so ungewiß in seinen einzelnen Zügen, das Antlitz einer Gesellschaftsform an, in der der Einzelne erst langsam von der Gemeinschaft umfangen und also von ihr gefesselt wird. Von diesem Zeitalter des Einzelnen, wie man es wird nennen dürfen, weist der Zustand heute noch lebender Völker von früher und mittlerer Urzeitstufe genug Überlebsel auf, um auf die Gewißheit seines Vorhanden-Gewesenseins sichere Rückschlüsse zu erlauben. Noch wichtiger aber und für den hier verfolgten Tatsachenzusammenhang recht eigentlich entscheidend ist das Hineinragen des Freiheitsdranges der Einzelnen in die Schicht noch der reifsten und spätesten Urzeitverfassungen.

Wäre es erlaubt einen geschichtlich völlig grotesken, begrifflich aber immerhin denkbaren Gedanken auszusprechen, man müßte sagen, wenn die Irokesen gerade so nahe an der Möglichkeit einer geschriebenen Verfassung gewesen wären, wie sie in Wirklichkeit fern von ihr waren, so hätten sie die Artikel über die Freiheit und Gleichheit an die Spitze dieser Urkunde gestellt. Denn so gewaltig ihr Gemeinschaftsdrang war, so stark auch die Bande waren, mit denen ihre in mündlicher Überlieferung sehr sicher festgehaltene Verfassung sie umschloß: am glühendsten lebte in ihnen der ganz stolze Gedanke, daß jeder Mann im Volke sein eigener Herr sei. Von der kleinsten persönlichen Fehde bis zum Stammeskriege war es in Urteil und Entscheidung jedes Kriegers, mithin jedes waffenfähigen Volksgenossen gelegt, ob er sich einem Kampf anschließen oder versagen wolle, und die Kurienverfassung der Völkerschaftsräte und des obersten Bundesrats war mit vielem Bedacht so aufgebaut, daß niemals der Grundsatz der Mehrheit entschied, sondern daß vielmehr alle Entschlüsse auf Grund der Verständigung zwischen den Ratskörperschaften und in schließlicher Einhelligkeit gefaßt werden sollten.

Nun würde man einwenden können, daß die Freiheit des Einzelnen in einem Urzeitvolk ein Gut war, das unter ganz anderen Bedingungen erworben und verwaltet werden mußte, als von den Franzosen der Neuesten Zeit. Das ist gewiß zuzugeben, dennoch muß der immerwährende und bis zu einer gewissen Grenze unveränderliche Kern der Persönlichkeit, der durch alle Entwicklungsalter der Menschheit hindurch sich erhält, als der eigentliche Träger des Freiheitsdranges und der Rechte des Einzelmenschen auch noch für diesen letzten seiner Entwicklungsabschnitte angesehen werden.

So bleibt bestehen, daß auf der Kompaßrosette des Kreisrunds möglicher Gesellschaftsformen die Nadel doch schon einmal in der gleichen Richtung wie 1789 ausgeschlagen ist. Dennoch muß diese Entscheidung als das Erzeugnis einer Wegewahl in der Richtung zur höchsten bisher erlebten Form der Bewußtwerdung angesehen werden.

Drittes Stück.

Nationalismus und Sozialismus in der Neuesten Zeit und in der Urzeit.

Ebenso denkwürdig aber ist gewiß, daß auch die großen Bewegungen, die im Laufe der Neuesten Zeit unseres neueuropäischen Weltalters aufgekommen sind, noch über den Freiheitsgedanken und die Volksherrschaft von 1789 hinaus gegangen sind, sei es von ihr abweichend, sei es ihren Weg weiter fortsetzend.

Gar nicht kann allerdings von dem Imperialismus in diesem Zusammenhang, d. h. als von einer großen, dieser Zeitenwende eigentümlichen Neuerung die Rede sein: der Imperialismus Alexanders und seiner Folger in der griechischen, der der Caesaren in der römischen Reihe, sie sind nicht nur die genau entsprechenden Seitenstücke und Vorgänger des neueuropäischen Imperialismus Neuester Zeit, nein auch, wenigstens soweit das kaiserliche Rom in Betracht kommt, sein Vorbild.

Vom Nationalismus hat im vollen Gegensatz hierzu zu gelten, daß er eine ureigentümliche Schöpfung unseres Zeitalters und unseres Völkerkreises ist. Trotzdem wird von ihm doch ähnlich wie von dem Freiheitsgedanken und den Menschenrechten behauptet werden dürfen, daß er zwar ganz gewiß nicht in seiner geprägten und frühzeitig schon zu großer Klarheit aufgehellten Form, aber als eine Tatsache des Blutes und in einer zwar nicht im Verstand, wohl aber im Gefühl sehr sicher besessenen Weise doch schon bestanden hat und zwar ganz wie der Freiheits- und Unabhängigkeitsdrang des Einzelnen in der Urzeit. Der Nationalismus der Neuesten Zeit unseres neueuropäischen Weltalters — dem Griechentum und dem Rom der Alten ist er als bewußte Staatsgesinnung völlig fremd geblieben — ist vom Ende des achtzehnten Jahrhunderts ab erdacht, verkündet und, was sehr viel mehr sagen will, gelebt und in blutigen Kriegen bewährt und besiegelt worden. Er hat wohl viele Wurzeln einer noch dumpferen, gefühlsmäßigen Seinsform, die bis zur Jungfrau von Orleans und mehr als einer anderen Bezeugung zurückzuverfolgen sind; als scharf umrissene und nicht nur in das Bewußtsein, sondern in eine fast wissenschaftlich sichere Selbstgewißheit und Selbstbespiegelung hinein gesteigerte Gedankenwelt von Volkstum und Volksstaat ist er erst von den polnischen Unabhängigkeitskriegen, dem spanischen und dem preußischen Befreiungskampf ab entstanden und im Laufe des neunzehnten Jahrhunderts weiter ausgeformt worden.

Mit diesem Nationalismus der Gegenwart und der jüngsten Vergangenheit verglichen ist nun zwar gewiß das völkische Gefühl der Urzeit ein unvergleichlich viel dunkleres, von allem papieren-litterarischen Dasein weit entferntes Gebilde der Seele. Aber man wird es nicht im mindesten schwächer nennen dürfen, denn in der ganz naturgeborenen Wildwachsenheit, von der es völlig bestimmt und beherrscht ist, war eine Stärke mächtig, die eben in ihrer Dumpfheit und Unaufgehelltheit groß und wirksam war. Und auch dem zweiten Maßstab, der hier anzulegen ist, der Frage nach der Schärfe der Grenze, die den Volkskörper umschloß, hält die Urzeit-Verfassung schon der mittleren und erst recht der höheren Stufen Stand. Denn da die Menschen dieses Entwicklungsalters auf keine Lebensbeziehung mehr gaben, als auf Blutsverbände und Abstammung, so war an sich die Abgrenzung nach außen eine denkbar ausschließliche und schroffe. Es war ein Ausnahmegeschehen von äußerster Seltenheit, wenn ein Stamm wie die Irokesen sich entschloß, eine benachbarte Völkerschaft — die Tuscarora — die von sehr naher Staatsgesittung, aber nicht blutsverwandt waren, in ihren Fünf-Völkerschaften-Bund aufzunehmen und es ist bezeichnend, daß es in Nachahmung eines Vorgangs im engsten Familienkreise durch Adoption geschah. Es lag darin schon ein erstes Vordringen einer reinen Staatlichkeit auf Kosten des sonst unumschränkt herrschenden Blutsverbandes.

In umgekehrter Richtung bewegte sich die Entwicklung des Nationalismus unseres Zeitalters vom Staat fort zum Blutsgedanken. Das Wort *natio*, ursprünglich Geburt selbst, dann soviel wie Schlag, Rasse, jedenfalls aber einen Geburts-, einen Abstammungsverband meinend, weist eindeutig auf Ursprung und Zweck der Bewegung hin, die sich in ihren letzten Ausformungen zu einer Schärfe und Ausschließlichkeit gesteigert hat, wie sie sonst nur etwa bei der Ausbildung des an sich verwandten Rassegedankens zu beobachten war. Der Zielgedanke dieses Vorstellungskreises aber ist, jede Staatsgemeinschaft möglichst zur Deckung, zur Identität mit der Blutsgemeinschaft eines Volkskörpers zu bringen.

Der Nationalismus, die Blutgeschlossenheit der Staatsgemeinschaft der Urzeit wird mithin durchaus als Vorgänger des Nationalismus der Gegenwart angesehen werden müssen. Ein ganz ähnliches Verhältnis waltet ob zwischen der Urzeit und der letzten der drei großen Bewegungen, die als neue das neunzehnte Jahrhundert ergriffen haben: zwischen der Urzeit und dem Sozialismus und Kommunismus der Gegenwart.

Dieses Zielbild einer Zukunft, das bisher nur in einem Fall — von freilich ungeheurer Wichtigkeit — zur Gegenwart und Wirklichkeit geworden ist, hat eine innere Verbundenheit mit der Urzeit, die verhältnismäßig früh von den Lehrern und Lenkern dieser Gesellschaftsumwälzung erkannt worden ist, so von Marx und von Engels.

Man darf nicht daran Anstoß nehmen, daß zwei einander so entgegengesetzte Strebungen, wie der Freiheits- und Selbständigkeitsdrang des Einzelnen, von dem noch eben die Rede war, und der Gemeinschaftstrieb, der wie im Staat so auch in der Wirtschaft der Urzeit mächtig war, beide dem gleichen Entwicklungsalter zugeschrieben werden können: die eine, der Freiheitsdrang des Einzelnen, war noch ein Überrest aus der Ururzeit und des in ihr zu vermutenden Zeitalters des Einzelnen, die zweite aber ist die der Urzeit im wahrsten Sinn des Wortes eigentümliche Seelenbeschaffenheit. Gleichviel ob wir hören, daß die Eskimos an der Küste von Labrador eine immer wiederkehrend gleiche Einteilung der Fleisch- und Thranstücke vornehmen, die jedem Mitglied der Siedlerschaft, die zugleich die Jagdgenossenschaft darstellt, einen gleichen Anteil an dem erbeuteten Walfisch sichert, oder ob uns berichtet wird, wie die ursprüngliche

Ackerwirtschaft der Irokesen auf Gemeinbesitz beruhte, eine Überfülle von Einzeleinrichtungen, aber auch von grundsätzlichen Bestrebungen läßt erkennen, daß die Wirtschaftsentwicklung des Menschengeschlechts von einem Urkommunismus ausging, der die Urzeit ebenso entscheidend abgestempelt hat wie ihre Urdemokratie.

Kein Zweifel, der Abstand zwischen jenem frühesten Vorläufer und dem heutigen Sozialismus ist ein außerordentlich großer. Und er wird gewiß zu einem großen Teil geschaffen durch das hohe Maß von Bewußtheit, das dem Sozialismus der Gegenwart nicht nur von der allgemeinen, zuerst geistigen, demnächst handelnden Bewegung des achtzehnten Jahrhunderts, d. h. Rousseau und der Revolution, vererbt worden ist, sondern das er auch in eigenem Ringen noch weiter ausgedehnt und gesteigert hat. Der Sozialismus hat weit grundsätzlicher noch als Demokratismus und Liberalismus den Anspruch auf eine Gesamtregelung des Lebens erhoben: er hat sich vorgesetzt einen alles menschliche Dasein umfassenden Bau der gesellschaftlichen Ordnungen herzustellen und aus dem Entwerfen der Risse und Pläne hat er eine Wissenschaft, eine eigene Wirtschafts- und Gesellschaftslehre gemacht.

Nun wohl, der Unterschied zwischen jenen keimhaften, rührend einfachen Einrichtungen der Kindheit des Menschengeschlechts und dem Wirtschafts-, Gesellschafts-, Lebensbau des heutigen Sozialismus ist erstaunlich groß: er ist ja nicht nur in dem Grade der Bewußtwerdung, sondern ebenso sehr auch in der hundertfachen Ausgliederung und Vermannigfaltigung der Formen des wirtschaftlichen Geschehens und der gesellschaftlichen Ordnungen zu suchen. Gleichwohl: die innerste Gesinnung, der Gefühlsuntergrund, aus dem seine Einrichtungen und Regelungen doch als aus ihrem Wurzelreich hervorwachsen mußten, und auf den es deshalb mehr ankommt als auf alles Andere, er muß auch bis zu einem gewissen Grade der gleiche gewesen sein. Und an Stärke des sozialen Fühlens ist der Urzeitmensch aller Vermutung nach noch dem überzeugtesten Sozialisten und Kommunisten von heute überlegen.

Viertes Stück.

Bewußtwerdung und Schöpferkraft der Neuesten Zeit.

So läßt sich folgende Beobachtung aufstellen und erhärten: dem großen Wollen, zu dem Rousseau das Menschengeschlecht hingeleitet hat — fürder für sein Schreiten eine vorbestimmte Bahn zu verfolgen und gesetzten Zielen nachzutrachten — haben teils in Vollstreckung der von ihm gegebenen Losung, teils in Hinzufügung neuer Pläne drei große Bewegungen die zuerst denkmäßige Erfüllung, demnächst werktätige Verwirklichung geben wollen, die Doppelbewegung des Liberalismus und des Demokratismus, der Nationalismus — auch er ganz in Rousseaus Sinne —, der Sozialismus. Von allen drei aber ist zu behaupten, daß sie als Gesellschaftsordnungen an Breite und Ausgedehntheit, an Ausgliederung und Folgerichtigkeit ihres Aufbaus zwar völlig ohne gleichen in der Vergangenheit sind, daß sie aber ihrer seelisch-geistigen Grundanlage nach ihre Vorläufer und zwar vornehmlich in der Urzeit haben.

Das kann nun nimmermehr bedeuten, daß diesen Gesellschaftsformen ihre Eigentümlichkeit als Hervorbringungen der Neuesten Zeit, allein ihr angehörig und allein in ihr möglich, in etwas bestritten, oder auch nur herabgemindert werden dürfte. Es heißt vielmehr nur, daß diese Bewegungen, die als die großen Erzeugnisse der Bewußtwerdung des Menschengeschlechts angesehen werden müssen, die Losungen, zu denen sie sich zuspitzten, nicht als neue, in ihrer Grundrichtung unerhörte Schöpfungen hervorgebracht haben.

Auch das ist wichtig, denn es läßt sich dieser Beobachtung entnehmen, daß das Entwicklungsalter der sich vorbereitenden und der beginnenden Neuesten Zeit — wenigstens im neueuropäischen Weltalter — zwar im Stande war durch Bewußtwerdung allem bisherigen Vorwärtsstreben der Menschheit den einzig großen Maßstab einer Zusammenfassung aller Völker zu einer großen Entwicklungseinheit und zugleich einer Vereinheitlichung aller Zukunftslinien zu einem einzigen großen Netz zu geben, daß sie aber durch den Eintritt der Bewußtheit nicht zu dem Heraufquillen einer völlig neuen Lebensform angeregt wurde. Mit anderen Worten: die besondere Fähigkeit dieses Zeitalters ermöglichte ihm zwar geistige Gebilde von sehr hoher Erkenntnismacht hervorzubringen, werktätige Handlungen in äußerster Willensspannung und zähester Willensdauer durchzuführen, nicht aber die Zeugungskraft schöpferischer Phantasie zu bewähren. Eine Feststellung, die nicht eigentlich Wunder nehmen kann, da ja der geistige Vorgang, der zu allen diesen Umwälzungen den Anlaß schuf, vornehmlich in seiner Ausgestaltung eine Tat des Verstandes war, und da ferner die Bewußtwerdung selbst, wie sie aus dem Verstand hervorging, so auch in ihrer Wirkung eine Ausdehnung der Herrschaft des Verstandes bedeutete.

Nicht wird man aus dem Sachverhalt der Gleichläufigkeit dieser Bewegungen der Neuesten Zeit mit seelischen Beschaffenheiten und gesellschaftlichen Ordnungen des Urzeitmenschen den Schluß auf ursächliche geist- oder gesellschaftsgeschichtliche Zusammenhänge ziehen dürfen. Einstrahlungen sind sicherlich erfolgt; die warme Begeisterung für die Zustände der Urzeitvölker, die in dem wissenschaftlichen Schrifttum der Völkerkunde schon im siebzehnten Jahrhundert einsetzt, hat auf Rousseaus Urzeitbegeisterung eingewirkt und man darf doch wenigstens als Vermutung die Meinung äußern, die nahe, zuweilen friedliche, öfter noch feindliche Berührung mit den nordostamerikanischen Indianern könnte auf den Freiheitssinn der nordostamerikanischen Kolonisten anregend, befeuernd gewirkt haben — in demselben Sinne wie die gänzlich aufgelöste Taktik der

Indianer zuerst auf ihre angelsächsischen Gegner und späterhin auf die Fechtweise des französischen Revolutionsheers, die wiederum diese nachahmte, eingewirkt hat. Aber das sind nicht Ursachenströme von breiter Wirksamkeit und so mag es bei der Feststellung bleiben, daß jetzt nur aus der Tiefe der Zeiten und der Völkerseelen Mächte wieder emporstiegen, die schon einmal stark und wirksam gewesen waren.

Was mit der Aufdeckung dieser weit über die Zeiten fortreichenden Zusammenhänge beabsichtigt ist, möge ja nicht mißverstanden werden. Es sollen damit nicht feste, von Glied zu Glied reichende und verschmiedete Ursachenverkettungen gemeint sein, davon kann um so weniger die Rede sein, als sich in die Reihe dieser hier nur als wesensverwandt erkannten Geschehensformen immer wieder Entwicklungsalter von ihnen ganz fremder, ja von entgegengesetzter Entwicklungsrichtung eingeschoben haben. Noch weniger darf an einen ständig dahin strömenden Fluß dieser Hauptgattungen des gesellschaftseelischen Grundverhaltens gedacht werden. Das wird dann am deutlichsten offenbar, wenn etwa die drei Formen des Gemeinschaftsdranges und die von ihnen hervorgebrachten Verfassungen des staatlich-gesellschaftlichen Zustandes miteinander verglichen werden[1]. Da ergiebt sich eine Fülle von Unterschieden, selbst dort, wo noch Gebilde von verhältnismäßig naher Verwandtschaft miteinander verglichen werden: so etwa wenn es sich um den Urzeitkommunismus und den Kommunismus der Neuesten Zeit, namentlich in Rußland, handelt.

Das Einzige, das hier behauptet werden darf und soll, ist vielmehr, daß diese einzelnen Bezeugungen verwandter Gesellschaftsgesinnung Ausdruck und Ausbruchsformen von im Innersten vorhandenen, aber oft verborgenen und lange Zeiten hindurch schlummernden Seelenkräften und Seelen-

[1]) In aller Kürze, aber mit möglichster Begriffsschärfe zusammengestellt in der Schrift Vom geschichtlichen Werden III (1928) 404—406.

richtungen sind. Und nur aus diesem Grunde kann gesagt werden, daß etwa der Sozialismus oder der Demokratismus oder der Nationalismus der Gegenwart und der jüngsten Vergangenheit nicht völlig neue und noch nie dagewesene Schöpfungen unseres Zeitalters seien.

Der Imperialismus, die vierte von den im Laufe des neunzehnten Jahrhunderts zur Herrschaft gelangten Bewegungen, steht, das wurde schon kurz berührt, allein mit einem voraufgehenden Zeitalter, freilich durch eine Jahrhundertreihe von ihm getrennt, in einem Zusammenhang, den man zum mindesten zum Teil als einen ursächlichen, also als einen im engeren Sinn geschichtlichen empfinden mag. Aber auch hier kann von einer unmittelbaren Beeinflußtheit des neuen Geschehens durch das alte nicht die Rede sein; es überwiegt auch hier die Ähnlichkeit der aus den Gründen der Völkerseelen empor an das Tageslicht nach außen drängenden Antriebe, die auf halbwegs ähnliche äußere Tatbestände stoßen. Der Unterschied, der sich hier ergiebt, ist nur der, daß an jenen zuerst genannten drei Bewegungen ein Auftauchen von längst vergangenen gesellschaftsseelischen Antrieben zu beobachten ist, während am Imperialismus sich die Gleichläufigkeit derselben Entwicklungsbahn — im alt- und neueuropäischen Weltalter — geltend macht, d. h. ein an sich viel näheres Verhältnis von sachgegebener Verwandtschaft. Eben darum sind die Neuerungen, die der Imperialismus unserer Gegenwart an sich entwickelt hat, zu einem Teil noch weniger unerhörte, als bei den drei urzeitähnlichen Bewegungen. Doch fehlt es andrerseits an völligen Neubildungen nicht: die zweite imperialistische Welle, die etwa von 1866 ab in England einsetzt, die keineswegs immer mit Caesarismus gepaart, mehr einer demokratisierenden Massen- und Volksbewegung als dem im Herrscher gipfelnden Imperialismus der hellenistischen und römisch-kaiserlichen Zeiten glich, ist ebenso unserer Gegenwart eigentümlich, wie der italienische Fascismus oder der deutsche nationale Sozialismus.

Ich halte inne: es ist ja das unserer eigenen Gegenwart dicht voraufgehende Zeitalter, das dieses Entwicklungsalter der Bewußtheit in sich begreift und Niemand konnte damals sagen, welche neue Formen des Menschheitsverhaltens noch über unser Geschlecht kommen würden. Zu den großen, starken und neuen Bewegungen sind schwächere Nebenbewegungen getreten: zu den Aktionen Reaktionen, zu den Vorstößen Rückstöße. Der bemerkenswerteste, zu Zeiten heftigste von ihnen war die Erneuerung, die Auffrischung des alten Staatsgedankens: der Konservativismus, der die Staatsform des alten Königs- und Beamten-, Militär- und Adelsstaates aufrecht erhalten wollte. Er ist im Gegensatz zu allen neu emporgekommenen Gesellschaftsbewegungen nicht aus dem Geist, aus einer in irgend einem Sinn wissenschaftlichen Vorbereitung entstanden, sondern in Anlehnung an den bestehenden Zustand, der zuerst überall im festländischen Europa außerhalb Frankreichs unerschüttert blieb und nach Napoleons Sturz auch im Heimatland der Revolution im Wesentlichen wiederhergestellt wurde. Immerhin ist nach 1848 auch auf diesem Wege ein Gedankenbau dieser Staatsform aufgerichtet worden. Die Zutaten und Veränderungen, die dieses geistige Ordnen an dem Grundstock dieses handelnden Geschehens hervorbrachten, waren nicht allzu beträchtlich: weder Leo noch Stahl haben etwa in der deutschen Staatswissenschaft eigens Großes in dieser Richtung geschaffen. Auch der von Stahl als Losung ausgegebene Gedanke der Autorität bedeutet nur die Formgebung für ein Altes, Längst-Bestehendes, nicht die Schöpfung eines Neuen. Und auch die besondere Form des Konservativismus der Romantik, der Gedanke der Erneuerung des mittelalterlichen Ständestaates, der in dem Menschenalter zwischen 1815 und 1848 dem reinen Konservativismus voranging und der an sich eine rein geistige und insoweit eine Neues hervorbringende Bewegung war, war doch von ihrem mittelalterlichen Vorbild viel zu abhängig, als daß man von ihr aussagen dürfte, sie hätte ein Unerhörtes, Nie-Dagewesenes ins Leben gerufen.

Von diesen beiden Seitenbewegungen läßt sich an sich wohl erklären, daß auch sie Erzeugnisse einer Bewußtwerdung waren, denn sie setzten ja im Rückprall gegen Liberalismus und Demokratismus diesen einen vollständig abweichenden Bau von Staatsgedanken gegenüber; aber Schöpfungen im allerstrengsten Sinn waren sie noch um vieles weniger als jene oder als Nationalismus und Sozialismus.

Fünftes Stück.
Die Staffelung der Grade im Gesamtverlauf der Regelsetzung und Bewußtwerdung.

Noch einmal sei ein Rückblick geworfen auf die Entwicklungsreihe menschheitlichen Verhaltens, die hier in ihrem vollen Verlaufe von den Anfängen der Urzeit bis zu unserer Gegenwart verfolgt werden sollte. Denn es ist nötig sie als eine Einheit zusammenzufassen, wenn es sich darum handelt unter diesem freilich sehr besonderen Gesichtswinkel Sinn und Richtung aller Geschichte zu erkunden.

Die Grundabsicht der Anordnung dieser Reihe ist, zu verfolgen wie langsam und gestuft das Emporsteigen des Menschengeschlechts auch nachdem sich vielleicht schon seit Jahrtausenden seine Ablösung aus dem Tierreich vollzogen hatte, vor sich gegangen ist, bis es zu der Ebene gelangt ist, die uns heute nur zu oft als die selbstverständlichen Menschentums erscheint.

Drei Grade dieses Emporklimmens mögen unterschieden werden. Der erste umfaßt die Urzeit: da ist allerdings der dem Tier unerreichbare Verstand im Menschen erwacht, und insofern dieser von seinen Mitteln und Werkzeugen Gebrauch macht, verfährt er im handelnden wie im geistigen Leben bewußt und er setzt sich in dieser seiner Bewußtheit Regeln. Das heißt, er gelangt in Geist wie Tat zu Vorschriften, die er sich und seinem Verfahren setzt. Diese Vorschriften — und das macht den Grundzug dieses Entwicklungsalters aus — erstrecken sich aber einmal nur über verhältnismäßig kurze Strecken: es ist immer nur das zu allernächst zurückzulegende Stück Weges, das sie übersehen. Und sodann ist die Aufgehelltheit, die Klarheit dieses seiner selbst bewußt gewordenen Regelgeschehens eine beschränkte, bedingte: sie ist noch Dämmerung, noch Zwielicht gemessen an der Mittagshelle der Bewußtheit unserer Gegenwart.

Die Forschung ist heute noch weit entfernt von dem Reichtum und der Begriffsschärfe sicherer Umgrenzungen, die hier nötig wären, wenn es gälte eine endgültige Formenlehre dieser Dinge zu schaffen. Es müßten allein mindestens vier verschiedene Fachausdrücke für die vorkommenden Stufen der Bewußtheit geschaffen werden. Und vornehmlich das Bild des Urzeitmenschen ist in dieser Reihe von Unsicherheit bedroht. Denn auf der einen Seite sind die Maßnahmen des Tieres, etwa wenn es selber jagt oder wenn es sich gegen Feinde verteidigt, so zweckvolle und zielstrebige und zugleich so sicher wiederholte, daß man ihnen weder die Bezeichnung Regelhaftigkeit, noch einen ersten leisen Schimmer von aufsteigender Bewußtheit absprechen möchte. Es sind jedenfalls Eingewöhntheiten und es sind nicht Einzelhandlungen, die man noch allenfalls dem viel beladenen — und viel mißbrauchten — Begriff Instinkt aufbürden könnte, sondern mehrgliedrige Handlungsketten in denen das Ergreifen der ersten Maßnahme schon die Vorstellung des Endgliedes in sich schließt.

Auf der andern Seite aber sind die Gebilde, die der Urzeitmensch wenigstens auf der höchsten Stufe seines Entwicklungsalters in Geist und Tat, vornehmlich in Glauben und Staat geschaffen hat, immerhin so viel gegliedert, so ausgedehnt und zusammengesetzt, daß man ihnen ein viel sichreres Maß von Planmäßigkeit wird zusprechen müssen. Nur wird freilich immer der Vorbehalt gelten müssen, daß die Folgerichtigkeit und Einheitlichkeit eines solchen in Jahrhunderte-Reihen erwachsenen Baus, wie ihn etwa die Verfassung oder der Glauben der Irokesen darstellt, an sich noch nicht für die bewußte Planung des Insgesamts dieser reichen Schöpfungen sprechen. Auch ein Eichenbaum, ein Säugetier-Körper stellen so folgerichtig entfaltete, so reich gegliederte, so fest vereinheitlichte Gebilde dar.

Den zweiten Grad der Selbstregelung und Bewußtwerdung wird man von Erreichung der vollen Reife des Entwicklungsalters der Altertumsstufe ab zu rechnen haben. Von den ungeheuren Staatswerken der persischen, der chinesischen Großkönige, von den gewaltigen Glaubens- und Wissenschaftsgebäuden der Inder und der Babylonier wird zwar zugestanden werden müssen, daß sie auch Wachstümer waren, aber ebenso gewiß wird von den Schöpfern ihrer letzten Ausgipfelungen ausgesagt werden können, daß ihr Wollen und Wissen, ihr Planen und Gestalten den vollen Umfang der Gebilde umfaßt, die ihr Wirken krönte.

Der Maßstab aber bleibt der gleiche, wie der an die Urzeit angelegte: die Weite des Wirkungskreises des eingesetzten Handelns und Bildens, das Maß der Klarheit zu der die Bewußtwerdung gelangt. Beide sind von dieser Stufe ab sehr weit, aber gewiß nicht zum höchsten Maß der hier denkbaren Möglichkeiten gelangt.

Der dritte Grad ist der letzterreichte, der von unserer Gegenwart geplante. Die Weite des Bereichs der Auswirkung umfaßt die Menschheit, die Klarheit der Bewußtheit erreicht die einer heutigen Wissenschaft, derselben Wissenschaft, die sich als Staats-, als Wirtschafts-, als Gesellschaftslehre in den Dienst der von ihnen gepflegten Tatbezirke gestellt hat. Dieser Zustand wird hier als Regelgeschehen im engeren Sinne verstanden.

Wenn dargelegt wurde, daß die Kernbestrebungen dieser Bewegungen und somit auch die Leitgedanken, denen sie Ausdruck gaben, nicht Urerzeugnisse der Neuesten Zeit waren, sondern sich wie verstärkende Wiederholungen uralter in längst versunkene Vergangenheiten gehöriger Urbilder ausnehmen, so wird ihnen und der Zeit, die ihnen das Leben gab, damit doch gewiß nicht die Eigenschaft schöpferischer Kraft abgesprochen. Denn wenn nach so langen Zeiten völliger Ruhe und Unberührtheit ein Seelengut alter Kräfte wieder aus der Tiefe der Zeiten an das Licht des Tages emporgehoben wird, so bedeutet dies doch nur einen Teilabzug von der Summe von Geschichtsmacht, von zeugerischen Fähigkeiten, die das Geschehen dann darstellen würde, wenn es als ein vollkommen Neues sich dem Schoß dieser Zeit entbunden haben würde. Denn bei völliger oder fast völliger Vergessenheit jener Gesellschafts- und Seelenformen der Urzeit, die jetzt wieder auflebten, und bei völliger Verändertheit aller, aber auch aller Voraussetzungen des alt-neuen Tuns waren die Umwälzungen, die hier heraufbeschworen wurden, ungeheuer genug. Und wenn die Antriebe, die dabei am Werke waren, mehr die des ausformenden Verstandes als die der Neues gebärenden Vorstellungskraft waren, so entsprach dies nur dem Gesamtgepräge dieses Zeitalters, das vom Verstand in besonders hohem Maße beherrscht war. Die an sich in dunklerer Tiefe waltenden Seelenmächte des Willens und vornehmlich des Fühlens waren ohnehin an diesem Geschehen doch auch beteiligt.

Als Endergebnis solcher Durchprüfung dieser letzten Entwicklungsstufe des fortschreitenden Wachstums des Menschengeschlechts stellt sich heraus, daß der innere Kern auch dieser Form von Selbstregelung und Bewußtheit unseres geschichtlichen Lebens Urgeschehen ist. Denn der Mantel, der Kreisrandgürtel von Bedachtheit und Gewolltheit, der allerdings dem besonderen Grundzug dieses Lebensalters der Menschheit entsprechend seinen Kern umhüllt und verdeckt, ist in Wahrheit doch nur ein Gewand, durch das der Leib und die Bewegungen des Kerngeschehens deutlich genug hindurchschimmern. Und auf sie kommt es letzten Endes an, und sie können nie von irgendwelcher Spiegelung herkommen, sondern nur vom Triebwerk der Seele selbst. Noch ihre wachsten Bewußtseinsvorgänge, noch die geformtesten Befehle, die sie sich selbst erteilt, müssen aus diesem völlig unbewußten Wurzelboden stammen.

ZWEITER TEIL.
ENTSTEHUNG UND FORTBILDUNG DES GEISTGESCHEHENS.

VIERTES BUCH.
DER AUFBAU DER GEISTWELT.

Erster Abschnitt.
Die Verselbständigung des Geistes.

Erstes Stück.
Die Verflochtenheit von Urgeschehen und Spiegelgeschehen in Geist und Tat.

Zwei Formen des Menschheitsgeschehens wurden bisher beleuchtet, das Spiegelgeschehen, das dem Menschen ganz eigentümlich, von ihm in die Welt, richtiger gesagt in ihm, aus ihm zur Welt gebracht ist. Sodann dasjenige Menschheitsgeschehen, das zwar neue, ihm allein zugehörige Weisen der Auswirkung angenommen hat, das aber als fortgesetztes Weltgeschehen, also als nur neu geformtes Urgeschehen angesehen werden muß.

Jene erste Masse ist im wesentlichen geistiges Geschehen um deswillen, weil der bewußte Geist im wesentlichen Spiegel und Spiegelung bedeutet, mit der und durch die der Mensch die Welt auffängt und in mannigfacher Verwandlung zu einem neuen, zweiten Leben erweckt, das schattenhaft ist, insoweit es nicht die gleiche starke Wirklichkeit erster Hand und erster Form hat wie alles außermenschliche Weltgeschehen, und doch glutvoll, insofern es mit dem Blut der lebendigen Menschenseelen genährt ist, insofern es in sich Sättigungen, Gedrängtheiten, Steigerungen des aufgefangenen Weltbildes hervorbringt, die diesem selbst nicht innewohnen. Der Anteil, den das handelnde Leben der Menschheit an diesem Spiegelgeschehen hat, wenn es dies wie ein Werkzeug für sein eigenes Tun benutzt, fällt mit geringem Gewicht in die Wagschale, da er dieses werktätige Menschheitsgeschehen wohl fördert und hier und da ändert, sich aber doch nicht zu eigenem Dasein formt wie das Spiegelgeschehen des Geistes.

Der Grundstock des Menschheitsgeschehens, der als fortgesetztes Weltgeschehen angesehen werden muß und insofern als der in betontem Sinn naturgemäße, als der zwar eigene, aber im Wesen noch weltnahe Geschehenskern zu gelten hat, geht überwiegend die Tat an. Aus seiner unterbewußten Wurzelschicht steigen allerdings ebenso die Ordnungen des Geistes wie die des Lebens auf; aber soweit dieser Geschehensgrundstock bewußt wird, und dieser Bestandteil drängt sich doch im weitesten Umfang und zugleich mit der tiefsten Wucht in das Blickfeld der wissenschaftlichen Betrachtung, besteht er vornehmlich aus handelndem Leben. Aus Gründen der begrifflichen Teilung dürfte auch nur dieses Massiv im Gesamtgebirge des Menschheitsgeschehens als Urgeschehen angesehen werden, denn nur dieses ist ja wirkliches Geschehen, wie alles Weltgeschehen wirkliches Geschehen ist, d. h. den Geschehensformen zugehörig, die an sich sinnlich wahrnehmbar sind, oder die doch im Geist oder in der Seele überhaupt solche sinnlich wahrnehmbaren Geschehensformen vorbereiten.

Dieser — unzweifelhaft unvermeidliche — Zusatz läßt erkennen, daß die Betrachtung, so wie sie hier auch gehandhabt worden ist, an dieser Stelle nicht umhin kann auch geistiges Geschehen zu umfassen, dasjenige, das nur einige wenige, wenn auch wichtige Kreisausschnitte aus dem Insgesamt des geistigen Geschehens der Menschheit ergreift, aber diese so nah mit dem Handeln verbindet, daß sie nicht wohl abzutrennen sind. Hier ist ja die Schnittfläche zwischen dem geistigen Spiegel- und dem handelnden Urgeschehen. Jener Bestandteil der Spiegelung der Welt im Geist, der sich unmittelbar in Handeln umsetzt — wie vornehmlich alle auf das Tun angewandte Naturwissenschaft, alle Werkzeugkunde — Technologie — und alle Werkzeugkunst — Technik — gehört seiner Bestimmung nach hierher, ist weit mehr ein mit den Mitteln der Weltspiegelung unternommenes Fortarbeiten am Urgeschehen der Menschheit als eine Ausgestaltung der Spiegelung in ihr welthaftes Tun hinein.

Aber es ergab sich noch ein zweiter strittiger Grenzstreifen zwischen beiden Reichen des Menschheitsgeschehens, dem des Geistes, das im Wesentlichen Spiegelung, und der Tat, das im Wesentlichen Fortsetzung des Weltgeschehens ist. Es ist das Land der Anteilnahme des Geistes am Werk der Tat, der mit der Selbstbespiegelung des Menschheitsseins und Menschheitshandelns beginnt und in dem Entwerfen von Plänen der Selbstregelung des Menschheitsgeschehens ausläuft. Kein Zweifel, dieser Grenzbezirk ist durchaus dem Reich der Tat zuzurechnen, das das fortgesetzte Weltgeschehen umfaßt, das also neues Urgeschehen darstellt, denn der Geist ist hier ja nur das Werkzeug der sich vorbereitenden Tat: Rousseau und Karl Marx wurden in Wahrheit mehr Menschheitslenker als Menschheitslehrer. Wie sich ja auch das Wirken der handelnden Staats- und Tatmänner beständig mit den Mitteln geistigen Geschehens vorbereitet, Mitteln, die sich in nichts von denen des ordnenden, schließenden Verstandes, der bauenden Einbildungskraft eines schöpferischen Forschers unterscheiden. Und auch die Spiegelung, die als eine rein geistige Tätigkeit diesem Planen vorangeht, ist, als auf die Menschheit selbst gerichtet, nicht ohne weiteres jenem anderen Reich des Geistgeschehens, das sich als Spiegelung der Welt darstellt, zuzurechnen. Immerhin dankt sie ihr Werkzeug, ihr Wie, die Tätigkeit und Fähigkeit des Spiegelns doch fast ganz und gar der Spiegelung der Welt durch den Geist, die ihr eine Jahrhunderte, wo nicht Jahrtausende alte Überlieferung übermachen konnte.

Doch nun erheben sich zwei grundsätzlichere Fragen: erstlich, sind die beiden Formen des Menschheitsgeschehens ihrem Wesen nach als Einheit anzusehen, sind sie auf eine

Grundform zurückzuführen? Und zum zweiten: geht wirklich alles Dichten und Trachten der Menschheit in ihnen auf, muß etwa noch eine dritte Teilform angenommen werden?

Der ersten Frage ist am leichtesten eine Antwort allgemeinsten Sinnes und weitesten Umfangs zu finden. Allerdings muß das Spiegelgeschehen des Geistes, von einem höchsten Standpunkt her gesehen, ganz ebenso wie das unmittelbare Geschehen der Tat, das an sich als fortgesetztes Weltgeschehen zu gelten hat, als Urgeschehen, d. h. also als ursprüngliches, primäres Weltgeschehen angesehen werden. Denn wenn es auch eine Geschehensform eigener Art ist, es ist in echtem, wesens- und werdensgerechtem Entwicklungsgang aus den früheren und wie wir zu sehen und zu sagen pflegen unreiferen Daseinsformen der Welt hervorgewachsen.

Aber unter dieser höchsten und letzten Einheit finden sich doch noch Wirkensverflechtungen, die nicht anders denn als Wesensgemeinschaften angesehen werden können. Einmal ist festzustellen, daß alles Spiegelgeschehen der ursprünglichen, d. h. entwicklungsmäßig anfänglichen und zeitlich frühen Formen in den unmittelbaren Dienst des Lebens gestellt erscheint. Alles Wissen, das entsteht, will etwa als allerroheste Erdkunde der Jagd oder dem Krieg oder der Wanderung dienen; aller Glauben an die über- und außermenschlichen Gewalten will sie zum eigenen Vorteil zu Bund und Schutz gewinnen; alle Kunst will etwa dem Glauben als Malerei in Zauberzeichen oder als Ton- oder Tanzkunst den Beschwörungen der Geister dienen.

Und folgt man nun weiter dem Werdegang des menschlichen Geistes, wie er zu den mittleren und hohen Stufen emporsteigt, so verfeinern und verhüllen sich diese Verbundenheiten wohl, aber sie verschwinden nicht. Der so vielfach sich steigernde und adelnde Glauben erhöht wohl die Götterbilder, die er schafft und vor denen er sich dann niederwirft, hoch über sich hinaus, aber ihre Hülfe beansprucht er durchaus. Legt man in den Glaubensgebilden der Altertumsstufe ihren innersten Kern bloß, d. h. die Grundabsicht, die das Leben, bewußt oder unbewußt, eingestanden oder uneingestanden, mit ihnen verbunden hat, so ergiebt sich doch auch wieder nur der Wunsch, diese erahnten Gewalten als Hülfen für die Zwecke des eigenen irdischen Wollens zu gewinnen. Bezeichnend für diesen letzten Zweck ist schon die Daseinslehre, die Metaphysik des Glaubens, also der Innenbezirk in seinem Reich, der wirklich zunächst Spiegelung der Welt sein will. Es sind Gewalten, an die der Glaube glaubt, d. h. also Naturdinge, denen Macht, d. h. ein Können und ein Wollen der Einwirkung auf das Welt- und auf das Menschengeschehen beigemessen wird. Werden die Gewalten zu Gestalten verdichtet, d. h. wird ihnen das Gewand des Menschentums übergeworfen, so wird dieser Machtbesitz eigens deutlich. Steigern sich Maß und Macht der Göttergestalten ins immer Höhere, Stärkere, so schwächt sich diese Unterabsicht, dieser Lebenskern des Glaubens nicht etwa, wie man meinen könnte, sondern er tritt im Wesen eher noch nachdrücklicher in Tätigkeit: je mächtiger der Gott ist, desto sichreren Schutz, desto wirksamere Förderung kann er verleihen. Die Glaubensgebilde höchster Ordnung hat man Erlösungsreligionen genannt: hier erscheint der Lebenszweck noch deutlicher. Der irdische, d. h. der naturgegebene Zustand des Menschen wird — ganz ohne Not und irdischen Grund, nur aus dem geträumten Jenseitsbild eines gottähnlichen, gottnahen Zustandes heraus — als Elend, Druck empfunden, zu Unglück umgestempelt; die Gunst und Gnade des Gottes zu erlangen erscheint nun als Notwendigkeit, als einzige Rettung aus Unheil. Und selbst die wieder fast Daseinslehre gewordene Glaubensform höchster Stufe braucht den Gott als Erklärungsmittel der Welträtsel, als höchsten Richter und Gesetzgeber der Lebensregelung.

Die Wissenschaft hat sich, als sie zu dem höheren Entwicklungsalter der Altertumsstufe emporstieg, in einem noch viel stärkeren, in einem nahezu glaubensmäßigen Sinn dem

Leben dienstbar gemacht: das eisern geschmiedete Weltbild der babylonischen Stern- und Schicksalslehre hatte durchaus den Zweck, den Menschen in Stand zu setzen den stahlharten und stahlfesten Gesetzen des Welt- und Menschheitsgeschehens sich zwar zu unterwerfen, aber auch sich ihnen eng anzupassen und sie dadurch für die eigenen Lebenszwecke auszunutzen. Und weiter hinauf hat das griechische Denken kein anderes Ziel als dies: die Welt zu erkennen; sie weise zu nutzen, in wie abgeleitetem Sinn auch immer, ist die gar nicht verborgene Absicht von Herakleitos. Die neueuropäische Naturwissenschaft hat anfänglich allein, später zur Hälfte dem Lebenszweck der Unterwerfung der natürlichen Umwelt des Menschen unter seinen Lebenswillen gedient. Und auch dann, als sie sich zur anderen Hälfte so weit zu reinem Erkennen, also reiner Spiegelung läutert, dient sie in einem höchsten Sinn auch in dieser stillen und feinen Gestalt noch dem letzten und höchsten Lebenszweck des Menschen: sich wenigstens im Geist die Welt, sie schauend, sie erkennend zu unterwerfen. Die Geisteswissenschaften aber haben entweder wie alle befehlenden, alle Normwissenschaften ganz unverhüllt das Leben im Ganzen oder in einzelnen seiner Tätigkeiten bestimmen wollen, oder sie haben als Geschichte einzelner Lebensgemeinschaften, Völker, Stämme, Städte, Zünfte, Heeresteile durch die Vergegenwärtigung ihrer Vergangenheit die Besonderheit ihres Seins stärken wollen. Und noch das Denken über das Insgesamt der Wirklichkeit und das Denken über das Denken wollen dem Leben des Menschen dienen, indem sie sein Lebensgefühl höhen, vertiefen, verstärken.

Die Kunst aber hat sich zwar von mancherlei Dienstbarkeiten erst der Zauberkunst, dann des Geister- und selbst des Gottesdienstes befreit, hat dann aber ihren unmittelbaren Dienst am Leben umso ungebrochener aufgenommen. Als Bau- und Zierkunst ist sie diesem Dienst nie entfremdet gewesen, hat sie immer, indem sie die Mittel der Notdurft zu Quellen eigener Lust umformte, Leben nur farbiger, quillender, also tiefer, stärker leben machen wollen. Wo man wie im Museum, im Konzert, im Theater die Kunst zum Schaustück herabgewürdigt hat, beginnt sie heute sich schon auf den eigentlichen höheren Lebenszweck zu besinnen. Und die Zukunft ist nahe, in der man nicht mehr bezahlte Handwerker als Sänger, Tonkünstler, Schauspieler, Tänzer unsere Feste feiern lassen, sondern diese Künste alle wieder ins Leben, zu uns selbst als Ausübenden zurückzwingen wird.

Alle drei Äußerungsformen des Geistes geben sich somit als auf das Leben selbst auswirkend zu erkennen. Und sie sind dann nicht nur Spiegelung der Welt, sondern auch Urgeschehen, Fortsetzung des Weltgeschehens. Und dabei bleibt doch die Ein- und Dasselbigkeit des geistigen Tuns als eine Vereinigung von Spiegel- und Urgeschehen bestehen: vom Glauben, von der Forschung und von sehr vieler Kunst — der Malerei, der Dichtung etwa so weit sie ein Bild der Welt giebt — ist es unnötig dies nochmals nachzuweisen. Wo aber eine Spaltung einzutreten scheint, ist entweder der Kern einer Weltspiegelung noch immer als ein durchscheinender zu erkennen: das Haus ist der Höhle, das Gewand ist dem Tierfell abgelauscht; selbst die Stirnseite einer gotischen Kathedrale kann ein Pflanzengewirr, ihr Pfeilerhain die Stämme eines Waldes wiederspiegeln, und noch die höchste Tonkunst bleibt den Urgeräuschen von Windgeheul und Wogenprall treu; oder aber, ähnlich wie im handelnden Leben, es wendet sich die Spiegelung dem Menschen zu und giebt im Spiel der Kunst den Ernst seiner Kämpfe, die Verzückungen und Verkrampfungen seiner Liebesleidenschaft, die Träume und Qualen seines Leides wieder.

Zweites Stück.

Ursprünge und erste Versuche der Verselbständigung von Geist und Seele.

Und nun der eigentliche Grundstock des fortgesetzten Weltgeschehens: das Reich der Tat. Auch in ihm lassen sich Wesensbeschaffenheiten nachweisen, die die andere große Geschehensform, die Spiegelung, als auch in seine Bezirke übergreifend erkennen lassen. Man erwäge doch: alles handelnde Schaffen und Wirken der Menschen hat ihre Umwelt, d. h. die Summe aller sie umgreifenden natürlichen Gegebenheiten, zum Schauplatz, zum Werkzeug, kurz zur Voraussetzung. Diese Umwelt, die Welt selbst, so weit sie erkannt wird, aber wird von Sinnen und Seele, vom ordnenden Verstand und von der weiterbauenden Einbildungskraft beständig durch Spiegelung aufgenommen und nur gemäß dieser Spiegelung bewegt sich der Mensch, der Schauspieler auf der Bühne der Welt. In tausend mal tausend Formen also muß die Spiegelung der Welt in dies sonst welthafte Urgeschehen der Tat hinüberfassen. Alles Schicksal erst der wandernden und nach Jagdgebieten gierigen Völkerschaften, später der festen Staaten, die fest umgrenzte Länder als Reiche zu ihren Grundvesten haben, alles Mühen also der Lenker, alles Bluten, Kämpfen, Wachsen der geleiteten Völker im Staat ist beständig verflochten mit der notwendigen Spiegelung der Länder und aller ihrer natürlichen Bedingungen, die den wesentlichsten Gegenstand und oft den höchsten Preis ihres Ringens bilden. Von der Wirtschaft gilt das Gleiche in noch höherem Maße, von dem Recht zu großen Teilen dasselbe. Nur die ganz persönlichen Verhaltensformen von Mensch zu Mensch, die den Inhalt aller Familien-, Geselligkeits-, Sittengeschichte bilden, sind von der Welt als Bühne nicht im gleichen Bruchteilsverhältnis bestimmt: von Spiegelung sind auch sie abhängig, da die Spiegelung den Menschen nicht nur zum Ausführenden, nein auch zum Gegenstand hat, und sie gleitet in denjenigen überaus wichtigen unter ihren Bestandteilen, die den Leib des Menschen und sein Spiegelbild in Sinn und Seele des Anderen zum Gegenstand haben, fast ohne Grenze und Unterschied in die Spiegelung der Welt hinüber.

Vollends jene zweckhaft bewußte Spiegelung, die der Mensch an seinen eigenen Angelegenheiten, zuerst am Staat, dann am Insgesamt seines Handelns vornimmt, von der schon eingängig die Rede war, ist ganz und gar aus der Weltspiegelung des Geistes hervorgewachsen, ihr deshalb auch wesensverwandt geblieben und dennoch ganz ein Teil des handelnden Lebens selbst geworden.

So ergiebt sich denn eine Fülle gegenwärtiger Verflochtenheit zwischen dem Spiegelgeschehen des Geistes hier, dem Urgeschehen der Tat dort. Im letzten kann man sagen: alles Spiegelgeschehen des Geistes ist seinem Was nach auch tatmäßiges Urgeschehen, und alles Urgeschehen der Tat bedient sich beständig der Spiegelung der Welt und davon abgeleitet der Spiegelung des Menschen als seines Wies und Werkzeuges. —

Die zweite Frage, die hier aufgeworfen wurde, erhebt sich umso dringender, je befriedigender die erste beantwortet erscheint, die Frage, ob im Dichten und Trachten der Menschheit noch Urbestandteile sind, die nicht von den großen Massiven dieser beiden Grundgeschehensformen umfaßt sind. Es könnte ja scheinen, als ob eben weil jene beiden Massive sich so geschlossen zu einer innerlich durch mancherlei gegenseitige Bewirkung verbundenen Einheit zusammenfügen, diese Einheit das ganze Kreisrund des Menschheitsgeschehens umspannte.

Und doch ist dem ganz gewiß nicht so: denn es giebt noch eine Form des Menschheitsgeschehens, die nicht Spiegelung noch Tat ist, noch also in dem hier festgehaltenen Sinn fortgesetztes Weltgeschehen und die deshalb nicht wohl anders denn als eine dritte selbständige Form des Menschheitsgeschehens angesehen werden kann. Wollte man ihren Sinn in Bild und Gleichnis menschlichen, etwa staatlichen Alltagstuns ausdrücken, man müßte sagen: es war ein Versuch der Abtrennung des Menschen von der Welt, eine Absage an sie, ein Abfall von ihr, ja ein Versuch das Joch ihrer Herrschaft abzuschütteln und nicht mehr ihr unterworfen zu bleiben, sondern sie als dem eigenen Wesen untergeordnet anzusehen und sich selbst, nicht mehr sie auf den Thron des Daseins zu setzen.

So hochmütig aber auch die Gesinnung, so herrisch die Absichten dieses Unternehmens sein mochten, das man einen Aufruhr des Menschen gegen die Welt nennen möchte, es konnte nur im Geist und vom Geist begonnen werden. In Tat und Wirklichkeit dergleichen auszuführen hätte auch prometheische Hybris nicht ausgereicht. Dem Geist aber war es allerdings möglich, so Kühnes — im Geiste — zu wagen. Ja man kann sagen, er zog nur aus seinem Wesen selbst die letzte Folgerung, wenn er sich zu dieser Unabhängigkeitserklärung gegen die Welt, zu dieser Forderung höchster Überlegenheit über die Welt emporsteigerte.

Denn der Geist — einmal das grenzsetzende Merkmal, das den Menschen von aller außermenschlichen Welt abhebt, sodann das unvergleichlich überlegene Werkzeug, durch das ihm möglich ist ein tausendfach reicheres und tausendfach sichreres Bild der Welt zu erlangen, als es allen anderen Wesen möglich ist, — mußte schließlich dem Menschen den Gedanken einflößen, daß er selbst, der Geist, eine Daseinsform so hoch über allen anderen Daseins- und Tätigkeitsweisen sei, daß er seinen Ursprung nur aus sich selbst abzuleiten, seine Wesenheit als außer und über der Welt zu begreifen ermächtigt sei. Wenn dann das Ziel dieses Geschehens war, daß der Geist sich allein echtes oder doch geordnetes Dasein zu-, der Welt es aber absprach, so erscheint auch diese ausschweifende Forderung mehr wie eine letzte Folgerung, die der Geist aus seinem eigenen Wesen gezogen hat, denn als eine Äußerung des Hochmuts, der freilich wohl auch als Triebfeder wirksam war.

Wollte man die Entstehungsgeschichte dieses Pronunciamentos des Geistes gegen die Welt, dieser Verkündigung der Oberherrschaft des Geistes über die Welt bis in ihre ersten Anfänge zurückverfolgen, man müßte weit in den Morgendämmer der Zeiten zurückdringen, bis dahin, wo zuerst in dem wahrlich noch kindhaften Denken der Urzeitvölker die Annahme aufkam, daß der Mensch aus einer spalt- und trennbaren Zweiheit, einem Leibe hier und einer Seele dort bestehe. Wenn die Darlegung eines bedeutenden Völkerkundigen, die es sehr wahrscheinlich gemacht hat, daß die Erfahrung des Traums die Ursache für die Entstehung dieser Annahme gewesen ist, richtig ist, so ergiebt sich daraus von neuem, wie ungeheuer die Übermacht ist, mit der die Eindrücke und die Bildungsgüter der Urzeit alle späteren Entwicklungsalter bis in das Greisenalter unserer Völker überschattet haben. Denn eine an sich ganz kindhafte und für uns längst erweisbar unrichtige Vorstellung — daß der Traum wirklich sei und daß demgemäß auch der zweite, der Seelenmensch den Körper habe verlassen können, wenn ein Traum etwa ein Erlebnis an einem weit entfernten Ort vorspiegelte — ist also aller Vermutung nach der Ausgangspunkt für einen Stammbaum von Vorstellungen und Überzeugungen geworden, der denkbar weit verzweigt eine Summe von so unsäglich folgenreichen Wirkungen auf das geistige, aber auch auf das tatsächliche Sein und Erleben der Menschheit gehabt hat, wie kein anderes Gebilde des Denkens. Gleichwohl erscheint es möglich, daß die Vorstellung von der geist-leiblichen Zweiheit des Menschen auch reiferen Lebensaltern unseres Geschlechts auf ganz anderm Wege hätte aufsteigen und über Denken und Tun hätte Macht gewinnen können. Das läßt sich um deswillen vermuten, weil die Beweisführungen der Denker der mittleren und späten Zeiten Erwägungen und Unterstellungen ganz anderer Art, als jenes kindhaft mißdeutete Traumerlebnis zu Hilfe gerufen haben.

Aber noch eine zweite Reihe von Vorstellungen und

Überzeugungen, die sich zu neuem Glauben verdichteten, hat jene ersten zum Kreis voller Wirkung gerundet: die Annahme, daß das Leben des Menschen sich über den Leibestod hinaus für seine Seele verlängert. Sehr mit Recht hat man diese Voraussetzung für den Zweiheitsglauben der Urzeit als sekundär, als Nebenerscheinung in den Hintergrund gedrängt, was seine Entstehung anlangt. Die sehr geringe Rolle, die auch bei Stämmefamilien eines sehr reich ausgebildeten Geisterglaubens und Geisterdienstes, wie etwa den Nordamerikanern der Nordwestküste[1], die den Toten gewidmeten Beschwörungen spielen, spricht durchaus für diese Rangordnung. Daß sie seine Wucht aber unvergleichlich viel stärker gemacht hat, darf deshalb nicht übersehen werden. Denn erst der Totenseelenglaube hat eine Überlegenheit der Geisthälfte über die Leibhälfte des Menschen behauptet und damit die Voraussetzung für den ganzen Gedankenbau von der Unabhängigkeit und Herrscherlichkeit des Geistes geschaffen.

Immerhin hat der Werdegang der Menschheit noch lange Abschnitte — lang im Sinn auch der Entwicklungs-Zeitrechnung — zurücklegen müssen, ehe sie die Unabhängigkeitserklärung und gar die Rebellion gegen die Welteinheit wagte, von der hier die Rede sein soll. Die Glaubensformen der Altertumsstufe und die von ihnen eingeschlossenen Daseinslehren — die einzigen, die dieses Entwicklungsalter der Menschheit kannte — bedeuten in der Gestalthaftigkeit ihres Götterhimmels eine so bildhaft-starke, statuenhaft-plastische Verdichtung und Verstärkung des Weltgedankens, daß ihnen gegenüber derlei Gedanken der Selbständigkeit und gar des Aufruhrs des Geistes nicht aufkommen konnten.

Die Mystiken und die mystischen Daseinslehren der Mittelalter bedeuten allerdings in ihren höchsten Spitzen, in ihren Gipfelleistungen einen Anlauf zu jenem Zielgeschehen der Verselbständigung des Geistes, nur daß ihr

[1]) Die Geschichte der Menschheit I (1907) 210, 220f.

Streben nicht eigentlich dem Geist galt, sondern der Seele, d. h. dem Insgesamt der außerkörperlichen Eigenschaften des Menschen, nicht also nur seiner Verstandes- und seiner Einbildungskraft, sondern auch seiner Willens- und Empfindungskraft. Als von der höchsten und stärksten von ihnen und zugleich als von ihrer aller artvertretendem Beispiel sei hier nur von der indischen Mystik die Rede und auch in ihr nur von ihren beiden höchsten Auswirkungen, von der ganz glaubensmäßigen Verkündung Gotamos des Buddha und von dem daseinswissenschaftlichen Lehrbau des Sankhya.

Buddhas Predigt will nur das Heil der Seele und sie trennt die Seele vom Leibe mit so tiefem Schnitt, ordnet den Leib an Rang und Wert so tief unter die Seele, daß der Leib nur als eine Quelle von Last und Leid erscheint. Aber da sie den Glaubensverkündungen darin ganz nahe ist, daß sie nur den Zustand des Menschen, sein Erleben, sein glückliches oder unglückliches Sein im Auge hat, so ist sie, hierin folgerichtiger noch als alle eigentlichen Glaubensgestaltungen, gar nicht — wie diese alle — Daseinslehre; sie erklärt jede Beschäftigung schon mit den Fragen der Wirklichkeit für verboten und Ketzerei. Da sie die überlieferten Göttervorstellungen zwar nicht ausdrücklich verwirft, wohl aber als völlig unwesentlich bei Seite läßt, ist sie Atheismus, gottleer; insofern sie die Welt zwar auch nicht verneint, doch auch nicht bejaht, sie vielmehr ebenfalls als belanglos mit Stillschweigen übergeht, ist sie Akosmismus, ist sie weltleer, weltfern, weltfeind.

So scheint denn hier schon das Ziel der Entwicklung des Geistes zur Abtrennung von der Welt und zur Überhebung über die Welt erreicht zu sein und doch auch wieder nicht. Es ist durch Buddha weniger und zugleich mehr geschehen. Weniger insofern er eine solche Schilderhebung des Geistes gar nicht ausspricht, da er ja weder eine Welt- noch eine Geistlehre aufstellen will, mehr insofern er auch das Handeln, die Tat des Menschen mit seiner reinen Seelenlehre ergreifen will. Denn was er aus der völligen Verachtung allen Schaffens, ja selbst allen Wirkens, also grundsätzlich jedes Tuns, die ihm eigentümlich ist, erstrebt, ist ein Aufhören zuerst des handelnden Lebens der Menschheit, dann ihres Daseins selbst. Er verwirft mit aller sinnlichen Lust auch alles Zeugen und Empfangen, und da nach seiner Absicht wohl zuerst nur die erlesene Schicht seiner wirklichen Folger, zuletzt aber auch alle andern Sterblichen sich dieser Regel, die das Leben und die Fortpflanzung des Lebens zu meiden gebot, unterwerfen sollten, so war dieses Ziel eines völligen Erlöschens der Menschheit zwar noch nicht für die nächste Zeit, wohl aber für eine absehbare Zukunft gefordert. Der Endzustand der Seelen aber, die dem Leibe entflohen sind und auch nicht durch die von Buddha befürchtete und fest angenommene Seelenwanderung in irgend welche Leibesgestalt zurückzukehren gezwungen sind, das Nirvana — ein Wort, das ursprünglich Erlöschen, Verwehen bedeutet — ist ein Zustand zwischen Sein und Nichtsein — ob das eine oder andere ist nach Buddhas Lehre gleichgültig, danach zu forschen verboten — jedenfalls ein Zustand gänzlicher Ruhe, gänzlichen Nichttuns.

Die hier verfolgte Darlegung ging von dem Gedanken aus, eine völlige Loslösung des überkörperlichen Menschen von der Welt und damit seine Erhebung über die Welt in der Geschehensform des handelnden Lebens, im Reich der Tat sei nicht denkbar. Zu einem Teil scheint diese Behauptung durch Buddhas Lehre widerlegt zu sein; denn Buddhas Predigt will ja nicht Lehre, sondern Lebensgebot, Seinsverwandlung des Menschen und somit Tat sein.

Allein diese Widerlegung trifft nur einen Teil jener Ausgangssetzung und damit im Grunde ihren Kern gar nicht: denn soll allerdings die Menschheit in der Seele sich von Welt und Wirklichkeit ganz loslösen und sich über sie heben in den seligen Zustand des seienden Nichtseins — wie bei Meister Eckhart der dem Nirvana entsprechende Begriff heißt — so geschieht es doch nur durch Verzicht auf Handeln zuerst, auf Sein zuletzt, also in Wirklichkeit nicht durch Tat und für ein Tun, sondern lediglich durch Nicht-Tat und für ein Nicht-Tun, fast ein Nicht-Sein der Menschheit.

Daß die Lebensgestaltung, die Buddha der Menschheit geben wollte, derjenigen schlechthin entgegengesetzt ist, die auf diesen Blättern als aus der Wahrheit und dem Willen der Welt erfließend erwiesen werden soll, darf nicht jetzt schon in Betracht kommen, da nur der gegenständliche Rang und Sinn seiner Verkündung für die Geschichte des Menschheitsgeschehens auszuwerten ist. Noch weniger, daß sie durch ihre mutlose Weltflucht, ihre lässige Tatscheu, ihre nur auf das Vermeiden von Leid und damit letztlich auf eine genießerisch nach Glück jagende — eudämonistische — Wertordnung gestellte Grundbeschaffenheit sich fast verächtlich darstellt.

Entscheidend aber bleibt, daß sie weder im Geist noch in der Tat das Ziel erreicht oder nur erstrebt, das der Geist stolzerer Völker, härterer Alter sich allerdings gesetzt hat.

Drittes Stück.

Geist und Welt in den Ausgängen des indischen und in den Anfängen des griechischen Denkens.

Der Geist des indischen Volkes war in seinem Mittelalter zu reich, um sich nur in seinen beiden großen Glaubensbildungen, in dem späten Brahminentum und dem aus ihm erwachsenen Buddhismus auszuwirken; er hat noch zwei sehr bedeutende Daseinslehren, das Lehrgebäude des Vedanta und das des Sankhya hervorgebracht. Und sie können beide mit noch größerem Recht als die Verkündung Buddhas als Versuche des Geistes zum wenigsten auf dem Wege zu seiner Verselbständigung gegenüber der Welt vorzudringen angesehen werden. Doch auch nur in einem ganz begrenzten Sinn. Vornehmlich das Vedanta ist so sehr Überzeugung von der Einheit zwischen Welt und Seele, der Kraft der Welt und der Kraft des Ichs, daß es sich wie andere Mystiken gänzlich in die Reihe der Weltsichten einordnen läßt, die das Geschehen der Welt nur spiegeln wollen, indem sie sich nur das Recht dies Spiegelbild zu höhen nicht versagen. Das Brahman, die Urgewalt alles Seins, und das Atman, das innere und wahre Wesen unseres Ichs werden als ein und dasselbe angesehen. Die Welt wie das Ich sind in diesen beiden Begriffen vergeistigt, in die körperlose Ebene des Geistes, richtiger wohl der Seele gehoben. Und insofern kann man das Vedanta als einen Versuch ansehen, die Seele als die höchste Daseinsform des Menschen und der Welt auf den Thron der Wirklichkeit zu setzen. Aber er beruht nicht auf einer Entzweiung der Seele von Leib und Welt und kann schon deswegen nicht als eine Lostrennung der Seele von Leib und Welt und noch weniger als eine Unterwerfung der Welt unter die Seele angesehen werden.

Das Vedanta ist in so hohem Grade Welteinheitslehre, daß es von vornherein nicht die oberste Voraussetzung eines Kampfes der Seele oder des Geistes gegen die Welt, die reine Zweiheitsauffassung erfüllen kann. Es ist nicht so sehr eine Spiritualisierung, eine Vergeistigung, als eine Psychisierung, eine Verseelung der Welt wie des Menschen. Der Urgewalt — dem Brahman dort, dem Atman hier — kommt allein das reine Sein zu; Welt und Leib fallen wie wertlose Schalen von diesem Kern ab. Und da auch das Vedanta zuletzt noch Glauben ist, d. h. das Sein der Menschen umwandeln will, so verheißt es auch Erlösung: die Erlösung aber findet durch Erkenntnis jenes reinen Seins statt und führt zur Befreiung des Ich von seinem Sonderdasein: denn das Atman empfindet Leib und Sonderdasein als von sich verschieden, leidet deshalb an ihnen und entgeht ihnen und jeder künftigen neuen Daseinsform nur durch jene Erlösung durch Erkenntnis[1].

[1]) Deußen, Das System des Vedânta ([2] 1906) 487ff.

Es ist als ob in diesem Tongemälde, in dem sich sehr verschiedene Weisen zu einer ungewiß verschmolzenen, nicht mehr auflösbaren Einheit verbinden, die Urbestandteile zukünftiger Verselbständigungen des Geistes schon anklingen; aber zu einem reinen, klaren Tongefüge in deren Sinn kommt es nicht. Der Geist ringt sich aus dieser verschwimmenden Seelenmystik nicht heraus und die Lehre versinkt wie die Buddhas in verzichtender Selbstauflösung, Selbstverneinung.

Kein Zweifel, wie jede Welteinheitslehre ist auch diese der monokosmischen Weltsicht, von deren Wahrheit diese Blätter ausgehen, in einigen Kernstücken nahe verwandt. Umso weniger aber hat sie mit der Entzweiung des Geistes und der Welt zu schaffen, deren Geschichte jetzt erzählt werden soll. Sie darf nur gekennzeichnet werden als ein dumpfer Versuch nicht den Geist, wohl aber die Seele als das eigentlich allein Vollberechtigte, als das allein wahrhaft Seiende zu setzen, Leib und Welt aber wie wertlose, hindernde, drückende Schalen in Nichtachtung versinken zu lassen.

Die dem Vedanta in vielen Stücken entgegengesetzte Sankhya-Lehre ist gerade im Kernpunkt klarer: sie unterscheidet den Stoff scharf vom Geist. Aber da sie keine Zweiheits- sondern eine Vielheitslehre aufstellt, sehr viele Urgewalten der Welt unterscheidet — fünfundzwanzig, von denen der Stoff die erste, der Geist die letzte ist — da auch ihr die Erlösung der Seele von ihrem Sonderdasein und ihre Bewußtlosigkeit das Ziel ist[1], so ändert sich an den Grundzügen des Bildes nichts.

Es ist ein seltsam zwiespältiger Anteil, der den Indern an der Geschichte der Auseinandersetzung zwischen Geist und Welt zugefallen ist. Da sie eigentlich nur das weitere, aber auch unbestimmte Walten der Seele spürten, so ver-

[1]) Deußen, Allgemeine Geschichte der Philosophie I 3 (1908) 467ff.

mochten sie den Geist nicht klar abzuspalten, obwohl in den Lehrgebäuden ihrer Daseinserklärungen und Glaubensverkündungen die hohe Kraft ordnenden Verstandes wahrlich nicht zu verkennen ist und ihre Einbildungskraft vollends mehr wie üppig wucherte. So bleibt es bei den unklaren Vermischungen und Gleichsetzungen von Seele, Welt und Weltseele, die andere, geringere Mystiken auch ausgebildet haben. Und doch müssen ihre Welt- und Seelenlehren unzweifelhaft in die Reihe der Verselbständigungen gestellt werden, mit denen der Geist sich über die Welt zu heben versucht hat. Denn ihr innerstes Sehnen ging sicherlich auf die Abtrennung der Seele als der höheren Daseinsform von Welt und Leib und auf die Herstellung einer vollen Herrschaft der Seele über die Welt.

Aber in allem Entscheidenden blieb dieser — zeitlich bei weitem früheste — Versuch lahm und erfolglos. Einmal weil er dumpf im Ungewissen der Seele blieb, nicht zur Absonderung des Geistes vordrang, alsdann weil er nicht entschlossen genug das Wesen von Welt und Ich in eine Zweiheit spaltete, zum dritten weil er tat- und mutlos nur im Verzicht auf das Tun und das Leben die Möglichkeit eines rein seelischen und damit, was er allein wünschte, leidlosen Seins sah.

Wohl wollte hier die Seele die Herrschaft über die Welt gewinnen. Sie sah aber keinen anderen Weg als die Verseelung der Welt im Gedanken und die Selbstauflösung, den freien Tod der Menschheit. Die Welt blieb Sieger in diesem Kampf.

An Gründen für die Niederlage mangelt es nicht. Am auffälligsten für uns Söhne eines späteren Alters ist, daß der Geist diesen Kampf gegen die Welt aufnahm ohne auch nur im mindesten seinen Gegner zu kennen. Das Nicht-Wissen um die Welt ist der hervorstechendste Mangel dieser Weltsicht: die arischen Inder blieben in ihrer Erkenntnis der Wirklichkeit weit hinter den beiden führenden Geistvölkern der Semiten, hinter Babyloniern und Arabern zurück:

ihr metaphysischer Drang, ihr Streben nach Daseinslehre, nach bauender Weltschau war viel stärker als ihr Mühen um Welterforschung und Wirklichkeitserkenntnis. Dann aber ist es, als hätte sich die Wirklichkeit der Erde mit ihren plumpsten und freilich auch stärksten Mächten an diesem Denkervolk gerächt. Das edelste Blut, die höchste geistige Kraft wurde vergeblich an ein Werk gesetzt, das Süden und Sonne mit ihrer verweichlichenden und lähmenden Einwirkung auf den Menschen, der eben allerdings auch Leib ist, erfolgreich zu Ende zu führen nicht zuließen.

Die Griechen schienen eine kurze Zeit lang sogleich zu Anfang ihrer Laufbahn im Reich des freien Gedankens den schlechthin entgegengesetzten Weg einschlagen zu wollen. Fast kampflos haben sie sich zu einer vom Glauben abgetrennten, von seinen Bindungen freien Form des Schauens der Welt erhoben, was den Indern im Grunde nie gelang. Denn wenn man Glauben eine Weltsicht nennt, die auch die seelische Beschaffenheit, das Verhalten, das glückliche oder unglückliche Empfinden des Menschen in sich schließt, so waren auch die letzten, ganz gottleeren Verkündungen Buddhas, der Vedanta- und der Sankhya-Lehre noch immer Glaubens-, nicht reine Wissensgebilde. Vor allem aber haben die Griechen ein Jahrhundert lang — es war gerade das Jahrhundert nach Buddhas Verkündung — in schroffem Gegensatz gegen die Haltung der Inder vornehmlich auf die außermenschliche Natur, mithin auf die Welt im Sinn dieser Blätter ihr Augenmerk gerichtet. Und der Denker, in dem alle frühe Daseinslehre der Griechen gipfelt, hat diese Richtung am folgerichtigsten eingehalten.

Das Amt, das das griechische Denken hier wahrgenommen hat, ist an das Werk zweier Daseinsforscher verteilt. Herakleitos hat — um 500 — die wesentlichen Denkbilder schon geschaffen, Anaxagoras aber hat sie — um 460 — zu großer Klarheit gehoben, sie mit einer weit umfassenden Naturkenntnis verbunden. Wäre Anaxagoras, wie er der Vollender der gründenden Daseinswissenschaft der Griechen war, auch der Anleiter und geistige Führer der späteren Schulen geworden, so ist nicht abzusehen, wie fest die Welteinheitslehre, die monokosmische Sicht schon im alteuropäischen Weltalter begründet worden wäre.

Des Anaxagoras Lehre sei als die schärfere, geformtere, wenn auch spätere, hier an die erste Stelle gestellt. Anaxagoras hat einen Geistbegriff aufgebaut, der, mag er auch, wie unvermeidlich ist, seine erste Anregung vom menschlichen Geist her erhalten haben, sich doch als weltgeboren, dem Geschehen der Welt innewohnend, es beherrschend und lenkend giebt. Kein Zweifel, eine Übertragung vom Menschen her muß hier zugrunde gelegen haben. Aber es ist von schlechthin ungeheurer Bedeutung für die Geschichte des griechischen Denkens, daß die erste Lehre, die den Begriff Geist — *νοῦς*, das heißt eigentlich zunächst: Sinn, Einsicht, dann erst Verstand — zu einem mächtigen Denkbild ausgestaltet hat, nicht die menschliche Geisteskraft, sondern die der geordneten Welt innewohnende Urgewalt ins Auge faßt. Die großartigste Fassung hat Hegel diesem Gedanken des Anaxagoras gegeben, da wo er seine Meinung dahin zusammenfaßt: die Bewegung des Sonnensystems erfolgt nach unveränderlichen Gesetzen; diese Gesetze sind die Vernunft desselben[1]. Nur Herakleitos' kurze Lehre von dem Urfeuer der Welt kommt der Weltsicht des Anaxagoras' nahe[2]. Anaxagoras, der diese bis in die tiefsten Tiefen des Seins reichende Einsicht gewonnen hat, ist immer wieder und wieder mißverstanden worden[3]. Obwohl einer der höchsten Vorzüge seiner Lehre ist, daß er sie wie von anderen Vermenschlichungen auch vom Zweckbegriff frei gehalten hat, haben ihn Platon und Aristoteles nach einander getadelt,

---

[1]) Philosophie der Weltgeschichte (hersgeg. von Lasson I [1917] 13).

[2]) Gomperz, Griechische Denker (I [1896] 53).

[3]) Zu allem Folgenden die nur noch in einzelnen Punkten unentschiedene und nicht ganz gerundete Darlegung Zellers (Die Philosophie der Griechen I [[5] 1892] 996ff.).

daß er seine Weltsicht nicht zu dem Grundsatz der Zielstrebigkeit zugespitzt habe[1]. Obwohl Anaxagoras seinem Weltgeist nirgends Persönlichkeit zuschreibt, ja ausdrücklich von ihm aussagt, daß er das freieste von allen Dingen sei und daß in jedem einzelnen Ding von ihm ein Teil sei, hat ihn Dilthey gar, bis ins Erstaunliche irrend, zum geistigen Schöpfer des Eingottesgedankens in der Entwicklung des menschlichen Denkens machen wollen[2] — gleich als ob Atheismus und Antitheismus nicht damals schon starke Mächte im Reich des griechischen Gedankens, aufs stärkste etwa von Herakleitos vertreten, gewesen wären. Man sieht wie unausrottbar, ja fast krankhaft die Neigung der Menschen und zwar auch der Forscher, ja gerade der Forscher ist, jede Meinung, die von der ihrigen abweicht, nach dem eigenen Urteil zu modeln oder umzubiegen.

Das Vordringen des Anaxagoras zu der Erkenntnis, daß die Welt selbst Vernunft besitze, ist umso erstaunlicher, als die Vernunft als Kraft des Menschen vom griechischen Denken bis zu seiner Zeit — wenigstens nach den uns überkommenen Schriften — noch keineswegs klar aus dem Insgesamt des Menschenwesens ausgeschieden worden war. Die Seele war nach dem Glauben schon der frühmittelalterlichen Griechen — die Homerischen Gedichte bezeugen es vielfach — vom Leibe abgetrennt, aber nicht das Gleiche meinend wie Geist, noch auch nur die Seele als eine Summe von Eigenschaften des lebenden Menschen, sondern nur die Totenseele bedeutend. Und die Denker vor Anaxagoras benutzen wohl Ausdrücke für den Geist, aber sie sind noch unsicher und unabgegrenzt genug, so wie des Anaximanders *πνεῦμα*, d. h. Luft — Hauch — Geist, oder des Herakleitos Logos, der als Wort, Gesetz[3], Vernunft ausgelegt worden

[1]) Nachweis bei Zeller (Grundriß der Geschichte der griechischen Philosophie [1885] 73).

[2]) Einleitung in die Geisteswissenschaften I (1883) 201ff.

[3]) Sehr gewagt von Gomperz, Griechische Denker (I [1896] 61).

ist. Hielte man nicht heute alle diese Zweiheitsauffassungen ganz fehlerhafter und zugleich ganz ungeschichtlicher Weise für selbstverständlich, man müßte längst an die Aufdeckung ihrer Ursprünge im griechischen Denken viele Kraft und Mühe gesetzt haben. Wie bezeichnend für das zuweilen ganz langsame und kindhafte Vorwärtstasten der griechischen Denker auf diesem Wege ist nicht die Behandlung der Zahl bei den Pythagoräern: sie vermögen die Zahl noch gar nicht als Erkenntniswerkzeug abzutrennen, sehen sie wie ein Naturding an und vermischen so auf das naivste Daseins- und Erkenntnislehre.

Umso erstaunlicher, daß von Anaxagoras die Vernunft eher mit Schärfe als Weltkraft als von andern als Menschenkraft erkannt wurde. Doch freilich, der griechische Gedanke war sehr weit davon entfernt, die von dem großen Weltdenker eingeschlagene Bahn weiter zu verfolgen. Platon hat des Anaxagoras Weltvernunft nicht völlig fallen gelassen; aber sie verschwindet in dem bunten Gemisch des Mythen-, Märchen- und Gedankengemisches seiner Daseinslehre, die an Wucht und Einheit nicht von fern der des geistigen Ahnherrn gleicht, so sehr sie sie auch durch Reichtum und Fülle ihrer Traumgedanken übertreffen mag.

Von Anaxagoras mußte zuerst gesprochen werden, um erkennen zu lassen, daß dem griechischen Denken auch der volle Gegensatz zu den Spaltungen in Zweiheit möglich war, die die Voraussetzung für die Erhebung des Geistes über die Welt abgegeben haben.

Jetzt erst kann von Herakleitos die Rede sein, von dem unzweifelhaft Anaxagoras einen Kern seiner Anschauungen hat überkommen können, in dem aber nach der besonderen Weise seiner gewaltigen aber überbewegten Geistigkeit alle Urbestandteile der neuen Weltsicht noch wie in einem Magma, einem Glutmeer durch- und ineinanderwogten, während Anaxagoras schon vermochte sie klar wie große Bausteine zu formen und sie zu einem durchsichtigen Gefüge aufzuschichten.

Herakleitos stand seiner ganzen Weltsicht nach — davon wird noch kurz die Rede sein[1] — durchaus im entgegengesetzten Lager: für ihn ist anders als für Anaxagoras der Geist als Menschenkraft wichtig, der die Welt spiegelt und ihr Bild insofern zu formen trachtet, als er es auf seine Urbestandteile zurückleitet. Wie ihm große Grundtatsachen schon aufgingen, an denen noch die heutige Naturerkenntnis zu öftest achtlos vorübergeht, obwohl sie Grundvesten unseres Weltbaus bilden — so die Unerschaffenheit und die Unaufhörlichkeit des Weltgeschehens, seine Ewigkeit also in alle Vergangenheit, in alle Zukunft hinein und damit die Leugnung der wesentlichsten Folgerung allen Verursachtheitsglaubens: eines Gott-Schöpfers — so hat er auch einen Urkraft-Begriff aufgestellt, der, elementarischer noch als der νοῦς des Anaxagoras, eben deshalb der Wahrheit näher kommt als dieses noch immer allzu menschhafte Denkbild. Diese Weltordnung hier, so spricht Herakleitos, dieselbe von allen Dingen, hat nicht einer der Götter noch einer der Menschen gemacht, sondern sie war immer und ist und wird sein immer lebend Feuer, Maße sich fangend und Maße wieder vergehen lassend[2].

Eigentlich nennt er die Urkraft, die die Welt bildet und treibt und die aus einem ihrer Teilzustände in den andern hinübergeht, Logos, das Wort also, das aber bei ihm schon die Bedeutung Vernunft angenommen zu haben scheint, ohne die alte Bedeutung Wort ganz verloren zu haben. Hier nämlich ist not, sich jener ältesten Urzeiten zu erinnern,

---

[1]) Vgl. unten S. 271, dazu noch S. 268.

[2]) Die Übersetzung mit Benutzung von Diels (Herakleitos von Ephesos, griechisch und deutsch [1901] 9) und einer leider noch ungedruckten Übersetzung von Pannwitz unter Bevorzugung dieser letzteren, die viel sprachstärker, dem Urbild viel verwandter und geist- und wortgetreuer ist. Diels, der die obige Stelle so übersetzt: sein [des Feuers] Erglimmen und sein Verlöschen sind ihre [der Weltordnung] Maße, scheint mir hier, wie öfters sonst, in die Irre zu gehen.

in denen dem Menschen die Sprache, eine noch nicht lange in seinem Besitz befindliche Errungenschaft, noch wie ein Wunder erschien, wo ihm noch die Möglichkeit, seine Möglichkeit, durch einen Hauch der Stimme ein Bildzeichen der Dinge zu formen wie Zauber war, nur eine von den vielen Formen von Zauberkraft, mit denen sein Ahnen ihn umgab. So mag auch dem Logos des Herakleitos die Bedeutung Zauber, Kraft noch näher sein als die von Vernunft: Wort steht, so urzeitmäßig verstanden, mittwegs zwischen Zauberkraft und Verstand. Aber dem tiefen Wirklichkeitsdurst dieses erfahrungsfrohesten aller Weltdenker und seiner Losung — alles wovon es Sehen, Hören, Erfahren giebt, das ziehe ich vor[1] — entspricht es nur, wenn ihm der Zustand, von dem er annimmt, daß ihn die Welt zuerst gehabt, das Feuer, auch als Inbegriff der Weltkraft erscheint: daher denn der Satz von dem immerlebendigen Feuer, das die Welt treibt. Doch auch Meinung, Sinn — *γνώμη* — nennt er hier nun schon, den Geist des Anaxagoras vorwegnehmend, die Triebkraft der Welt oder ihren Sinn, wenn er sagt: eines ist weise, den Sinn (der Welt) zu erkennen, der alles durch alles lenkte[2].

Von Herakleitos also gilt noch viel mehr als von Anaxagoras, daß ihrer hier nur deswegen gedacht werden kann, weil sie beide einen Weg einschlugen, von dem das Schicksal wollte, daß die Griechen ihn nicht weiter verfolgten. Es mangelt diesem Volk ehrgeiziger Geistigkeit wohl der heiße Durst nach Wirklichkeit, der in dem gleichen Entwicklungsalter — in den Anfängen und gegen die Mitte der Neuen Zeit — unsere Völker, die des neueuropäischen Weltalters, zu der genauen, handwerklich sicheren Erforschung der Natur führte, ohne die freilich die Errichtung eines hohen

---

[1]) Bei Diels, Herakleitos (S. 12) Nr. 55.

[2]) Diels, Herakleitos (S. 10) Nr. 41 (Die Übersetzung von Diels: als welche alles und jedes zu lenken weiß, verkennt den Sinn des Nebensatzes).

Baus der Weltseinslehre auf den Grundvesten des Anaxagoras nicht möglich gewesen wäre.

Die griechische Kunst hat um die gleiche Zeitenwende eine völlige Abkehr von aller Herbigkeit, aller Schroffheit, aller Wahrheitsliebe ihrer Frühzeit vollzogen. An die Stelle von den Werken, die — erst seit kurzem vor unseren staunenden Augen entrollt — wie von einem andern Volk geschaffen erscheinen, trat die Kunst des weichen Einklangs und der süßen Ebenmäßigkeit. Die jene Frühkunst lieben, datieren nicht von Praxiteles erst, nein schon von Phidias ab den Verfall der griechischen Kunst. Sollte nicht gemessen an der herben Größe des Herakleitos und des Anaxagoras Platon, der Entführer und Verführer des griechischen Gedankens in eine weich verschwimmende Traumwelt, als ein anderer Praxiteles erscheinen?

Zweiter Abschnitt.

Gebundenes und freies Geistgeschehen.

Erstes Stück.

Die Anbahnung der Erhebung des Geistes über die Welt durch das Denkbild.

Es scheint, daß bei einem großen Grad der eigenen Entwickeltheit es dem Geist eine Notwendigkeit ist, zu einer Anschauung der Welt vorzudringen, die ihn von ihr unabhängig macht. Die Völker, die überhaupt zur Stufe der Neueren Zeit emporstiegen und Kraft genug besaßen unter ihren Stufengenossen sich das Führeramt im Denken anzumaßen, haben diesen Drang verspürt und verwirklicht, so die Griechen im alteuropäischen, so die Franzosen und nach ihnen, aber mit sehr viel stärkerem Erfolg die Deutschen im neueuropäischen Völkerkreise.

Zwei Wege boten sich zu diesem Unternehmen an, so weit unser Erkennen reicht, d. h. soweit unserem Erkennen die großen Vordenker vorgedacht haben: einer, der zu dem Ziel führt, das Ich als Inhaber des Geistes der Welt gegenüber unabhängig zu machen, ein zweiter mit dem Ziel einer Verselbständigung der Gebilde des Geistes. Einer also, der zur Verichlichung des Geistes, ein anderer, der zu seiner Verdinglichung, zu seiner Vergegenständlichung leitete.

Der Unterschied der geistigen Wesensart der beiden Völkerkreise und vornehmlich der zwischen Griechen und Deutschen ist vielleicht durch kein Einzelgeschehen so deutlich offenbar gemacht worden, als durch die Wegewahl, die beide hier getroffen haben. Die Griechen haben mit Entschiedenheit den Weg zur Verdinglichung eingeschlagen, die Franzosen und nach ihnen, doch stärker als sie, die Deutschen sind mit der gleichen Entschlossenheit den andern Weg, den der Verichlichung gegangen. Daß der zweite der kühnere, der selbstbewußtere und also der stärkere ist, wird leicht zu beweisen sein. Aber die ungeheure, bis auf den heutigen Tag nicht erloschene Nachwirkung, die Platons Ideenbau gehabt hat, läßt ermessen, daß auch der erste Versuch von wahrhaft menschheitsgeschichtlicher Bedeutung war.

Daß es die Verdinglichung, die Objektivierung des Geistes war, für die sich das Griechentum entschied, kann als notwendig aus seiner inneren Wesenheit erflossen angesehen werden.

Doch muß, damit sich kein Mißverständnis einschleiche, zu Beginn dieser Darlegung darauf verwiesen werden, daß, wenn hier von der Verdinglichung des Geistes gesprochen wird, damit vom Geist als Objekt, als Gegenstand des Denkens die Rede sein soll, d. h. um es kurz zu sagen, von den Gebilden des Geistes — den platonischen Ideen etwa — die wie Stücke der Welt, wie Naturdinge angesehen werden, und damit also den Gedanken verdinglichen. Damit dies aber geschehen konnte, war nötig, daß der Geist als Subjekt, als Denker der Gedanken in einem Maß in den Vordergrund geschoben wurde, das den früheren, den jonischen Denkern, als Naturphilosophen nicht eigen gewesen war. Der Mensch als Subjekt, als Denker der Gedanken wurde in die Mitte des geistigen Blickfeldes geschoben. Was er dachte, wurde zum Ding gemacht; er selbst aber, das denkende Ich, wurde als Subjekt die Hauptsache. Dies mußte zuerst geschehen; aber da im großen Zuge der europäischen Denkentwicklung, im Unterschied zu der neueuropäischen Verichlichung des Weltbildes — durch Descartes und Kant — das Hauptgewicht des griechischen Geistgeschehens bei der Verdinglichung des Weltbildes durch Platon lag, so muß diese auch für die Kennzeichnung des griechischen Entwicklungsganges den Vorrang haben, während allerdings eine Wandlung des Denkens voraufgehen mußte, die durch ihre Abwendung von der Welt und durch ihre Hinwendung zum Menschen es an Ichmäßigkeit wahrlich nicht fehlen ließ.

Die Geistigkeit der Griechen war von vornherein dem denkenden Ich zugewandt, so sehr, daß sie vermochte die erste rein wissenschaftliche Daseinslehre zu schaffen, d. h. eine Weltsicht, die nur um der Erkenntnis willen, nicht aber um des eigenen Wohles, des eigenen Seelenglückes willen, enger und genauer gesprochen also aus Bedürfnissen des Gefühls gegründet werden sollte. Sie war auch kühn, richtiger zu sagen keck genug, um unbekümmert um die alten Gebilde des Glaubens und seine Verpersönlichungen der Weltgewalten und der Naturdinge ihr neues Weltbild aufzubauen. Das Maß von Selbstbewußtheit, das nötig war, um allein den Menschen, den erkennenden Menschen zur Mitte zu machen und damit ihn von der Eingebundenheit in die Welt — und sei es auch in den Sinnbild- und Märchenformen des Glaubens — loszulösen, stand ihr reichlich zur Verfügung. Hätten wir in unseren Sprachen ein Wort, das das gleiche Gemisch von Übermut und Fessellosigkeit deckte wie Frivolität, aber ohne den Beiklang von erotischen Sachgehalten und sittlichen Gewagtheiten, es würde recht eigentlich eine Grundeigenschaft der Griechen kennzeichnen. Die Weltunfrömmigkeit, die dieser Schritt erforderte, besaßen sie mit tänzerischer Anmut und jugendlicher Losgelassenheit im Überfluß, in so ernsthafte und strenge Falten die Führer-Denker, die dies Wagnis vorbereiteten und vollbrachten, auch ihr Antlitz zu legen pflegten.

Mensch Mitte war wirklich der neue Pol, den dies Streben suchte, das die Mitte Welt floh. Und da es die Vernunft war, mit Hilfe derer oder — richtiger gesagt — als welche der Mensch sich frei der Welt gegenüberstellte, so waren es ihre Mittel, mit denen er das Wagnis unternahm, so war sie es selbst, die sich zunächst fand. Die Vernunft fand den Begriff Vernunft.

Noch von diesem Punkt der Entwicklung, ja von ihm am leichtesten, wäre möglich gewesen den Weg zur Verichlichung des Geistes einzuschlagen. Ein anderer Urbestandteil der griechischen Seele mag ausschlaggebend entgegengewirkt haben: die starke Sinnlichkeit, die die Dinge, die Naturdinge zuerst, demnächst aber auch die vorgestellten Dinge zu sehr liebte, um nicht wenigstens sie zum Träger des verselbständigten Geistes zu machen. Mit einem Wort, der Grieche war seines Menschentums zu sehr bewußt, lebendig, hochmütig genug, um sich im Geist über die Welt zu erheben, aber zu tief festgesaugt mit liebenden Sinnen, liebender Seele an die Dinge, um nicht lieber sie als sich selbst zum Träger einer neuen, ganz geistigen Form des Daseins über die Welt zu höhen. Weltunfromm genug sich loszulösen, weltfroh doch zu sehr, um nicht wenigstens die Denkbilder der Dinge lieber als sich selbst mit der neuen Macht zu umkleiden, gebar so der griechische Geist in Platons Sinn die Ideen.

Dieser Hergang, groß nicht allein als Menschheits-, nein auch als Welt-Geschichte, ist wichtig genug, um ihn nicht nur in seinem Endergebnis, nein auch in seinen Anfängen zu betrachten. Wüßte man nur von seinen Ursprüngen mehr. Wäre das Sehen unserer Philosophiegeschichte erstlich mehr auf Entwicklungsgeschichte eingestellt, d. h. handhabte es ein Gesamtnetz der Denkformen und Denkgebilde — aller je vom schöpferischen Denken, je von Herakleitos, von Sokrates an gefundenen Denkergebnisse — um damit wie in einem Gradnetz jedes neue Gedankenerzeugnis einzufangen, und wäre es zum zweiten mehr auf die Menschheits-, d. h. die vergleichende Geschichte aller Volksgeister bedacht, man hätte längst die Entstehung des Vernunftbegriffes und seine erste Ausbildung aufzuklären getrachtet. Vorzüglich der Wortgeschichte — etwa der Ausdrücke *νοῦς*, *λόγος* und so fort — und einem sehr genauen, messerscharf unterscheidenden Vergleich indischer Worte mit den griechischen muß hier noch mancher Ertrag abzugewinnen sein.

Für die jetzt von der Einzelforschung dargebotene Kenntnis taucht Wort und Begriff Vernunft — so ist doch wohl Logos zu übersetzen — unvermittelt und erstmalig bei Parmenides auf, jenem Eleaten, der auf der Schwelle der Neuzeit zuerst das Sein als den Grundzustand aller Dinge verkündet und demgemäß — in seltsamer Umkehrung des eigentlichen Sachverhältnisses zwischen Erkennen und Erkanntem — eine Lehre fordert, die das Seiende d. h. das Unveränderlich-Ewige in den Dingen zu unterscheiden vermag. Hier ist auch schon der Keim der neuen Sicht zu suchen: zu dem Werkzeug des Menschen, durch das der Geist ein Bild der Welt zu gewinnen vermag, eben der Vernunft, gesellt sich schon eine hinter der Oberfläche der Erscheinungswelt geforderte Seinswelt. Und die grenzsetzenden Merkmale, durch die die Welt der Erscheinungen von der Seinswelt geschieden wird: Verschiedenheit, Vielfachheit und Veränderlichkeit tauchen ebenfalls schon hier auf. Sie sind die Kennzeichen der als trügerisch angesehenen Erscheinungswelt.

Man erkennt, der gewaltig anspringenden Kraft dieses frühesten Erkenntnislehrers gelingt in einem Anlauf, was dem oberflächlichen Urteil erst am Ende der Bahn durch des

Sokrates Erkenntnislehre und des Platon Begriffsmythologie erreicht erscheint und was später mehr als einem Ab- und Irrweg ausgesetzt sein sollte.

Langsam und bedächtig vordringend hat Sokrates seinen Weg beschritten. Sein Sinn ist zweigeteilt: er hält an dem ganz weltnahen Begriff des Geistes, ähnlich wie ihn Anaxagoras aufgefaßt hatte, fest. Indem er ihn, nun die Verbindung zum Menschen herstellend, für im selben Sinn der Welt innewohnend erklärte, rückte er ihn freilich etwas ferner von der Mitte Welt, etwas näher zur Mitte Mensch. Immerhin bleibt er von einer Eingotteslehre, wie sie das Judentum längst ausgebildet hatte, weit entfernt: denn diese Welt- und Gottessicht geht aus von der ganz mit Menschentum genährten Gestalt eines einzigen Gottes; Sokrates aber bleibt dem höheren Gedanken von Herakleitos und Anaxagoras und damit der Wahrheit der Welt getreu, insofern er seine Weltseele von jeder Vermischung mit den Erfordernissen der Persönlichkeitsvorstellung frei hält. Er ist noch weltfromm; auch sein Gedanke von der der Welt innewohnenden Zielstrebigkeit — dem *τέλος* der Weltseele — die er mit der Fürsorge der Seele des Menschen für seinen, ihren Leib vergleicht, ändert daran nichts.

Und dennoch wurde Sokrates recht eigentlich der Wegelenker des griechischen Gedankens; auf seinen Wink hin bog er von der alten, gegen die Welt geneigten Bahn ab und wandte sich zur Verselbständigung des Geistes oder wenigstens doch seiner Hervorbringungen gegen die Welt. Es geschah dadurch, daß er der Schöpfer der Denkform des Begriffs war. Daß er es war, der diese Wendung als Erster herbeiführte, ist auf den ersten Blick schlechthin verwunderlich. Denn als der Menschenleiter und Lebenslehrer, der er nach seiner innersten Wesenheit war, erscheint er wohl dazu geboren der Begründer einer wissenschaftlichen Sittlichkeitslehre, einer Ethik also, zu werden, was ja in Wahrheit auch die Sendung seines erfolgreichsten Tuns wurde; aber man ist erstaunt ihn eingegliedert in die Kette der großen und schöpferischen Begründer einer Erkenntnislehre zu finden.

Und doch führt auch dazu ein innerer Zusammenhang. Sokrates wurde nach den Sophisten — davon war schon kürzlich die Rede — der Denkführer einer Abwendung des griechischen Gedankens von den Welt- und Seinsfragen fort und zu dem Lebens- und Tugenddenken. Das bedeutete — auch dies wurde schon angedeutet — einen starken Vorstoß des Denkens in die Selbstbespiegelung des Menschen und damit zwar gewiß noch nicht den Vollzug, aber immerhin einen Anlauf zur Selbstregelung, zu einer bewußten Wegewahl, war also in gewissem Sinn eine erste Regung des sehr hohen Selbstbewußtseins, ohne das die vollzogene Selbstregelung ganz gewiß nicht zu denken ist. Aus dieser selben Wurzel seines Selbstgefühls aber muß der erste Vorstoß des Sokrates zu einer Verdinglichung des Geistes, zugleich zu einer Vergeistigung des Dinges seine Kraft gezogen haben. Daß in Kant[1] bei der entsprechenden Entscheidung des germanischen Weltalters bei Ausgang seiner Neuzeit dieselbe Verflechtung gesellschaftlicher Selbstregelung und Loslösung des Geistes von der Welt, das gleiche Zusammentreffen nur mit viel größerer Entschiedenheit und allerdings auch

---

[1]) Ich verfehle nicht, zu dem obigen Vergleich zwischen Sokrates und Kant, zu dem die vergleichende Entwicklungsgeschichte, wie sie hier vertreten wird, aus mehr als einem der stärksten Gründe sich gedrängt sieht, anzumerken, daß Zeller (Philosophie der Griechen II 1 [[5] 1922] 135 Anm. 1) durch eine ganz andere Erwägung zur selben Beobachtung geführt wird. Das Erstaunlichste an dem Verhältnis der beiden Gestalten ist, daß sie beide — nach der hier vertretenen Teilung der griechischen und der germanisch-romanischen Geschichte in gleichläufige Entwicklungsabschnitte — genau am selben Ort dieser Bahnteilung stehen, am Ausgang der Neuen Zeit: der eine wie der andere der Vollender der Verstandesherrschaft in ihrem Zeitalter. Anderer Art ist freilich die oben besprochene Doppelähnlichkeit, die Zeller ins Auge zu fassen nicht in den Sinn kommen konnte.

viel größerer Gewalt stattgefunden hat, ist nicht von ungefähr[1].

Ganz gewaltig ist die Einwirkung des Sokrates auf die Entwicklung des griechischen — und damit allerdings des menschlichen — Gedankens: denn indem er den Begriff recht eigentlich erst schuf, hat er allerdings das erste und notwendigste Werkzeug hergestellt, mit dem jene neue, zweite Welt über der Welt vom Geiste gebildet werden konnte, die wir unter den anmutigen und künstlerischen Händen des Platon bald nach Sokrates entstehen sehen. Und gar nicht darf diese hohe geschichtliche Wertung des erkenntniswissenschaftlichen Wirkens von Sokrates sich dadurch irre machen lassen, daß dies Geschehen so seltsam lautlos, kaum merkbar sich vollzog. Auf ganz leisen Sohlen schleicht sich hier eine der wesentlichsten Entdeckungen und Errungenschaften in das Arsenal des menschlichen Geistes ein: wachstumsartig und zuerst noch nicht scharf umgrenzt, noch auch ihrem Urheber selbst recht bewußt.

Sokrates nämlich spürt wohl die Notwendigkeit des Begriffes als einer Festlegung und Umschreibung des Wesenskerns jedes Dinges: man kann auch sagen, daß er, unter den Menschen umhergehend und mit ihnen sich nach seiner Weise unterredend, nie etwas anderes getan habe als die Begriffe der Dinge festzustellen. Und tiefer noch bezeugt die Begründung seiner Sittenlehre in den Ratschlägen der Vernunft, die uns immer nur wie ein Ausfluß äußerster Verstandesmäßigkeit und einer um deswillen fast abstoßenden Nüchternheit erscheint, die Bedeutung, die das Auftauchen des eigentlichen Sinnes aller Namen und Dinge des Lebens für Sokrates hatte. Wir sind ja nur zu leicht geneigt, in dem Verhältnis zwischen diesem Wie seines Philosophierens und seiner Sittenlehre lediglich die Verstandesmäßigkeit dieser Verknüpfung zu empfinden. Wird man aber — unter Schleiermachers genial-schauender und unseres

---

[1]) Vgl. o. S. 176—191.

Zellers umsichtig-weiser Leitung — gewahr, daß es Sokrates überhaupt und bei allem Erkennen zuvörderst darauf ankam den Wesenskern aller Dinge zu ermitteln, so wird dies sein Verfahren in eine andere — elementarere zugleich und, als schöpferische Erkenntnis- und Daseinslehre, anspruchsvollere — Ebene gerückt.

Überall aber steht in einem eigenen Widerspruch die ganz tiefe und für das Verhältnis zwischen Geist und Welt schlechthin schicksalwendende Gewalt von Sokrates' Unternehmen und die zunächst noch tastende und fast kindlich hilflose Form, in der es sich zuerst nur durchsetzt. Denn so gewiß Sokrates den Begriff entdeckte, so gewiß hat er nicht den Begriff des Begriffs gefunden. Ganz so wie es der treuherzig-sachliche Xenophon in seinen Denkwürdigkeiten beschreibt: Sokrates habe immer geforscht, was das Fromme und was das Unfromme, was das Schöne und was das Häßliche, was das Gerechte und was das Ungerechte sei, so ist es hergegangen. Sokrates scheint durchaus keine sichere und umgrenzte Vorstellung von seinem eigenen großen Tun gehabt zu haben, geschweige denn daß er Gehalt und Namen für dies neue Geisttun, das ihm da unter den Händen entstand, gefunden hätte. Es ist ein echt griechisches Geschehen, das sich da vollzog: denn mehr noch als selbst dem nächst verwandten deutschen Geist war dem griechischen eigentümlich, sich in pflanzenhaft-unbewußtem, unabsichtlichem und eben deshalb umso stärkerem Wachstum auszutun: ihre Sprache giebt für diese Erscheinung die lebendigsten Zeugnisse ab.

Gleichwohl darf die schlechthin ungeheure Wirkung dieses so unauffällig, fast verborgen sich vollziehenden Vorganges nicht verkannt werden. Denn jetzt wurde die dritte Ebene geschaffen, auf der sich erst die Ablösung eines zum mindesten angeblich selbständigen Geistgeschehens von dem Spiegelgeschehen der zweiten Ebene vollziehen konnte.

Zweites Stück.

Die Gestaltwerdung des Begriffs.

Es giebt vielleicht kein augenfälligeres Zeugnis für das sehr schnelle, fast fiebrig rasche Zeitmaß, in dem sich die geistige und nicht nur die geistige Entwicklung des griechischen Volkes in seinen zwei letzten Lebensaltern vorwärts bewegte, als den Fortschritt, den sein Denken machte, indem es von Sokrates' in Platons Verwaltung überging. Der Ältere, der Meister hatte noch eben erst die Notwendigkeit einer Verdichtung des Denkens über die Dinge zu einer Erkenntnis des Wesenskerns von einem jeden von ihnen eingesehen, ohne auch nur für diese neue Denkform einen Namen zu finden, da bemächtigte sich der Jüngere, der Folger ihrer und gab ihr nicht nur Wort und Namen, nein auch Gestalt und Leben, ein Leben weit jenseits, weit über dem reinen Denken, dem sie angehörte, ein Leben von menschlicher, ja übermenschlicher Blutfülle und Innenbewegtheit.

Als Sokrates — getötet von dem dumpfen Haß der Unbeweglichkeit der Vielen gegen den Neuerer, den Schöpfer — die Augen schloß, hätte sein Geschöpf, der noch nicht ganz zur Form gebrachte Begriff, das Muttergebilde für Geisteskinder sehr verschiedener Art werden können. Noch hätte sogar — dies wurde schon gesagt — der deutsche, der kantische Weg eingeschlagen werden können, der Weg zu einer Verichlichung des Geistes. Aber, und dies ist freilich entscheidend, eine solche Möglichkeit darf nur als eine rein lehrmäßige — theoretische — ausgesprochen werden: Griechen mußten, konnten nur den griechischen Weg einschlagen. Doch bleibt denkwürdig, daß erst Platon diese Entscheidung bewirkte und — mehr als das — daß der griechische Geist erst dann sich für diese Weise entschlossen hat, als er, eben durch Platon, eine Gestalt angenommen hatte, die sich außerordentlich von dem Wesen unterscheidet, das ihn früher kennzeichnete.

Dies nämlich ist doch zu sagen, daß Sokrates im Wie seines Forschens und noch in der Art seines sprachlichen Vortrages sich durchaus den früheren Denkern griechischer Gedanken zuordnet: er hat mit Herakleitos, mit Anaxagoras die vollkommene Ruhe und eine ganz an das Wirkliche hingegebene Sachlichkeit gemein; selbst die übergroße Nüchternheit und parteiische Verstandesmäßigkeit rückt ihn näher zu jenen großen Vorgängern als zu seinem Schüler. Denn alle diese Eigenschaften trennen ihn von Platon, wie überhaupt kaum zwei Geistigkeiten zu denken sind, die einander so fern sind wie die von Sokrates und von seinem ihm doch in Geist und Gemüt so tief verbundenen Folger. Mit Platon ist ein Urbestandteil von glühender, erregter und spielend-gestaltender Einbildungskraft in das Wesen des griechischen Denkens eingetreten, der sich in einem dichterisch-bildnerischen Schaffen auswirkte, das uns heute wohl für echt griechisch, für zu tiefst und untrennbar mit dem Geist von Hellas verbunden erscheint und das doch vor ihm nicht da war. Alle früheren griechischen Denker haben von Gewalten gesprochen, Platon aber dachte noch lieber in Gestalten.

Ein Zusatz von spielerischer Anmut, aber auch von kunstnaher Willkür gelangte damit in die Entwicklung des griechischen und damit alles späteren Denkens, der den Kunstfreunden unter den Geistigen immer eigens gefallen wird, der aber dem Sinn alles Forschens schlechthin fremd, ja entgegengesetzt ist. Und weltfrommes Denken, wie es die Sicht dieser Blätter beseelt, wird noch weniger diese Wendung verewigen wollen; denn obzwar auch sie sonder Zweifel die Wahrheit der Welt spiegeln will, tut sie es doch mit einer so fessellosen Willkür, daß die Entfernung von der Mitte Welt und eine übermäßige Näherung an die Mitte Mensch in dem so entstandenen Weltbild unverkennbar sind. Und wenn noch einmal an den Umschwung in der griechischen Bildnerei und Malerei erinnert werden darf: wenn kurz vor Platons Geburt mit Phidias' Herrschaft in der Vasenmalerei die alten unsäglich kecken und wahrlich ganz »ungriechischen« Profile zu verschwinden beginnen[1] und mehr und mehr den nach herkömmlicher Meinung echt griechischen Nasenlinien weichen, so hieß das doch nichts anderes, als daß ein Gepräge absichtsvoll gewollter Schönheit sich dieses Kunstzweiges bemächtigt und die alte ganz wirklichkeitsnahe Sachlichkeit verdrängt hat — eine Wegkehre, die der von dem griechischen Gedanken wenig später zwischen Sokrates und Platon zurückgelegten einigermaßen gleichläufig ist.

Seltsam verflochten wurde durch diesen Übergang das Geschehen in der nun neu entstehenden Erkenntnislehre. Es hätte doch wahrlich nichts näher gelegen, als daß die neue Entdeckung des Sokrates, daß es gelte in jedem Ding seinen Wesenskern zu erforschen, ausschließlich denkmäßig begriffswissenschaftlich wie sie war, nun auch in einem rein denkmäßigen, denkwissenschaftlichen Sinn fortgebildet worden wäre: also zunächst einmal zur klaren Formung des Begriffs Begriff, demnächst etwa zu einer Anweisung, wie die einzelnen Begriffe zu formen oder zu handhaben seien und so fort. Unter Platons Händen ist zwar auch das geschehen, aber zugleich viel mehr. Seinem mehr im dichterisch-künstlerischen, als im forscherlichen Sinn bauenden Geist wurde die reine Erkenntnislehre, die jetzt entstand, sogleich zu einer Daseinslehre und zwar nicht im Sinn einer hohen Physik, wie sie es in den Lehren des Herakleitos und des Anaxagoras gewesen war, sondern im Sinn einer zweiten Daseinslehre, der Lehre von einem höheren, überwirklichen Sein, einer Welt über der Welt, oder wie man später in der seltsamen Verwendung einer rein äußerlichen Lehranordnung sich zu sagen gewöhnt hat, im Sinn einer Lehre von einer Welt hinter der Welt.

Kein Zweifel, dies war der Anfang der Annahme eines reinen Geistgeschehens, einer dritten Welt über der Urwelt

[1]) Man mustere das von Buschor (Griechische Vasenmalerei [[2] 1921] 140ff.) zusammengebrachte Material in den Abbildungen.

und über der Spiegelwelt erfahrender Wissenschaft. Und Platon, der diese Vorstellungen nicht nur im Einzelnen schuf, nein auch erst den Grundsatz, das Gesetz dieser Erforschung von Unerfahrbarkeiten aufstellte, kann dies nur getan haben aus einem tiefsten Drang zum Gestalten, zum Bilden, zum Schaffen in einer Schicht, wo eine streng erfahrungsmäßige Wissenschaft sich mit der Herstellung von Werkzeugen des Erkennens begnügt haben würde und sich hätte begnügen müssen. Und so sprang durch seine auch dichterische, auch bildnerische Kraft zum ersten Mal im Vorstellen der Menschheit nicht wieder eine Spiegelwelt, sondern eine Geistwelt auf.

Das Auffälligste an dem Vorgang ist die Überstürzung, mit der hier ein an sich rein forscherliches Geschehen durch die persönliche, oder wenn man will auch die völkische Anlage des Großen, dem es durch die Geschichte übertragen war, zu einem halb künstlerischen, halb wissenschaftlichen Tun umgestaltet wird. Es ist als ob der griechische Geist dem Denker Platon, der sich anschickte die Erkenntniswerkzeuge zu beschreiben, mit Hilfe derer fortan Wissenschaft viel scharfsinniger und erfolgreicher zu treiben sei, den Griffel aus der Hand genommen und ihm statt seiner den Meißel übergeben habe, daß er seine Gedanken nicht denken sondern bilden solle.

In Wahrheit geschah noch ein viel Größeres, das zu erkennen freilich nur unter der Sicht der ganz allgemeinen und nicht menschheits-, nein auch weltgeschichtlichen Gegenüberstellung von Welt und Spiegelwelt und Geistwelt gelingen kann: Platon der Grieche gab sich mit dem Erforschen der Welt, an dem sich noch die größten Vorinhaber seines Amtes, an dem sich noch Herakleitos und Anaxagoras ersättigt haben würden und mit dem auch sein wahrlich großer Folger, Aristoteles selbst, gestillt gewesen wäre, nicht zufrieden: er fühlte den halb göttlichen Drang in sich, nicht Dinge, nicht Menschen nur zu wissen, nein Dinge, nein Menschen zu erschaffen. Und so schuf er sich, ein anderer Prometheus, seine Denkbilder und mit ihnen eine neue Welt, die Geistwelt. Er der Erste unter den sterblichen Menschen begann ein Werk, das im Grunde nur den Göttern vorbehalten war. Bilder der Dinge schuf er gewiß nur, aber Bilder, von denen er damit begann auszusagen, daß sie reiner, stärker, höher, ewiger seien als ihre Urbilder auf Erden, und von denen er damit endete zu erklären, nur ihnen käme das Dasein zu, dessen die irdischen Dinge ermangelten.

Und eben mit dieser Enderklärung war eine Ebene erreicht, auf der sich die vom menschlichen Geist erbaute Welt mit dem Anspruch erhob, hoch über der wirklichen, der erfahrbaren, erfahrenen Welt, der einzigen, von der bisher griechisches wie jedes andere Denken ausschließlich gesprochen hatte, zu stehen. Und durch das neue Traumbild der Geistwelt wurde die wirkliche Welt in ihrem Wert herabgesetzt: mit ihr verglichen starrt sie von Fehlern und Mangelhaftigkeiten.

Ein höchst erstaunliches Geschehen: uns Nachlebenden ist diese wie so viele andere Errungenschaften vergangener Geschlechter längst zur Gewohnheit geworden, zu einem alltäglich gesehenen Anblick, über den das Auge unbewegt und unerregt fortgleitet, als sei er das Selbstverständlichste von der Welt. Erst wenn wir uns die Netzhaut in Auge und Gedächtnis von diesen abstumpfenden Eindrücken — die wirklich alles Große klein und alles Starke schwach für unser Urteil zu machen vermögen und für den geistigen und seelischen Gesamthaushalt unseres Ich ein immerdauernder Schaden sind — frei gemacht haben, sind wir im Stande zu sehen ein wie Ungeheures hier geschah.

Wohl hatte der Glaube, nicht gewiß der der Griechen, aber der anderer hoher Völker, vornehmlich der der Inder, sehr hohe Gedankengebäude errichtet und die erfahrungs- und wirklichkeitsfrohe Forschung der Babylonier hatte das Gefüge ihres Glaubens als Rahmen mit Wissenschaft gefüllt und so ein erstaunlich anspruchsvolles Geistgebilde geschaffen.

Aber immer standen diese Erzeugnisse des Geistes unter dem Gesetz der reinen Weltspiegelung, die sie, sei es forschend, sei es ahnend, vollziehen wollten. Jetzt aber geschah ein Anderes: der Geist baute sich eine neue, eine dritte Welt über der Ur-, über der Spiegelwelt, erstlich ganz nur mit den Erkenntnismitteln der Forschung, ohne jede Anlehnung an die Erzeugnisse oder an die Schaffensweisen des Glaubens, und zum zweiten ohne jede Nebenabsicht für das Leben, für das Wohl der Seele — die kein Glauben, und sei er noch der gestalten- und götterloseste wie der Buddhas und der andern späten Verkündigungen Indiens, außer Acht läßt — ganz keusch, ganz kühl, ganz rein nur aus der Erkenntnis, nur für die Erkenntnis, darin also jedem Glauben weit überlegen. Kein kleiner Nebengewinnst soll aus dieser Lehre für das Heil der Seele herausgeschlagen werden — der Gedankenhimmel, den Platons Ideenwelt darstellt, ist keine Zufluchtsstätte der hier Bedrängten, hier Bedrückten, die dort für alle Erdennot und den hier unten nicht zur Auszahlung gekommenen Tugendlohn entschädigt werden sollen. Mit diesen — freilich gröbsten, freilich am stärksten von Nutzhaftigkeit bestimmten — Endvorstellungen, aber auch den feineren und stilleren der Mystiken und ihres Nirwana, Tao, nichtseienden Seins hat Platons große Traumwelt hoch über der Erdenwelt nichts zu schaffen, ist ihnen weit überlegen. Da seine Ideenlehre irgend welche Verlängerungen des irdischen Seins des Einzelnen hier nicht berührt, überhaupt immer nur an die Aufhöhung von Dingen, von Gedanken, nicht von Menschen denkt, so sucht sie wirklich nicht das Ihre — was die christliche Nächstenliebe mit allen ihren Verheißungen auf Tugendbelohnung im Diesseits und im Jenseits, allen ihren entgegengesetzten Versicherungen zum Trotz, mit Recht nie von sich hat aussagen können.

Nicht um des Lebens, nicht um irgend eines Heiles willen wird hier ein Denkbild errichtet, sondern nur aus dem Bedürfnis der Forschung und des Forschers seine Erkenntnis zu verkünden. Die unendlich feine und unendlich seltsame Verknüpfung seines Was des Denkens, das in seiner hohen und hochmütigen Steigerung über die erfahrbare Welt mit dem Was, den Gehalten vieler Glaubensdaseinslehren die nächste Verwandtschaft hat, aber ohne deren lebensmäßiges und nur allzu menschliches Wozu, wird gewonnen durch ein Wie, das nichts gemein haben will mit dem schmiegsamen Ahnen der Gläubigen, sondern nur aus Wissen um Wissen ringt, aus dem Wissen der niederen, der erfahrbaren Welt zu dem Wissen der höheren, der nur erschließbaren Welt vordringen will.

Drittes Stück.

Glauben und Denken.

So viel Vorzüge der geistigen Unbedingtheit, der sittlichen Reinheit Platons Ideenhimmel vor den ihm entsprechenden Gebilden der höheren Glaubensformen haben mag, so erscheint er dennoch in mehr als einem Betracht ihnen durchaus vergleichbar. Vor allem ist Platons Ideenlehre den Daseinslehren, ja den Göttergestalten der Glaubensverkündungen insofern verwandt, als sie wie diese eine herrscherliche, eine absolute Seinswelt hinstellen will, deren Ebene so hoch über die menschlichen Geisteskräfte gewohnter Art erhaben ist, daß sie mit deren Mitteln nicht zu erreichen war. Das aber bedeutete einen vollkommenen Bruch mit dem obersten Gesetz reiner Erfahrungsmäßigkeit, das bis dahin alles Streben des griechischen Denkens beherrscht hatte. Alle Naturdaseinslehren der frühen griechischen Meister, aber auch die lebensnahe Menschenkunde der Sophisten und des Sokrates waren von der stillschweigenden Verpflichtung gebunden gewesen, das Welt-, das Lebensbild das sie entwarfen, getreu nach dem Urbild zu formen, das ihrem Erkennen erreichbar war.

Mit dieser bis dahin unverbrüchlich eingehaltenen Regel brach Platon, er der Erste unter allen Forschern im Griechenvolk, ja im Menschengeschlecht, der ein so großes Wagnis unternahm. Denn er behauptet ja nicht weniger, als daß das Bild, das forscherliche Erfahrung von der Wirklichkeit gewinnen könne, bruchstückhaft, unzulänglich, trügerisch sei. Er wagte zuerst unter allen sterblichen Denkern eine Kluft zwischen der Wirklichkeit, die er wahrnehmen könne und von der sich alle seine Vorgänger, auch die geistesmächtigsten, auch der doch wahrlich zweifelsüchtige Herakleitos zufriedengestellt erklärt hatten, und der Wahrheit, die dem Gedanken Stich halte, aufzureißen.

Man wird vielleicht nicht behaupten und noch weniger nachweisen können, daß die Herrscherlichkeit der Glaubensgebilde Platon zu der Herrscherlichkeit seiner Denkbilder hingeleitet habe. Daß beide aber diese ihre Grundeigenschaft mit einander teilen, giebt genug zu denken. Man wird allenfalls so viel sagen dürfen: hätte der Glauben nicht seit langem den menschlichen Geist daran gewöhnt unwirkliche, unerfahrbare Gestalten und Vorgänge für wahr zu halten, so hätte auch ein dichterisch gesonnener, d. h. künstlerisch-willkürlicher Denker wie Platon nicht gewagt, so völlig mit allen zwar gewiß nicht ausgesprochenen, wohl aber stillschweigend beständig heilig gehaltenen Werkregeln seines Berufes zu brechen, ein Forscher ohne Achtung vor dem obersten Gebot alles Forschertums zu werden.

Man könnte einwenden, daß bisher auf diesen Blättern alle Erzeugnisse des Glaubens dem Spiegelgeschehen zugerechnet wurden. Das geschah auch insofern gewiß mit Recht, als der Glauben mit seinem Ahnen nie etwas Anderes hat auffinden wollen als die Wirklichkeit der Welt. Doch freilich, dies Ahnen, mit dem er zu diesem Ergebnis gelangte, hat sich von jeher ohne alle, ja wider alle Erfahrung nur auf die eigene Vorstellungs- und Einbildungskraft verlassen. Und diese Möglichkeit Gedankengebilde als untrüglich hinzustellen und andere zu ihrer Wirklichkeit zu überreden ohne alle Unterlage sinnlicher Wahrnehmung und verstandesmäßiger Nachprüfung mag es gewesen sein, ohne deren Vorbild auch dieser erste Bruch der Wissenschaft mit ihrer unbedingtesten und obersten Regel nicht hätte eintreten können — ein Bruch, der als der erste der eigentlich grundsätzliche war und, da er von einem Denker der höchsten geistigen Macht mit den überredendsten Mitteln unternommen wurde, für alle Zukunft schicksalwendende, schicksalgründende Bedeutung hatte.

In die Sprache des hier verfolgten Gedankenganges übersetzt, muß dies Erträgnis dahin festgesetzt werden, daß das neue, wirklich selbständige Geistgeschehen, das in und durch Platon aufkam, zwar ganz gewiß nicht das Was und sicherlich auch nicht das volle Wie des Glaubens, der immerdar Spiegelgeschehen sein wollte, von ihm entleihen konnte, daß es aber wohl die geistige Bindungslosigkeit, mit der der Glauben — ebenfalls von je — seine Setzungen über alle Erfahrung hinaus und zuweilen auch gegen sie zu machen pflegte, sich von ihm aneignen konnte.

Ein Zweites kommt hinzu: wie noch die geringste Tatsache forscherlicher Entwicklung nicht nur geistiges, sondern immer auch seelisches Geschehen darstellt, so erst recht eine Neuerung der Wissenschaftsgeschichte von so hohem Rang und so ungeheurer Tragweite wie die Verselbständigung des Geistes im platonischen Denkbild. Es kann nicht anders sein, als daß der erste Abfall vom Glauben, den im Grunde alles griechische Denken von Herakleitos und Anaxagoras bis zu den Sophisten und Sokrates bedeutet hatte, im Gemüt des griechischen Menschen eine Leere, ein Vacuum hinterlassen hatte, das die neue Geistgesinnung irgendwie auszufüllen Neigung spüren mußte. Die älteren Denker haben selten, so wie Herakleitos mit zorniger Verachtung tat, gegen den alten Glauben geeifert. Zumeist war ihre Weise, die Götter und ihr Dasein auf sich beruhen zu lassen, oder sie, sei es notgedrungen, sei es in ehrerbietiger Scheu vor altem und schönem Gesittungsgut, äußerlich anzuerkennen. Wie wenig sie doch mit der Überlieferung der Väter innerlich verbunden waren, wurde gleichwohl sehr sicher und, wie es überlieferungstreuer Weltsicht nicht anders möglich war, sehr zornig empfunden: Anaxagoras wie Sokrates sind vor das Gericht gefordert worden.

Viel tiefer aber und im Grunde folgenreicher als diese ohnmächtige Wut der verletzten Gläubigkeit war die Wirkung, die die so entstandene Leere auf die schöpferischen Former und Umformer der neuen Geistgesinnung selbst ausübte. Zwar auf die Auskunft, die wohl den christlich beeinflußten Vorurteilen neueuropäischer Gedankengänge am nächsten liegt und die deshalb auch ernste Forscher unseres Zeitalters jenen Denkern fast mit Gewalt haben unterschieben wollen, verfielen sie nicht: Platon hat, so wenig wie Anaxagoras, dem man dies hat zumuten wollen, eine persönliche Gottheit gesetzt; er hat auch die höchste seiner Ideen, die Idee des Guten, die einzige, die er aus seinem im übrigen völlig ungeordneten Ideenhimmel heraushob und mit dem Vorrecht einer völlig eigentümlichen Sonderstellung ausstattete, nicht etwa zu einem persönlichen Gott umgestempelt — ein Gestaltgedanke, nach dem er überhaupt nicht fragte.

Je weniger er aber an solche nur einem falschen und gänzlich ungriechischen Sehen wahrscheinliche Aushilfen dachte, desto eher wird man die Herrscherlichkeit der von ihm geschaffenen Denkbilder, die er ja mit aller höchsten Geistesmacht ausstattete, auf ein Bedürfnis seiner Seele zurückführen dürfen, in ihnen einen Ersatz für die Götter, deren Gewalt seine Lehre nun freilich endgültig entwertete, zu gewinnen. Inhaber höchster geistiger Werte und so weit die Regelung des Lebens in Betracht kam auch Hinlenker zu höchsten Maßstäben und Geboten — dahin wies schon des Sokrates begriffliche Sittenlehre — wurden auch sie, und das Gemüt, das so starker Zuchtmeister, so untrüglicher Richtstäbe sonst hätte entbehren müssen, konnte nunmehr an sie sich halten.

Daß es Gedanken und nicht Gewalten, geschweige denn Gestalten waren, die auf die von den Göttern verlassenen Throne eingesetzt werden sollten, das mag dem an die Lebenswärme menschlicher Götter und Gottheiten gewohnten Sinn von Gläubigen allzu kühl und allzu unlebendig erscheinen; für den von Platon, der zuletzt doch ein Forscher war, eingeschlagenen Weg des reinen Denkens war es das natürliche Ziel. Und wiederum wird man sagen können, daß eine ganz dichterische und zuletzt fast bildnerische, fast plastische Geistesart den so inthronisierten Begriffen so viel von Gestalt mitgab, daß ihr Bild durch den Geist der Völker und durch die Reihe der Jahrhunderte hindurchgeschritten ist wie eine Schar von Göttern, selber selig und durch ihren Anblick schon beseligend.

Es geschah hier das Große, daß die Entgötterung der Welt, die in diesem Zeitpunkt — bei Ausgang der Neueren Zeit, bei Anbruch der Neuesten — eintreten mußte, auch bei den Griechen, die doch wahrlich ihre Einbildungskraft mit einer Überzahl von Göttern, ihr Land mit Hunderten von Tempeln, mit Tausenden von heiligen Standbildern angefüllt hatten, sich vollziehen konnte ohne das äußerste von Ernüchterung, das sonst freilich die Geistigkeit aller hohen Völker um diese Zeit hat ertragen müssen.

So war die Vorstellungskraft, vielleicht auch das Insgesamt des geistigen Habens und Vermögens der Griechen im Gewinnst; über den Gedanken als solchen aber ward eine Fügung verhängt, die sein Amt als das eines Trägers der reinen Forschung schlechthin gefährdet, ihn wenigstens auf dem Weg, den ihm Platon anwies, seiner ursprünglichen Aufgabe, der Erfahrung der Welt, abwendig gemacht hat. Oder vielmehr es trat, erst jetzt, eine Spaltung des Denkens in zwei Formen ein: die weltnahe, erfahrungsfrohe, die alte Weise, wie sie bis zu Anaxagoras und Sokrates war und wie sie nach Platon im wesentlichen wiederhergestellt worden ist, und die neue, die, eine Geistwelt über der Welt fordernd, deren Beschaffenheit mit ganz anderen, teils begrifflich schließenden, teils glaubensmäßig ahnenden und bauenden Mitteln zu untersuchen für die einzig würdige, aber auch einzig lohnende Aufgabe des Denkens erklärte.

Bei der im buchstäblichen Sinn des Wortes einzigartigen Bedeutung dieses forscherlichen Tuns für das Grundverhältnis von Weltgeschehen und Menschheitsgeschehen ist nötig, den Hergang wenn nicht ausführlich zu schildern, so doch auf seine wesentlichen Urbestandteile zurückzuführen.

Dritter Abschnitt.

Die Entwirklichung der Wissenschaft.

Erstes Stück.

Das höchste Gebot der Forschungsweise als Setzung im Voraus.

Es ist nicht von ungefähr, daß von Platons neuer Erkenntnislehre, die doch auch eine Daseinslehre sein wollte, die Blicke immer wieder zu den höheren Glaubensformen zurückschweifen. Denn erhebt die Platonischen Denkbilder als Geistwerk auch ihre Reinheit, ihre Unvermischtheit mit Lebenszwecken über die aus dem Bezirk des Glaubens stammenden Daseinslehren, so weit sie beide als solche angesehen werden, so besteht doch zwischen Platons neuer Form des Denkens und ihnen eine Wahlverwandtschaft, die sie beide nahe mit einander verbindet und sie beide wie eine zusammengehörige Einheit abtrennt von der erfahrungsmäßigen Wissenschaft: es ist die Denkform der Setzung im Voraus, die sie beide gerade für ihre Denkbilder höchster Ebene beständig anwenden, um sie erst zu schaffen, demnächst zu begründen. Die Setzung im Voraus im Handwerkssinn der Erkenntnislehre ist erst von Kant unter dem Namen *a priori* geprägt worden, aber sie ist seit von Menschen über Welt und Dasein gedacht worden ist, immer gehandhabt worden. Kant hat unter seinen Erkenntnissen *a priori* diejenigen Denkgebilde verstanden, die der Vernunft an sich als Rahmengefüge innewohnen, in die sie die von ihr empfangenen Bilder des Seins ohne weiteres einordnet, ohne auch nur zu bemerken, daß es sich so verhält. Er versteht also unter den Setzungen im Voraus eigentlich Gesetztheiten im Voraus, d. h. aus Naturbeschaffenheit entstandene Setzungen im Voraus — eine Denkform, die für die Prüfung platonischer Denkbilder als erst von Kant erschaffen nicht in Betracht kommen kann. Versteht man aber unter der Setzung im Voraus jedes Denkgebilde, das aus freiem Ratschluß des Gedankens, nicht aber durch die von unten her bauende, langsam von Begriffsebene zu Begriffsebene aufsteigende Abziehung — Abstraction — von Eigenschaften aus den Erfahrungsbildern gewonnen ist, so ist einmal Platons Erkenntnislehre für die Geschichte des europäischen, ja des menschlichen Denkens die Schöpferin der Setzung im Voraus als einer bewußt angewandten Denkform, und so sind andererseits die Daseinslehren der höheren Glaubensformen voll von unbewußten oder genauer gesagt von nicht kunstmäßig, nicht regelhaft gehandhabten Setzungen im Voraus.

Denn wenn etwa einem höchsten Gotte die Eigenschaft der Allmacht zuerkannt wird, so ist dies dann, wenn hier, wie es nicht anders möglich ist, das Insgesamt der Glaubensvorstellungen als der Aufriß einer Daseinslehre angesehen und auf seine Denkformen geprüft wird, zweifellos eine Setzung im Voraus. Denn bemühen sich auch die priesterlichen Forscher nach ihrer für ihren lebensmäßigen Zweck vorurteilsvoll befangenen, dazu im Geist noch wenig durchgebildeten Weise für eine solche Behauptung mancherlei Beweise aus der Erfahrung sei es der Naturbeobachtung, sei es der Geschichte beizubringen, so halten sie doch dabei erfahrungsmäßige Beweisführung im Grunde nicht für unerläßlich. Der Glaube, nach Luthers völlig zutreffender

Begriffsumgrenzung ein Fürwahrhalten dessen, was man nicht sieht, bedarf solcher erfahrungsmäßiger Unterlagen nicht. Die Allmacht Gottes ist ihm mithin in seiner Eigenschaft als Daseinslehre durchaus Setzung im Voraus. Und auch auf den tieferen Stufen einfacher Glaubensformen ist jede Aussage über die den Göttern oder schon den Heilbringern und Geistern beigelegten übermenschlichen Eigenschaften, soweit ihr daseinswissenschaftlicher Kern in Betracht kommt, Setzung im Voraus.

Platons Ideen an sich, auch die einzelnen Denkbilder also, denen seine Erkenntnislehre Dasein verleiht, sind sonder Zweifel jede für sich eine Setzung im Voraus. Wichtiger aber ist, daß seine Erkenntniswissenschaft dem Bau ihrer Ideen eine Grundlage der Methodologie, der Forschungslehre, der Anweisung also für ihr eigenes Verfahren giebt, die selbst im vollsten Maße Setzung im Voraus ist, oder vielmehr einen Zusammenhang von mehreren solchen Setzungen darstellt. Von ihr muß zuerst die Rede sein, da alle Einzelsetzungen der Lehre, also auch die einzelnen Denkbilder von ihr und ihrer Stichhaltigkeit abhängig sind. Die Ideenwelt Platons unterscheidet sich von den Daseinslehren der Glaubensverkündungen auch durch das Zustandekommen ihrer Einzelgebilde: die Göttergestalten und die ihnen beigelegten Gewalten sind in ihrem Endzustand sicher begriffswissenschaftlich als Setzungen im Voraus zu werten, so weit Erzeugnisse rein bildender Vorstellungskraft so erkenntnismäßig umgewertet werden dürfen; ihrer Entstehung nach sind sie aber nach der Weise von unten her bauender Forschung zu Stande gekommen: indem sie Schicht auf Schicht immer höher gesteigert wurden.

Platon aber aus der freien Machtvollkommenheit, die er sich als der Dichter-Denker, der er war, verlieh, mußte zwar, wie noch dargelegt werden wird, auch für seine Denkbilder die Erfahrung zu Hilfe nehmen, aber grundsätzlich machte er sich auch von dieser Verpflichtung frei durch die Grundlehre von dem Unterschied zwischen Wirklichkeit und Wahrheit, durch die er eine Kluft aufriß zwischen aller vom Boden der Erfahrung her aufwärts bauenden — synthetisch-induktiven — Wissenschaft und seiner neuen frei setzenden — später deduktiv-analytisch genannten — Erkenntnislehre.

Als oberstes Grundgesetz der Forschung stellt Platon die Erklärung auf, daß nur das in Begriffe geformte Wissen wahre Erkenntnis, d. h. also ein Erkennen des wahren Verhaltens der Dinge verschaffe. Begriffe aber sind ihm seine Ideen, seine Seinsbilder. Und daran schließt er den zweiten Satz, nur wahre Erkenntnisse geben ein Sein wieder.

Die Folgerung aber, die er aus den beiden Vordersätzen zieht, ist notwendig der dritte Satz: nur den Begriffen entspricht ein Sein, nur sie, die Denkbilder, sind. Alle in der bloß sinnlich wahrnehmbaren Wirklichkeit gegebenen Tatbestände, die nur die Vorstellung — *δόξα* — nicht aber das Wissen — *ἐπιστήμη* — kennt, sind nicht, weil sie die Begriffe nie in Reinheit, sondern stets vermischt mit Unzulänglichkeiten darstellen.

Für eine von Welt und Wirklichkeit ausgehende Seins- und die ihr entsprechende Erkenntnislehre kann es keinem Zweifel unterliegen, daß hier soviel Sätze, soviel Irrtümer und mehr als das ausgesprochen sind. Und sie müssen hier sogleich festgelegt werden, nicht aus Gründen der Wissenschaftsgeschichte, die hier gar nicht oder der Wissenschaftslehre, die erst später behandelt werden soll, sondern um daran darzutun, inwiefern es sich in den Gedanken Platons um eine neue Form Menschheitsgeschehen, um das Geistgeschehen handelt. Denn Irrtum im Sinn der Urseinslehre heißt ja nur: Abweichung von der Wahrheit der Welt. Und je größer die Entfernung ist, die zwischen dem ersten großen Versuch der Errichtung einer Geistwelt und dem wirklichen Sein aufgezeigt wird, desto sicherer ist das Bild dieser dritten Welt umrissen. Ja es entsteht die Paradoxie, der Denkwiderspruch: als je irriger die Annahmen erwiesen werden, die zu ihrer Aufstellung hingeführt haben, als desto kühner erscheint dies Wagnis.

Schon der erste Schritt, den Platon auf dieser Bahn tut, ist abwegig. Wenn er wie ein Erbgut von seinem geistigen Vater Sokrates her den Begriff Begriff — den er erst mit den Worten *οὐσία, τὸ ὄντως ὄν, ὃ ἔστι ὄν* und sodann eigentlich platonisch *εἶδος, ἰδέα* genannt hat — handhabt, so ändert er, ohne davon je ein Wort zu sagen, den Grundsinn, den Sokrates allein mit dem Wort hatte verbinden können und mit dem alle Wissenschaft bis an das Ende der Tage ihr Bedürfnis hätte befriedigen können. Unter Begriff nämlich wird jede erfahrungsmäßig und insbesondere geschichtlich denkende Erkenntnislehre die Wesensumschreibung eines Dinges oder Geschehens verstehen, die einige bestimmte seiner Eigenschaften als sein Wesen kennzeichnend heraushebt, die aber in dieser ihrer Wesensbestimmung und insbesondere in der Auswahl der sie umschreibenden grenzsetzenden Eigenschaften wie selbstverständlich von der Einsicht und der Forschungsrichtung der den Begriff Festsetzenden abhängig und deshalb an geschichtliche Voraussetzungen gebunden und für die Zukunft geschichtlichen Veränderungen ausgesetzt ist.

Platon aber, der bezeichnender Weise auch die noch ganz ruhevollen und das Wesen der neuen Denkform ganz sachlich kennzeichnenden Ausdrücke das Wesen, das wesentlich Seiende, das, was ist, Seiende gefunden hat, die allenfalls auch noch einer weltnahen und erfahrungsmäßig denkenden Erkenntnislehre hätten genehm sein können, geht weiter und indem er den Begriff das Bild — *εἶδος* — oder das Gebilde oder wenn man will, das Bildtum — *ἰδέα* — nennt, giebt er ihm zugleich mit diesem halb künstlerischen, halb hieratischen, priesterlichen Namen eine Bedeutung, die sehr weit von der eben noch umschriebenen Begriffsumgrenzung unter Begriff ein dem Dinge selbst entsprechendes, aber weit über seine Bedingtheiten gehöhtes Urbild seines Wesens — am verständlichsten würden wir Idealbild seines Wesens sagen — versteht. Damit aber wird der Begriff allen Zufälligkeiten seiner besonderen geistesgeschichtlichen Entstehung, aber auch allen Veränderungsmöglichkeiten seiner Zukunft entrückt. Der Begriff wird zu einem herrscherlich Unabhängigen, einem Absoluten, über alle Bedingnis irgend einer gewachsenen — concreten — Gegebenheit fortgehoben und zu etwas Übererfahrungsmäßigem, Überwirklichen aufgehöht.

Schon mit dieser Hinaussteigerung des Begriffes Begriff aus der Ebene der Erfahrungsmäßigkeit in die Ebene eines übererfahrungsmäßigen und damit überzeitlichen, außer-, über- und freilich auch gänzlich ungeschichtlichen Erkennens ist im Grunde hier der entscheidende Schritt getan. Die übrigen Urbestandteile des Geschehens ründen nur das Bild.

Von dieser Formung des Begriffs Begriff, die für den ersten Satz vollzogen ist und ihm vorausgeht, ist zweifelsohne zu sagen, daß sie nur durch Setzung im Voraus gewonnen ist, denn jede vorsichtig erfahrungsmäßig verfahrende Erkenntnislehre müßte zu jener ganz anderen, sokratischen Begriffsumgrenzung gelangen, die hier vorangestellt worden ist: indem dem Begriff oder um näher an Platon zu sprechen dem Denkbild seine herrscherliche, von allen äußeren Einwirkungen freie Bedeutung gegeben wird, wird eine Handlung forscherlicher Willkür begangen, für die es im Bereich erfahrender, d. h. wie ich meine allein berechtigter Forschungsweise keinerlei Unterstützung, ja schon keinerlei Daseinsrecht giebt. Denn eine Maßnahme, die unter ganz bestimmten erfahrungsmäßig, vornehmlich geschichtlich festzustellenden Voraussetzungen unternommen wird, wird als eine endgültige, insbesondere überzeitliche, also auch für alle Zukunft gültige ausgegeben. Jede persönliche Besonderheit aber und jede allgemeinere Zeitbedingtheit einer solchen Begriffsbestimmung werden damit ohne jedes Recht abgeleugnet. Der Urheber eines Begriffs selbst schon kann bei veränderter Unterrichtung über das Ding, dem er ihn setzt, auch den Begriff ändern; jede Zeit, jedes Volk können ihn nach ihrer neuen Gesinnung in seiner Bedeutung wandeln — das sind unsere, das sind aber auch die Einwendungen jeder Erfahrungswissenschaft, die sich ihres Wesens und ihrer Grenzen bewußt ist.

Die Seh- und Denkweise, die zu dem platonischen Begriff des Begriffs führt, kann nur die des Dichters sein, der seiner Einbildungskraft vertraut und allein unter Berufung auf sie für den von ihr erahnten Wesenskern die Gültigkeit beansprucht — auch die des Aprioristen, der aus der Machtvollkommenheit einer eigenen Forschungsweise das Gleiche tut und sich nur den etwas strengeren Bindungen dieser seiner Wissenschaftsform unterwirft, seine Ergebnisse aber nicht von neuer Erfahrung und neu aufgedeckter Wirklichkeit verbessern zu lassen bereit ist.

Der erste von den Sätzen, in die hier die Grundlehre von Platons Erkenntnisforderungen aufgelöst ist, enthält außer dem Begriff des Begriffs, den er als Losung verkündet, noch ein Nein, das ebenso herrscherlich unbewiesen und unbeweisbar auftritt: es ist die Verwerfung aller Erforschung der Dinge außerhalb der Begriffe. Dagegen ist schwerlich dann etwas einzuwenden, wenn unter Begriffen Denkbilder im sokratischen Sinn verstanden werden: denn die Wissenschaft auch der wirklichkeitsnächsten, der erfahrungsmäßigsten Art wird jede ihrer Feststellungen in Begriffe prägen müssen, sofern dem Begriff Begriff keine andere Eigenschaft beigelegt wird als die — auch von Sokrates sicher nur gemeinte — Grenzschärfe und Bestimmtheit der Sachdeutung und Sachbeschreibung. Aber dieser Bannspruch bedeutet in Platons Munde sicher mehr: er meint schwerlich etwas anderes als seine, die platonischen Denkbilder und leugnet also die Stichhaltigkeit jeder anderen Forschungsweise als seiner eigenen, auf die Schöpfung so herrscherlich festgesetzter und so unumstößlicher Denkbilder ausgehenden Wissenschaft. Dies Nein aber ist um nichts weniger willkürlich und also unbefangener erfahrender Forschung unannehmbar als jenes Ja seiner Ideenlehre.

Zweites Stück.

Der Übergang vom Gedanken zum Sein und seine wissenschaftlichen Mängel.

Der zweite Satz, der als Grundveste von Platons Ideenlehre angesehen werden kann: nur wahre Erkenntnisse geben ein Sein wieder, ist allerdings auch seinerseits von schlechthin ungeheurer Tragweite, er könnte auch wie der erste zur Unterlage für den Gesamtbau der Beweisführung gemacht werden; aber er faßt den Fragenzusammenhang von einer ganz anderen Seite her an als der erste. Jener ist Erkenntnislehre, dieser stellt eine daseinswissenschaftliche Behauptung auf, allerdings auf erkenntniswissenschaftlicher Grundlage. Und er bedeutet die grundsätzliche Unterlage für die Errichtung der Geistwelt, die recht eigentlich Platons menschheits- und wenn man will weltgeschichtliche Tat ist.

Er verbindet erkenntnis- und daseinswissenschaftliche Behauptungen in einer Mischung, die an sich harten Widerspruch herausfordert. Denn gesetzt selbst der erste Satz von der alleinigen Sicherheit und Richtigkeit der platonischen Denkbilder wäre unanfechtbar, so würde aus ihm noch durchaus nicht der zweite Satz abzuleiten sein. Denn selbst wenn die Erkenntnisse, die die Denkbilder in sich schließen, die immer und ausnahmslos unanfechtbaren wären, wieso in aller Götter und Heiligen Namen würde aus diesem Umstand folgen, daß nur den von ihnen gedeckten Tatbeständen ein Sein zukommt und gar, was noch viel bedenklicher ist und dennoch mit einer dieser ersten auf dem Fuße folgenden zweiten Behauptung erklärt wird, daß allen den Tatbeständen, die nicht durch diese Denkform erschlossen — sondern etwa nur mit den Sinnen wahrgenommen — sind, dieses Sein abzusprechen ist.

Würde aber ein Anwalt der platonischen Lehre einwenden, daß mit Wort und Begriff Sein hier nur das höhere Sein gemeint ist, das allein die Denkbilder erschließen, so würde von diesen beiden Sätzen — wie es freilich nach Goethes Vorwurf in so vielen Sätzen der Mathematik auch geschieht — nur der Nachsatz das Gleiche behaupten wie der Vordersatz: die Denkbilder geben den von ihnen behaupteten Tatbeständen ein unanfechtbares, höheres Sein, weil nur sie vermittelst einer unanfechtbaren, höheren Denkweise gefunden worden sind.

Ein weiterer Grund für den Widerspruch zwischen der platonischen und unserer, der erfahrungswissenschaftlichen Sehweise mag darin gefunden werden, daß Platon dem Begriff Sein eine metaphysische Bedeutung beilegt, wir aber eine natürliche und also im allgemeineren Sinn des Wortes eine physische. Da aber die metaphysische Bedeutung als die weitere die physische mit in sich schließt, so ist unser Recht, ihm dort zu widersprechen, wo er unserer, der physischen Auffassung einen unmöglichen Zwang antun will.

Auf jene beiden Schlußfolgerungen ist zunächst im allgemeinsten zu erklären, daß ihre innere Brüchigkeit schon durch den eben berührten Fehler ihrer geistigen Form hinlänglich erklärt ist: sie machen aus einer Behauptung, die lediglich das Wie des Erkennens angeht, einen Schluß auf das Was, die Beschaffenheit der Tatbestände, die diesem Erkennen doch lediglich als Gegenstände dienen.

Wie in aller Welt aber kann man etwa aus dem Tatbestand, daß ein Hammer, der eben von dem Werkmann geschwungen wird, von Stahl und nicht aus Eisen gefertigt ist, einen Schluß darauf machen, daß der Stoff, den er bearbeitet, aus Stein und nicht aus Mörtel besteht. Ein Irrtum in sich.

Wollte hier der gleiche Anwalt des so hart angegriffenen Denkers erklären, daß dem Begriff Sein in seinem Mund eine Bedeutung zukomme, die nicht eigentlich rein gegenständlich, sachmäßig — objektiv — sei, sondern zum mindesten vermischt mit dem Sinn, daß nur dieses hier umschriebene Sein von dem recht erkennenden Wissen als Sein gesehen werden könne, so würde damit, selbst wenn es sich so verhielte, Platon ein geringer Dienst geleistet. Denn in demselben Maße wie dem Sein die Beschaffenheit der Wirklichkeit abgesprochen und ihm eine mehr erkenntnismäßige, also aus dem Ding in das Ich zurückverlegte Wirksamkeit zugeschrieben wird, in demselben Maße verliert Platons Beweisführung an Schlagkraft für die Daseinswissenschaft, in deren Bezirk sie ja doch einen entscheidenden Vorstoß machen will.

Doch darf überhaupt dieser Einwand nicht erhoben werden: eine Denkweise wie die hier angedeutete kann unmöglich Platon zugemutet werden: sie würde sein Denken in eine Nähe zu Kants Kategorienlehre rücken, an die nicht gedacht werden darf. Die Ebene der Verdinglichung des Geistes, der Platons Ideen angehören, muß ganz weit von der anderen Ebene der Verichlichung des Geistes, auf der sich Kants Kategorien bewegen, getrennt gehalten werden.

Noch eine zweite Formbeschaffenheit der Platonischen Gedankenfolge fällt in die Augen, die gemessen an den Erkenntnismitteln einer erfahrungsmäßigen Urseinslehre sich ohne weiteres als Formfehler, wenngleich von minder schwer ins Gewicht fallender Art, darstellt: es ist die Aufschichtung einer Setzung im Voraus über die andere. Der erste der hier wiedergegebenen Sätze ist eine solche Setzung im Voraus, der zweite nicht minder; ohne jede Verbindung, die sich in Wahrheit zwischen ihnen gar nicht herstellen läßt, sind sie nebeneinander gesetzt und gleichwohl sind sie in der Beziehung als Vorder- und Nachsatz, zu der sie sich allerdings zusammenziehen lassen, zu einer Einheit gezwungen und als Folgerung ist der dritte Satz aus ihr abgeleitet: nur die Denkbilder, die Ideen haben wirkliches Sein, alle die Tatbestände aber, die nur sinnlich wahrnehmbar sind — d. h. also das Insgesamt der erfahrbaren Wirklichkeit in unserem Sinn — ermangeln des wahren Seins.

Gegen diesen dritten Satz, in dem dann freilich der Gedankenbau der Erkenntnis- und der auf Erkennen beruhenden Daseinslehre Platons gipfelt, ist zunächst der Formeinwand zu erheben, daß aus einem Nachsatz, der so brüchig ist, wie erwiesenermaßen der zweite Satz, auch dann nicht ein guter Schluß gezogen werden könnte, wenn der Vordersatz, der erste Satz, erweisbar richtig wäre (was er nicht ist). Als Schlußfolgerung ist also dieser dritte Satz nicht zuzulassen.

Und so gewiß auch nicht die Behauptung, die seinen Gehalt ausmacht: die Denkbilder der Dinge haben wahres Sein. Die einzig sicher gehende, d. h. von der Erfahrung genährte Forschung aber wird hier jenen allgemeinen Einspruch — daß aus irgend einer Beschaffenheit des Wies nie etwas Gültiges über das Wesen des Was der Erkenntnis ausgesagt werden kann — nur in noch schärferem Maße wiederholen können, zugleich mit dem Hinzufügen, daß hier ein gröblicher Baufehler der Folgerung vorliegt. Um diesen zuerst kenntlich zu machen: wenn der erste Satz behauptet, daß nur die Denkform der Begriffe, d. h. der Denkbilder in platonischem Sinn, seiner Ideen, wahre Erkenntnisse schafft, der zweite aber, daß nur wahre Erkenntnisse Zeugnis von einem Sein der erkannten Sachverhalte geben, so ist aus diesen beiden Sätzen niemals denkrichtiger Weise die Folgerung zu ziehen, daß also die Denkbilder wahres Sein haben. Denn im ersten Satz werden die Denkbilder ja noch ganz unbefangen als Mittel des Erkennens anerkannt, der dritte Satz sucht diesen Tatbestand in völlige Vergessenheit zu bringen und macht aus den Denkbildern, die noch eben nur Werkzeuge oder wenn man will Spiegelbilder des Erkennens waren, Gegenstände des Seins, der Beobachtung, d. h. Bestandteile der Wirklichkeit, die sie nie in aller Welt sind.

Richtig gebaut könnte diese Schlußfolgerung ja nur heißen: wenn die Denkbilder wahre Sachverhalte erkennen lehren (was an sich nicht zugegeben wurde) und wenn wahre Erkenntnisse ein Sein der erkannten Dinge bezeugen (was noch weniger zugegeben wurde), so vermitteln die Denkbilder dies Wissen von seienden Dingen. Daß diese Schlüsse aber und also auch die Denkbilder selbst um Siriusweiten von denen Platons getrennt sind, bedarf keiner Erläuterung. Und nur zum Überfluß sei erklärt, daß an sich natürlich auch dieser Schluß trotz seines richtigen Baus ein falsches Ergebnis liefert, weil er auf irrigen Vordersätzen beruht.

Und doch wird nur durch diesen schlechthin elementaren Schlußfehler das — an sich ebenso trügerische — Ergebnis zu Stande gebracht, daß diesen Spiegelungen des die Welt beobachtenden Geistes ein Sein zugeschrieben wird, das in alle Wege nur der Welt zukommt. Daß ein solches Qui-pro-quo völlig unstatthaft ist, bedarf keiner weiteren Betonung, und doch soll das eigentlich große Unternehmen Platons, der Aufbau von Spiegelbildern — und sei es auch geklärter, gereinigter Spiegelbilder — des Urgeschehens zu einer neuen, einer dritten Welt, dem Geistgeschehen, das richtiger ist als das Spiegelgeschehen und über dem dann selbst das Urgeschehen in Vergessenheit geraten soll, sich lediglich auf diese angreifbare Voraussetzung stützen.

Der Nachweis dieses Formfehlers der Schlußfolgerung besagt in seinem Zuständigkeitsbereich nur das Gleiche, was näher an die Grenzen der Daseinswissenschaft rückend, doch immer noch im Bezirk der Erkenntnislehre verharrend der allgemeinere Vorwurf meint, der bereits angekündigt wurde. Er lautet: auch der dritte Satz, ganz abgesehen von seiner Eigenschaft als Folgerung, wiederholt nur den groben Erkenntnisfehler des zweiten Satzes: zum zweiten Mal wechselt die Beweisführung aus dem Gebiet der reinen Erkenntnislehre in das der Daseinslehre hinüber, ohne sich dessen bewußt zu werden oder gar es dem Leser bekannt zu geben, daß damit eine Kluft überschritten wird, über die es keine Brücken giebt. Denn Platon kommt gewiß schon die Einsicht in diese größte Schwierigkeit alles unseres Welterkennens zu: die Unsicherheit über die Zuverlässigkeit unserer Erkennenswerkzeuge, die sich unter Kants Händen zu einer unübersteiglichen Kluft erweitert hat. Platons Gedankengänge lassen es gerade an dieser Stelle auf das deutlichste erkennen: er handhabt ja beständig den Unterschied zwischen δόξα — das man mit Vorstellung ganz gut übersetzt hat — und ἐπιστήμη Erkenntnis. Da aber lag ihm als Forscher die Pflicht ob, die strengste Scheidung zwischen dem Wie und dem Was seines Erkennens zu ermitteln und als eine undurchbrechbare Schranke aufrecht zu erhalten. In Wahrheit aber hat er alle die große und verführende Kraft seines überreichen Geistes daran gesetzt, diese Grenze zu verwischen und die Unterschiedenheit von Denken und Sein vergessen zu machen.

Es verlohnt durchaus die Mühe, deutlich gegeneinander zu setzen, was er als Forscher hätte tun können und was er als der Forschungs-Dichter, der er war, wirklich getan hat. Er hätte seinem unzähmbaren Drang nach der Herstellung eines von den Schlacken irdischer Unzulänglichkeit gereinigten Weltbildes durchaus nachgeben und die Geistwelt, an der ihm lag, so wie sie sein wahrlich herrlicher und edler Traum sah, aufbauen können, aber mit dem Zugeständnis: dies ist ein vereinfachtes, gereinigtes, verklärtes Bild der Welt, wie sie allein zu sein verdient, aber es ist ein Werk des schaffenden Geistes des Menschen. Was er aber tat, war dieses: er erklärte, nur der Geist sieht das wirkliche Sein der Welt, die Erfahrung unserer Sinne aber ist trügerisch; die Welt, die sie sehen, die unsere Erfahrung wahrnimmt, hat kein Sein.

Denn diese zweite Behauptung fügte er freilich noch hinzu — in leidenschaftlicher Steigerung jenes dritten Satzes, daß nur die Denkbilder Sein hätten — indem er erklärte: die nur für unsere Sinne wahrnehmbare Wirklichkeit hat kein Sein, weil sie den reinen Denkbildern nicht entspricht, sondern sie immer vermischt und veränderlich aufweist.

Diese letzte muß die ausschweifendste, die willkürlichste seiner Setzungen im Voraus genannt werden: denn wenn schon — nach erfahrungswissenschaftlichen Maßstäben — ohne alles Recht den Denkbildern das Sein zugesprochen wurde, das in Wahrheit ein Vorrecht der Welt ist, so hieß es diesen

Übergriff bis auf das äußerste treiben, nun auch der wirklichen Welt — denn sie ist die durch die Sinne wahrnehmbare — das Sein abzusprechen. Selbst weithin dichtendes Denken, wie es Platon liebte, hätte sich daran genügen lassen können, den Denkbildern, als den Urbildern aller Wirklichkeiten, ein Sein beizulegen, aber etwa ein Sein der höheren Ebene, deshalb aber doch die Gegebenheiten der Welt, etwa auf einer niedereren Ebene eines roheren, greifbareren und unvollkommenen Seins fortbestehen zu lassen. Aber dies war Platons nun fast trunkener Begeisterung für die neue, von ihm geschaffene Geistwelt nicht genug: sie ersättigte sich erst dann, wenn sie der Gegenwelt der Erfahrung sogar das Sein abgesprochen hatte; d. h. nicht das Sein in der Bedeutung des sinnlich erfahrbaren Seins, sondern nur im Sinn seines, des platonischen Vollseins, das nur einer metaphysischen, jenseits der Wirklichkeit gelagerten Welt angehört. Der einzige Grund, der für diese weitere Setzung im Voraus angegeben wird, ist der, daß die wirklichen, die erfahrbaren Dinge den Urbildern nicht gleichkommen, als unrein, vermischt und veränderlich. Der Ausgangspunkt, der erste Satz ist ganz vergessen, der ja eben noch ganz unbefangen die zu erkennenden Dinge — die Sinnenwelt — als den von der Forschung zu untersuchenden Gegenstand ansah, wie denn Sokrates, von dem der Gehalt dieses Satzes übernommen war, nie an eine andere Welt als die sinnlich wahrnehmbare gedacht hatte.

Man sieht, ein Kettenschluß, dessen Schluß sein Anfangsstück aufhebt, d. h. also eines der anfechtbarsten Gebilde, die die Begriffswissenschaft kennt, liegt hier in schulfallmäßiger Vollendung vor. Um die Dinge zu erkennen, so hebt die Beweisführung an, müssen Begriffe gewonnen werden, und mit der Feststellung, daß die Dinge überhaupt kein Sein besitzen, hört sie auf.

Die Unmöglichkeit dieses Beweises im Sinn wissenschaftlichen Denkens aber liegt noch tiefer als an der Oberfläche dieses Formfehlers. Denn wollte man auch das Sein und die

Vollkommenheit der Urbilder, der Ideen, als bewiesen anerkennen — was ja an sich im mindesten nicht möglich ist — so würde doch aus diesen beiden Zugeständnissen noch durchaus nicht zu folgern sein, daß den sinnlich wahrnehmbaren Dingen ihr Sein zum Teil oder ganz abzusprechen sei. Denn nimmermehr ist aus den Abweichungen, die sie von jenen Urbildern aufweisen, und seien sie auch durchaus zu ihren Ungunsten zu werten, irgend ein Rückschluß auf die Bezweifelbarkeit ihres Seins zu machen. Ganz abgesehen davon, daß auch hier wieder ein an sich unzulässiges Hinübertragen von — bestenfalls richtigen — Ergebnissen einer Erkenntnislehre, also einer reinen Werkzeuglehre in die Daseinswissenschaft und mithin in den Bezirk von Was und Welt stattfindet.

Man sieht, je weiter man dieser Beweisführung zu ihrem Ziele folgt, desto mehr und desto schwerere Denkfehler lassen sich in ihr nachweisen. Vollkommene Wirrsal findet schließlich am Ende dieser Sicht über Denken und Welt statt: die Körperlehre — die Physik — Platons gerät angesichts der Setzung eines Vollseins für die Urbilder der Dinge, die Ideen, und eines vollen oder geteilten Nichtseins der Dinge selbst, also aller Urbestandteile der erfahrbaren Wirklichkeit in den sichtlichsten Widerspruch, den auch die mildesten Beurteiler nicht zu verhüllen vermögen.

So wie sein Antipode und Rival im germanischen Weltalter, Kant, die Wirklichkeit der Welt bis auf einen geringen Rest — das Ding an sich — zu leugnen, davor scheute Platon zurück: die Grundanlage seiner Ideenlehre, als des Aufbaus einer verdinglichten Geistwelt, konnte ihn dazu niemals gelangen lassen. Er begnügte sich damit den Dingen das eigentliche Dasein abzusprechen, welches ihnen vielmehr, so war seine Lehre, erst durch die Anteilnahme am Sein der Urbilder, der Ideen verschafft werde. Ihr eigener Anteil also war auf ein seltsam unsicheres Grenzgebild, zwischen Stoff und Raum schwankend, zurückgeführt, das sich nicht nur wie ein reines Traumerzeugnis, sondern was schlimmer ist wie ein Ergebnis von kaum noch verhüllter Verlegenheit des Denkers darstellt.

Doch noch ist zu diesen Erörterungen allen ein ganz allgemeines Bedenken aufzuwerfen. Gerade diejenigen unter den Anhängern Platons noch in unserer Zeit, die vielleicht das beste Recht haben, sich für ihn einzusetzen, nämlich die von der Form seines Denkens Entzückten, die von der Schönheit seiner Rede Entflammten, sie werden uns, die wir zuerst und zuletzt Stoff und Gehalt seiner Lehre prüfen wollen, zurufen: o ihr Nüchterlinge, wie könnt ihr so weit euch von der Weise dessen entfernen, dessen Wesen ihr erkennen wollt. Einen Geist, der seine Gedanken nie anders dargeboten hat, als in einer Fülle von blühendem Formenreichtum, geschmückt mit jedem Zierat von Gleichnis und Lebensnähe, wollt ihr deuten, als sei er der Verfasser eines Systems aus dem achtzehnten, eines Lehrbuches aus dem neunzehnten Jahrhundert. Handelt ihr damit nicht gänzlich ungeschichtlich? Hierauf aber ist zu sagen: das Tatsächliche dieses Vorwurfs ist zu einem guten Teil zuzugeben und dennoch ist das wissenschaftsgeschichtliche Recht des auf den hier vorgelegten Blättern eingeschlagenen Verfahrens aufrecht zu erhalten.

Gewiß ist hier der Gehalt der platonischen Gedanken in der Gestalt zu Grunde gelegt, wie er sich in den Augen einer Philosophiegeschichte unserer Zeit seit Zellers Tagen darstellt und eine Wiedergabe dieser Gedanken, die die Form von Platons eigener Sprache und die manches späteren seitdem verflossenen Entwicklungsalters der Philosophie annehmen würde, würde allerdings ein ganz anderes Gewand zu tragen haben. Aber die heute bräuchliche Weise ist doch aufrechtzuerhalten: denn das Ziel aller Philosophiegeschichte großen Wurfes muß doch die Herstellung eines für alle Zeitalter gleichen Begriffsnetzes sein, in dessen Felder die Gedanken aller Jahrhunderte nach ihrem rein begrifflichen Gedankengehalt eingetragen werden können. Denn der Fortschritt des Denkens und die Wertgehalte aller einzelnen Erträgnisse dieser langen Entwicklungsreihen lassen sich nur so auf Vergleichbarkeiten und gar auf den Generalnenner des europäischen, des universalen Denkens bringen.

Gewiß muß daneben auch die Zeit, Volkstum, Persönlichkeit absondernde, also eine rein individualisierende Betrachtungsweise, als die im Einzelsinn geschichtliche treten. Und in Verbindung beider Sichten würde man für Platon finden müssen, daß seine Art des Philosophierens mit dem naiven Verfahren früherer Zeitalter des Denkens, etwa dem indischer Welt- und Glaubensweisheit mehr Verwandschaft aufweist, als mit der nüchternen, stets auf Kategorien ausgehenden, ihre Terminologien peinlich innehaltenden Lehrbuchweise unserer Tage. Darüber aber darf die Verpflichtung unseres entwicklungsgeschichtlichen Sehens zu seinen Denkordnungen nicht in Vergessenheit geraten. Und es ist notwendig, große Setzungen Platons, wie jene drei hier bevorzugten, selbst dann in enge Verkettung zu bringen, wenn ihr Urheber selbst sie weit mehr voneinander abgesondert behandelt hat.

Drittes Stück.

Die Gefährdung der Wissenschaft.

Der Zusammenbruch der Körperlehre — der Physik — Platons, durch den im Grunde dem Gewölbe seines Denkgebäudes der Schlußstein genommen wird, ist zuletzt nur Bild und Gleichnis für die erfahrungswissenschaftliche Unhaltbarkeit des ganzen Gedankenganges seiner Ideenlehre. Denn ihr läßt sich vorwerfen, daß sie in kaum unbewußter Vernachlässigung des tiefsten Unterschiedes, den zu machen überhaupt ihr Amt und ihre Pflicht war, beständig das Ding und das Dingbild — eben den Gedanken — in einander übergehen läßt. Wollte man versuchen aus dieser Erkenntnislehre den Gehalt dessen herauszuschälen, was sich mit den Geboten erfahrungsmäßiger Forschung, denen also, denen alle großen Träger des griechischen Gedankens im fünften Jahrhundert von Herakleitos bis zu Sokrates gefolgt waren, vertragen könnte, so würde sich Folgendes sagen lassen. Dem Geist ist erlaubt, dann wenn es gilt sich von den Einzeldingen einen Gattungsbegriff zu bilden, diesen Begriff nicht nur auf das allen Einzeldingen Gemeinsame einzuschränken, sondern ihn zu einem aus allen in Einzelfällen vorkommenden Eigenschaften ihres Wesens zusammengesetzten Höchstbild, einem Zielbild, einem Urbild ihres Wesens heraufzusteigern. Dieses, das Denkbild, die Idee des Dinges genannt, hat für den Geist als sein Besitztum eine höhere Wesenheit als die wirklichen Dinge, ihm ist es erlaubt es zum Maßstab der wirklichen Dinge zu machen und an ihm gemessen werden die erfahrbaren Dinge, die die Bestandteile der Wirklichkeit sind, geringer erscheinen, weil sie erstens durch Mängel entstellt sind, zweitens Veränderungen unterliegen. Soweit Platons Lehre, der heutige Erkenntnislehre, durch mißbräuchliche Anwendungen des Grundstocks gewarnt, noch folgende Einschränkungen zufügen müßte: auch diese Urbilder der Dinge sind abhängig von der geschichtlich bestimmten Beschaffenheit des Geistträgers, der sie formt, und unterliegen daher den Veränderungen, die die Veränderung der Beschaffenheit des sie nützenden Geistes herbeiführt.

Man sieht sogleich die großen Gewinnste an wissenschaftlicher Haltbarkeit und die großen Verluste an geistiger Wucht und Gewalt. Nie auch dürfte eine solche Zurückleitung in dem Sinn verstanden werden, als solle dadurch ein Maßstab angegeben werden, an dem das Werk des geschichtlichen Platon nach Wert und Rang gemessen werden könnte. Das wäre Wahn und Irrtum von Anbeginn. Eine solche nüchterne Festlegung hat vielmehr nur den Zweck, die Entfernung erkennen zu lassen, die zwischen dem platonischen Traumdenkertum und sicherer Erfahrungswissenschaft aufklafft.

Eine solche sehr kühle und sehr nüchterne Betrachtung widerspricht durchaus den Gepflogenheiten heutiger Wissenschaftsgeschichte, die um bestechende Verklärungen zu schonen und auch aus Abneigung gegen jede vergleichende Nachprüfung und Beurteilung sie in der Regel gänzlich vermeidet. Sie ist aber um deswillen unvermeidlich, weil nur so eindeutig herausgestellt werden kann, wie weit eine Lehre, die mit so einzig gewaltigen Mitteln des Geistes vertreten wurde, von den Richtlinien abweicht, an die sich alle die Forschung gebunden hat, auf deren Erträge sich unser heutiges Weltbild gründet.

Ruhm und Namen Platons als eines Bildners im Geist wird durch sie nicht angetastet; das Irren seiner Forschung aber kann auch in diesem Zusammenhang, der nur das Verhältnis von Geistwelt und Spiegelwelt aufdecken will, gar nicht unverhohlen und schroff genug dargetan werden.

Denn kaum abzusehen ist, welch ungeheurer Schaden durch die Platonische Ideenlehre der griechischen und mit ihr aller europäischen Wissenschaft zugefügt worden wäre, wenn sie obgesiegt hätte — und dies war doch wie von jedem feurigen Lebenstun, so sicherlich von diesem freiesten der bewußte Zweck. Unser geschichtliches Gedächtnis übersieht hier nur allzu oft die Besonderheiten des Werdegangs der griechischen Wissenschaft. Diese hat auf ihren frühen — im menschheitsgeschichtlichen Sinn mittleren — Stufen, in ihrem Mittelalter vornehmlich, zwar die Riesenleistung der Säkularisierung, der Verweltlichung der Forschung vollbracht: sie hat zum ersten Mal in der Gesamtgeschichte des menschlichen Wissens vermocht das Sehen und Beschreiben der Welt von allen Fesseln des Glaubens loszulösen. Aber sie hat selbst bis zum Ausgang der griechischen Neuzeit, bis zum Ende des fünften Jahrhunderts also, eine im Sinn unserer Forschung gleichmäßige Ausgliederung der Einzelwissenschaften neben dem allgemeinen Denken über Welt und Menschentum bei weitem noch nicht zu Stande gebracht. Kennzeichnend ist, daß das erste große und wenn man will wissenschaftliche Geschichtswerk des griechischen Schrifttums, die persisch-griechische Geschichte des Herodot sich noch *ἱστορίαι*, d. h. ganz allgemein Forschungen nannte, ein Buch also, das dicht vor Platons Geburt ans Licht des Tages trat und das in gewissem Sinn die von den Griechen meist gepflegte Einzelwissenschaft begründete, sich selbst nur allgemein als Wissenschaftswerk empfand. Alle bedeutenden Geschichtswerke dieser Zeit, von Hellanikos bis zu Xenophon sind erst dicht vor und nach den Anfängen von Platons Wirksamkeit entstanden. So ist gar nicht abzusehen, wie unsäglichen Schaden Platons Lehre von der Alleingültigkeit seiner Denkbilder angerichtet hätte, wenn sie wirklich den griechischen Geist überwältigt hätte, indem sie allem diesem Wachstum erfahrungsmäßiger Wissenschaft Licht und Luft und von Thukydides ab das Dasein genommen haben würde.

An einer Stelle des Gedankennetzes von Platons Erkenntnislehre wird die allem weltnahen Wirklichkeitserkennen geradezu feindliche Auswirkung eigens deutlich, das ist da, wo sie das Sein und das Werden gegen einander abwägt und im Grunde das Werden als die an sich geringere Wirklichkeitsform aus ihrem höheren Weltbild fortweist. An zwei Mängeln leidet ja, so ist Platons Überzeugung, die sinnlich wahrnehmbare Welt: an der Vielfachheit und an der Veränderlichkeit der Einzeldinge, die sie aufweist und denen, weil sie von den Urbildern, den Ideen der Dinge abweichen, das wahre Sein abgeht. Damit aber wird alles Werden seiner Bedeutung beraubt, geschichtliche Forschung, sei sie nun der Menschheit oder der Natur zugewandt, wird — das muß hieraus folgerichtiger Weise geschlossen werden — zum unnützesten Tun in der Welt. Denn wenn das einzig Seiende, eben die Denkbilder der Dinge, ewig unveränderlich ist, so ist nichts unfruchtbarer, als an ihrem geringen Abbilde, den Dingen der sinnlich wahrnehmbaren Welt, die Veränderungen zu beobachten, die gerade der Beweis dafür sind, daß ihnen nur eine Kümmerform des Daseins zukommt.

Indem Platon diese Anschauung herausbildete — die schlechthin das Gegenteil von aller Wahrheit der Welt behauptete und die Geschehensform Werden, die recht eigentlich alle Wirklichkeit beherrscht, als eine geringfügige Nebensache, fast nur wie eine störende Begleiterscheinung abtut — mußte seine Verkündung, wenn sie obsiegte, nicht alle Geschichte nur — der Menschen und Völker — nein auch alle geschichtliche, d. h. alle richtige Betrachtung der Welt mit tötlichem Hauch zum Untergang oder wenigstens zu völliger Nichtachtung verurteilen. Die Todfeindschaft zwischen aller Begriffs- und aller Geschichtsauffassung ist hier zum ersten Mal in der Geschichte des europäischen Geistes zum Ausbruch gekommen. Und es wäre übel angebracht, über dies schicksalschwere Geschehen so fortzugehen, als sei es eines der Myriaden von unbedeutenden Einzelereignissen dieser Entwicklung. Damals ist einer der schwersten und zähesten Geisteskämpfe ausgebrochen, die in aller Wissenschaftsgeschichte ausgefochten worden sind: der zwischen dem begriffsmäßigen Sehen, das notwendig alle seine Bilder auf eine Ebene wirft, immer den einen und endgültigen Querschnitt durch Welt und Wirklichkeit legt, und der erfahrungsmäßig-geschichtlichen Sehweise, die grundsätzlich mehrere Ebenen in der Aufstufung der Zeiten unterscheidet, grundsätzlich Längsschnitte durch mehrere, viele Querschnitte legt.

Wurde hier der Ausdruck Geisteskampf gebraucht, so ist er freilich nur mit dem notwendigen Korn des Salzes geschichtlicher Einsicht zu verstehen: ein Aufeinanderprallen zweier Geistesheere fand gewiß noch nicht statt: noch war nicht daran zu denken, daß sich die geschichtliche Anschauung der Vergangenheit über die Beschreibung der geschichtlichen Geschehnisse zu einer Einsicht in das Wesen und das Wie des geschichtlichen Werdens gesteigert hätte: der Vorstoß, mit dem zu Platons Lebzeiten Thukydides in seiner beschreibenden Geschichte weiteren Wurfes und besserer Durchdringung über Herodot hinaus vorwärts gedrungen ist, war schon stark genug. Aber so viel wird sich sagen lassen: indem Platon zum ersten Mal in der Geschichte des forscherlichen Geistes neben der höchsten Steigerung des Begriffs die tiefste Erniedrigung von Erfahrung und Geschichte als Gesetz verkündete, wurde allerdings die eine Schlachtordnung aufgebaut, und daß eine gegnerische überhaupt nicht auftrat und bis zum Ausgang des griechischen Geistes nicht aufgetreten ist, war vielleicht die wesentlichste mittelbare Wirkung dieses ersten Geschehens. Die Anhänger des Begriffs waren zuerst und mit so überstarken Waffen ausgerüstet auf dem Plan erschienen, daß es vielleicht darum zu einer Gegenbewegung überhaupt nicht gekommen ist.

Im griechischen Geist überhaupt muß, davon war schon im Vorübergehen die Rede[1], die Neigung zum Begriff und damit zum Sein so stark die andere zu Geschichte und Werden überwogen haben, daß es zur Ausbildung einer Werdenslehre und eines geordneten Denkens über Geschichte nicht gekommen ist, wie sie romanische und germanische Forscher hohen Ranges seit Vico und Turgot, seit Herder und Hegel im neueuropäischen Weltalter ausgebildet haben. Aber der Vollstrecker dieses Willens des griechischen Volksgeistes war Platon und recht eigentlich der Scharfrichter, dessen Schwert dem Werdensgedanken den Lebensfaden abschnitt, noch ehe er recht zum Dasein gekommen war. Wer vermag zu sagen, ob der erste starke Versuch einer entwicklungsgeschichtlichen Forschung und damit einer werdensmäßigen Betrachtung von Geschichte, wie ihn Aristoteles in seinem Staat der Athener angestellt hat, nicht viel stärkere Folgen gehabt hätte, wäre all solchem Tun nicht durch Platons Begriffsvergottung allzu erfolgreich entgegengewirkt worden.

Und mit dem Ende der griechischen Geistes- und Forschungsgeschichte endet Platons Nachwirkung in diesem Stück nicht. Die seltsame Starrheit, in der Vicos Denken über Geschichte, das doch wahrlich zum Werden und zu

[1]) Vom geschichtlichen Werden III (1928) 441ff.

einer Werdenslehre sich durchkämpfen wollte, zunächst noch befangen blieb, immer noch am Begriff und an der einebnigen Sicht auf die Welt haftend, auf welche andere Einwirkung ist sie zurückzuführen, als auf die Einwirkung von Platons werdensfeindlicher Ideenlehre? Der innere Mißerfolg von Hegels Geschichtslehre hat wenigstens eine seiner Wurzeln in ihr. Und die Geschichtsfeindlichkeit des heutigen Neuplatonismus der Phänomenologen[1] hat ebenso unzweifelhaft hier ihren Ursprung.

Und man denke nicht, daß dieser besondere Fragenzusammenhang von Sein und Werden abseits von dem eigentlichen Gegenstand des hier verfolgten Gedankenganges, von dem Verhältnis zwischen Ur- und Geistesgeschehen, zwischen Spiegelwelt und Geistwelt liege. Er zielt vielmehr auf seinen Kern ab: denn eben die Begrifflichkeit der einen zwar hohen, zwar erhabenen Ebene, aus der die neue Geistwelt der Denkbilder aufsteigen soll, bedeutet die schroffste Leugnung des innersten Wesens und der Grundeigenschaften des Urgeschehens, der Wahrheit der Welt, die diesen Blättern gewiß ist, und von der doch auch die Spiegelwelt der griechischen Denker nach Herakleitos und vor Platon die wesentlichsten Züge aufgefangen hatte. Daß Welt Werden ist, beständiges rastloses Geschehen und immer neues Werden von Geschehensformen, diese Erkenntnis, von der doch mancher Bruchteil schon errungen war, würde bis an das Ende der Tage nie erworben worden sein, hätte sich die eiserne Starrheit der Denkbilder Platons siegreich durchgesetzt. Daß Welt wie Menschheit, Tat, Gedanke, Gebild, sie alle in beständigem Geschehen, nie in ruhendem oder zur Endgültigkeit gestilltem Sein sich darstellen und daß sie eben als Geschehensweisen beständig wachsen und sich wandeln, dies wäre nie offenbar geworden und alle tiefe Sicht des so viel weltischeren Herakleitos — sein Glaube an das *πῦρ ἀεὶ ζῶον*, an die ewig lebendige Flamme des

[1]) Vgl. Husserl, Logische Untersuchungen.

Urgeschehens — auf immer verschüttet geblieben. Und nicht abzusehen wie viel Hindernisse auch so noch, wie alles geschah, da Platon nicht durchdrang, sein Werk bei dem großen Erfahrenden, dem vom Meister abtrünnigen Schüler dem Hindringen zur wahreren Urwelt, zum treueren Spiegelgeschehen, zum Werden entgegengestellt hat.

Was von dem Einzelzusammenhang des Verhältnisses zwischen Begriff und Geschichte, Sein und Werden gilt, läßt sich in noch viel weiteren Ausmaßen von der Nachwirkung des Insgesamts der Ideenlehre Platons sagen: sie hat noch mehr als zwei Jahrtausende gewirkt, wie eine Centralsonne immer wieder andere, immer neue, noch eben erst entstandene Daseins- und Erkenntnislehren in ihre Gefolgschaft zwingend. Und es geschah immer zur Verherrlichung ihrer Nur-Geistwelt, immer zur Verringerung, Lähmung und Schwächung, zuweilen bis zur Zerstörung aller weltfrommen, wirklichkeitsfrohen, lebensnahen Sichten auf die Welt.

Da Platons Lehre selbst sich nie anders gab, denn als Wissenschaft, als Daseinslehre, so muß sie auch als Forschung und von den Regelsetzungen forscherlicher Welterkenntnis her beurteilt werden. So bleibt entscheidend, was nach dem ungeschriebenen Gesetzbuch der Wissenschaft, die nur die erfahrende, nur die auf Erfahrung bauende sein kann, zu Prüfung und Beurteilung dieser Lehre gesagt werden konnte, einer Lehre, die in Wahrheit keine Lehre, sondern Traum und Dichtung ist. Und bis ins innerste unfolgerichtig und sachlich zweideutig ist, wenn heute eine sehr wohlgesinnte und in sich ganz geschlossene, also ehrliche Einzelforschung allen Ernstes glaubt, mit der einen Hand schaffende Erfahrungswissenschaft bauen, mit der andern aber im Namen Platons ewige Denkbilder eines herrscherlich unumschränkten Seins an das Firmament ihres Gedankenhimmels heften zu können. Wie lähmende Folgen solche innerst unmögliche Doppeltheit des Forschungswillens haben muß, wird später noch anzudeuten sein.

Warum aber hat ein Geist von den Riesenmaßen Platons diesen Bau, den so viele Anklagen zu erschüttern trachten, überhaupt aufgerichtet? Die Antwort ist: der Forscher-Denker in ihm hatte immer Unrecht, der Dichter-Denker ebenso oft Recht. Die Freude am Denkwerk, die bei Sokrates noch in den Maßen der Erfahrung blieb, steigerte sich in Platon zu einer Lehre, die alle Erfahrung wie eine lästige Fessel abstreifte, den Geist nur aus dem Geist nähren wollte und so aus seinem Werk eine schöne Willkür, eine Dichtung, fast einen Glauben, jedenfalls eine Metaphysik, d. h. eine ihren freien Gedanken folgende Daseinslehre machte. In dieser Linie ist zuletzt nichts begreiflicher, als daß ihr Ziel der Aufbau eines Lehrbildes wurde, das von jedem gedachten, aber auch von jedem wirklichen Ding erklärte, daß es nur im Geist zu seiner wahren Wesenheit gelangen könne, daß es nur, wenn der Geist es bis an die letzten Grenzen seiner Folgerichtigkeit und Reinheit führe, sein innerstes Wesen verwirklichen und vollkommen darstellen könne. Und da dies höchste Denk- und Wesensbild sich nur im Geist vollenden könne und da es sich in dieser Vollendung hoch über alle irdische und also auch erfahrbare Wirklichkeit erhebe, so komme es auf diese niedere und unvollkommene Erdenwirklichkeit gar nicht mehr an, sie sinkt für den Dichter-Denker ins Wesenlos-Gemeine zurück und ist deshalb gar kein Sein mehr in dem Sinne, der allein jenen vollkommenen Denkbildern zukommt. Man sieht, daß von dem so gewonnenen Standpunkt aus alle die drei Sätze, die hier nach den Überzeugungen unserer und aller Erfahrungswissenschaft so hart angegriffen werden mußten, zu Recht bestehen. Und ganz gleichgültig bleibt, woran hier neue Vorwürfe geknüpft wurden, wann und wieviele, ja ob überhaupt, ob je menschliche Erkenntnisse zu diesen höchsten letzten wahrsten Urbildern des Seins hindringen. So spricht oder wollte sprechen Platon der Dichter-Denker, der Bildner-Denker, der Traum-Denker.

FÜNFTES BUCH.

DAS SCHICKSAL DER GEISTWELT.

Erster Abschnitt.

Der Sinn der Denkbilder-Lehre.

Erstes Stück.

Platon der Denker, der Bildner, der Schöpfer.

Alles Ja und alles Nein, das der forscherliche Sinn zu der Denkbilderlehre Platons sagen kann, faßt sich in das eine Wort zusammen, daß er der Wissenschaft eine neue Forschungsgattung aufgedrungen hat: die Metaphysik, d. h. eine Wissenschaft, die nicht nur ganz gegenständlich, ganz sachlich das Ganze der Welt und seinen Sinn umgreifen will, wie die Daseinslehre, die als induktive, vom Boden der Erfahrung auf bauende Wissenschaft dies Werk unternimmt, sondern die grundsätzlich diese Aufgabe als nur von jenseits der Erfahrung her, also mit transzendentalen Erkenntnismitteln lösbar ansieht und so zu lösen gedenkt, die also von vorn herein eine Überseinslehre darstellt. Diese Form der allgemeinsten Wissenschaft, des Weltdenkens, der Philosophie hat Platon recht eigentlich in die Welt gebracht. Die älteren Träger und Gestalter des griechischen Gedankens, von deren Metaphysik man wohl auch gesprochen hat, haben doch grundsätzlich nicht Metaphysik sondern Physik, nicht Überseinslehre sondern Daseinslehre schaffen wollen, und selbst Sokrates war seiner ganzen Denkweise nach noch dieser fremd.

Jede Überseinslehre, zu der die Urseinslehre, bis zu der die auf diesen Blättern vertretene Daseinswissenschaft vordringen will, in vollstem Gegensatz steht, ist von den Einen als ein höchstes Geschenk des Geistes an die Wissenschaft gepriesen worden; Anderen aber ist sie, und zwar zu allen Zeiten, die Büchse der Pandora, ein Urquell von Verderben für alle wahre, d. h. auf die Erforschung der Wirklichkeit allein bedachte Wissenschaft gewesen. Kant, der selbst wenn nicht Metaphysiker, so immer Metapsychiker, Metalogiker gewesen ist, Anwalt zwar nicht einer Überseins-, wohl aber einer Übersollens- und Übervernunftlehre, wird wahrlich nicht als ein voreingenommener Beurteiler der Metaphysik angesehen werden können. Und gerade von ihm weiß man, wie verschieden die Meinungen waren, die er über Metaphysik gehegt hat. Zu der Zeit der Reinen Vernunft hat er die härtesten Verwerfungen über alle Metaphysik, über die Lehren aller Metaphysiker bis zu seinen Tagen ausgesprochen, noch das Wort war ihm verhaßt. Zwei Jahre später aber hat er wenigstens diesen Bannfluch zurückgenommen und sein eigenes Planen ein metaphysisches genannt, wie aus jener Aufschrift des kleinen Werkes von 1783 hervorgeht, die auch sonst so kennzeichnend für die Seelenbeschaffenheit dieses stolzesten und selbstbewußtesten der Forscher ist: Prolegomena zu einer jeden künftigen Metaphysik, die als Wissenschaft wird auftreten können. Und man weiß heut, wie sogar in einem inneren Sinn sich in den letzten Jahren seiner freilich schon sinkenden Kraft seine Neigung der Metaphysik zugewandt hat.

Eine Stufenleiter also von Stellungnahmen: die wissenschaftlich richtigste aber sicherlich die erste, die höchst bezeichnender Weise aus der Schicht seines Denkens stammt, in der er seine eigene Erkenntnislehre, die so völlig alle früheren Versuche verwarf, durchaus als erfahrungswissenschaftlich empfand, als er sich rühmte: Mein Platz ist das fruchtbare Bathos der Erfahrung — von welchem Tal aus denn freilich alle Versuche von Metaphysik und die höchstgetürmten am meisten, als unstatthafte Waghalsigkeiten sich darstellen würden.

Immerhin, und auch das muß von Platons Denkbilderlehre ausgesagt werden, als Überseinslehre, als Metaphysik ist sie eigens beherrscht, von einer Selbstzucht der wissenschaftlichen Einbildungskraft zeugend, die den Eindruck von ihr sehr stark bedingt und beschränkt: verglichen etwa mit den reinen Welt-Geistlehren Fichtes und seiner Zeitgenossen ist sie maßvoll, insofern sie sich jeden Oberbaus enthält, der sich mit voller Willkür in den unermessenen Luftraum der gänzlich freien Gedanken erhöbe. Platon ist nicht einmal so weit gegangen, daß er aus den einzelnen Denkbildern, die er von den Dingen und Gedanken ins geistige Dasein ruft, einen geschlossenen Bau, ein gegliedertes Gefüge gemacht, ein Ganzes seiner Bilderwelt geschaffen hätte. Auf dem Wege zur Schöpfung eines einheitlichen Begriffsnetzes, durch das er ein solches Insgesamt hätte entstehen lassen, hat er kaum die ersten Schritte getan. Was einer Wissenschaft von seiner Sinnesart heute zunächst liegen würde, eine Ontologie, eine begrifflich geordnete Seins- oder, genauer zu sprechen, Überseinslehre zu gründen, war ihm noch fern. Gewiß war der Grund hierfür auch der Mangel an bauendem Wissenschaftsgeist, Bild und Zeichen also eines Anfangs noch in der Entfaltung forscherlicher Kraft. Zugleich aber zeigt sich auch hierin etwas von der wunderbar silbrigen Feinheit des Geistes, die Platons Denkgebilde so adlig erscheinen läßt.

Die Brüchigkeit des wissenschaftlichen Baus, die noch sehr viel grundsätzlichere Gefährdung der Wissenschaft als reiner Erfahrung aber bleiben bestehen. Daß Platon, der doch auch Forscher war und dessen Einsichtsmöglichkeiten auch in das Bedürfen reiner Wissenschaft sehr hoch zu veranschlagen sind, sich über diese Abgründe, die er für Jahrtausende aufriß, hinwegtragen ließ, kann nur durch ein stärkeres Ja seiner Fähigkeiten, seiner Neigungen erklärt werden. Welche waren es? Die Antwort auf diese Frage kann nur die eine, einfachste sein: Platon war nicht Forscher allein, nicht einmal überwiegend Forscher, er war, soweit diese seine Denkbilder als Zeugnis und Erzeugnis seines Geistes angesehen werden sollen, auch gewiß nicht Dichter, nicht einmal überwiegend Dichter, sondern er war ein für uns namenloses Drittes: Dichter-Denker, Traum-Denker, Bildner-Denker oder durch welche Sammel- und Gleichnisausdrücke immer man dem Sinn seines Tuns nahezukommen trachten mag.

Eben die höchsten Gestalten unter den Schaffenden mögen unsere scheidelustige und immerdar zu nur allzu scharfen Grenzsetzungen bereite Wissenschaft darüber belehren, daß das Leben reicher ist als diese unsere fächerreichen Rahmengefüge und Begriffsnetze. Wie an Böcklin die saubere Trennung zwischen Maler und Dichter zu Schanden wird, wie die Angriffe gegen ihn, die ihm meist, jedoch nicht immer, zu Unrecht vorwerfen, daß nicht all sein Künstlertum in Linie und Farbe aufging, völlig unbegriffen lassen, daß der Traum auch und erst recht Gegenstand der Kunst ist, der Kunst, die über Malerei und über Dichtung ist und mehr als sie, so leuchtet auf einer höheren Ebene an Platon die Einheit geistigen Tuns auf, die über Forschung und über Kunst ist und mehr als sie. Ein Bildner im Geist war er, der über allem Dichten Wirklichkeiten hinstellen und insofern Wissenschaft schaffen wollte und über allem Forschen freie Bilder des Seins und insofern Kunstwerke erzeugen wollte. Uns Anwälten der reinen Wissenschaft wird bei dieser Verwischung der Grenzen nie wohl sein, und es ist fast zu denken, daß auch reines Künstlertum dieses Schaffen von Gebilden, die doch aller Freiheit des Tuns zum Trotz Wirklichkeiten zu sein behaupten, als sich nicht durchaus verwandt empfindet.

Und wenigstens würden beide Parteien mit ihrer Klage Recht haben, daß hier weder Kunst, noch Wissenschaft entstanden sei. Denen aber, die die höhere Einheit eines Geist-Bildnertums über Kunst und über Forschung nicht anerkennen wollten, müßte entgegnet werden, daß Platons Verkündung in Wahrheit einer Ebene angehörte, die auch noch über die eines solchen Bildens im Geist hinausreicht und über sie wie noch mehr über die von Forschung und Kunst als eine dritte sich hebt: das Tun eines Schöpfers von Welt und Wirklichkeit selbst, das war Platons Werk.

Und so gewiß diese innerste Wesenheit der platonischen Denkbilder erst aus dem Gesichtswinkel einer allgemeingeschichtlichen Sicht erkannt werden kann, die Urgeschehen, Spiegelgeschehen und das hier zum ersten Mal der Erde und der Menschheit entfließende Geistgeschehen unterscheidet, so gewiß darf sie ihrem geistesgeschichtlichen Rang nach auch nur mit diesem höchsten Maßstab gemessen werden. Es war wirklich ein erster Versuch eine dritte Welt über der Spiegelwelt — sei es der Forschung, sei es der Kunst, sei es des Geistes an sich — zu schaffen, ein Hinaustragen der Grenzen dessen, was Menschen bis dahin gewagt und gewirkt hatten, ein Hinübergreifen menschlichen Wollens in das Tun, das bisher die gläubige Ahnung nur den Göttern vorbehalten hatte. Und eben deshalb eine Forderung des Menschengeschlechts auf Teilhaberschaft am Weltgeschehen, da es sich bisher damit begnügt hatte nur Menschengeschehen zu leisten, zu genießen, zu leben.

Ein Ikarus-Flug, so sollte man meinen, und deshalb von Anbeginn zum Scheitern verdammt und doch eine der folgenreichsten Taten — nicht etwa nur Verkündungen — der Menschheit, durch Jahrtausende wirksam und noch heut nicht im mindesten erloschen in ihren Folgen. Dies aber war gewißlich nur um deswillen möglich, weil diese Tat, so unsäglich anspruchsvoll und übergreifend sie erscheint, durch ihre Eigenart selbst, noch mehr durch die Maße und Grenzen, die sie sich setzte, beherrscht und gefaßt blieb, daß sie solchem Scheitern sich nicht aussetzte und so ihm auch nicht wider Willen verfiel.

Zwei Linien lassen von ihr sich ausziehen zu anderen Möglichkeiten, anderen Wagnissen, schon gewagten wie noch erst von der Zukunft zu erwartenden. Als Geistwerk weist sie rückwärts zu Misch-, Keim-, Übergangsformen, die nicht ganz ihresgleichen, doch ihr verwandt sind und sie sonder Zweifel haben heraufführen helfen: zu den Götterhimmeln der alten Glaubensformen, die nie das Menschengeschehen selbst über sich hinausführen wollten, immer aber, ganz wie Platons Denkbilder, ein Plus Ultra, ein Übermenschentum über dem Menschentum zu schaffen trachteten. Als Menschenschaffen aber bedeutet dieses Tun ein Sicheingrenzen auf ein diesseitiges Geschehen, ein so bewußtes Aufgeben von aller Selbstunterwerfung des Glaubens unter außermenschliche Gewalten, daß es sich zu den wirklichen Taten des Menschengeschlechtes hindrängt, die auf eine Bewirkung der Welt selbst hinzielen.

Zweites Stück.

Der erste Aufbau einer Geistwelt und seine Unhaltbarkeit.

Immer von neuem erhebt sich lockend und doch auch wieder drohend die Frage: was ist es denn, das da in der Welt geschah, als Platon seine Denkbilder schuf? Die Reden, die in dem nach Timaios zubenannten Gespräch über sie gewechselt werden, geben vielleicht die greifbarste, weil die sinnlich-anschaulichste Vorstellung. Da heißt es, daß der Bildner — der Demiurg — den Platon mit einer nicht eigentlich glaubens-, sondern ganz wissensmäßigen Setzung-im-Voraus seinem Weltbild zu unterstellen für nötig hält — die Welt geschaffen habe, indem er beständig nach den Urbildern der Dinge als Mustern seines Schaffens sah. Ein Bild tut sich auf, wie die Disputa des Rafael: hoch auf Wolken thronend die Ideen, die Urbilder, die ewig seienden, einheitlich einen, sie, die so viel höher sind als die Dinge der wirklichen Welt, die stets verschiedenen, stets sich wandelnden, deshalb nie vollkommenen. Auf sie als die Muster seines Schaffens blickend, baut der Weltordner, der Demiurg die Welt, bildet also nach jenen Dingbildern die Dinge, nicht aber, was auch als möglich angedeutet wird, nach dem Vorbild irgendwelcher Wirklichkeiten selbst.

Gerade die ganz sinnliche, ganz anschauliche Weise, mit der Platon den Vorgang malt, ist der Erkenntnis förderlich, die hier gesucht werden soll. Die Frage ist nämlich nicht, was wurde über die Welt gedacht, sondern was wurde dem Weltgeschehen selbst hinzugefügt, als Platon seinen Geistbau schuf. Gewiß es ist halb Bild und Gleichnis, wenn Platon seine Denkbilder wie einen Himmel von seligen Wesen räumlich in den Weltraum wirft, aber es ist nicht Bild noch Gleichnis nur, daß seine Geistwelt als eine in der Wirklichkeit seiende in die Gesamtwelt gestellt erscheint, mag diese Wirklichkeit auch eine höhere sein als die gewachsene, gewordene, die unseren Sinnen zugänglich ist. Aber sie ist, und damit tritt sie als seiend — oder genauer gesagt will doch treten — neben die seiende Welt.

Wird Platon nicht nur als Denker, nur als Dichter, sondern als Schöpfer angesehen, als Schöpfer eben dieser dritten Welt, so wird sein Tun aus den Ebenen der Wissenschafts-, der Geistes-, ja selbst der Menschheitsgeschichte gehoben, wird zur Weltgeschichte selbst. Denn darüber gebe man sich doch keinen Täuschungen hin, wird ein so Ungeheures, wie es die Verkündung der Denkbilder durch Platon war, in den nur allzu unrhythmisch und unpathetisch, oft ganz ohne Schrittmaß der Teilung, ohne Leidenschaft der Heraussteigerung dahinplätschernden Fluß einer Wissenschaftsgeschichte und noch dazu der ältesten und überlieferungsmäßigsten eingefügt, so kommt ihm sein volles Recht nicht zu. Dies war nicht ein Denken über Sein und Wirklichkeit, dies wollte Sein und Wirklichkeit selbst sein. Es wurde nicht die Zahl der Welt-, Erkenntnis-, Daseinslehren um eine, und sei es die geistvollste vermehrt, sondern es wurde ein Versuch gemacht, der erste den Menschen gewagt haben, an den Bau der Welt Hand anzulegen, ihn zu ändern, zu mehren.

Denn es wurde ja nicht mehr und nicht weniger behauptet, als daß es eine Überwelt gebe, reiner, höher, vollkommener als die wirkliche, unseren Sinnen bekannte Welt. Es ist unmöglich diese Überwelt, oder genauer zu reden die Einzelbilder dieser Überwelt — denn nie von einem Ganzen, sondern immer nur von ihren Teilen sprach Platon — räumlich, wie eine zweite Welt neben der ersten zu sehen, das würde allzu sehr an die Menschheitskindheit und an ihre Glaubensgebilde erinnern; und doch auch nicht möglich dieser Geistwelt eine nur gedachte, nur vorgestellte Wesenheit im Weltall anzuweisen. Denn eine denkräumliche Ausdehnung muß sie beanspruchen: wie wäre es möglich Denkbilder eines Sterns, einer schönen Menschengestalt ohne räumliche Ausdehnung anzunehmen. Platon selbst war den Glaubensbildnern nicht unverwandt und in dem Gespräch, aus dessen Verlauf die angerufenen Sätze stammen, vergleicht er seine Wirkensweise der eines Bildners von heiligen, von Ursagen, denn er läßt Timaios, dessen Maske er hier angenommen hat, die Worte sagen: erinnert euch, daß wir, ich, der hier spricht, wie ihr, die ihr urteilt, nur von Menschenart sind, sodaß es sich nicht ziemt über diese Dinge mehr hören zu wollen, wenn ihr einen Mythos, der Wahrscheinlichkeit hat, vernehmt[1]. Der Mythos aber, die heilige Ursage hat nie weniger beansprucht als Wirklichkeit zu sagen; kaum daß er es aussprach, daß er nur ahnend von ihr spreche.

Als Wirklichkeiten werden die Denkbilder verkündet, von so gewisser Beschaffenheit als nur irgend ein Gottesbild von seinen Gläubigen verkündet worden ist. Und will man noch weiter gehen, dem Urheber der Lehre in seinen Gedankengängen folgend, wird man mit ihm die Frage aufwerfen müssen, ob nicht Dinge, die nur im Geist seiend gedacht werden, für sich eine Daseinsform beanspruchen,

---

[1]) Platonis Dialogi Timaios 15 C, D: ex rec. Hermanni IV [1873] 333.

die nicht unwirklicher ist als die der irdischen Dinge? Weder denkräumliche Ausdehnung noch eine Fülle mit Dasein gefüllter Eigenschaften dürfte ihnen abgesprochen werden; nur die grobe Greifbarkeit soll ihnen, so will es ihr Schöpfer, mangeln.

Eine solche Fülle von beeindruckender Macht aber soll diesen Urbildern des Seins zukommen, daß nach ihrem Muster der Weltordner die irdische Wirklichkeit mit allen ihren Beschaffenheiten, von den elementarsten und wuchtigsten bis zu den zartesten und feinsten hat formen können.

Will man den Anspruch dieses geistigen Geschehens ganz ermessen, so wird man ihn nahezu einer Weltschöpfung oder zum wenigsten der Erweiterung, der Vertiefung der Welt gleichsetzen. Allerdings in den Grenzen des geistigen Schaffens, das nur Erschaffenes schauen, nicht zu Erschaffendes machen kann. Aber wie nahe ein Schauen von sinnlich Ungreifbarem, von schlechthin Unerfahrbarem an Schaffen rührt, dafür giebt es die gewichtigsten Beweise in anderen Bezirken der Menschheitsgeschichte. Kant, indem er den kategorischen Imperativ seiner Sittenlehre lediglich erkenntnismäßig schaute, Marx, indem er die zwangsläufige Entwicklung des Klassen- und des Wirtschaftsgeschehens zum Sozialismus hin »aufdeckte«, Beide haben die ungeheuerste Einwirkung auf die zu schaffende Sitten-, die zu schaffende Gesellschaftsordnung ausgeübt. Und so würde allerdings die Entdeckung einer Geistwelt, einer Vorbildwelt, wie sie Platons Denkbilder in ihrer Gesamtheit darstellen, eine schöpferische Tat bedeuten — mit dem Vorbehalt so weit der Geist Geistiges schaffen kann. Nicht in Hinsicht auf Naturdinge, denn hier, den unabänderlichen Gegebenheiten der Natur gegenüber, wurde nur allzu deutlich, daß die Begriffsgebilde der Denklehre nie in alle Wege etwas anderes sein konnten als wenn auch vereinfachte, veränderte, umbestimmte — modifizierte — Abbilder des Urgeschehens der Natur, wohl aber der Menschheit gegenüber, auf die ein Höchstmaß von Einwirkung möglich war durch das Hilfsmittel der »Auffindung«, d. h. doch der Formung dieser Vorbilder.

Doch wenn irgendwo, heißt es hier: den Anfangsforderungen widerstehen: *principiis obsta.* Keine Einsicht in den monokosmischen Bau, in die Einheitsordnung der Welt wird unterlassen dürfen, Platon in dieser Sache einer im tiefsten weltunfrommen Gesinnung anzuklagen. Denn er hat recht eigentlich mit seinem Aufbau einer dritten, einer Überwelt, einer Vorbilderwelt aus dem Geist das Verhältnis zwischen der Welt und der Menschheit umstürzen wollen.

Denn mag er auch nicht müde werden zu versichern, die Denkbilder der Welt, die er fordert, seien von ihm nicht geformt, sondern erschaut, der wirkliche geistige Vorgang, der sich hier vollzog, ist doch der, daß ein Mensch unternahm der Welt ihre Gebilde vorzudenken, gegen ihr gewachsenes Leben geprägte, von ihm geprägte Denkbilder zu stellen, von denen er behauptete, sie seien ihre Vorbilder, ja mehr als das, sie seien ihr überlegen, die Urbestandteile der wirklichen Welt seien kümmerliche, mißlungene Nachbildungen jener — von ihm ersonnenen — Muster.

Diese Denkgebilde, deren forscherliche Baufestigkeit als zweifelhaft und bedenklich nachgewiesen wurde, sind es aber in noch viel höherem Sinn als behauptete Wesenheiten, als geforderte Existenzen, als Bestandteile einer neu entdeckten zweiten Welt.

Denn gerade um der Eigenschaften willen, die Platon als echte Zeugnisse für die höhere, reinere, vollkommenere Seinsform seiner neuen Geistwelt ansieht, ist dies Erzeugnis seines Denkens auch als ein Geschaffenes anzufechten.

Zum Ersten: die Begriffe, in Platons Künstlersprache die Denkbilder, sind in Wahrheit Erzeugnisse der zergliedernden, schließenden, zusammensetzenden Vernunft und noch mehr einer ihr zu Hilfe kommenden Einbildungskraft und können dem höheren Sein der Dinge nur nahe zu kommen trachten mit den an sich höchst bedingten und vielfach mangelhaften, behinderten und für ihr Ziel geradezu unzweckmäßigen Mitteln, die ihnen doch in der Tat — im Haupt sterblicher Menschen — nur zur Verfügung stehen. Dazu kommt die nach tausend Richtungen zeitlich und geschichtlich, blut-, gesittungs-, bildungsmäßige Bedingtheit des Hirns — und sei es des stärksten — das sich zum Wohnsitz und Werkzeug der so vorgehenden Vernunft macht. Jene Voraussetzung bedeutet eine ganz allgemeine Unfähigkeit der menschlichen Vernunft sich so großer Dinge zu unterfangen, wie Platon es mit seinen Denkbildern unternimmt; diese aber, die persönlich-zeitliche, mit einem Wort geschichtliche Bedingtheit dessen, der dies Werk wagte, hat wieder hundert neue Brüchigkeiten und Endlichkeiten, Verbesserungsbedürftigkeiten im Gefolge.

Aus dem allem aber folgt als erstes Ergebnis: nicht ein Mensch, und wäre er auch der stärkste und mit allem Rüstzeug der Forschung seiner Zeit ausgerüstete Denker gewesen, wäre im Stande gewesen, die hier gewollte und geforderte Schöpfung einer dritten Welt zu vollziehen. Mit anderen Worten: die Ideen Platons entsprechen den Forderungen nicht, die sie an sich selbst stellen. So Ewiges und so Vollkommenes, wie sie sein wollen, vermochte nicht menschliche, noch dieses einen Menschen Platon Vernunft auch nur auf die — von ihm allein gewollte — Weise des Geistes, die des ahnenden, dichtenden Denkens, zu erfassen, zu schaffen.

Ein Anwalt Platons oder vielmehr einer platonisierenden Philosophie könnte hier vielleicht den Einwand erheben, daß es ja Platons letzte Absicht nur gewesen sei, die Idee der Ideen zu schaffen, nicht aber diese selbst. D. h. daß er das wirkliche Sein seiner Denkbilder als Forderung aufgestellt habe, nicht aber die ganze Fülle dieser Denkbilder habe schaffen wollen. Diesem Einwand aber wird sich entgegenhalten lassen: die Entscheidung liegt schon in der grundsätzlichen Forderung der Ideen als der allein wirklich seienden Bestandteile der Welt. Daß Platon selbst nur einzelne von diesen Ideen umrissen hat, auch nur umreißen wollte, ändert an dem gründenden Tatbestand nichts. Sind es doch immerhin sehr viele Formen von Wirklichkeit, denen er Ideen zugeordnet sehen will: Werke der Menschenhand wie Naturdinge, Abgezogenheiten und Gewachsenheiten und unter den Dingen nicht nur bedeutende, sondern auch geringe erhalten eine Idee zugeteilt, so daß an der Alles umfassenden Tragweite der Herrschaft und danach an der Grundsätzlichkeit des Begriffs der Ideen kein Zweifel statthaben kann.

Und zum Zweiten: nie und nimmermehr wird möglich sein, eine Geistwelt dieser Art zu errichten, weil die beiden Eigenschaften, um derentwillen sie in Platons Geistglauben ihre Verklärung erhalten hat, ihr mit Menschenmitteln nie geliehen werden können: weder Ewigkeit, will sagen Unveränderlichkeit, noch jene Einheitlichkeit, Uniformität, die alle Verschiedenartigkeit ausschließt. Die Geschichtlichkeit, d. h. die Abhängigkeit von allen Voraussetzungen der Seelengesittung und Geistesbildung, die eine Veränderlichkeit im Nacheinander der Entstehungsweise mit sich führt, muß sich von den Erzeugern der Denkbilder auf ihre Erzeugnisse übertragen. Kein Denkbild kann, wenn anders es mit allen einer Zeit, einem Volk, d. h. also einem Gesittungs- und einem Bildungskreise eigentümlichen Erkenntnismitteln aufgebaut ist, seinen Vorgängern völlig gleichen.

Und zwar handelt es sich bei dem Merkmal der Veränderlichkeit nicht etwa nur um die Einzelzüge des Denkbildes, seine Erfahrungsgehalte, sondern ebenso sehr um die Begriffswerkzeuge der reinen Erkenntnislehre, mit deren Hilfe Begriffe, Denkbilder zuerst und zuletzt geformt werden müssen. Dem naiven, wenngleich in allen aprioristisch deduktiven Erkenntnislehren von Descartes und Kant ab wiederkehrenden Irrtum, als sei das Instrumentarium, der Werkzeugvorrat des menschlichen Verstandes überzeitlich, ewig-starr, von absoluter, von herrscherlich unabänderlicher Beschaffenheit, wird in einem anderen, späteren Zusammenhang dieser Untersuchungsfolge entgegengetreten werden. Wie unmöglich er ist, wird in Platons Denkbildern zuerst in der Geschichte des europäischen Denkens und jedenfalls zur Genüge klar.

Die Denkbilder können nie als ewige, unabänderliche hingestellt — also auch nicht angeblich erschaut — werden, weil die Werkzeuge des menschlichen Verstandes — wie ebenso auch der menschlichen Einbidlungskraft — nicht unabänderlich sind. Die Erzeugnisse des Denkens müssen sich mit den sich ändernden Werkzeugen des Denkens ändern. Und damit ist der eigentliche Ruhm, den die thronenden Denkbilder im Sinn ihres Urhebers haben: ihr hohes Sein im Gegensatz zu dem niederen Werden der erfahrbaren Welt dahin. Sie würden immerdar, so oft man auch versuchen wollte sie aufzurichten, in die Wandlungen der Sichten und der Sehwerkzeuge, deren Erzeugnis sie in Wahrheit sind, hineingerissen werden.

Auch dieser Erwägung wird eine Ablehnung entgegengehalten. Man macht auf Seiten heutiger Neuplatoniker geltend, daß die Ideen Platons als ewige und mithin überzeitliche Gebilde auszulegen seien, denen das Erkenntnisstreben der verschiedenen Zeitalter wohl nahe kommen könne, die es aber niemals völlig zu erreichen brauche. Damit wird die Idee als solche völlig aus dem Bereich der Umschreibung, der Festlegung durch das ihr zustrebende Erkennen der zeitbedingten Menschen herausgehoben, und es wird ihr die Eigenschaft der Zeit-Nichtbedingtheit zugeschrieben. Ihr gegenüber ist dann die Mangelhaftigkeit und Verschiedenheit der von den Zeitaltern versuchten Annäherungen belanglos. Kein Zweifel, dieser Einwand ist von großer geistiger Feinheit und dennoch kann ihm Schlagkraft nicht beigemessen werden. Denn man wird doch ohne jede Voreingenommenheit behaupten dürfen, daß die Form, in der die Ideen in die Erscheinung treten, ja nur die ihrer zeitbedingten, zeitgebannten Verkörperungen in den von Menschen erzeugten Denkbildern ist. Die hinter ihnen stehenden eigentlichen Ideen aber sind Schemen ohne jeden Körper. Man fragt sich zuletzt, welche irgend greifbare Wesenheit ihnen überhaupt zuzuschreiben ist.

Und diesem Hindernis des Nacheinanders und der in den Zeiten auftretenden Abwandlungen gesellt sich das andere, das im Nebeneinander der möglichen Varianten, der erfahrbaren Andersartigkeiten gegeben ist. Denn dies ist ja die zweite Lobpreisung, auf die sich die Herrscherlichkeit, die Absolutheit der Denkbilder Platons gründet: ihre Wesenseinheitlichkeit und Wesenseinzigkeit, die sie auszeichnet gegen die Einzeldinge der gegebenen Wirklichkeit.

Sie ist freilich innerhalb des Begriffsbaus jeder einzelnen Erkenntnis- und Daseinslehre möglich: denn da die Denkbilder Platons als Artbegriffe — *genera* und Generalisationen — gedacht sind, so ist jede von diesem Denken, dieser Lehre gewünschte — und ihr mögliche — Begründung eines Artbegriffs, durch die Auslese von Merkmalen, die Heraushebung einer namengebenden und wohl auch wesenbestimmenden Eigenschaft möglich, aber sie ist ebenso abhängig von der Sicht, der Sehweise, wie jene geschichtliche Abwandlungsfähigkeit der Denkbilder im Nacheinander der Zeiten. Nur daß hier das Nebeneinander der Einzeldinge oder ihrer Untergruppen, die durch die Artbegriffe der Denkbilder zu Gruppen-Einheiten zusammengefaßt werden, die Möglichkeit einer oft sehr zahlreichen Mannigfaltigkeit der Bildung der Artbegriffe giebt, weil grundsätzlich diese Bildung der Artbegriffe von jeder wichtigen, d. h. wesentlich von den Artgenossen abweichenden Sonderbeschaffenheit der zusammenzufassenden Einzeldinge oder ihrer Untergruppen her unternommen werden kann. Woraus dann wieder als notwendige Folge die Möglichkeit einer sehr verschiedenartigen Gestaltung der Denkbilder, der Artbegriffe abzuleiten ist. Und damit sinkt auch der zweite Ruhm der Denkbilder als einzig-einheitlicher, nicht der gemeinen Verschiedenartigkeit der erfahrbaren Wirklichkeiten unterworfener Seinsformen hin.

In Wahrheit können die Denkbilder weder als ewig-seiende dem Werden, noch als einzig-einheitliche der Verschiedenheit der Dinge in der Erfahrungswelt entrückt werden.

Drittes Stück.

Die Geistwelt der Denkbilder in ihrem Verhältnis zu der Daseinslehre der Glaubensformen.

Alle die an sich schlechthin zerstörenden Angriffe gegen Platons Denkbilder, deren hier gedacht wurde, richten sich nicht etwa nur gegen sie als Daseinslehre, sondern siegen noch in erhöhtem Maße gegen sie als Weltschöpfung oder als Weltschau. Denn da ja Platon nie mit einem Worte die Ahnung, das Hilfsmittel jedes Glaubens als Werkzeug für den Bau seiner Geistwelt in Anspruch genommen hat, so werden auch seine Verteidiger nicht sich auf sie, also ein Mittel der freien Einbildungskraft berufen. Platons Weg ist immer nur der erkenntnis-, der daseinswissenschaftliche; auf ihm aber bereiten die Einwände, die hier erhoben wurden, seiner Verkündung unübersteigliche Hindernisse. Ganz zu geschweigen von der die allgemeine Denkform angehenden Gegenerwägung, deren hier schon gedacht wurde: daß Setzungen im Voraus an sich nicht sicher bauende Wissenschaft begründen können.

Ihre Zahl aber hat das Bild der Weltschöpfung, das Platon seiner Denklehre zur Unterlage giebt, noch um eine oder mehrere neue vermehrt: der Demiurg, der Weltordner, den sie da nicht eigentlich an die Spitze stellt, aber in das Geschehen einschiebt, ist das Geschöpf einer solchen Setzung. Denn wenngleich ihm Platon den Namen der Gott verleiht, den Eingottesgedanken also, der immer wieder seit Herakleitos im griechischen Denken als begriffliche Forderung oder Möglichkeit emporgestiegen ist, hier voll ausprägt, so ist er doch durchaus nur ein Gebild gewordener Gedanke, nicht aber eine aus hingegebenem und andächtigem Ahnen geschöpfte, von liebender Verehrung, treuem Dienst getragene, mit lebendigen Einzelzügen ausgestattete, mit wahrem Erdenblut genährte Gestalt des Glaubens. Immer wieder muß doch gesagt werden — gegen Platon so stark wie gegen George — daß Götter, zu denen Niemand betet, für die Niemand Tempel errichtet, papierene Götter sind, und das heißt Schemen. Und selbst als daseinswissenschaftliche Forderung — hätte ihn Kant geschaffen, man müßte ihn Postulat schelten — füllt dieser Gott kein allzu hohes, in jedem Fall kein höchstes Weltamt aus. Denn ist ihm auch Aufgabe und Anrecht zugewiesen die Welt nicht dem Stoff nach zu schaffen, wohl aber sie zu ordnen und zu formen, so ist er doch bei diesem seinem wichtigsten und vielleicht einzigen Geschäfte an die Richtschnur der Denkbilder gebunden. Er formt die Welt der Wirklichkeiten nicht nach seinem freien Ermessen, sondern nach dem Urbild der Denkbilder: sie thronen, auch über ihn erhaben. Nirgends wird berichtet, daß er auch sie geschaffen habe; er ist vielmehr bei seinem Schöpfungswerke an die Vorschriften ihres Musters, an ihre Nachahmung gebunden.

Die einzige Glied-Tätigkeit, die einzige Funktion, die dem Gott in dem Gliederganzen der platonischen Daseinslehre überwiesen ist, ist die Wahl, die ihm — bei erster Erwägung der Sachverhältnisse — freigestellt ist, ob er bei Formung der Welt sich nach den Mustern der Denkbilder oder nach den Wirklichkeiten der Erfahrungswelt richten solle. Hierbei bleibt ganz unerörtert, inwiefern der Weltbildner eigentlich schon Wirklichkeiten als Vorbilder vorfände, nach denen er sich hätte richten können; die Vollmacht der Wahl zwischen beiden Bildensmöglichkeiten ist im Grunde auch beschränkt, denn da der Gott die höhere Bildform der Denkbilder und die niedere der Erfahrungswelt vor sich hat, so würde man, wie Platon den Timaios sagen läßt, von dem Gott ein Unmögliches annehmen, wollte man meinen, er könne das geringere Muster zum Vorbild seines Schaffens machen;

denn es gilt als ausgemacht, daß das Schönste und Erlesenste entstehen muß. Aus der *pronoia*, dem Vordenken oder wenn man durchaus will aus der Vorsehung des Gottes werden die Ideen, die Urbegriffe selbst die Vorbilder.

Die Setzungen im Voraus häufen sich, wie man sieht: der Gott wird als Bildner der Welt erdacht: die erste Setzung. Kein Zweifel, er ist den Göttern des alten Väterglaubens, die Platon als kindlich unfolgerichtige, unvernünftige, aber auch sittlich anstößige Erzeugnisse einer überwundenen Frühzeit mit unverhohlener Nichtachtung bei Seite schiebt, durchaus überlegen, aber nur als Erkenntnisgebild und auch da nur als der Inhaber einer seltsam subalternen, dem höheren Denkgebild der Ideen schlechthin nachgeordneten Stellung. Er wirkt in dieser Umschränktheit eher noch willkürlicher, als wenn er als eine Gipfelgestalt mit der höchsten Macht eines wirklichen Weltschöpfers oder gar Weltlenkers ausgerüstet erschiene. Die Ideen selbst erscheinen als die alte, also als eine zweite Setzung im Voraus, daß der Weltordner an sie gebunden ist als eine dritte, daß ihm obliegt dem Besten und Schönsten in der Welt bei seinem formenden Werk zum Siege zu verhelfen, als eine vierte anzusehen.

Man wird sagen müssen, daß Platons Denkbilder-Reihe, so gewiß sie Erzeugnis des reinen Erkennens ist, doch mehr als eine Ähnlichkeit mit den Götterhimmeln der alten Glaubensformen aufweist. Nur drängt sich bei solchem Vergleich die Einsicht auf, daß eben bei dem völligen Mangel an den seelischen Eigenschaften eines echten Glaubens, insbesondere an gefühlsmäßiger Hingegebenheit des Menschen hier, an echter Lebensnähe des Gottes dort das Platonische Denkwerk zwar wenig Nähe zu jenen Götterhimmeln hat, daß aber wohl der daseinswissenschaftliche Gehalt jener Götterlehren gar nicht geringe Verwandtschaft mit den Denkbildern Platons aufweist.

Der Grund ist, um es mit einem Wort zu sagen, auch jene Götterhimmel sind bis zu einem gewissen Grade Ansätze, Keime einer Geistwelt, als deren erster, wo nicht vollkommener, so doch völlig bewußter Versuch Platons Denkbilderreihe gelten muß. Doch muß eine solche Behauptung bis in die letzte Silbe hinein vorsichtig umgrenzt werden, da es sich durchaus um Anfänge, Anläufe handelt, die zu diesem Ziel nie kommen konnten, auch nie kommen wollten. An sich gehört der Glauben, wie hier des Einzelnen dargetan wurde, der Spiegelwelt an. Denn er tut ja nichts anderes, als daß er die Gewalten der Welt, deren Wirken er spürt, sich faßbar zu machen sucht, indem er sie zu Gestalten verdichtet und formt — sicher vorzüglich aus seinem Unterbewußten her angetrieben von der bewegenden Ursache, daß er sie sich erst zu Verbündeten, später zu Schützern und Förderern, zuletzt zu unermeßlich viel höheren und stärkeren Herren, zu Beistand, Hilfe, Lenkung gewinnen kann. Auch diese Gestalten sind, so weit sie zuletzt über die ursprünglichen Maße von Eignern, Seelen der Dinge, von Pflanzen-, Tier-, Menschengeistern zu unsäglich übermächtigen Herrschern über Welt und Leben anwachsen, immer noch Spiegelungen der Kräfte und der Urbestandteile der Umwelt des Menschen. Aber wie der rein lebensmäßige Neben-, Hinter-, ja fast Hauptsinn des Glaubens in das Urgeschehen der Menschheit hineinragt, indem das Tun der Sterblichen sich Verstärkung und Hilfe gewinnen will, so hat der Glauben doch außer der spiegelnden Absicht, die ihm die Hand führt, noch einen dritten Sinn, der ganz gewiß nicht zweckhaft aufzufassen ist, der aber ein Geschehen ist, dessen letzte Richtung die Schaffung einer Geistwelt ist, das Wort ganz in der Bedeutung verstanden, die ihm angesichts von Platons ganzer oder halber Vollendung gegeben wurde. Der Glaube hat, sobald er nur anfing sich über seine Anfänge zu erheben, d. h. schon von den ersten Gestaltungen des Tiergeisterglaubens ab, Wesen doch wenigstens im Geiste geschaffen, die an Kräften und Gewalten, an Fähigkeiten des Tuns wie des Seins sich über den Menschen und die ihm zugeteilten Maße und Eigenschaften weit hinausheben.

Mit anderen Worten, der Mensch hat weit über die werktätigen, ganz lebensmäßigen, ganz eigensüchtigen Zwecke hinaus, die er immer von neuem mit dem Glauben verband, abseits auch von der Spiegelung, durch die er die ihn umgebenden Gewalten der Natur in die Bilder der von ihm halb gedichteten, halb gebildeten Gestalten einfing, in den Lebens- und den Seinsformen, die er diesen Gestalten gab, sich Wesen und zuletzt eine ganze Welt erhöhten Lebens, erhöhten Seins schaffen wollen. Er formte sich damit ein anderes, höheres Ich, er übersprang damit wenigstens im Traum seines Ahnens die Schranken, die seiner eigenen Gattung gezogen waren. Und da er von der Wirklichkeit seines Daseins fest durchdrungen war, so gewährte ihm dieser Traum weit sicherere Vorstellungen als jedes Werk freier Einbildungskraft. Die Geister, die Götter waren seines Gleichen zum wenigsten nach dem überwiegenden Teil ihrer Eigenschaften, nahe genug seiner eigenen Art, um ihr erhöhtes Sein und Können noch als Erhöhung des eigenen Geschlechts und wie eine Wonne eigener Lebenssteigerung empfinden zu lassen und doch hoch genug über die eigene Ebene erhoben, um diesen Eindruck stark, diese Wonnen rauschvoll zu machen.

Hätte Nietzsche nicht das Goethewort Übermensch unwiderruflich in Anspruch genommen für eine ganz andere Vorstellung, für die seines Zielbildes für die seelisch-leibliche Fortentwicklung des Menschengeschlechts, so wäre es der schlechthin zweckdienlichste Ausdruck für das Wunschbild, das die Menschen, da sie ihre Geister- und Götterhimmel formten, noch in einer tiefsten Schicht ihres Unterbewußtseins erregte und bestimmte. Und eben dieser zwar gewiß nicht stärkste, noch auch irgend Ausschlag gebende, aber doch mitschwingende Unterton ist es, den die Grundweise dieser Götterbilder mit den Denkbildern Platons teilt.

Die kindhaft-treuherzigsten und doch auch schon sehr nachdrückliche Formen hat die Ausgestaltung solches Übermenschentums schon in der bunten Welt des Geisterglaubens gefunden: wenn die Tlinkit an der Nordwestküste Nordamerikas begannen ihren Jelch den Raben, zuerst sicher reiner Tiergeist, auf das Ziel des Heilbringers hin zu höhen, so verliehen sie ihm zuerst die Gabe unbedingter Verwandlungsfähigkeit, das Vermögen je nach Willkür in Raben- oder in Menschengestalt aufzutreten. Dann wird er unverwundbar wie Siegfried, Feuerbringer wie Prometheus, auch Jungfrauensohn wie Jesus. Vor allem aber wächst ihm ein Höchstmaß an Schaffenskraft zu: nicht die Welt, aber die Erde aus der Krume einer Ackerscholle vermag er zu schaffen, die ihm gleichgeordneten Heilbringer der Nordostamerikaner schaffen wie Jehovah in einzelnen Schöpfungsabschnitten Pflanzen, Tiere, Menschen. Minder erfreulich, aber irgendwie menschlich begreiflich sind die ungeheuerlichen Genußsteigerungen, die frühe indische Göttersagen ihren Helden gönnen: wie etwa die Jahrzehntausende lang währenden Beiwohnungen der Götter, denen die schwüle Einbildungskraft der Kinder einer allzu heißen Sonne durch dieses Bild den Zustand höchster Glückseligkeit zu gewährleisten wähnt. Bei weitem aber überwiegt der Gedanke, durch die Tätigkeiten stärkster Kraft — in Gewalttat und Krieg — oder dauernde Machtausströmung in regierendem Walten, in höchster Weisheit bei Regierung der Menschengeschicke oder Erteilung von leuchtenden oder halbhellen Ratschlägen und immer immer wieder in Spendung fördernder Wohltat ein hohes Bild übermenschlichen Daseins aufzurichten.

Viertes Stück.

Die Glaubensbilder eines übermenschlichen Daseins und Platons Denkbilder.

In Ausmalung eines übermenschlichen und doch immer noch menschenähnlichen Höhendaseins hat der griechische Götterglaube sicherlich nicht die höchste Stufe erreicht, wohl aber hat er ein eigens zu Einklang und Ebenmaß geschwichtigtes Bild eines solchen jenseitigen Zustandes entworfen. Der Kreis der Olympier, wie ihn erst die bildende Kraft immer neuer Glaubensformer im Grundstock geschaffen, dann die fabulierende Einbildungskraft der Dichter zu buntem Geschichtengewimmel gesteigert und die sicher umreißende Kunst der Bildner zu festen Gestalten geprägt hat, ist so entstanden. Und gerade er, den Platons Verstandesstrenge als unvernünftig, seine Sittlichkeit als anstößig verwarf, nähert sich für das weithin schweifende Auge der vergleichenden Forschung dem Traumbild der Platonischen Ideengötter oder Halbgötter so sehr, daß die inneren, wenngleich gewiß unbewußten Zusammenhänge kaum zu verkennen sind.

Alle die Entwicklungsrichtungen in der Geschichte des Glaubens, die in der Urzeit ganze Geisterkreise um einen einzigen Gott versammelt hatten — es ist die Linie des Henotheismus, des ursprünglich-einfachen Eingottesglaubens — oder auf der Altertumsstufe ganze Götterkreise um einen höchsten Gott — es ist die Vielgötterei, der Polytheismus mit monarchischer Spitze, mit einem Himmelskönig an höchster Stelle — haben entstehen lassen, haben diese Form eines ganzen Reiches von höheren Wesen eigens stark herausgetrieben. Ebenso die Beibehaltung einer zahl- und formenreichen Geisterwelt auf der Altertumsstufe unter den neueren, viel höheren Göttern. Ebenso aber auch die Ausbildung von Hilfs- und Seitengestalten in ganzen Scharen neben einem einzigen Gott und zuletzt selbst aufrecht erhalten als Hofstaat des All-Einen Gottes — bei Fortsetzung also der henotheistischen in die monotheistische Entwicklung, vom Ein-Gottes-Glauben in den Glauben an den All-Einen — wie im Judentum mit seinen schon in den Anfängen der Genesis auftauchenden Engeln. Mit ihren ganz menschennahen Eigenschaften tragen sie völlig den Stempel einer Zwischenstufe zwischen Göttern und Menschen, als himmlisches Heer stellen sie sich völlig wie eine zu halbgöttlicher Höhe gehobene zweite Menschheit dar, Wesen von großer Reinheit und hoher Vollkommenheit, ein verklärtes Abbild der Menschheit. Und es ist ganz bezeichnend, wenn es später — woran schon jetzt erinnert sein mag: in der spätest-griechischen und in der germanisch-scholastischen Entwicklung der christlichen Glaubenslehre, die diesen Teil des jüdischen Vorstellungskreises ungeändert übernahm — zu einer ganz menschenähnlichen Ausbildung des Engelglaubens kam und zu Ende des fünften Jahrhunderts der Mystiker Pseudodionysos die Ordnungen der Engel, für die die spätjüdische und die neutestamentliche Anschauung nur die ersten Anfänge ausgebildet hatten, in ein Ebenbild des kirchlichen Ämterbaus und um 1233 Wilhelm von Auvergne[1] sie in das Seitenstück eines ganzen Staates umformte.

Mehrere von diesen Bildern eines über Menschenmaße hinausgehöhten Daseins ganzer Scharen von Wesen hingen untereinander zusammen. Gerade dies Gebilde, das noch von Griechenhänden, wenn auch lange nach Platon, zu einer bis zur Wunderlichkeit genauen Nachbildung irdischer Ordnungen ausgeformt wurde, reicht in seinen Ursprüngen in die ersten Anfänge der Urzeit zurück: die Engel, mit denen die ahnende Einbildungskraft der frühen Juden ihren Eingott umgab, der alle Merkmale kraftvoller Altertumsbildung, aber noch nicht allzu viel höhere an sich trägt, scheinen ursprünglich Tiergeister gewesen zu sein. Denn die Engel, die Jahve zur Wache an das Tor des heiligen Gartens stellt, die Cheruben, sind Greifen, teils Adler, teils Löwe, teils Mensch[2]. So daß diese Entwicklungsreihe des jüdisch-christlichen Glaubens, freilich dessen, der die Erde bezwang, aus einem Stand äußerster Vermenschlichung zurückreicht bis in die Tierverehrung ältester Urzeit.

---

[1]) Vallentin, Der Engelstaat (Grundrisse und Bausteine zur Staats- und zur Geschichtslehre hrsg. von Breysig [1908] 45, 47f., 49ff.).

[2]) Gunkel, Genesis (Handkommentar zum Alten Testament I 1 [2] 20); Wellhausen Prolegomena zur Geschichte Israels ([6] 1899) 309; dazu meine Darlegungen: Heilbringer (1905) 81, 97.

Alle diese Weisen, in einer Mehrzahl, einer Vielzahl, zuletzt in Heeren, deren Zahl die der Menschheit verhundertfacht — einer von den Vätern der Kirche weiß genau, daß die Engel die neunundneunzigfache Anzahl der Menschen ausmachen[1] — eine höhere Seinswelt über der menschlich-irdischen aufzurichten, haben an sich, daran ist nicht der mindeste Zweifel zuzulassen, die Aufrichtung einer solchen Geistwelt nicht zum Ziel oder auch nur zur bewußten Nebenwirkung gehabt, sondern die unbewußt und unabsichtlich schaffende Macht gläubiger Einbildungskraft hat, vielleicht doch getrieben von einem dunklen Drang nach der Erzeugung solcher Bilder von Übermenschentum und dritten Welten, bei dem rastlosen Erzeugen immer neuer Gebilde des Glaubens diesen Weg wieder und wieder eingeschlagen. In diesem Tun waltet, rein begrifflich gesehen, eine Form schöpferischer Daseinslehre, metaphysisch-transzendentaler Bildenskraft, die da wünscht, neben das Erdenleben unseres Geschlechts zu wenigst eine geahnte Wirklichkeit jenseits aller Erfahrung, ein vollkommeneres Seitenstück zu stellen. Geister, Götter, Engel, gleichviel: es sind Wesen dem Menschen gleich und er kann sich an dem Bild des Glaubens, das sie als seiend vorstellt, erheben.

Es ist eine Reihe von Versuchen, das eigene Dasein im Bild zu ergänzen und im Gefühl zu erhöhen: ein Streben nach Vervollkommnung des Seins durch den Geist, aber auch auf die Ebene des Seins bezogen, aus einer gemeinsamen Urwurzel gewiß hervorgegangen wie alle Formen der höheren Glaubensstufen, die nach Erlösung drängen, aber aus einem schlechthin entgegengesetzten Lebensgefühl: nämlich freudig ein Ja im Bilde errichtend, wo diese ein Nein im Sein nie müde werden zu beklagen und zu beweinen. Alle diese Vorstellungen sind aus der Freude geboren, wie alle die Erlösungs-, d. h. Beklagungsformen unter den Glaubensgattungen aus leidvoller Selbstbeweinung. Sie, das ist

[1]) Vallentin, Engelstaat (Grundrisse 45).

ihr weiterer sehr tiefgehender Unterschied, wollen das Erdensein, das sie als schön und herrlich empfinden, fortsetzen in ihrer Geistwelt, nur befreit von einigen Mängeln und Unzulänglichkeiten. Diese aber suchen ihre Gegensätze auf.

Und wie ein notwendiges letztes Glied schließt sich an diese Reihe der Vorformen einer Geistwelt in den Geister- und Götterlehren die Gruppe der Vorstellungen vom Jenseits als einem Reich der Toten an. Sie gehören nur in einem entfernteren Grade der Verwandtschaft zu ihr, insofern ja hier nicht eigentlich eine Welt geistigen Daseins neu erbaut erscheint, sondern der Versuch gemacht wird, auf dem Grunde der einmal zum Glaubensgesetz erhobenen Annahme, daß unser persönliches Sein in zwei Hälften zerfalle und daß der einen von ihnen, der für höher erklärten Seele möglich sei nach dem Tode der andern, niederen, des Leibes ein unsichtbares Dasein in einem Irgendwo von geträumter Beschaffenheit fortzuführen, dieses Irgendwo und seine Bewohner mit den mannigfachsten Eigenschaften auszustatten. Das ist auf hunderterlei Weisen geschehen: die Formenlehre der Totenreiche, die der Durst unseres Geschlechts nach Lebensverlängerung und Lebenserhöhung ersonnen hat, umfaßt eine sehr grade- und fällereiche Summe von verschiedenen Gebilden. Oft erscheinen sie als den Vorstellungen von den Daseinsformen der Götter oder ihrer Umgebung zunächst angeschlossen und in sie übergehend wie das Walhalla-Bild unserer Vorvordern oder der christliche Himmel mit seiner Vereinigung von Seligen und Engeln; dann wieder sind sie trübe Vorstufen zum Nichtsein wie das Gehenna der Juden, der Hades der Griechen, am öftesten eine irgendwie gereinigte, vervollkommnete Fortsetzung des irdischen Daseins, wie bei sehr vielen gesund und stark empfindenden Urzeitvölkern.

Für den hier verfolgten Gedankengang ist im Grunde nur ihre Teilung in zwei größte Gruppen von Belang. Es sind diejenigen Totenreich-Vorstellungen, die aus starkem Lebensgefühl hervorgehen, und die andern, die aus Schwäche und Elendsempfindungen geboren sind. Denn es ist ersichtlich, daß nur jene, insofern sie aus Lebensfülle erfließen, Aussicht gewähren auf ein bauendes Tun des Geistes; diese aber, da sie nur von Klage und Jammer wissen, dazu unmöglich im Stande sein können. Die denkerisch vielleicht zu tiefst gegründete unter den sogenannten höchsten Glaubensformen, die des Buddhismus, läßt dies Versagen der zweiten Gruppe mit fast verletzender Deutlichkeit erkennen: sie weiß von keiner besseren Lösung als von dem endlichen Versinken in ein Ursein-Nichtsein, das Nirwana, das als eine Entferntheit von allem Tun, Leiden, Leben als höchstes Glück gilt. Immerhin hat sich auch die Einbildungskraft der gläubigen Völker, dort wo sie aus einem freudigen Lebenwollen sich die Bilder ihres Jenseits geschaffen haben, nicht allzu stark und zeugerisch erwiesen. Denn gleichviel ob man die ewigen Jagdgründe, in die die Stämmefamilie der Algonkin und andere Nordostamerikaner ihre Verstorbenen versetzt wissen, in denen also ein tätig starkes Leben der Seligen wartet, oder ob man das grob genießerische Traumbild eines sehr irdischen Paradieses betrachtet, das die Verkündung Mohammeds den Gläubigen verheißt, ein bauendes, schöpferisches Wirken der ahnenden Vorstellungskraft ist kaum zu bemerken. Auch die Himmelsvorstellungen der siegreichsten unter den Erd-Glaubensformen, die zwischen beiden Gruppen die Mitte halten, sind als Erzeugnisse des Geistes von geringer, ja fast verzichtender Spannkraft, denn sie umfassen in ihren älteren naiven Formen kaum mehr als eine Verklärung der irdischen Andacht erlesener Gläubiger, in den neueren, reineren Vorstellungsweisen das an sich inhaltlose Bild eines Daseins, das höher als das menschliche ist[1]. In der Mitte zwischen beiden Grundformen der Jenseitsvorstellungen stehen sie insofern, als sie den menschlichen Zustand als einen bis zur Wertlosigkeit mangelhaften beklagen und also ein Leidbild des Lebens, eine pessimi-

[1]) Vgl. etwa Kaftan, Dogmatik ([5] 1909) 667f.

stische Auffassung des Menschen und seiner Kräfte, in Sonderheit seiner sittlichen zu Grunde legen, aber nicht, gleich dem Buddhismus, auch für das Jenseits eine Entsagung von Sein und Leben zum Ziel erheben, sondern einen Zustand tatloser Verzückung, beständigen Seelengenusses also, als den erwünschtesten verkünden.

Aber man sieht leicht, daß diese Totenreiche und Himmelsseligkeiten alle als Versuche des Aufbaus einer Geistwelt kaum in Betracht kommen: wie sie aus einem sehr naiven, fast kindhaften Drang der Menschen geboren sind, das eigene allzu kurze Leben verlängert zu sehen und sich für diese Verlängerung ebenso naturhafte, undenkmäßige Wunschbilder aufzubauen, zuweilen in Verbindung mit ebenso menschlich-allzumenschlichen Vorstellungen von Tugendlohn und Sündenvergeltung, so haben sie wenig gemein mit jener von allen irdischen Zwecken entbundenen Geistwelt, die Platon schuf.

Das Gleiche aber gilt, wenn auch nicht im selben unbedingten Sinn, von den Geister- und Götterkreisen. Suchte sich in ihrer Ausbildung auch der Drang unseres Geschlechts genug zu tun, in der Ahnung höherer Wesen von doch menschennaher Art das eigene, als endlich empfundene Sein im Bild zu steigern und zu vervollkommnen, so tritt dieser Trieb doch in so undurchdringlicher Verflechtung mit anderen der bewegenden Seelenkräfte jeder Glaubensbildung — dem Willen zu einer völlig absichtslosen Wiedergabe des Lebens und also Spiegelung der Welt — auf, daß er weder ganz rein noch ganz stark sich durchgesetzt hat.

Und wenn alle diese Geistwerke des Glaubens hier zu einer Sicht vereinigt wurden, um den rechten Hintergrund zu bilden für die in Wahrheit erste Schöpfung einer Geistwelt durch Platon — gleichviel ob sie vor oder nach ihm entstanden sind — so wird erst vor diesem weiten und dunklen Hintergrunde die Leuchtkraft dieser kühnen und lichten Gestaltung rein geistiger Gebilde recht offenbar.

Drei Vorzüge des platonischen Gedankenbaus werden so erst recht erkannt — Vorzüge freilich nur gesehen vom Standpunkt des Geistgeschehens, aber um dieses und dieses allein handelt es sich ja hier und jetzt. Platons Geistwelt enthält sich erstlich aller anthropomorpher und aller anthropozentrischer Hinbeziehung ihrer Gestalten auf unser irdisches Leben, sie nimmt den Menschen weder zum Gegenstand ihrer Verherrlichung, noch sucht sie ihm Vorteil, und sei es auch nur seelischen, durch den von ihr umfaßten Vorstellungskreis vorzuspiegeln.

Diese Beschaffenheiten dürfen ihr allerdings nur jede mit einem Vorbehalt nachgerühmt werden: einen Hauch von nicht menschenähnlicher, aber menschennaher Form giebt Platon seinen Denkbildern doch. Insofern sie nämlich Bilder, Gestalten sind, tragen sie einen Grundzug der Gefaßtheit, der Bildhaftigkeit an sich, der ihre Herkunft aus dem Haupt eines Griechen, eines von Bildner- und Dichterwerk erfüllten Geistes nicht unverraten läßt. Wie hätte sonst einem Manne des reinen Gedankens der Plan kommen können, die eben erst — von Sokrates — gefundenen, doch erst jetzt — von Platon selbst — zu Namen und Begriff verdichteten Begriffe der Dinge als Bilder, als Gestalten, halb statuarische, halb dichterische Gebilde, halb Bildsäulen, halb Gestalten des Heldengesangs oder des Schauspiels vorzustellen. Es war ja so, als könnte der Geist der griechischen Kunst, dessen Willensvollstrecker Platon, in Wahrheit Halbdichter, war, gar nicht rasch genug sich dieses neuen Ertrages, den doch der an sich andere Geist der griechischen Forschung errungen hatte, bemächtigen.

Und man wird sagen dürfen, daß diese bildnerisch-dichterische Ausformung des von Platon errungenen, an sich ganz forscherlichen Geistgutes der notwendige Zoll war, den der griechische Geist in Platon der kunstfrohen, einbildungsstarken, erdnahen und also lebenswarmen, mit Menschentum erfüllten Wesenheit des Griechentums abtragen mußte. Ja man wird finden, daß gerade diese Mischbildung, dieser

Kompromiß zwischen Sachlichkeit und Ichmäßigkeit, Menschhaftigkeit in dem Insgesamt der Erzeugungen des griechischen Geistes gar nicht allein steht: die hohe Bildnerei, die hohe Dichtung des fünften Jahrhunderts, der Grundzug des Schaffens des Phidias wie des Aeschylos weist die gleiche Verbindung von Allgemeinheit und Besonderheit auf: will Menschentum, aber nicht so sehr Persönlichkeit als Gestalt.

Der zweite Vorzug, der Platons Denkbilder vor den Versuchen der Glaubensbildner auszeichnet, sich eine Geistwelt zu schaffen, ist ihre Reinheit: Platons Ideenhimmel ist nicht wie alle die Glaubenshimmel, auch der des Christentums, vermischt mit der kaum verhohlenen und jedenfalls schlecht versteckten Selbstliebe, mit der sich die Gläubigen diese Überwelten erstlich als Lebensverlängerung, sodann als Tugendlohn für die Einzelmenschen ausmalen. Wie hoch hebt er sich über diese dem Ziel nach wohl gottseligen, in Wahrheit nur allzu menschlichen Menschlichkeiten.

Und zum dritten: die einzige Wonne, die auch Platon sich, dem Schöpfer und den Beschenkten seiner Lehre, seinen Anhängern als den Genießern seiner Denkbilder verschafft und die zu gewinnen sonder Zweifel die innerste, stärkste Triebfeder seines Schaffens war, ist die Freude des Denkers am Gedanken als solchen. Sie senkt gewiß ihre Wurzeln tief in das Ich und seine Freude an Leben und Dasein. Aber sie entsteht da, wo die Lust des Ichs an sich selbst sich vereinigt mit der tiefsten und fruchtbarsten Hingabe an die Welt.

Und für uns Erdensöhne, die das Leben lieben und die Welt wollen — das Leben wie es ist und die Welt wie sie ist — bedeuten diese drei Vorzüge alle im Grunde nur die Ausformungen eines einzigen, einer tiefen Weltliebe, die zwar auch noch an Erde und Menschentum Mängel sieht, aber nicht in dem Elends- und Klagesinn aller Formen des Erlösungsglaubens.

Aber immer wieder tritt neben alles Ja, das Platons Lehre uns abverlangt und abgewinnt, das eine schroffe Nein: es richtet sich gegen die eine Grundeigenschaft dieser Lehre, die die Wurzel ihrer Stärke und ihrer Schwäche ausmacht: ihre Denkhaftigkeit. Sie hat eine Übersteigerung und Überschätzung des Gedankens als eines Mittels der Welterkenntnis nicht nur, nein, vielmehr auch als des eigentlichen Ur- und Grundstoffes von Welt und Wirklichkeit selbst in die Vorstellungsweise und damit auch in das Handeln der Menschheit gebracht, die unsäglich schicksalsschwer und für unser Geschlecht in mehr als einem Stück verhängnisvoll werden sollte. Fast aller der Schaden, der dadurch entstand, daß der Gedanke, d. h. die oberflächenhafteste Schicht des Weltgeschehens mit dem Weltgeschehen selbst verwechselt wurde, ist durch die mißbräuchliche Verallgemeinerung von Platons Vorgang angerichtet worden. Für die Zukunft freilich werden ihr starke Kräfte entgegenarbeiten.

Über Für und Wider aber erhebt sich die Bewunderung für die Größe dieses Geschehens. Wie der griechische Geist selbst sich durch Aristoteles' Mund von Platons Werk abkehrte, wie aber die letzte schöpferische Bewegung des griechischen Weltdenkens wieder zu Platon sich zurückwendet, wie die erste volle Hälfte des Mittelalters der germanisch-romanischen Völker, d. h. die Jugendzeit ihres Denkens, da sie noch nach einem eigenen Dasein mühsam und nicht allzu erfolgreich rangen und sich so Hilfe suchend eigens bereitwillig in die Abhängigkeit von alter und fremder Lehre begaben, von Platons Denkbildern beherrscht war, wie nach wenigen Jahrhunderten die Renaissance in ihrer hellenistischen Begeisterung die Verehrung erneuerte, wie von den selbständigen Denkern des neuen Europas sich Leibniz zu Platon wieder hinwandte und wie vor allem unsere Gegenwart eine schicksalschwere Erneuerung der geistigen Macht Platons erlebt, dies ist ein geistesgeschichtlicher Vorgang von der umfassendsten Weite.

Ganz und gar nicht wird daraus freilich, wie unsere Griechenverehrer, die zuweilen mehr Helladodulen als frei Schenkende ihrer Liebe sind, stets nur allzu bereit sein werden, aus der Herrlichkeit dieses an sich freilich erhabensten Erzeugnisses des griechischen Geistes die Folgerung zu ziehen sein, hier sei nicht ein geschichtliches, an Zeit und Volk gebundenes, sondern ein überzeitlich-herrscherliches, für alle Zeiten und Völker verbindliches Ergebnis gewonnen. Im Gegenteil, je sicherer man sich — etwa aus dem Vergleich mit der hohen Kunst, der hohen Dichtung des fünften Jahrhunderts — von der ganz allgemeinen Gültigkeit der Platonischen Ideen ihrem Grundwesen nach für die Griechen dieses Zeitalters überzeugen kann, desto gewisser wird auch ihre Eingewurzeltheit in dieses Volk und dieses Zeitalter. Wie wenig das neueuropäisch-deutsche Denken mit dem alteuropäisch-griechischen übereinstimmt, wie weit es vielmehr von ihm abweicht, wie sehr es ihm zu einem Teil schlechthin entgegengesetzt ist, wird auf diesen Blättern bald erwiesen werden. Und daß die vorphidiasische Kunst von der klassischen des fünften Jahrhunderts, daß Pindars felsenharte Herbigkeit und Unbedingtheit von des Sophokles rafaelischer Glätte und Süßigkeit ebenso weit entfernt ist, wie Platons Forschungsweise von der des Anaxagoras, giebt ihr allerdings einen Hauch von Zeitgebundenheit. Man erhält den Eindruck, der griechische Geist mußte auf dieser Stufe sich auch als Philosophie von seinen so viel realistischeren Vorläufern abwenden. Eines aber wird noch deutlicher: die ungeheure Überlegenheit des einen Denkers über alle seine Umgebungen, die Einzigartigkeit dieser Erscheinung nicht in der Geschichte des griechischen nur, nein alles menschlichen Denkens.

Zweiter Abschnitt.
Das Schicksal der Denkbilder.

Erstes Stück.
Die Geistwelt als Mittel der Selbstregelung des Geistes.

Es mag in Verwunderung setzen, daß die Beleuchtung und Durchprüfung der platonischen Denkbilder mit einer so nachdrücklichen Ausführlichkeit vorgenommen wird, wie es auf diesen Blättern geschieht. Aber auf die vielleicht etwas befremdete Frage: Platon und kein Ende? wird man nur antworten dürfen: Ja, Platon und kein Ende! Wenn die Geschichtslehre durch irgend etwas ihren Nutzen für die schildernde und entwickelnde Geschichtsschreibung erweisen kann, so ist es wohl durch die von ihr gar nicht beabsichtigte Nebenfolge, daß die großen Wende- und Ausgangspunkte der langen Entwicklungsreihen, der längsten Ursachenverkettungen durch ihre Untersuchungen weit entschiedener in den Vordergrund gerückt werden, als es auch die zacken- und farbenreichste Einzeldarstellung tun kann. Die großen Führer von Geist und Tat der Menschheit, vorzüglich die des Geistes — dessen Wirkungen viel dauernder sind als die der Taten — verhalten sich zu dem Insgesamt der Menschheitsgeschichte wie in dem beweglichen Menschenleibe die Gelenke zu dessen Ganzheit. Sie sind die Stützpunkte, die Hebelarme, vermittelst deren noch in einer Entfernung von Jahrhunderten und Jahrtausenden Wirkungen von sehr großer Tragweite hervorgebracht werden. Was Wunder also, daß es auf jedes kleinste Ausmaß des geistigen Geschehens bei Platon selbst ankommt, da doch am andern Ende des Hebelarms, der von allen späteren Zeiten unsere Gegenwart wahrlich nicht am schwächsten berührt und bewegt, dadurch die wesentlichsten Sichtverschiebungen nicht nur, nein auch Entwicklungsveränderungen hervorgebracht werden können.

Und so muß noch von einer Auswirkung der Platonischen Denkbilder die Rede sein, die zwar eine der folgenreichsten, vom Standpunkt der hier vertretenen Erfahrungswissenschaft aus gesehen verhängnisvollsten ist, aber von Platon selbst ganz gewiß nicht beabsichtigt worden ist, noch überhaupt beabsichtigt werden konnte. Platon, richtiger der Platonismus, ist der Urheber des Apriorismus, der Setzung im Voraus und wenn nicht der Begründer, so doch der Ermöglicher aller deduktiven, aller von oben her, von im

Voraus gesetzten Begriffen her ableitenden Wissenschaft. Und dadurch, um dies ebenso unverhohlen zu erklären, der erfolgreichste Gegner aller induktiven, aller von unten her, vom Boden der Erfahrung aufwärts bauenden Wissenschaft. Lebten wir nicht in einer Zeit, die bis zur Gesinnungslosigkeit geschichtlich und universal gestimmt ist und die jede denkbare Kluft des Denkens, Bildens und Fühlens mit ihrer nur zu willigen Begeisterungsfähigkeit überklebt, so müßte dies in der Gegenwart, die ein Zeitalter weit überwiegender Erfahrungsmäßigkeit ist, von unseren Forschern viel öfter gesagt werden. Die blanke Wahrheit ist die, daß wenn solche platonische Denkweise die gültige wäre, alle Erfahrungswissenschaft überflüssig oder zum wenigsten von ganz untergeordneter Bedeutung wäre. Aber diese Erkenntnis ist eine der bestbeschwiegenen.

Außer durch die geschichtelnde Allempfänglichkeit und die große Gleichgültigkeit unserer Zeit in den letzten großen entscheidenden Fragen ist dies zu erklären durch eine Nachgiebigkeit aus Gründen geistiger Vorliebe, gegen die an sich kein Einwand zu erheben ist — wer möchte nicht gern für die schönste, die verführendste der Denklehren Partei nehmen — die nur bedenklich wird, wenn sie nur deshalb für Platon eintritt, weil solche Stellungnahme als vornehmer günstige Vorurteile erwecken müsse. Aber auch wo sie von solchen üblen Zutaten frei ist, ist die Parteinahme für, ja schon die Gleichgültigkeit gegen Platons Ideenlehre aus bloßer Feindschaft gegen alle Erfahrungswissenschaft keinem Forscher nachzusehen, der mit vollem Verantwortungsgefühl für sein Amt eintritt. Denn die erfahrende Wissenschaft, d. h. doch im Grunde alle Forschung, die es mit ihrem Amt, die Wirklichkeit zu erkunden, ernst nimmt, kann und darf nicht zugeben, daß es einen Erkenntnisweg giebt, der dem von ihr gewählten überlegen ist.

Zwischen Platon und dem Begriff der Setzung im Voraus, die erst die neueuropäische Erkenntnis- und Daseinslehre recht handhabte und die erst Kant recht ausprägte, scheint eine Kluft aufzuklaffen, die die Annahme einer ursächlichen Verkettung erschwert oder gar unmöglich erscheinen läßt. Platons Denkbilder in ihrer standbildhaften Geschlossenheit, in ihrer kunstwerkartigen Eindrucksfähigkeit, an deren Geburt die Einbildungskraft einen so viel größeren Anteil hat als der ordnende, hier einende, dort teilende, hier verbindende, dort abziehende Verstand, erscheinen viel zu weit entfernt von den grauen Denkgespinnsten kantischer und nachkantischer Erkenntnis- und Daseinslehre. Und doch wird nicht angezweifelt werden dürfen, daß Descartes' Findung eines ersten großen Apriori, einer Setzung im Voraus von der alle andern abzuleiten waren, Kants Erkenntnislehre, die ein ganzes Fächerwerk von Setzungen im Voraus aufgebaut hat, die Platonischen Denkbilder zur Voraussetzung haben. Platons Lehre schuf die Gesinnung, vermittelst derer Kants Denkgebäude überhaupt erst aufzurichten war. Nicht wird behauptet werden dürfen, daß die germanisch-romanische, in Sonderheit die deutsche Denkerkraft nicht auch auf eigenem Wege dazu hätte kommen können, sich diese Werkzeuge zu schmieden; aber so, wie der Werdegang des europäischen Gedankens sich nach dem Willen der Geschichte vollzogen hat, ist der Hergang dieser gewesen. Und so weit sich auch das graue Wie kantischer Denkteilungen von der lebendigen Farbigkeit der Platonischen Geistwelt, mehr noch, wie sogleich darzulegen sein wird, das Was der einen von dem Was der andern entfernt, Kants Lehre ist von den Ergebnissen des Platonischen Denkens ausgegangen, so wenig auch Kant dieser Zusammenhang je in den Sinn gekommen sein, so heftig er in den Jahren der Reinen Vernunft, so entschieden er später Platons Ideen abgelehnt haben mag. Und da die Reihe der Neuplatonismen sich auch noch über Kant hin fortgesetzt und in unseren Tagen sich in einer schöpferischen Neubildung von Denkbildern, doch ganz im Sinn der platonischen, aufgegipfelt hat, so ist die Breite der Wirkung, die das Gedankenwerk Platons auf die Geschichte des menschlichen

Denkens ausgeübt hat, kaum abzusehen. Ja, man kann sagen, in das Antlitz des forscherlichen Geistes ist durch Platons Denkbilder ein Zug gekommen, der es völlig verändert hat.

Um diese Wirkung in die kürzeste Formel zu bringen: durch den Platonismus ist in das menschliche Forschen die starke Möglichkeit einer Denkform gebracht, die sich herausnimmt, beim Aufbau von Gedanken, die doch immer nur Bild der Wirklichkeit sein sollen, eine, zwei, drei, immer mehr Ebenen zu überspringen, um in dem freien Luftmeer der erfahrungslosen Behauptung erst einzelne Sätze festzustellen, die jedes oder fast jedes Unterbaus entbehren, wie ihn erfahrungsmäßige, auf den Boden der Wirklichkeit gegründete und dann Schicht für Schicht von unten her bauende Wissenschaft zu errichten pflegt. Und es wurde zum Anderen durch Platon und die solcher Gestalt begründete Denkform die Möglichkeit geschaffen für eine von oben nach unten ableitende, für eine deduktive Wissenschaft, wie sie sich bei Platon selbst in Keimen und Ansätzen schon hervorwagt, wie sie aber erst von Descartes ab bis zu Kant und Hegel als Forschungsweise, Forschungsgattung ausgebildet worden ist.

Die Anteilnahme aber, die Platon an diesen beiden Schöpfungen der Forschungsweise des reinen — wie des angewandten — Denkens zufällt, ist eine ungeheure. Vom Blickwinkel der Forschungslehre einer unbedingten Erfahrungswissenschaft her geprüft, ist sie größer, als sie irgendeinem sterblichen Forscher zugewiesen werden mag. Geschichte aber und Geschichtslehre haben nicht zu urteilen, haben nur festzustellen, und sie können nur als Tatbestand erkennen, daß hier eine Weise in die Wissenschaft getragen wurde, die der aus Gemüt und Einbildungskraft den Geist Beurteilende, den Geist Genießende als überwissenschaftlich, der Forscher aber, der sich von Erfahrung und Wirklichkeit gebunden weiß, als außerwissenschaftlich und also als Fremdkörper werten wird.

So war es doch in der Tat: der Dichter war in Platon mächtiger als der Forscher; das wäre ein Geschehen seines Lebens gewesen, das weder Wissenschaft noch Wissenschaftsgeschichte anginge, hätte sich der Forscher in Platon gegen den Dichter nicht in so weit behauptet, daß er den Dichter zwang, sich die Maske des Forschers vor das Antlitz zu binden. Und so entstand ein an sich zwiespältiges Mischgebilde von Dichtung und Forschung, das doch Forschung zu sein wünschte. Und die ungeheure künstlerische Kraft des einzigen Menschen, in dem sich dieser Kampf der Geister zutrug, hat bewirkt, daß die Wissenschaft in ihm unterlag und daß, was schwerer wog, auch die Losungen, die von Platon nach Austrag des Kampfes ausgingen, zwar niemals ganz in der Forscherwelt Sieger blieben — dies einseitigste Schicksal, das sie über die Wissenschaft, über den Geist, über die Menschheit hätten bringen können, ist allerdings abgewandt worden — aber daß sie zwei Jahrtausende stark blieben. Sie haben beständig die reine, d. h. vorbehaltlos der Wirklichkeit ergebene, die Erfahrung wiedergebende Wissenschaft bald hierhin, bald dorthin aus ihrer Bahn zu locken vermocht, haben das reine Erkennen durch ihre seelisch verführenden, sachlich weit ablenkenden Reize und Erregungen wieder und wieder von seinen ursprünglichen Ergebnissen fortgelockt, hundert Lähmungen, hundert erregte Spannungen und Übersteigerungen des in sich gefaßten Forschertums zu Werke gebracht. Und über die Wissenschaft fort beeinflussen sie noch heute auch die Tat des handelnden Lebens. Die Kunst ist der Forschung von Anbeginn und aus dem Kern ihres Wesens fremd, unverstehend, oft feind; hier hat sie die Forschung im innersten überwältigt, indem sie sie zu einem Halbdichtertum verlockte, das seine wahre Eigenschaft doch nicht eingestand, sondern als Forschertum auftrat, ja behauptete das reinere, höhere, zuletzt gar das einzige Forschertum zu sein.

Gilt es nun aber dies an sich geistes- und wissenschaftsgeschichtliche Geschehen auf die Ebene zu übertragen, die der hier verfolgte Gedankengang einhält, so ist die Wirkung, die von ihm ausgegangen ist, so zu umschreiben: die Geistwelt, die Platon über der Spiegelwelt der Wissenschaft und hoch über dem Urgeschehen der Wirklichkeit erschuf, sandte doch auch Ausstrahlungen in die Spiegelwelt der Forschung, ja noch in das Urgeschehen des handelnden Lebens der Menschheit, die beide beeinflußt haben. Denn es wurde dadurch, daß Platon mittelbar das Werkzeug der Setzung im Voraus schuf und fernerhin den Anstoß zu aller ableitenden Forschung, aller Deduktion gab, eine Selbstregelung des Geistes, wenigstens des forscherlichen Geistes in die Wege geleitet, die in letzten Ausläufern doch auch ihrerseits Leben und Tat der Menschheit beeinflußt hat und die an Ausmaß der Wirkung im Bezirk der Forschung kaum zurücksteht hinter dem, das die Selbstregelungen des handelnden Lebens in Tat und Staat ausgeströmt haben.

Und wenn Selbstregelung im Reich desjenigen Menschheitsgeschehens, das noch Urgeschehen geblieben ist, das Eindringen des Spiegelgeschehens in diesen Kernbezirk des Urgeschehens bedeutet, wenn der Selbstregelung eine Selbstbespiegelung vorangeht, so handelt es sich ganz gewiß ebenfalls zuerst um eine Selbstbespiegelung des Geistes — freilich eine zweite Spiegelung, aber das entspricht durchaus dem Tatbestand: das Spiegelgeschehen der Forschung spiegelt ihr Selbst in dem Bild der Forschungslehre, in dem Wie und der Weisung des Weges der Forschung; mithin wächst aus der Selbstspiegelung sofort ganz wie im Reich von Staat und Tat die Wirkung der Selbstregelung hervor. Der Geist hat in den platonischen Denkbildern nicht nur eine Geistwelt, eine dritte Welt über der Welt des Urgeschehens und der Spiegelwelt der Forschung geschaffen, nein auch Befehle ausgesprochen, Ordnungen gesetzt für das weitere Verfahren des spiegelnden Tuns der Forschung — Befehle die das Wie und den Weg der Forschung bis tief in die bauende Erfahrungswissenschaft hinein beeinflußt haben und durch die sie vermittelst der gesetzgebenden

— normenden — Wissenschaft auch noch in das Leben eingeströmt ist.

Ob dies zum Segen oder — wie die hier vertretene erfahrungswissenschaftliche Meinung will — überwiegend zur Beeinträchtigung der Forschung geschah, ist hierfür gleichgültig. Wohl aber soll die besondere Form dieses neuen Geistgeschehens zweiter Spiegelung, eigens auf sich selbst gewandter Regelung zweiter und dritter Potenz also, hier besonders umschrieben werden. Und so hoch dringt dies Geschehen des Geistes, das der Name Platon deckt, daß für die Formengruppe der von ihr ausgehenden Wirkungen, die nunmehr gekennzeichnet werden sollen, alles das nicht in Betracht kommt, was hier die Schöpfung einer Geistwelt durch Platon genannt wurde.

Zweites Stück.

Die Ausstrahlungen der Geistwelt auf Forschung und Leben.

Denn wohl strahlte, was nunmehr ins Auge gefaßt werden soll, von jener Geistwelt aus, aber es ging so ganz in die Formen denkerischen Geschehens ein, daß es ganz aus den Bedingtheiten der zweiten Welt, der Spiegelwelt, der Wissenschaft begriffen werden muß.

Seit Platon wurde es dem Forscher denkbar, rätlich oder — je nach dem Grad seiner Überwältigtheit durch Platon — notwendig, durch den herrscherlichen Willen des Erkennenden bestimmte Denkbilder von den Dingen, von Natur-, von menschlichen Dingen oder endlich von geistigen Vornahmen, auszuprägen, die mit dem Anspruch auf unangreifbare und unveränderliche Gültigkeit ausgestattet wurden. Sie alle waren und werden gewonnen auf dem Wege der von unten her, vom festen Boden der erfahrbaren Wirklichkeit bauenden, also der induktiven Wissenschaft — aber auf der schmalen, oft nur der schmalsten Grundfläche der Erfahrung und nicht durch vorsichtige Aufwärtsführung der Zwischenglieder der Erkenntnis von Folgerungsschicht zu Folgerungsschicht, von Denkebene zu Denkebene und unter Schritt vor Schritt aufwärts klimmender Verallgemeinerung und Entwirklichung — Entbesonderung, Entindividualisierung — des jeweils gewonnenen Denkgebildes, sondern unter Zuhilfenahme frei aufwärts fliegender Einbildungskraft, unter Vorwegnahme — daher die Benennung *a priori* — von Ergebnissen, die auf jenem vorsichtigen Wege der induktiven, der aufwärts bauenden Forschung entweder nie oder jetzt noch nicht hätten gewonnen werden können.

Eine etwas eingängigere Gegenüberstellung beider Forschungsweisen, der im Voraus setzenden, der aprioristischen, und der aufwärts bauenden, der induktiven, wie sie in späteren Abschnitten dieser Forschungsgänge versucht werden soll, wird dartun, daß auch die aufwärts bauende, die induktive Forschung im Einzelnen oft, so wie hier von ihrem Widerpart beschrieben wurde, vorgeht, aber nur probeweise versuchend, und immer wieder zurückkehrend zu dem Grundsatz ihres Verfahrens, der dichten Auflagerung jeder neuen, höheren Denkschicht auf die nächst tiefere, mit noch mehr Erfahrungsstoff gefüllte. Mithin begründet nicht so sehr die Richtung des forscherlichen Handelns als das Wie, der besondere Sinn, in dem es geschieht, den Unterschied in dem Wesen beider Weisen. Am nächsten an den Kern der Sache dringt man wohl, wenn man, wie auf diesen Blättern schon einmal geschah[1], den Anteil der Einbildungskraft an dem forscherlichen Tun zum Maßstab für die Gegeneinandersetzung beider Wissenschaftsformen macht. Auch der Unterschied dieses Anteils ist nur ein gradmäßiger: die Setzung im Voraus räumt der Einbildungskraft des Forschenden ein ungleich höheres Maß von Einfluß auf seine Gestaltungen ein, als ihr die von unten her bauende Forschung, die Induktion je gewähren würde. Man sieht,

[1]) Vgl. Die Geschichte der Seele (1931) 100ff.

auch diese allgemeinste Auswirkung des wissenschaftlichen Geschehens entspricht durchaus seinem Ursprung in Platon: der Dichter hat in Platon geschaffen, was der Forscher in ihm eigentlich nicht hätte zulassen dürfen.

Und noch eine andere Seelenkraft, auch davon war schon die Rede, mischt sich ein: der Willen. Jede Setzung im Voraus ist an sich eine geistige Gewalttat: sie zu fassen, sie festzuhalten und nun gar sie als die höhere, die einzige zur Wahrheit führende zu verkünden, ist nur möglich durch ein Höchstmaß von Willensspannung. Die aufwärts bauende, induzierende Forschung aber kann diese Spannungen des Willens zwar auch sicherlich nicht missen, aber sie bedarf ihrer nur in sehr viel kleineren Abmessungen.

Wollte man nun die Auswirkungen von Platons Geistwelt nur in soweit sie unmittelbar die Setzung im Voraus, mittelbar die ableitende, deduktive Forschungsweise in den Werkzeugvorrat, das Instrumentarium der Wissenschaft erst eingeführt, demnächst durch ihr Vorbild immer wieder erneuert und bestärkt haben, in ihrer denk- und wissenschaftsgeschichtlichen Gesamtheit umgreifen, so müßte ein Stammbaum von unendlich vielfacher Verästelung aufgestellt werden. Es ist gar nicht abzusehen, wie abhängig auch verhältnismäßig weit abliegende Richtungen und Jahrhunderte hindurch herrschende Schulen in diesem Betracht von der Tat Platons sind: so die Scholastik, deren Kühnheit wie deren Irrtum sich zuerst und zuletzt in der Denkform der Setzung im Voraus ausgewirkt hat, wenigstens wenn man Wort und Begriff in einem weiteren, weit über Kants *a priori* hinausreichenden Sinne versteht. Spinozas Denkkunst ist durchaus auf ihr aufgebaut und von Hegels Lehrgebäude wird, was von seiner Geschichtslehre im Verfolg früherer Untersuchungen[1] nachgewiesen wurde, für den ganzen Umfang seines Gedankengebäudes behauptet werden dürfen. An den Grenzen der Denk- und Daseinslehre hat diese Wirkung

[1]) Vom geschichtlichen Werden II (1926) 359ff.

nicht Halt gemacht, ist oft genug in die Bezirke der Einzelwissenschaften eingedrungen. Wenn, um nur einen Fall aus der Fülle der wirklich geschehenen Einbrüche herauszuheben, die begriffsmäßig vorgehende Schule der Wiener Volkswirtschaftslehre unter Mengers Führung die historische Schule, die Roscher begründet und Schmoller weitergeführt hatte, so heftig angriff, so wird zwar nicht im mindesten behauptet werden dürfen, daß insbesondere Schmollers etwas allzu impressionistische, allzu sehr dem Stoff hingegebene Art es nicht auch im Sinn erfahrungsmäßig bauender, induzierender Forschungsweise an Begriffsschärfe hätte ermangeln lassen. Aber andererseits war Mengers Art viel zu aprioristisch und in diesem Sinn zu sehr von den letzten Nachwirkungen von Platons Gedankenwerk bestimmt, als daß nicht noch stärkere Bedenken gegen ihn vorzubringen wären.

Und letztlich möge aus dem gleichen Bezirk des handelnden Lebens, aus dem Wirtschaftsgeschehen ein Zusammenhang herausgehoben werden, an dem erkennbar wird, wie tief auch heute noch Bewirkungen von dem Strahlenherd Platon her zuerst in unser wirtschaftliches Denken, durch dieses aber auch in unser wirtschaftliches Tun eindringen. Die Männer der Volkswirtschaft selbst, die werktätig an ihr Teilnehmenden, wie die Staatsmänner, die sie lenken, mögen davon wenig oder nichts verspüren; in Wahrheit aber werden die auch für sie schicksalwendenden Entscheidungen, öfter als sie meinen mögen, vom Geist getroffen, noch ehe sie überhaupt vor ihr Forum kommen.

Es giebt in dem wissenschaftlichen Bild, das unsere Gegenwart sich von ihrem wirtschaftlichen und gesellschaftlichen Tun und Lassen machen kann, kaum ein Verhältnis, auf das es mehr ankäme, als das — von dem auch auf den Blättern früherer Darlegungen so oft gehandelt worden ist — das Verhältnis zwischen den Sachen und den Menschen. Und es war schon mehr als einmal im Allgemeinen davon die Rede[1],

[1]) Vom geschichtlichen Werden I (1925) 1ff., 79ff., 93ff., 107ff. II (1926) 499f.

wie tief unsere Zeit von dem Gedanken beherrscht wird, den Dingen selbst wohne eine Macht autogener Entwicklung, eigengesetzlicher Werdegänge bei, die den Einzelnen zu einem fatalistischen Sichergeben, einer schicksalsgläubigen Ruheseligkeit verdamme. Und da einzelne Faktoren, mächtige Wirkungsquellen im Wirtschaftsleben, wie immerdar gegeben und unveränderlich wirksam erscheinen — wie etwa als oberste der unbedingte und schrankenlose Erwerbstrieb — so wird das wirtschaftliche Geschehen als eigens zwangsläufig sachbestimmt angesehen.

Nun ist es von vornherein wahrscheinlich, daß diejenigen Wirtschafts- und Gesellschaftslehren, die eigens erfüllt von der Gewalt dieser den Lauf der Entwicklung vorbestimmenden Wirkungsquellen sind, also die betont ökonomistisch-utilitaristischen, die eigens wirtschafts- und nützlichkeitsgläubigen, sich am stärksten und grundsätzlichsten für diese Vorherrschaft der Sache einsetzen werden, daß aber die geistigeren Auffassungen sich von ihr unabhängig machen werden. Leider aber trifft von dieser Annahme wohl der Vordersatz zu, nicht immer aber der Nachsatz. Wohl sind Kapitalismus und Sozialismus, der eine insofern er von Adam Smith, der andere insofern er von Karl Marx abzuleiten ist, bei aller Gegnerschaft gegen einander durch die festesten Bande zu einer gemeinsamen Verwandtschaft solcher Nützlichkeitsverehrung und also auch solches Sachglaubens zusammengeschlossen. Aber unter den Verfechtern einer ganz geistigen und also von solchen Vorurteilen unabhängigen Gesellschafts- und Wirtschaftserforschung sind gerade die scharfsichtigsten, begriffsgeschultesten aus ganz anderen Gründen der gleichen Sachüberschätzung verschrieben.

Es sind die Theoretiker, die zu eigens begriffsmäßiger Durchdringung dieser sehr plumpen und groben Wirklichkeiten des menschlichen Geschehens neigen und die wohl zuweilen, mit wunderbar starker Kraft des Scheidens und Bauens ausgerüstet, aus ihnen völlig folgerichtig durchstrukturierte, schlüssig gegliederte Denkgebäude machen, die aber trotzdem oder wie sie sagen würden, gerade deswegen eine Vorherrschaft der Sache über das persönliche Wollen und Können des Einzelnen, auch des Stärksten behaupten.

Und wahrlich: es sind die platonisierenden Neigungen dieser Gelehrten, die sie zu dieser Überzeugung führen. Sie sind so ganz durchdrungen von der Vorstellung, daß es eine Welt der Begriffe und der Begriffsbauten über der erfahrbaren Welt der Wirklichkeit gebe, daß die Sachen, an deren Gewalt sie glauben, in einem ewigen und von allem Sehen und Erkennen der lebendigen Menschen unabhängigen — absoluten — Sein zu finden sind, daß sie auch für die wahrlich von solchen Höhen der Geistigkeit weit genug entfernten Gefilde des von ihnen erforschten Wirtschaftslebens solche Denkbilder sich formen. Und ganz nach der Vorschrift Platons, in unmittelbarer Anlehnung an ihn, stellen sie selbst von so zeitlich bedingten und wahrlich alles andere als ewigen Wirtschaftsgebilden wie einer Großbank, einem Exporthandelshaus, die ihnen entsprechenden Denkbilder auf. Und was ihrer Wissenschaft aufgegeben ist zu erforschen, das ist nicht das Warenhaus von heute, das New-Yorker oder Berliner Warenhaus von 1934, sondern die Idee des Warenhauses, das ewige Warenhaus. Wollte sie jemand daran erinnern, daß dieses nur ein einzelnes, bestimmtes Erzeugnis unter tausend einzelnen erfahrbaren, geschichtlichen Wirklichkeiten sei, so würden sie diesen Einwand abweisen mit der Erwiderung: ja, die wirklichen Warenhäuser wohl — und sie zu erkennen oder auch aufzubauen ist nur ein geschichtliches, ein seelisches Geschehen und daher von Geschichte und von Seelenkunde zu erforschen — aber ihr Urbild, ihr ewiges Sein, das ist ihr Begriff und deshalb absolut, ein höchstes An-und-für-sich.

Dies alles geht die Kunst der Forschung, die Wissenschaftslehre an, aber es wird zum Leben bestimmenden Schicksal, wenn die gleichen Männer, die durch ihre geistigen Gebilde doch auch Lenker und Bildner des Lebens, der

Wirtschaft und der Gesellschaft sind, nun entscheiden über die Frage: was ist stärker, der Mensch oder die Sache. Denn notwendiger Weise müssen sie, die so erfüllt sind von dem unerschütterlich ewigen Sein der Denkbilder, die für sie wie Gestirne unerreichbar und unverrückbar an das Firmament ihres Geistes-Himmels geheftet sind, auch an die Übermacht der Dinge, d. h. ihrer Denkbilder über die lebendigen Menschen glauben. Vergebens ihnen zu sagen, daß doch der Töpfer nicht unmächtiger sein kann als das Geschirr, das seine Hand geformt hat. Ihnen werden die Dinge, da sie sie nicht als geschichtlich, zeitlich, erfahrungsmäßig entstandene sehen, sondern als Nachahmungen ihrer Urbilder, ihrer Ideen, und da diese wie ewig überwirkliche und unerschaffene Gebilde erscheinen, in solchem Sinne noch unüberwindlichere Mächte, als den radikalsten Ökonomisten beider Observanzen, die von nichts als Nutzen und Erwerbstrieb wissen, ihre Wirtschafts-»Dinge«.

Ein schlechthin tragisches Schauspiel: eine Anschauungsweise, die für die Vorherrschaft von Seele und Geist über die groben Stofflichkeiten des wirtschaftlichen Kellergeschosses der Gesellschaft ficht, trifft auf eine ganz von Geist und Begrifflichkeit erfüllte Volkswirtschaftslehre und hinter ihr wieder auf das doch wahrlich geistige Erbe Platons und findet beide auf der gegnerischen Seite stehen als Widersacher der Kulturpartei, die für die höhere Macht der Persönlichkeit über die Sachen kämpft.

Es mag nicht der einzige Fall sein, in dem Platons Denkbilder mit Irrwegen des Erkennens wie des Lebens zusammengetroffen sind. Was Wunder, da sie den forscherlichen Geist von den Wirklichkeiten fort und zu reinen Begriffsgebilden hin lenkten, die ihre Starrheit, ihre Unbiegsamkeit, ihre Welt- und Lebensferne an die Stelle des ewig quellenden Erkenntnisstromes aus dem Boden der Erfahrung setzen. Ein starker Trost, der dem widerfährt, der diese schicksal- und verhängnisvollen Zusammenhänge erwägt, mag der sein, daß durch Platons Begriffsglauben aller erfahrungsmäßigen

Wissenschaft ein Gegenpol geschaffen worden ist, der ihr wohl viel Kampf, doch auch viel Leben fördernde Erregung gebracht hat.

Drittes Stück.

Die Ehrfurcht vor Platon und unser Recht auf Kritik.

Immer von Neuem war nötig bei Durchprüfung der Bestandteile des Platonischen Gedankenvorrats, Bedenken, ja Angriffe gegen sie zu erheben. Nichts liegt näher als ihnen gegenüber den sehr schlichten Gegeneinwand geltend zu machen, daß es nicht angehe, mit so vielen Einzelbemängelungen das Werk des Mannes herabzumindern, in dem von allen Förderern des Geistes, des künstlerischen, wie des forscherlichen, der wagemutigste, der phantasiereichste und zuletzt der überhaupt gewaltigste zu erkennen ist. Wie ist dieser anscheinend unlösbare Widerspruch ins Gleiche zu bringen?

Unzweifelhaft dann, wenn an einer Gestalt höchsten Ranges wie der von Platon ein Doppeltes an ihrer Wesenheit unterschieden wird: erstens ihre geschichtliche Gestalt, die nur den einmalig aufgetretenen und ausschließlich in seiner Lebenszeit wirksamen sterblichen Menschen Platon angeht, zum zweiten aber den über zwei Jahrtausende in hundert Formen erneuerten, nur in der Wirkung dieser Formen auftretenden posthumen Geist Platon, der zwar eine unsterbliche, aber unendlichem Wechsel unterworfene Rolle in der Geschichte spielt.

Die erste, die im engeren Sinn geschichtliche Gestalt des einmal dagewesenen Platon muß jeder Beurteilung enthoben, kann nicht anders als unangreifbar, wie eines der heiligen Güter alles Menschen- und Forschertums angesehen werden. Keine der Kritiken, die jeweils auf diesen Blättern — gegen den posthumen, so vielfach gewandelten Platon der nachträglichen Umdeutung — vorgebracht wurden, dürfte sich gegen den einmalig-geschichtlichen Platon wenden. Sie durften zwar allenfalls erwähnt werden, dann aber nur in dem Sinn, daß an ihnen erwiesen würde, wie sehr sich heutige philosophische Anschauungen von denen Platons unterscheiden.

Ganz unmöglich aber wäre es, diese heutigen Lehrmeinungen wie einen unbedingten Maßstab für Platons Auffassungen hinzustellen: es würde einen Gipfel schulmäßiger Philistrosität bedeuten so zu verfahren. Der lebendige, nur einmal dagewesene Platon stellt ein Höchstmaß von Sein wie Wirken menschlichen Vermögens dar, und um diese in allem Menschentum einzigartige Erscheinung recht zu würdigen, ist es völlig gleichbedeutend, ob in ihren Fähigkeiten die des Künstlers oder Forschers, des Bildners oder Dichters das Übergewicht behauptet oder ob alle sich in einem Gleichklang von unvergänglichem Wohllaut zusammengefunden haben.

Daß überhaupt in diesem Einen der Geist der Menschheit ein solches Übermaß von Kraft und Wirkung erreicht hat, bedeutet genug; ihn sich fortzudenken würde heißen, dem Antlitz dieses Geistes einige seiner zutiefst gegrabenen Züge rauben.

Völlig anders steht es um die zweite Gruppe der hier in Betracht zu ziehenden Erscheinungen, um die Nachwirkungen, die der einzigen Gestalt des einmal dagewesenen Menschen und Forschers Platon von der Nachwelt gegeben worden sind und die, wollte man ihr die abgekürzteste Benennung geben, als Platonismus zu bezeichnen wären. Ihr gegenüber muß jede Kritik bis zur völligen und grundsätzlichen Abwehr erlaubt sein, und zwar selbst dann, wenn es sich um die ursprünglichste und einfachste ihrer Unterformen handelt, um die Nachwirkung der zwar posthumen, aber in gut geschichtlicher Überlieferung, also in echter unverfälschter Fassung weitergegebenen eigenen Lehrmeinung Platons. Denn eben jene Unantastbarkeit, die dem lebendigen, auf

Lebende wirkenden Platon beizumessen ist, kann schon dem eben verstorbenen Platon nicht zuerkannt werden: denn wenn auch nur eine Generation auf die Bühne getreten ist, so hat schon sie, ja in gewissem Betracht sie am allermeisten, das Anrecht, ihr eigenes Selbst, das vielleicht um Vieles von der Geistigkeit ihres Vorgängers abweicht, gegen diesen zu behaupten. Und da es dem Schicksal gefallen hat, durch die unmittelbare Folgerschaft des großen Schülers auf den großen Meister den denkbar erlauchtesten Schulfall für dieses Verhältnis zu schaffen, so ist das Recht schon der ersten Generation gerade in diesem Fall auf das Nachdrücklichste bestätigt worden. Wollte man das Vorrecht Platons auf eine Unantastbarkeit seines Forschertums auch nur auf das Verhältnis der Lehrmeinung des Aristoteles zu der Platons erstrecken, so würde damit jeder auf reine Erfahrungswissenschaft eingestellten Betrachtung dieser Zusammenhänge ein unleidlicher Zwang angetan werden: sie würde dann genötigt werden, gegen den ihr genehmen Aristoteles für den ihr anfechtbar erscheinenden Platon Partei zu ergreifen.

Noch unbedingter muß für alle späteren Forschergenerationen, gleichviel wie früh oder wie spät sie aufgetreten sein mögen, das Recht, ja selbst die Pflicht zur Freiheit der Kritik auch an dem Höchsten der Meister bestehen. Denn keiner Nachfolgerschaft darf das Recht abgesprochen werden, daß sie die besonderen Bedingnisse, die ihrer Zeit und nur ihr von der eigenen Beschaffenheit wie allen früheren und gleichzeitigen Bewirkungen zufließen, ohne jede Rücksicht auf irgendwelche und seien es die heiligsten Ehrerweisungen durchsetzt. Sollte dies nicht geschehen, so würden ja beständige Umdeutungen und das heißt doch zuletzt Umfälschungen stattfinden müssen und um alter, Ehrfurcht erheischender Grabmäler willen würde das immerdar in neuen Sprossen aufschießende Leben geschädigt werden.

Und noch ist dabei nicht einmal in Rechnung gezogen, daß es ja gar nicht die echte und unberührte Überlieferung der Lehrmeinungen Platons — oder welches Großen der

Vergangenheit immer — sein würde, die sich hier störend und nur allzu oft zerstörend in das lebendige geistige Geschehen drängen würde, sondern in der bei weitem größeren Mehrzahl der Fälle würden es in irgend welchem Sinne abweichende Abänderungen des alten Lehrbestandes sein, zwar platonisierende, aber nicht platonische Meinungen, die sich hier durchzusetzen streben würden. Sollte einmal eine Geschichte des Platonismus geschrieben werden, man würde erstaunt sein über die Fülle und die erstaunliche Kühnheit dieser Abweichungen.

Es wird nicht immer leicht sein, die drei Schichten von Platon abzuleitender Lehren von einander scharf zu trennen. Um die unleidliche Umständlichkeit der für die Unterscheidung zwischen platonischen und platonisierenden Meinungen notwendig werdenden Abgrenzungen zu verringern, mögen selbst auf den hier soeben vorgelegten Blättern zu mehreren Malen Platons eigene Lehren bemängelt worden sein, anstatt der zwar von ihm selbst hinterlassenen, aber mit schuldigem Respekt nur dem Platonismus zuzuschreibenden Auffassungen. Auch für sie aber möge die Ehrfurcht vor der nicht-nur-forscherlichen Geistigkeit des Großen als aufrecht erhalten gelten.

Viertes Stück.

Die griechische Reaktion.

In der frühesten Zeit seines Schaffens, noch in den Jahren, da er sich als den getreuesten Schüler des Meisters ansah und sein eigenes Denken für nichts anderes als Platonismus ausgab[1], ist Aristoteles von Platons Denkbilder-Lehre abgefallen und hat sie angegriffen. Mit welchen Be-

[1]) Jaeger, Studien zur Entstehungsgeschichte der Metaphysik des Aristoteles (1912) 29ff.; Aristoteles, Geschichte seiner Entwicklung (1923) 178ff. — Bücher von überlegener Meisterschaft der entwicklungsgeschichtlichen Forschungsweise.

weisgründen dies geschah, geht den hier verfolgten Gedankengang nur insofern an, als sich daraus ergiebt, daß Aristoteles die Denkbilder Platons zwar in der Gesamtheit ihres eigentlichen Lehrgehalts verwarf, daß er aber in seinem eigenen, durchaus von Platon hergeleiteten Gedankengebäude über das Verhältnis von Stoff und Form einen Kern von Platons Lehrabsicht retten wollte, daß er aber recht eigentlich alle die Urbestandteile der Denkbilderlehre aufgab und befocht, durch die sie sich als der Versuch des Aufbaus einer Geistwelt, wie sie auf diesen Blättern verstanden wurde, darstellte.

Man weiß bis zu welcher Schroffheit sich Aristoteles in seinem Kampf gegen Platons Denkbilder gesteigert hat. Was er ihnen aber am öftesten und am schärfsten abspricht, das ist ihr Sein, ihr selbständiges Für-sich-Sein. Er legt mit vollem Recht dar, daß die Annahme dieses Eigendaseins an sich jeder wissenschaftlichen Begründung entbehre. Der Grundkern von rein dichterischer Gestaltung der Denkbilder ist ihm, dem Mann der reinen Forschung, unerträglich, weil sie ein Erzeugnis reiner Vorstellungskraft ist. Und der entscheidende Streich in diesem Kampfe — einem der schicksalvollsten und gewaltigsten, von dem die Geschichte des menschlichen Geistes weiß — fällt mit der Erklärung des Aristoteles, daß es undenkbar sei, den Gattungsbegriff von dem Ding, dessen Wesen er zum Teil aussagt, zu trennen und zu behaupten, er könne ein von ihm gesondertes Dasein führen. Und er legt rücksichtslos die kleinen Mängel der Platonischen Denkbilderlehre dar, die aus der noch naiven Ungeschultheit des Meisters hervorgegangen waren und doch auch wesentliche Abirrungen in sich schlossen: daß, wenn den Begriffen der Naturdinge ein Sonderdasein zukomme, es auch für die allgemeinen — wir würden sagen die abgezogenen — Begriffe gefordert werden müsse: für die verneinenden, die Verhältnisbegriffe, für die Kunstgebilde, für die höheren, die Gattungsbegriffe. Mit einigen für unsere Begriffe elementaren Handgriffen führt der denkstärkere

Schüler den großen Lehrer wie spielend *ad absurdum*. Und schließlich begegnet er der Seinsannahme Platons für seine Denkbilder mit den wahrlich ganz einfachen Einwänden: daß dieses Sonderdasein die Denkbilder gerade unfähig mache, auch Begriffe zu sein und daß die Überwirklichkeit der Denkbilder, die noch dazu als stofflich — materiell — gedacht würden, die von ihnen gedeckten Einzeldinge, namentlich die Naturdinge, ihres Grundwesens beraube, ohne das sie gar nicht sein können.

Man sieht, mit einigen wenigen starken Stößen erschüttert Aristoteles den ganzen hohen Bau der Denkbilderlehre von Grund aus. Dieser stärkste von allen Denkern, von denen die Geschichte des griechischen Geistes weiß, dieser die ganze Welt der Wirklichkeiten herrscherlich umspannende, umfassendste von allen Forschern, von dem die Wissenschaftsgeschichte der Menschheit berichtet, erhebt Einspruch gegen die große Abirrung seines Lehrers in das Land von Dichtung, Plastik, Phantasie. Die Überwältigung der noch allzu jungen Fertigkeit des Denkens durch Kunst und Künstlergeist wird zurückgenommen durch einen Verfechter reiner Forschung. Und war es ein Unglück für die Wissenschaft, daß der Verführer und Entführer des reinen Forschertums in das Märchenreich der Einbildungskraft der größte Geistige unter allen Griechen war, so war es ein Glück für sie, daß sein Schüler-Gegner, der ihm auf dem Fuße folgte, der größte Forscher unter allen Griechen, ja in der Menschheit war.

Dies bedeutete ein Ungeheures schon insofern, als selbst der griechische Geist, so ganz von schöner Sinnlichkeit und einer überstarken Vorstellungskraft befangen, sich von Platon, der allerdings sein Wortführer gewesen war, doch nicht endgültig dazu hinreißen ließ, ein Mischgebilde von Kunst und Forschung, von willkürlicher Einbildungskraft und lauschendem Wirklichkeitssinn an die Stelle der eben entstehenden Wissenschaft vom Sein und Erkennen der Dinge zu setzen. Wohl konnte die zwei Jahrtausende nach

Platon und das alt- wie das neueuropäische Denken umspannende Nachwirkung der Platonischen Abirrung nicht wieder unterbunden werden, wohl ist Aristoteles selbst — davon soll noch die Rede sein — in seiner Erkenntniswissenschaft nicht ganz unwesentlich durch den Einfluß der Denkbilder Platons bewirkt und vom Weg der bauenden Erfahrungswissenschaft abgelenkt worden; aber Unermeßliches von viel schicksalsvolleren Nachwirkungen ist durch Aristoteles' Eingreifen zu Gunsten einer der Wirklichkeit zugewandten, der Willkür abgeneigten Forschung verhütet worden.

Und schon aus den wenigen Sätzen, die hier als die letzten Zuspitzungen von Aristoteles' Gegenlehre herausgehoben wurden, läßt sich erkennen, was eigentlich der Sinn dieser neuen, kühleren Erkenntniswissenschaft war.

Erstes, wichtigstes Ergebnis ist die gänzliche Absage an die dritte Welt, die Geistwelt, die Platons Schöpferwillen hatte errichten wollen. Die in Aristoteles als echtem Forscher ganz lebendige Abneigung gegen alles, was dem Mythos, der Glaubenssage zuneigt, hat hier die entscheidende Stimme gehabt. Die entschiedenste Ablehnung von allen Platonischen Forderungen dieser Art in des Aristoteles Denken ist die Folge.

Darüber hinaus aber fallen auch die wichtigsten der Nebenfolgen, der andern Ausstrahlungen, die von diesem glänzenden Gebild eines überforscherlichen, ja übergeistigen, eines fast göttlichen Schaffen-Wollens ausgingen. Der Apriorismus, die Denkform der Setzung im Voraus, so weit sie durch Platons Denkbilder in die Erkenntnismittel der Wissenschaft eingedrungen war, wurde von Aristoteles wieder fallen gelassen. Eine seiner schlichtesten und dennoch schlagkräftigsten Einwendungen gegen diesen Kern von Platons Lehre ist: daß die durch sie geschaffene Verdoppelung der Dinge eine ganz überflüssige sei, da ja die Begriffe, die den erfahrungsmäßig zu erfassenden Dingen abzugewinnen seien, dieselben Merkmale enthalten wie die Denkbilder. Dies aber heißt nichts anderes, als daß die Ideen als Setzungen im Voraus — richtiger gesagt als Gesetztheiten im Voraus — in ihrer Vielheit aufgegeben sind und die *a posteriori*, die erfahrungsmäßig, durch Induktion abgeleiteten Begriffe an ihre Stelle gesetzt werden. Nur zwei Ausnahmen bleiben, die im aristotelischen Gedankengebäude allerdings auch die Denkform der Setzung im Voraus — wiederum eigentlich der Gesetztheit im Voraus — aufrecht erhalten: ein Denkbild der Gottheit, die Aristoteles als den an sich unbewegten Beweger des Weltgeschehens setzt, die erste, wenig ausgereifte Bildung des denkerischen Eingottesglaubens, und zum zweiten die Form, als die zielsetzende Kraft im Weltgeschehen, von der sogleich die Rede sein soll.

Die Begriffe, insofern sie aus den besonderen Erfahrbarkeiten das Allgemeine ableiten, hält Aristoteles so unbedingt aufrecht, daß er mit Platon erklärt, daß nur das allgemeine Wesen der Dinge Gegenstand des Wissens sein könne — was der Anwalt der Erfahrungswissenschaft als ausnahmslose Regel nicht zugeben wird — aber die Begriffe, dergestalt für die eigentliche Aufgabe der Forschung erklärt, sind von der Schranke der Setzung im Voraus befreit und auf die Maßnahmen der Induktion, der vom Boden der Erfahrung aufwärts bauenden Wissenschaft gewiesen.

Auch der wichtigste unter den Folgenachteilen von Platons Denkbildern, die völlige Verkennung, ja die Auslassung der Wirklichkeitsform Werden zu Gunsten des übermäßig bevorzugten und des allein dem Begriff und seiner Herrscherlichkeit genügenden Seins ist von Aristoteles erkannt und gerügt worden. Er stellt in der Nikomachischen Ethik mit dürren Worten fest, daß sich dasjenige, was sich als Späteres und Früheres zu einander verhält, auf keine Idee zurückführen lasse. Und er klagt des ferneren die Platonischen Ideen um deswillen an, weil ihnen der Urbestandteil der Bewegung, das bewegende Prinzip fehle, ohne das man wiederum nicht zur Vorstellung des Werdens noch zu irgend einer Naturerklärung komme, welche letztere

Aristoteles offenbar nur werdensmäßig, genetisch sich zureichend denken kann.

Ein Kampf zwischen Riesen, in Wahrheit eine Gigantomachie war der Streit des Aristoteles wider Platon und seine Denkbilder. Wie ungeheure Mächte des Geistes und der Seele in ihm sich entbunden haben, kann nur ermessen, wer sich vergegenwärtigt, welch tiefste Kraft des Losreißens und des Widerstandes dem geistig wahrlich nicht überlegenen, nur denkstärkeren Schüler beigewohnt haben muß, daß er vermochte, sich noch dem wirkenden Zauber des lebenden Meisters zu entziehen und zu widersetzen, ihm, dem Mann, der vielleicht von allen Geistigen, die je über die Erde gingen, die lockendste und zwingendste Macht des Ansichziehens gehabt haben mag.

Nur in einem Stück war die Wirkung nicht ganz vollkommen: Aristoteles hat in seiner Lehre von dem Gegensatz zwischen Stoff und Form — für welch letztere er sogar den Namen Bild, Eidos beibehielt, einen Kern von Platons Denkbilderlehre in seinen eigenen Denkbau übernommen. Indem er der Form die Bedeutung zuweist, daß sie Begriff und Wesen jedes Dings, aber auch den Endzweck, der seinem Werden vorschwebt, die Kraft, die dies Werden bewirkt, sei, so schafft er doch einen Nachklang der Denkbilder, vor allem insofern als er die Form für ewig und unvergänglich erklärt. Aber da er diese Form als *ἐνέργεια*, als Innenwirkung, als *ἐντελέχεια*, als Innenzielsetzung in die Dinge verlegt, ihr nie aber ein eigenes Dasein außerhalb der Dinge beimißt, so ist von keiner dritten, keiner Geistwelt mehr die Rede und kaum auch von einer Setzung im Voraus, da die Form ja, was das Denken angeht, ebenso von der Erfahrung wie, was das Sein angeht, von der Wirklichkeit abgeleitet erscheint.

Auch die Nachwirkung des Kampfes ist insofern zwiespältig, als für den unmittelbaren und ununterbrochen sich fortsetzenden Erbgang der neuen Denk- und Daseinswissenschaft allerdings durch den Eingriff des Aristoteles auf Jahrhunderte der von Platons Denkbildern gewiesene Weg verlegt war, als aber die lebendige Nachahmung bewirkende Kraft der Lehre nicht im mindesten abgetötet war.

Immerhin, eine für das griechische wie für alles fernere Denken unumstößliche Wirkung des aristotelischen Einspruchs ist über jede Anzweifelung hinausgehoben: wäre er nicht erfolgt, hätte sich nicht diese forscherlich unbedingt überlegene Geisteskraft gegen Platons Denkbilder eingesetzt, so liegt nahe zu vermuten, daß der Gang aller griechischen, vielleicht auch auf lange hinaus aller menschlichen Denkentwicklung von dem rechten Ziel auf Welt und Wirklichkeit abgelenkt und zu einem bestenfalls schönen, immer aber haltlos unsicheren Ausbilden von halb dichterisch, halb glaubensmäßig willkürlichen Mischerzeugnissen von fesselloser Einbildungs- und geregelter Denkkraft abgeirrt wäre.

Auf Jahrhunderte hin kam es innerhalb des griechischen Denkens nicht zu einer Erneuerung der Platonischen Denkbilder. Und bis die Lebenskraft des griechischen Geistes erlosch, ist unter den Denkern von selbständigem Rang nur Plotinus für sie aufgestanden. Aber Plotinus' Denkbau, so ansprüchlich er sich in die Höhe reckt, so weit umfassend er alle Möglichkeiten einer Erforschung und einer Erahnung des Daseins in eine Einheit — synkretistisch genug — zu ziehen trachtet, gehört nicht in die Reihe der großen Versuche des menschlichen Forschersinns, über der Urwelt der Wirklichkeit und höher als die Spiegelwelt von Glauben, Forschung und Kunst eine Geistwelt zu schaffen.

Wohl würde eine begriffliche Verlockung vorhanden sein, des Plotinus Urwesen, sein Eines — *ἕν* — als die äußerste Verdichtung einer solchen Geistwelt anzusehen, es hinzunehmen als einen Versuch des forscherlichen Geistes, eine solche dritte Welt wenigstens in der Spitze, der Einheit eines Urseins-Bildes zusammenzufassen. Aber das geht nicht an: es handelt sich wohl eher um die glaubensähnliche Aufstellung eines Gottesbegriffs, der unter der Einwirkung der starken mystischen Bewegung, die für die Neueste Zeit auch im alteuropäischen Weltalter kennzeichnend ist — der dritten Mystik im Laufe der Menschheitsgeschichte — völlig ins Wesenlose aufgelöst ist, ohne doch seine Herkunft aus Platons Denkbild des höchsten Guts zu verleugnen.

Eine weitere Möglichkeit, sein Denkgebilde als Versuch der Erbauung einer Geistwelt aufzufassen, gewährt Plotinus auf der vorletzten Stufe seiner Geist-Hierarchie: seinem Weltgeist — *νοῦς* — sind die Denkbilder Platons einverleibt gedacht. Aber dies alles ist so enzyklopädisch-synkretistisch, so uneigentümlich-sammlerisch, nur wie eine Zusammenschließung fremder Gedankengüter gedacht, daß dem ganzen Gebilde kein Platz in der Reihe der ureigenen und urstarken Versuche, eine Geistwelt zu schaffen, einzuräumen ist.

Fünftes Stück.

Neueuropäische Gefolgschaften der Denkbilderlehre.

Wäre es der Geschichtsforschung erlaubt, Traum- oder begrenzter gesagt Wunschbilder zu entwerfen, in denen sie den Lauf der Entwicklung des Geistes oder der Tat so zeichnete, wie es der forscherlichen oder der Lebensgesinnung, die sie verehrt und verteidigt, entsprechen würde, so hätte sich auf dem als geistige Leistung früher Zeiten wunderwürdigen Grundbau der jonisch-mittelalterlichen Naturphilosophie sogleich der Palast der nachplatonischen Universalwissenschaft erheben und auf den großen Anaxagoras hätte der größere Aristoteles sogleich folgen müssen. Aber gerade unsere Wissenschaft ist ja mit ganz eisernen Fesseln in die demütigste Hingabe an die einmal so und nicht anders geschehene Wirklichkeit geschmiedet. Dennoch sind derlei Möglichkeitserwägungen durchaus nicht als ein müßiges und unnützes Spiel phantasierender Wissenschaft anzusehen, denn es können durch sie Zusammenhänge wie mit einem elektrischen Scheinwerfer aufgehellt werden, die bei reiner Abschilderung der wirklich vollzogenen Ereignisfolgen im Dunkel geblieben wären.

Es war an sich und fürs Erste ein für die Geschichte des griechischen Denkens und Forschens schicksalwendendes Geschehen, daß an dem reichen Baum dieses Volksgeistes die Blüte eines mehr dichterischen als forscherlichen Denkens weit eher aufbrach, als die eigentliche, die erfahrende Wissenschaft zu reifer und starker Entfaltung gekommen war. Und von den zahlreichen Irrtümern, in die eine in der Tatsachenfeststellung sehr gewissenhafte, im Urteil und Weitblick aber durchaus enge Einzelforschung verfallen ist, mag es einer der schädlichsten sein, daß man durch mühselige Ansammlung von an sich wenig belangreichen Daten der Wissenschaftsgeschichte den Anschein zu erwecken getrachtet hat, als sei im Zeitalter des Sokrates und des Platon auch außerhalb der in der Tat einzig starken Geschichtsschreibung ein bedeutendes Maß wissenschaftlicher Einzelerkenntnis vorhanden gewesen. Daß dies unrichtig ist, ist deshalb so wichtig, weil so leichter erklärlich wird, daß den großen Denkern dieser Tage die erfahrende Wissenschaft so gering und unwert erschien, daß sie die von ihrer forscherlichen Vorstellungskraft geformten Denkbilder den Ergebnissen wissenschaftlicher Erfahrung so völlig vorzogen.

Dieses Ereignis wäre nun in seiner Wirkung auf die Geschichte des griechischen Denkens und Forschens beschränkt geblieben; aber da es — wiederum eine Tatsache der vergleichenden Entwicklungsgeschichte und Entwicklungszeitrechnung — die Geschichte so wollte, daß die germanisch-romanischen Völker in ihrer an sich im Wissen und erst recht im Denken unreifen und zu jedem Widerstand unfähigen Jugend von dem geistigen Erbgut der Alten überschüttet und für ein Jahrtausend völlig überwältigt wurden, so wurde jenes Griechenschicksal ein Menschheitsschicksal und ist es, wenigstens in einer der Entwicklungsreihen des

Weltdenkens, noch bis auf den heutigen Tag geblieben. Dies will sagen, die Denkbilderlehre Platons ist, wenn nicht als Vorbild, so doch als eine wechselnd mehr oder minder starke Triebkraft im Geist der romanischen und germanischen Denker mächtig geblieben.

Waren es schon Geisteshauche oder wenigstens Gesinnungsverwandtschaften, die Plotinus vom Christentum her anwandelten, als er seine unstarke Nachahmung des platonischen Schöpferaktes versuchte? Die jungen Zeiten des langsam wachsenden Gedankens der germanisch-romanischen Völker, die geistig unter der Förderung, aber auch unter dem Zwang des Christentums und seiner Glaubens-, d. h. doch auch Daseinslehre standen, haben jedenfalls den gleichen Zug zu den Lehren Platons gefühlt. Man hat es so ausgedrückt, daß die frühen Jahrhunderte des neueuropäischen Mittelalters vom Platonismus beherrscht sind; dann hat bei wachsender Neigung zur Erfahrung und zu erfahrender Erkenntnis eine starke Wendung zu Aristoteles und seiner Rebellion gegen die Denkbilder seines Lehrers und Meisters stattgefunden. Die Renaissance aber, die mit ihrer Vergötterung der Antike um der griechischen Kunst willen der germanischen Gotik einen gewaltsamen Tod bereitete, hat aus dem gleichen Seelengrunde eines ganz künstlerischen Klassizismus eine ebenso entschiedene Rückwendung zu Platon und dem Platonismus vollzogen.

Doch all dieses geistige Geschehen hat zwar die Entwicklung der mittelalterlichen Philosophie unserer Völker im Einzelnen beeinflußt, aber da diese Philosophie zum großen Teil nichts anderes als ein Erzeugnis kindhafter Abhängigkeit und unendlicher Unselbständigkeit war, so war dies Geschehen kaum ein wichtiges Glied in der Kette der Geschichte des menschlichen Weltdenkens. Eine echte Fortbildung oder eine tiefgreifende Veränderung am Bau der platonischen Denkbilderlehre vorzunehmen, dazu reichte die Kraft dieser jungen Völker und ihrer noch jüngeren Geistigkeiten nicht aus.

Für den Gesamtanblick des geistigen Antlitzes aller dieser Jahrhunderte ist einmal wichtig, daß sie ertrugen, so viel Einwirkungen von Platon her zu erfahren. Denn wenn einst dessen Denkbilder einen rein geistigen Ersatz für die Verluste dargestellt hatten, die die griechische Seele durch das Dahinschwinden des alten Glaubens erlitten hatte, so tat dem seelischen Haushalt der neueuropäischen Völker bei voller und kaum je angefochtener Herrschaft des Christentums ein solcher Ersatz wahrlich nicht Not. Daß es hier auch nur zu einem friedlich ertragenen Nebeneinander kam, wird man nächst der geistigen Macht Platons dem Umstand zuschreiben müssen, daß seine christlichen Anhänger in der von ihm geschaffenen Geistwelt die Verwandtschaft mit der ihres Glaubens stark empfanden. So weit und so tief die Kluft sein mochte, die beide trennte, die Brücke der Wesensähnlichkeit war doch über sie geschlagen.

Aber kein Unbefangener wird bestreiten können, wie lähmenden Einfluß die Herrschaft eines so überstarken Geistgebildes wie die platonischen Denkbilder auf ein jugendliches, fast nur kindhaftes Weltdenken haben mußte. Je höher man jene einschätzt, desto größer sollte die Vorstellung von der Herabmindeung sein, die sie der Selbständigkeit unserer Völker zugefügt haben.

An sich war es ein Glücksfall sonder gleichen in der Universalgeschichte des Geistes, daß die Völkergruppe, die die Trägerschaft dieses Geistes darstellte, einmal gewechselt hat: daß die germanisch-romanische Völkergemeinschaft an die Stelle der griechisch-römischen treten durfte. Dadurch war an sich die Möglichkeit gegeben, daß wie in allen anderen Dingen des Lebens, so auch in Sachen der Erkenntnis Weg und Ziel des Laufes neu und selbständig gewählt werden konnten. Es war auch das einzige Mal, daß dies Heil dem Menschengeschlecht widerfuhr und widerfahren konnte, denn so viel läßt seine Entwicklung bis zum heutigen Tage eindeutig erkennen: eine dritte Völkergruppe, die den Weg noch ein drittes Mal hätte vom Ausgang beginnen und über die neueuropäische Völker- und Geistesgemeinschaft hinaus hätte fortsetzen können, ist auf dem Erdenrund nicht zu finden.

Denn dies war unseren Völkern, war der Menschheit nicht beschieden: die unerbittliche Einmaligkeit aller Geschichte ist vielleicht nie so unverkennbar an den Tag getreten, wie in diesen hellenisch-germanischen Zusammenhängen. Es wäre nun möglich gewesen, daß durch Sinne und Seele des Germanentums und der ihm angegliederten zum Teil germanisierten romanischen Völker ein neues, vollkommen frisches Weltbild entstanden wäre. Statt dessen wurde dieser Völkergruppe, die auf unserm Stern der zweite Beauftragte des Weltgeistes in Sachen dieser Sendung war, eine völlige Verfremdung seines Sehens aufgedrungen.

Und da ja zu der platonischen Hellenisierung noch die jüdisch-hellenistische Christianisierung trat, auch sie, was gar nicht nachdrücklich genug in Erinnerung gebracht werden kann, eine dem Germanentum von außen her zugekommene Daseinslehre, auch sie die Schöpferin einer Geistwelt, so war das Martyrium, das das freie und unbefangene Weltdenken erlitt, ein doppeltes. Ihm wurde im Keim eine andere, fremde Gestalt gegeben; es wurde für mehr als ein Jahrtausend an seiner Entfaltung gehindert; es wurde bis in unsere Tage um ein freies, eigenes Wachstum gebracht. Für die Geschichte der Welterkenntnis des Menschengeschlechts ist damals die einzige Gelegenheit ihrer Annäherung an die Wirklichkeit mit frischen Sinnen, unvoreingenommenem Denken verabsäumt worden. Sie kann niemals wiederkehren.

Dritter Abschnitt.

Neueuropäische Gegenbewegungen und Erneuerungen.

Erstes Stück.

Die Verichlichung des Geistes.

Als um die Mitte der Neueren Zeit die Denkkraft des germanisch-romanischen Weltalters zu ihren Jahren gekommen war und in einem starken Ansprung sich zu einer ersten selbständigen Tat sammelte, da war die eiserne Kette gesprengt, mit der sich der forscherliche Geist unseres Volkes an das Vorbild der Alten geschmiedet hatte. Es wird Descartes' ewiger Ruhm bleiben, daß seine Verkündung nicht eigentlich eine Fortsetzung oder gar eine Nachahmung des hellenisch-platonischen Gedankenwerks darstellte, sondern weit eher eine Gegenbewegung, in der sich eine der kennzeichnendsten Eigenschaften der besonderen Geistigkeit des neuen Weltalters und zugleich einer der gegensätzlichsten Unterschiede zwischen der Weltsicht hellenischer und der romanisch-germanischer Prägung, wie sie sich nun entwickeln sollte, ausgewirkt hat.

Die Schöpfung einer Geistwelt durch Platon ist auf diesen Blättern als eine Verdinglichung des Geistes bezeichnet worden. Sie darf gewiß so benannt werden, weil durch Platons Denkbilder den Erzeugnissen des Geistes — das Wort im Sinn erfahrungswissenschaftlicher Seelenkunde als die Summe aller Verstandes- und aller Einbildungskraft des Menschen verstanden — ein eigenes Leben verliehen wurde. Diese Ausgeburten des Geistes und damit er selbst wurden so eine daseinswissenschaftliche Wesenheit oberhalb der erfahrbaren Wirklichkeit. Descartes' große Losung *cogito ergo sum* behauptet, daß alle Erfahrung, selbst die dem erfahrenden Ich nächste, die vom eigenen Sein, diesem Ich nur durch den Vorgang seines Denkens verbürgt sei. Damit wurde in schlechthin umgekehrter Richtung die Welt in den denkenden Geist eingesogen, ihr Bild ihm einverleibt. Soweit in der Erkenntnislehre überhaupt von Gegensätzen die Rede sein darf, so besteht ein solcher zwischen der Sicht Platons und der Descartes'. Nicht Denkbilder, die im Ich entstanden sind, werden aus ihm in die Welt geworfen und dort zu einer neuen, einer Geistwelt geformt, sondern die Welt wird vom Ich seinem Denken einverleibt und die Sicherheit ihres Erkennens wird von diesem Ich oder vielmehr nur einer seiner Betätigungen, dem Denken abhängig gemacht. Die

Wirklichkeit der Welt bleibt außer Zweifel, aber daß die Formung ihres Bildes sich im Ich vollzieht, ist schon eine nächstliegende Schlußfolgerung.

Der Verdinglichung des Geistes des Platon setzt sich die Verichlichung des Weltbildes entgegen. Es ist wohl der tiefste Unterschied zwischen alt- und neueuropäischer Geistigkeit, der sich hier aufgetan hat.

Dennoch wird man nicht sagen dürfen, daß der Faden des feinsten und tiefsten Zusammenhanges zwischen dem hellenischen und dem romanisch-germanischen Weltdenken wie mit einem Scherenschnitt abgerissen sei. Denn es findet sich in Descartes' Lehrbau zum mindesten ein Trakt, der zwar auch nicht als eine Auswirkung oder gar Wiederaufnahme der platonischen Denkbilder angesehen werden kann, dessen Entstehung aber gewiß nicht ohne das Vorhandensein jenes großen Urbildes des Entwurfs einer Geistwelt möglich gewesen wäre.

Für Descartes' Daseinslehre zerfällt, wie man sich erinnert, das Insgesamt der Welt in zwei Teile, in die Welt der ausgedehnten Dinge, die Materie, und in die der denkenden Dinge, den Geist. Beide Welten sind nach dem Standpunkt der ihnen gebührenden Anschauungsform als Substanzen voneinander geschieden. Da sie aber beide Dasein haben, so müssen sie auch als zwei Welten verstanden werden.

Die Materie, d. h. die mit den Sinnen ergreifbare Wirklichkeit bleibt für den hier verfolgten Gedankengang außer Betracht: zu ihr verhält sich Descartes erfahrungswissenschaftlich schlechthin. Neben ihr aber besteht die zweite Gruppe, die der bewußten Dinge. Von welcher Beschaffenheit ist sie?

Dieser Frage ist um deswillen schwierig eine geschichtlich genaue Antwort zu finden, weil Descartes mit einseitiger Vorliebe von seinem Gedankenbau nur die eine Hälfte, die der Natur gewidmete, ausgeführt hat, nicht aber die andere, dem Geist zugewiesene. Ihr Bereich ist, auch wenn er nicht das Ganze der Welt in sich begreift, noch immer weit genug, insofern er die *res cogitantes*, die denkenden Dinge, d. h. die geistigen Iche der Menschen umfaßt. Aber irgend eine unmittelbare Beziehung der beiden Hälften, in die ihm das Weltbild zerfiel, zueinander scheint Descartes nicht in Betracht gezogen zu haben. Wichtig wird sie ihm nur an einem Punkt, in dem Verhältnis von Leib und Seele, das sich ihm als das einer etwas gewaltsamen und äußerlichen Vereinigung darstellt.

Von der Welt von Geistern, in die sich ihm die Menschenwelt auflöst, läßt sich sonder Zweifel aussagen, daß sie in jedem Sinn den vollen Widerspruch zu den geistigen Gebilden darstellt, die auf diesen Blättern unter den Begriff Geistwelt gestellt wurden. Eine sehr starke Einwirkung griechischer und dann allerdings auch platonisierender Denkweisen macht sich nur an dem Oberbau des cartesianischen Lehrgebäudes geltend, der in ihm als haltendes Gefüge wohl eine wichtige Tätigkeit auszuüben hat, der aber erkenntnismäßig den am wenigsten glückhaften und haltbaren Bestandteil in ihm ausmacht: an seiner Lehre von dem Gott, der als oberste Gedankenmacht die beiden sonst weit auseinander klaffenden Welthälften zusammenhält und der sich als ein reiner und eigens bedeutender Fall von platonischer Ideenbildung darstellt. Er ist aber auch das Musterbild einer im Sinn der Erfahrungswissenschaft völlig willkürlichen Setzung im Voraus und er verfehlt, als auf Scheinlogik beruhend, im Gefüge von Descartes' Lehrbau seine Wirkung vollkommen. Was den Zusammenhang mit Platon angeht, so wird man ihm nur die Form, nicht den Gehalt dieses Lehrgebildes zuweisen dürfen; dieser ist unzweifelhaft christlichen Ursprungs und eines von den zahlreichen Mißverständnissen, mit denen die Denker der Neueren Zeit der Kirche ihre sonstigen Kühnheiten annehmbar zu machen suchten und die ein stärkeres Zeugnis für ihre Pietät gegen den überlieferten Glauben, als für ihr Kämpfertum und ihren Unabhängigkeitssinn ablegen.

Spinoza hat, wie er in mehr als einem Betracht den Lehrbau Descartes' von Mängeln befreit und zur Vollkommenheit geründet hat, ihn auch von allen hellenisch-platonisierenden Beimischungen gereinigt. Indem er den Begriff des Gottes mit dem Inbegriff der erfahrbaren Welt und dem des Geistes zu einer allumfassenden Einheit verschmolz, setzte er jeder möglichen Annahme einer Geistwelt, gleichviel ob glaubens- oder denkmäßigen Ursprungs, ein Ende. Sie war von ihm als ein geistgewordenes Bild der Welt — das eben in Descartes' Lehrbau schmerzlich zu vermissen war — nun zwar für den Augenblick als möglich hingestellt, aber sogleich doch wieder durch die untrennbare Verbindung mit der Erfahrungswelt, in die sie durch den beherrschenden Gedanken der Gott, Welt und Geist umfassenden Substanz hineingedacht war, mit den beiden anderen Trägern des Weltgeschehens so völlig verschmolzen, daß sie in Spinozas Denken nie zu einem selbständigen Dasein gelangte.

Es war also ein forscherliches Tun vollzogen, das sich, wie Descartes' erkenntnismäßiges Vorgehen, so jetzt im Bezirk der Daseinslehre in einer dem Streben Platons recht eigentlich entgegengesetzten Richtung bewegte: es war, als ob zwar die Möglichkeit die wirkliche Welt als Geistwelt zu sehen, erblickt worden wäre — was an sich etwas sehr anderes gewesen wäre, als nach platonischer Weise eine Verklärung der wirklichen Welt zur Geistwelt zu erheben — dann aber wurde mit dem entschiedensten Nachdruck die Dasselbigkeit dieser Welt-Geist-Welt mit der in der Natur gegebenen Wirklichkeitswelt verkündigt. Damit war in Wahrheit schon der Grund gelegt für jenen nun freilich stark spiritualisierten Monismus, jene ganz geistgewordene Dasselbigkeits- und Einheitslehre, die in Hegel ihren höchsten Vollender finden sollte. Und wenn weiter auch die Gottheit, die bei Descartes ein so unglücklich abgetrenntes Dasein führte, in diese Vereinheitlichung einbezogen wurde, so war damit nur eine neue Gewähr für die Durchsetzung einer ganz widerplatonischen Verirdischung des ganzen Lehrbaus gegeben.

Denn wenn die große Idee Gott in ihrer Selbständigkeit aufgegeben wurde, und in der Dreifaltigkeit der Substanz aufging, so traf dies den Platonismus und freilich auch mit der gleichen Wucht die Daseinslehren des Glaubens. Die feindseligen Eiferer der Synagoge von Amsterdam wußten ebenso wohl, warum sie Spinoza bekämpften, wie hundert Jahre später in seiner frohesten Heidenzeit der junge Goethe, warum er Spinoza mit so verehrender Liebe umfaßte.

Die Lehre, die Leibniz' eigentümlichsten Anteil an der Daseinswissenschaft der Neueren Zeit darstellt, sein seltsamer Monadentraum, führt so weit fort von aller Geistwelt-Sicht, er ist als der sonderbare Einfall eines großen Denkers und in der wunderlichen Verzwicktheit seiner physisch-metaphysischen Mythologie so sehr ein Erzeugnis von Barockphilosophie, daß an seiner höchst germanischen, ganz unhellenischen Grundbeschaffenheit Zweifel auch nur für eines Augenblickes Länge nicht aufkommen können.

Kant selbst aber und seine Erkenntnislehre, die der wirklichen Welt ihre Ordnungen nahm und sie in das denkende Ich zurückzog, war vollends der fleischgewordene Widerspruch gegen die Aufstellung jeder Geistwelt, die ihm nur Willkür und Phantastik bedeutet hätte. Seine ganz auf die Erfahrung der Welt gerichtete Grundgesinnung hat sich in diesem Nein gegen alle Daseinsträume der Philosophie am stärksten geltend gemacht. Und blieb sie auch auf dem Weg zur wirklichen Welt schon innerhalb des Ichs stehen, um diesem nicht wie Descartes nur die allgemeinen, sondern auch die besonderen Scheidungen und Entscheidungen des Denkens vorzubehalten, so kam diese Bevorzugung des Ichs und der Machtvollkommenheit seiner Weltsicht am allerwenigsten irgendwelchen Hervorbringungen forscherlicher Einbildungskraft zu Gute. Der Lauf, den das neueuropäische Denken von Platons Geistwelt und seinen Gedanken-Standbildern fort zu dem Pol einer vollkommenen Verichlichung des Geistes hin angetreten hatte, war nun am Ziel angelangt und mittwegs hatte schon Humes kühl-klare Lehre von dem Associations-Mechanismus als eines Rüstzeuges des denkenden Ichs gehalten. Das Hindringen Humes zur lediglich erfahrbaren Wirklichkeit war vollends das Tun eines abgesagten Feindes aller Geistwelt gewesen.

Zweites Stück.

Die Zurückdrängung der Geistwelt des Glaubens.

So gewiß die entscheidenden Schlachten des Geistes damals wie immer nur von den hohen Führern des Gedankens geschlagen worden sind, so gewiß haben die Siege und die Niederlagen jener tief eingewirkt auf eine mittlere Schicht des geistigen Lebens, haben deren weit allgemeiner ausgebreitete, weit unsicherer umgrenzte Meinungen und Überzeugungen hier mehr, dort weniger beeinflußt und die geistige Luft hervorgebracht, die etwa vom Anfang des achtzehnten Jahrhunderts als Weltanschauung ein breiter und mächtiger, wenn auch sehr viel dumpferer Träger des denkerischen und forscherlichen, aber auch des rein lebensmäßigen Verhaltens dieser Zeiten war. Ja, es darf behauptet werden, in dieser Jahrzehntereihe ist Weltanschauung recht eigentlich erst eine Macht geworden.

Und das sicher vornehmlich aus dem Grund, daß jetzt und erst jetzt ein Insgesamt von Meinungen und Überzeugungen in Sachen der Weltsicht sich bildete, das rein weltlich und wissenschaftlich, wie es seinem Ursprung nach war, zuerst leis und unmerklich, später durch Widerspruch und Kampf in Gegensatz zu dem Glauben und seiner Geistwelt geriet, d. h. zu der ältesten und befestigtsten, die die Vorstellungen unseres Völkerkreises seit seiner Verchristlichung beherrschte. Zuletzt mochte es so scheinen, als sei dieser Streit gegen den Glauben, der allerdings seinem innersten Kern nach ein Streit gegen eine Geistwelt war,

Gehalt und Gegenstand aller geistigen Bewegung des Jahrhunderts.

Dem Christentum war der stärkste Antrieb zur Ausgestaltung seiner Glaubensvorstellungen zu einer im derbsten Wirklichkeitssinn greifbaren Geistwelt schon von seinen jüdischen Urwurzeln gekommen: dem Volk Israel hat das Bild des Gottes, der ihm leibhaft auf dem Berge Sinai erschienen war, um ihm seine Gesetze zu geben, bis in die letzten Zeiten seiner staatlichen Selbständigkeit in so irdisch-menschlicher Gestalt vorgeschwebt, daß noch der Parousiegedanke seiner großen Hoffnung auf die Herstellung eines mächtigen Zukunftsreiches, der recht eigentlich Grund und Mitte aller seiner Staatsgesinnung war, sich zeitenweise an die Vorstellung knüpfte, nicht der Sendbote Gottes, der Messias, sondern Gott selbst werde als Heerkönig seinem Volk in den Kampf vorangehen und es in Sieg und Herrlichkeit führen. Jesus selbst hat an diesem Gedanken festgehalten, er ließ bei seinem Tode die Seinen in der festen Hoffnung zurück, daß sie noch das Wiederkehren ihres Führers, der ihnen ja nun der Messias geworden war, und mit ihm das Herabkommen des Gottesreichs auf die Erde erleben würden. Ich weiß nicht, ob es auf dem Erdenrund ein Glaubensgebilde gegeben hat, das diesem an bodensicherer Erdhaftigkeit gleichgekommen, Diesseits und Jenseits so eng und so wesensnah in eine Einheit geschmolzen hätte.

Das Mittelalter der germanisch-romanischen Völker war schon durch die Naivität seines jugendlichen Entwicklungsalters eigens geneigt gemacht, diese Sehweise anzunehmen. Und Zeugen hierfür waren nicht allein die Genossen des Volks wie der Sänger des Heliand, der Jesus wie einen König, die Jünger wie seine Gefolgsmannen schilderte, es waren auch die Meister scholastischer Wissenschaft, denen das Himmelreich sich wie ein genau nach irdischen Mustern geordneter Gottesstaat auftat. Wilhelm von Auvergne hat vier Jahrhunderte nach dem Heliand ein Bild vom Engelsstaat entworfen[1], in dem er die Hierarchie der himmlischen Untertanen Gottes, wie sie schon der späte Athener Pseudo-Dionysius, der Areopagit, aufgebaut hatte, in den Hof- und Beamtenstaat eines Herzogs oder Königs seiner Zeit umschrieb. Das geschieht mit einer so peinlich genauen Wiederspiegelung der Hof- und Rangklassen einer damaligen Monarchie, mit so treuherzig-eingängiger Nachbildung der Räte und Richter, der Zentral- und Provinzialinstanzen, der Heeres-Befehlshaber und der Gesandten, die einer solchen zur Verfügung standen, daß der heutige Leser ob soviel kindhafter Einkleidung für das höchst ernstliche Bemühen einer glaubens- und zugleich staatswissenschaftlichen Forschung immer von Neuem in Staunen gerät.

Aber es war nicht allein die Weise der Dichter und der Denker, die den Bau der Geistwelt des christlichen Glaubens mit so erdhaft festen Bausteinen aufführte, es war das gesamte Gefüge der mittelalterlichen Welt, das von einem ähnlichen Nähegefühl an den Himmel Gottes eingegeben war und jede Entfernung, jede Wesensfremdheit zwischen ihm und der eigenen Erde aufhob. Diese Vereinheitlichung, die sich in Tat und Glauben, in Staat und Kirche fast gleichmäßig auswirkte, mag ausgegangen sein von Augustins Verkündung, die in aller Geschichte das Zusammen- und das Gegeneinanderwirken des Gottesstaats hier und des weltlichen Staats dort unterschied, und die ganz dem Leben und der Gegenwart zugewandte Lehre von den zwei Schwertern und ihrem Gewaltenverhältnis wollte ein im Kern Ähnliches. Die ehrgeizigsten Gedanken, die das Papsttum von seiner eigenen Macht und der der Kirche auch und gerade in weltlichen Dingen gefaßt hat, beruhen auf nichts so fest, als auf dem Grunde einer Überzeugung davon, daß die Geistwelt nicht nur in den großen Angelegenheiten der Weltleitung und Daseinslehre, sondern ebenso sehr auch in allen

[1]) Um 1230—35; vgl. die Würdigung und Wiedergabe von Wilhelms Lehre bei Valentin, Der Engelsstaat (Breysig u. A., Grundrisse und Bausteine zur Staats- und zur Geschichtslehre [1908] 41ff.).

Angelegenheiten und Zwistigkeiten des staatlichen Lebens durch den Arm der priesterlichen Stellvertretung Gottes sich beständig geltend machen müsse. Für sie verschmolzen die Geistwelt droben und die Welt der Wirklichkeiten hienieden in Eines.

Und wie man bedacht war, die an sich schon gestaltenreiche Himmelswelt durch die Erhöhung der Jungfrau-Gottesmutter zu einem Thron dicht unter der göttlichen Dreifaltigkeit und die Erhebung eines Gewimmels von Seligen und Heiligen zum Rang der himmlischen Heerscharen zu beleben, so unterwarf man das Diesseits durch die Erhöhung der Priester zu Werkzeugen des Himmelskönigs ganz unter die Herrschaft des Geist- und Geisterreichs im Jenseits. Es war, als ob zwei Erdenreiche sich zu einer engsten Symbiose zusammengetan hätten, in der der Lehre nach das niedere von dem höheren ganz beherrscht wurde, in Wahrheit aber doch die Herrschergewalt des Gotteskönigtums aus Plan und Deutung der sterblichen Menschen hervorging.

Luthers streitbares Gedankenschwert hat unter der Gestalten- und Gewaltenfülle der christlichen Geistwelt für seine neue Kirche ein furchtbares Gemetzel angerichtet. Aus dem weiten Himmelssaal verschwanden alle Neben- und Unterteilhaber an der göttlichen Macht. Außer der Dreifaltigkeit setzte er dem farbenfrohen polytheistischen Anthropomorphismus, der völlig vermenschlichten, traulichlieben Vielgötterei der Alten Kirche ebenso ein Ende, wie der Marien-, der Heiligenverehrung im gläubigen Dienst. Dies bedeutet hinbezogen auf den Urgedanken der Geistwelt, daß er dessen Auswirkungen in ihrer Formenfülle außerordentlich einschränkte. Man wird auch sagen dürfen, daß er dem Wachstum dieses Urgedankens, indem er es so scharf und schroff beschnitt, Einhalt tat und mit seinem Einspruch gegen so viele seiner Folgerungen ihn selbst nicht ganz unangetastet ließ. Denn ganz offenbar wurde dadurch, daß nun Umfang und einzelne Züge des Bildes der Geistwelt, das bisher wie eine von ihr selbst ausgehende

Offenbarung gläubig hingenommen worden war, einer sehr scharfen, rein verstandesmäßigen Prüfung unterzogen wurden, die Kraft der Geltung dieses Bildes nicht ungemindert gelassen.

Die große Krisis, die über das Verhältnis der christlichen Menschheit zu ihrer Geistwelt durch die Kirchenspaltung verhängt wurde, machte zum ersten Mal den Kern dieses geistig-seelischen Geschehens, der bisher verborgen geblieben war, offenkundig. Die Grundbedingung des Verhältnisses der Gläubigen zu ihrer Geistwelt war bisher allen großen und kleinen Streitigkeiten in Sachen des Glaubens zum Trotz doch die einer naiven Hinnahme des Daseins der Geistwelt als einer tatsächlichen Gegebenheit gewesen. Wurden nun, wie es durch Luther geschah, große und bedeutende Teile des Bildes der Geistwelt nicht mehr als Wirklichkeit anerkannt, so wurde damit der innerste Wesenskern des Verhältnisses nun doch als der einer geistigen Annahme, als der eines gläubigen Fürwahrhaltens ungekannter Dinge enthüllt. Wohl war auch in der Alten Kirche genug vom Glauben als der Grundlage aller Gottesverehrung die Rede gewesen, jetzt aber wurde er durch Luther mit allem Nachdruck in den Vordergrund gerückt und das war ein Geschehen, das an sich früher oder später nicht ohne Folgen bleiben konnte. Es war eine erste und erstmalige Erschütterung des Geistwelt-Gedankens, der um ihrer selbst willen nur allzu leicht andere nachfolgen konnten.

An sich blieb die Geistwelt, deren Bild der Protestantismus teils als Erbe übernahm, teils neu schuf, mächtig und stark genug: die Zahl und das Handeln der heiligen Personen auf der Schaubühne, die das gläubige Sehen vor Augen hatte, war sehr eingeschränkt, die äußere Macht und die innere Wucht ihres Waltens aber war um vieles verstärkt. In Sonderheit auf die beiden höchsten Personen der göttlichen Dreifaltigkeit, Gott den Vater, mehr noch Jesus, den Christus, den Sohn, wurden nun Aufmerksamkeit, Andacht, Verehrung der Gläubigen in einem viel ausschließlicheren Maß gesammelt als im Dienst der Alten Kirche.

Am denkwürdigsten ist in der Verkündung Luthers die überwiegende Macht des göttlichen Mittleramts, die sie dem Gott-Sohn beimißt; zum Zweiten das göttliche Drama, das sich zwischen Gott-Vater, dem von ihm geschaffenen und dann in Schuld gefallenen Menschengeschlecht und dem zum Sühnopfer und Erlöser von dieser Schuld in die Welt gesandten Gott-Sohn vollzieht. Es vollzieht sich wirklich in einer zeitlichen Abfolge und zugleich in einer sittlichen Verknüpfung dieser Handlungen. Wohl reicht die Entstehung dieses Kernstücks der christlichen Geistwelt ganz weit zurück bis in das apostolische Zeitalter dieser Glaubensentwicklung, aber in der Lehre Luthers tritt es ebenso durch die hellere Beleuchtung und mancherlei Umformung, die es selbst erfuhr, hervor, wie durch die Verdunkelung des Nebengeschehens bei den Hilfsgestalten und beim Chor. Und es darf keinem Zweifel daran Statt gegeben werden, daß die sehr enge Nähe dieses göttlichen Dramas an Menschentum und Menschentun die Farbenglut und damit die seelische Wirksamkeit des ganzen Vorstellungskreises erhöhte.

Es blieb auch die Besonderheit der christlichen Geistwelt, durch die sie von jeher die Gewährleistung ihrer Beschaffenheit als einer seienden und nicht nur als einer geglaubten Welt am stärksten erwirkt haben mag: die Durchschlingung der Geschehensreihen der Geistwelt mit denen eines geschichtlich verbürgten irdisch-menschlichen Vorgangs.

Drittes Stück.

Das Verblassen der Geistwelt.

Und dennoch: eine Erschütterung hatte stattgefunden, eine große, grundsätzliche, der dann durch die weitgehende Spaltung des Protestantismus andere, kleinere folgten. Glaubensmeinungen entstanden, die auch nach den Begriffen der lutherischen Neugläubigkeit schlechthin ketzerisch waren. Kein Zweifel, diese innerkirchlichen Vorgänge haben die Widerstandskraft des ganzen Vorstellungsgebäudes auch gegen den von außen kommenden Druck der bald einsetzenden außerkirchlichen Weltanschauung geschwächt.

Diese, die sich in einem viel weiteren Menschenkreise als in dem der wissenschaftlichen Philosophie durchsetzte, hat ihre wesentlichen Anschauungen dennoch von den Männern des reinen Gedankens erhalten. Die bei Hume einsetzende und bis zu Kant vordringende Denkbewegung, die neben der Verichlichung des Geistes hergeht wie eine Parallele neben der anderen und die auf die von Zutaten möglichst befreite Erkenntnis der wirklichen Welt abzielt, hat recht eigentlich die Achse dieser geistigen Umwälzung abgegeben.

Sie ist in einzelnen Staffeln vorwärts gegangen und eine der ersten von ihnen, der Deismus, die Lehre von einem Gott, der die Welt nur schafft und ihr die Gesetze ihres Geschehens eingiebt, sie aber nicht durch beständige Einwirkung regiert, weist doch noch eine bemerkenswerte Ähnlichkeit mit dem einstigen Handeln des Protestantismus an der Geistwelt der Alten Kirche auf: er bedeutet wie dieses eine Beraubung des überlieferten Bildes um eine Fülle von Farben und Gestalten. Weit über ihn hinaus schreitend trägt er schon die Züge eines letzten Zugeständnisses an die Aufrechterhaltung der alten Geistwelt, der Vorbereitung auf eine Lehrmeinung, die deren Dasein völlig leugnet. Der Gott der Deisten des siebzehnten und achtzehnten Jahrhunderts war allenfalls zu ersetzen durch ein metaphysisches Prinzip, eine Bewegung und Leben schaffende Urgewalt, die mit einem ersten Antrieb an den Anfang alles Weltgeschehens hätte gestellt werden müssen.

Eine andere Reihe dieser geistigen Wandlung führte auf dem Weg, den Herder eingeschlagen hat, zwar nicht ganz so weit, aber doch in ähnlicher Richtung vorwärts und ermöglichte die Begriffe Gott, Vorsehung, Entwicklung als halb auswechselbare zu benutzen.

Zuletzt hat die folgerichtige und eifernde Geistigkeit der Franzosen auch den letzten Schritt getan und mit dem Dasein Gottes das Bestehen einer Geistwelt überhaupt geleugnet. Holbachs *Système de la nature* hat den ersten Versuch gemacht, das Geschehen der Welt positiv, d. h. als auf sich selbst beruhend zu erklären. Es geschah nicht so oberflächlich im Forschen, wie man ihm oft hat vorwerfen wollen; Holbach hat der großen Naturforschung der Neuesten Zeit manche ihrer Entdeckungen ahnend vorweggenommen, unsicher gewiß insofern er sie nur ahnte, geistreich doch im Entwurf. Aber freilich, eine Entscheidung für das reine Denken konnte mit den leichten Waffen, die den Männern der französischen Aufklärung allein zu Gebote standen, nicht herbeigeführt werden. Und Kant schreckte doch davor zurück, sie zu vollziehen: er gewährte dem Gottesbegriff zwar nur den Rang einer Forderung und nicht die Würde eines *a priori*, einer Gesetzheit im Voraus; er leugnete damit seine Beweisbarkeit für die reine Vernunft, aber er wünschte ihn als Bestandteil eines Gedankenbaus der werktätigen, auf die Sittlichkeit gerichteten Vernunft erhalten zu sehen. Dieses Zwischenurteil schob die Entscheidung zwar hinaus, aber dem Fortbestand des Kreises der christlichen Glaubensvorstellungen als der Unterlage für eine wirkliche Geistwelt war es nicht im mindesten günstig. Der Gott Kants war ein Sittenbegriff, nicht eine Wirklichkeit.

Man wird den Vorgang, der sich damals in der Seele unserer Völker vollzog, am besten als den eines langsamen Verblassens des Bildes der Geistwelt bezeichnen können. Und die Jahrzehntereihe, die seitdem verflossen ist, hat trotz einigen Kurven einen steigenden Fortgang, Entwicklung in dieser Richtung gesehen.

Unter den großen Philosophien, die sich nach Kant mit dem Anspruch auf Erbfolge in seine geistige Herrschaft um diese bemühten, ist die Hegels ihrem Gedankengehalt nach eine seltsam doppelsinnige Mischung von Lähmung und Förderung der Sache der Geistwelt. Denn indem Hegel das Weltgeschehen selbst in ein Geistgeschehen verwandelte, wurde zwar dem Dasein der Geistwelt in ihren überlieferten Gestalten, sei es der Glaubens-, sei es der Daseinslehre schlechthin ein Ende gesetzt, aber dies geschah nicht im Sinn eines Sieges der Wirklichkeitswelt, sondern weit eher in dem einer Niederlage von deren grundsätzlicher Beschaffenheit im Wettbewerb mit dem Wesen der Geistwelt. Denn man wird der innersten Absicht von Hegels Denkbau am nächsten kommen, wenn man ihn als eine Vergeistung der Welt ansieht. Nicht also wurde eine Wirklichkeitswelt auf Kosten der Geistwelt als die allein mögliche verkündet, sondern es wurde die nur im Denken vorfindliche Form des Daseins der Geistwelt erstreckt auf die gesamte, auch die sinnlich wahrnehmbare Welt.

Hätte sich diese Lehre wirklich in den Besitz der Herrschaft über die Geister setzen können, so hätte sich damit ein Vorgang von unbeschreiblicher Geistesmagie im Denken der Menschen vollziehen müssen: was einst nur ein Mittel zur Erweiterung des Bereiches der Menschheitsmacht gewesen war, wäre nun ein Werkzeug der Entwicklung der Welt geworden. Aber aller Größe des Entwurfes dieser Weltgedanken zum Trotz, blieb er doch nur der Versuch, der letzte vielleicht, eines metaphysischen Mythos, eines Weltgedichts und wurde dadurch von jeder Möglichkeit ausgeschlossen, sich dieses späten, verstandesgreisen Jahrhunderts zu bemächtigen.

Selbst das Gottesbild, die Mitte jeder Geistwelt des Glaubens wurde von Hegels Gedanken nicht unberührt gelassen: denn für ihren Zusammenhang konnte es nichts anderes bedeuten als die individualisierende Konkretisierung, die verpersönlichende Verkörperung ihres Weltgeistes, die Hegels große Weltklugheit nur allenfalls bestehen ließ.

Verglichen mit der Größe und Tiefe des Hegelschen Weltbildes sind die Vorstöße, die in der Jahrhundert-Mitte von den Standpunkten erfahrungsmäßiger Philosophie oder einer zu eigener Weltanschauung vordringenden Einzelwissenschaft gemacht werden, zwar sehr erfolgreich in der Ausbreitung ihrer Losungen, aber nicht eben tief im Ausmaß ihrer Begründungen. Dies gilt selbst von Feuerbach, dem einzigen Philosophen in dieser Reihe. Sein Vorgehen, im wesentlichen das geschichtlicher Untersuchung, leidet daran, daß er nicht aus der vollen Fülle einer vergleichenden Glaubensgeschichte schöpfte, wie sie zur Zeit von Feuerbachs Wesen des Christentums noch gar nicht bestand, und deshalb auf die etwas willkürlichen Deutungen einer auslegenden Seelenkunde angewiesen war, die, oft sehr glücklich, dann wieder arm und begrenzt blieben.

Mit einer viel breiteren Schlachtordnung wissenschaftlicher Erkenntnis begab sich Auguste Comte auf dies Kampffeld. Seine Soziologie, die in Wahrheit eine Geschichtslehre war, schlug den gleichen Umweg über die Vergangenheit ein wie Feuerbachs Seelenkunde des Glaubens. Aber so gewiß auch seinem Dreistadiengesetz und mit ihm seiner Lehre von der Keim- und Kindhaftigkeit aller glaubensmäßigen Welterklärung die mannigfachsten und zum Teil ganz elementare Mängel anhaften, so gewiß war seine Fähigkeit, das herkömmliche Bild beschreibender Geschichtsforschung in eine Folge von Entwicklungszuständen und damit in eine Sicht in die Tiefe der Zeiten umzuwandeln, von großer forscherlicher Gewalt und sein geschichtliches Sehen im Kern richtig. Für seinen Kampf gegen die Geistwelt des Glaubens und selbst noch gegen die der Metaphysik, denen beiden er ein abgesagter Feind war, blieb ihm doch die Schranke unüberwindlich, daß sein Wirklichkeitssinn, dessen wissenschaftliches Erzeugnis der Positivismus, d. h. die nach Comte letzte und endgültige Form menschlicher Weltsicht war, wirklich nur geschichtlichen Ursprungs war. Mit anderen Worten, er machte eine geschichtliche Beobachtung, die er an dem Massen- und Mehrheitsgeschehen seiner Gegenwart machte, zum Maßstab für die Beurteilung einer großen und tiefen Lebensäußerung, des Glaubens, die noch immer über eine gewaltige Seelenmacht verfügte und die von einer geistig so schmalen Basis aus nicht zu überwältigen war. Es war doch recht eigentlich das Siegel auf diesen Mißerfolg, daß er selbst zu dem von ihm so hart bekämpften Glauben zurückkehrte.

Viertes Stück.

Sozialismus und Individualismus als Gegner der Geistwelt.

Und noch ein Dritter ist in der Jahrhundert-Mitte aufgetreten, der gar nicht Daseins-, noch weniger Erkenntnislehrer und nicht einmal der Erbauer einer neuen Weltanschauung war, der aber doch im engsten geistigen Zusammenhang mit Hegel, mit Feuerbach, in die Breite des Volkes hinein einer der erfolgreichsten Zerstörer aller Geistweltgedanken geworden ist. Für Karl Marx war der Kampf gegen jede über die sinnlich greifbare Wirklichkeit hinausreichende Denk- oder gar Daseinsschicht nicht im mindesten ein Lebensziel, ja er hat nicht einmal viel Gedanken oder Worte auf ihn verwandt, aber er war für ihn eine so selbstverständliche Voraussetzung für die gesellschaftlich-wirtschaftliche Umwälzung, deren lehrhafte Begründung ihm die Aufgabe seines Lebens ausmachte, daß er für ihn in dem ganzen Umfang seiner Einwirkung — und er war ein ungeheurer — Siege ohne Zahl errungen hat. Obwohl er im Grunde als Gesellschaftslehrer, Gesellschaftsbildner für die Sache der geistig Unmündigen focht, hat Form wie Haltung seiner Verkündung nie den Ursprung seiner Lehre aus den Wurzeln tieferer Geistigkeit verleugnet.

Das Buch seiner jungen Jahre, das erst in der jüngsten Vergangenheit an das Licht der Öffentlichkeit gehoben worden ist, hat die Schicht der Tiefe, in die sein Lehren und Erkennen eingebettet war, recht deutlich offenbar gemacht. In der Deutschen Ideologie, die Marx mit Engels zusammen verfaßte, trennte er sich zwar mit scharfen Schnitten von der Lehre Hegels und vieler seiner Folger, aber diese Schrift zeigt ihn ganz umgeben von einer Atmosphäre allgemeiner Geistigkeit, die sie sehr wesentlich auszeichnet vor den meisten Anhängern und freilich auch vor sehr vielen Gegnern seiner Lehre, die ihr bis zum heutigen Tag erstanden sind. Er spricht beständig von Nationalökonomie, aber er tut es nicht wie ein Ökonomist, sondern wie Einer, der aus dem Land des Geistes erst soeben in das von Wirtschaft und Nützlichkeit eingetreten ist. Er spricht selbst von den robustesten Dingen der Güterlehre nicht, wie ein Fachmann der späteren Jahrzehnte auch dann zu sprechen pflegte, wenn er die umfassendsten Fragen seiner Einzelwissenschaft erörterte, sondern wie ein Erforscher von Menschentum und menschlichen Dingen.

Dazu hat die Form seiner Gedankenführung damals wie alle Zeit seines Lebens die Bewirkung durch Hegel nicht verleugnet: daß er immerdar ein Dialektiker, will sagen ein Forscher vom Begriff her, blieb, war die Folge davon. Ja, man kann sagen, die Kernsicht seiner Gesellschaftslehre, die man zugleich als ihren grundsätzlichsten Fehler wird ansehen müssen, ist der Denkform nach durch seine Abhängigkeit von Hegel bestimmt worden: durch das Streben nämlich, alles menschliche Sein und Handeln in eine Kette von begriffsmäßig erfaßten und eisern fest verschmiedeten Zustands- und Geschehenszusammenhängen umzudeuten und den daraus zwangsläufig sich ergebenden Grundgedanken, für dies Insgesamt menschlichen Handelns und Verhaltens eine einzige Lebensform zur Grundlage zu machen, auf der nun Staat, Recht, Gesellschaft und selbst das geistige Leben sich aufbauen müssen. Und dies konnte nach allen seinen sonstigen Einstellungen nur die Wirtschaft sein, für die er dann biologisch genug das Ernährungsbedürfnis als Wurzelursache einsetzte.

Die Angreifbarkeit dieses Gedankengefüges liegt darin, daß dem einen Antrieb allein eine Bedeutung zugesprochen ist, die er in Wahrheit mit mehreren andern teilt: insbesondere dem Machttrieb kommt schon innerhalb des gesellschaftlichen Lebens die gleiche Tragweite zu; auf einer etwas tieferen Ebene sind die elementareren Kräfte des Persönlichkeits- und Gemeinschafts-Dranges ebenso gewichtig. Im geistigen Leben aber sind Mächte der Seele am Werke, die ebenso unabhängig von Wirtschaft und Ernährung das menschliche Handeln bestimmen: Hingabe- und Ichbehauptungsbetrieb im Glauben, Betätigungs- und Ichauswirkungstrieb im Bilden und Forschen. Und so stellt sich die von Marx als Gesellschaftsbau ersonnene Pyramide zwar im Grundsatz als eine außerordentliche Förderung der Erkenntnis von Menschheitstun und Menschheitsschicksal dar, insofern weder je solche tieferen Zusammenhänge zum Gegenstand der Forschung gemacht, noch je das Wirtschaftsleben in seiner Bedeutung für Geschichte und Gesellschaft erkannt worden war. Aber die sehr starken Baufehler dieses Gedankengebildes sind ebensowenig zu verkennen und sie sind nicht nur in der einseitigen Begründung alles menschlichen Handelns auf den Unterbau von Wirtschaft und Ernährung, nein auch in dem weiteren Beziehungsnetz zwischen den einzelnen Lebens- und Schaffensformen zu suchen. Es ist hier im Grunde nur die in der Wissenschaftsgeschichte so häufig wiederkehrende Erscheinung zu beobachten, daß im Anfang der Behandlung eines neuen Gegenstandes sehr zusammengesetzte und fein verflochtene Geschehensverkettungen allzu vereinfacht gesehen werden. In jedem andern Fall, d. h. bei völlig unbefangenem Fortschreiten der Forschung wäre dieser Sachverhalt in aller Ruhe aufgedeckt und von allen zuständigen Beteiligten zugestanden worden, aber da Wissenschaft hier zugleich Bewegungs-, Partei-, ja mehr als das, Glaubenssache wurde, so war daran auf Jahrzehnte hinaus nicht zu denken.

Marx hat seinem rein-wirtschaftlichen Unterbau noch ein tieferes Fundament geben wollen: es ist die Einlagerung alles Menschlichen in die Gegebenheiten der außermenschlichen als in die es bedingende und bestimmende Umwelt. Dieser Vorstellungszusammenhang, den vornehmlich Feuerbachs Einwirkung in Marx' Denken gefestigt haben mag, ist von ihm niemals zu einer eigenen Lehre ausgebaut, ja nicht einmal allzu oft als Teil seiner Verkündung betont worden, aber er blieb immer ein Grundgedanke, auf den in späterer Zeit der von Engels gegebene, von Marx gebilligte Name der materialistischen Geschichtsauffassung beständig hinwies. Und so gewiß in den eigentlich gesellschaftswissenschaftlichen Teilen in Marx' Gesamtlehre[1] sein Kollektivismus, seine Überschätzung der Masse, seine Unterschätzung des starken Einzelnen, in seiner Geschichtslehre sein Ökonomismus angegriffen und auf das nachdrücklichste zurückgewiesen werden müssen, so gewiß bleibt dieser Hinter- und Untergrundgedanke des marxischen Denkgebäudes unberührt.

Der Name der materialistischen Geschichtsauffassung war an sich viel zu grobkörnig und dickbalkig gewählt; ihm wurden von Freund und Feind auch Nebenbedeutungen untergeschoben, die seine Wirkung noch des weiteren vergröberten; ihrer Grundabsicht nach, eben dem Zweck nach, menschliches und außermenschliches Geschehen zu einer Werdens-, einer Geschichtseinheit zu verbinden, war sie viel feiner und zugleich viel zielsicherer gedacht als die zumeist — und auf beiden Seiten — sehr plumpen Meinungskämpfe vermuten lassen. Wenn Marx in dem ersten Bande seines Kapitals in einer Fußnote[2] sich auf eine Darlegung Darwins berief, zu der er ein höchst scharfsinnig gewähltes Seitenstück in der Entwicklungsgeschichte der menschlichen Technik schaffen wollte, so geschah das ungefähr um dieselbe Zeit, in der die Versammlung deutscher Naturforscher in groteskem Massenwahn die erste Kunde von Darwins neuen Lehren mit allgemeinem Gelächter entgegen-

[1]) Hauptbeleg Marx und Engels, Deutsche Ideologie (Marx-Engels-Archiv I 235ff.).
[2]) Marx, Das Kapital I ([4] 1890) 335f.

nahm. Marx aber hatte hier sicherlich mehr Recht als das Kollektiv der Naturgelehrten.

Nun könnte man meinen, daß ein so mannigfach aus halbem und ganzem Gelingen, halbem und ganzem Verfehlen zusammengesetzter Vorstoß, wie der, den nun auch Marx gegen die Geistwelt richtete, äußerlich nicht stark und erfolgreich genug gewesen wäre. Das Gegenteil war der Fall: begreiflich genug, da die Menschen durchaus nicht nur von verstandesmäßig voll haltbaren Verkündungen, sondern ebenso leicht, wenn nicht leichter von halbfalschen gewonnen werden, wenn ihr Gemüt für sie durch den eigenen Vorteil oder die eigene Begeisterung eingenommen ist. Die bauenden Kräfte aber, die, sei es aus Marx' eigenem Geist erflossen, sei es aus Hegels begriffsstarker Wucht und Feuerbachs leicht faßlichem Erkenntniswissen durch ihn in sein Werk und Wirken hinüberstrahlten, blieben ungemindert. Und so hat diese Gegenbewegung gegen die Geistwelt, indem sie ihr das ihr von Alters treu anhängende Volk abwendig machte, ihr vielleicht den schwersten Schaden getan.

Für die Breite des großen Geschehens, als das sich der Abfall von der Geistwelt des Glaubens darstellt, giebt es keinen stärkeren Beweis, als daß sich diesem nicht nach der geistigen Form, wohl aber nach Ziel und Gehalt proletarischen Vorgehen ein Menschenalter später ein Vorstoß anschloß, der nach seinen Lebensgehalten und Zielen ungefähr den letzten möglichen Gegensatz darstellte, der nicht das Heil der Massen, sondern das Führerrecht der Seltensten, der Stärksten verfocht.

Am Ende des in Wahrheit unphilosophischen Jahrhunderts, an dessen Eingangspforte Hegel stand, erhebt sich die Gestalt Nietzsches, in dem der Gottesgedanke und mit ihm jede Geistwelt ihren entschlossensten Feind fand. Seine Gegnerschaft entsprang, was in der Geschichte des reinen Denkens noch nie seines Gleichen gehabt hatte, keinen Folgerungen aus einem daseinswissenschaftlichen Lehrbau, sondern seinem überstarken Menschheits- und Lebensgefühl.

Sie war geboren aus einem über die Maßen gesteigerten Begehren, das Menschentum groß zu sehen und groß zu machen und die tiefe Wirklichkeitsfreude, in der jenes seine seelische Wurzel hatte, völlig einzugrenzen in ein an unseren Stern und nur an ihn gebundenes Heimatsgefühl. Dieser in heißer Glut lodernden Liebe zum Mensch-Sein und Nichts-als-Mensch-Sein entsprach ein ebenso glühender Haß gegen jede aus dem Glauben geborene, aber auch jede andere, jede aus dem reinen Gedanken entstandene Geistwelt.

Das eigentlich kennzeichnende Merkmal an der Teilnahme Nietzsches an dem Kampf gegen die Geistwelt des Glaubens ist die alles andere als transzendente, die nicht im mindesten dem Reich des reinen Denkens entstammende Grundmeinung, die die bewegende Ursache für diese seine Stellungnahme war. Er hatte für die Entscheidung einer so jenseitigen Frage, wie die nach dem Dasein Gottes, durchaus diesseitige Gründe und es mag in aller Geschichte des menschlichen Philosophierens das erste Mal gewesen sein, daß ein in jedem Betracht metaphysisches Problem aus soziologischen Überzeugungen gelöst, daß in der Seele des Denkers Daseinswissenschaft durch Gesellschaftslehre überwältigt wurde. Denn es war der Stolz des Menschen auf seine ursprüngliche Selbständigkeit, der in Nietzsche lebendig wurde und der ihn dazu bewog, den Aufstand gegen das einst von unserem Geschlecht selbst verkündigte Königtum des Gottes im Reich der Geistwelt drüben anzufeuern und ihn, wenn möglich, bis zu einer Endschlacht zu steigern. Dazu trat seine Abneigung gegen den Begründer des Christentums, die ebenfalls einem sozialpsychologischen, einem aus Leben und Gesellschaft geschöpften Grunde entstammt, der Gegnerschaft gegen den stärksten Anwalt, den je die Schwachen und Bedrückten auf Erden gefunden haben.

Doch der Haß und die Feindschaft sind nicht verläßliche Bundesgenossen in einem geistigen Kampfe und mag er auch mit noch so viel brennender Glut ausgefochten werden. Nietzsche hätte seine Sache vielleicht nicht einmal mit dem halben Erfolge geführt, wenn er nicht allen diesen Überredungsgründen des Nein ein kaum minder starkes Ja zugefügt hätte, das Ja, das er mit dem höchsten Stolze und der stärksten seiner Fanfaren zu verkündigen nie müde wurde, das Ja zum Leben, das will sagen, zum Menschentum. Auch mit dieser Losung war er nur die laut gewordene Stimme des Menschengeschlechts selber, das alle seine Taten, seine Freuden und fast möchte man sagen auch seine Leiden nie anders als aus einem Lebensgefühl hatte verrichten, empfinden können, das selber Lust ist. Und aus dieser uns vollauf sättigenden Fülle des eigenen Erlebens wurde nun der Verzicht auf das Reich der Geistwelt verkündet, das die Menschheit in ihren jungen Tagen wie eine notwendige Ergänzung eigenen Nicht-Habens oder reicher, stärker, schöner aus dem Überschwang noch größeren Sein- und Besitzenwollens hatte zuerst entdecken, dann für sein Denken hatte erobern wollen.

Und wenn dergestalt das Geist-Reich des Glaubens entschwinden sollte, so mußten in Nietzsches Sinn aus dem gleichen Erdenstolze, dem gleichen Lebenstrotze die geringeren Königtümer der Geistwelt des reinen Gedankens, die oft feinere, immer aber auch zartere, schwächere Gebilde waren, ebenso dahinsinken.

Fünftes Stück.

Glauben und Erfahrung als Beurteiler der Geistwelt.

Die sehr alte und von der Seele noch stärker als vom Geist bewehrte Burg des Glaubens hätte vermutlich mehr als einen der gegen sie gerichteten Angriffe mit besserem Erfolge abgewiesen, wenn die Verteidiger in ihrem Inneren einigeren Sinnes gewesen wären. Das aber war so wenig der Fall, daß man im Gegenteil von einer Bewegung der protestantischen Gottesgelehrtheit gegen das Geist-Reich wird reden dürfen, die dieses zwar nicht im mindesten leugnen wollte, die aber doch wirksam zu seinem weiteren Verblassen beitrug. Die Glaubenswissenschaft von Baur und Strauß — des Strauß vom ersten Leben Jesu — vom ehrlichen Streben nach der geschichtlichen Wahrheit getrieben, war doch so viel mehr Wissenschaft als Glauben, daß sie die Gestalten und Geschehnisse der Entstehung des Christentums des überirdischen Schimmers entkleidete, ohne den der im Herzen wurzelnde Glauben nicht recht gedeihen kann. Indem diese beiden Gottesgelehrten und die Führer der zweiten, am Jahrhundert-Ende in dieser Richtung vorwärts gehenden Schlachtordnung, Holtzmann und Harnack, mit ihrer weit sichereren und erfolgreicheren Forschung die Überlieferung über diese Begebenheiten von tausend Umdeutungen und Umbiegungen befreiten, die sie in den ersten Jahrhunderten der christlichen Überlieferung durch diese selbst erfahren hatten, so taten sie damit freilich nur, was in den Augen der weltlichen Geschichtswissenschaft eine selbstverständliche Aufgabe war. Aber ebenso gewiß wirkten sie solcher Gestalt auch dem innersten Wesen des Glaubens entgegen. Denn jede der Verbesserungen, die sie an dem Gesamtbild der neutestamentlichen Geistesgeschichte anbrachten, bedeutete die Zerstörung irgend eines übernatürlichen oder irgendwie sonst gesteigerten Einzelbestandteils des bis dahin gültigen Glaubensbildes.

Der Dichter hat nicht umsonst gesagt: das Wunder ist des Glaubens liebstes Kind. Wer irgend aus dem Insgesamt der Glaubensgeschichte, nicht nur der christlichen, sondern aller Völker, sich eine sicher umgrenzte Vorstellung vom Wesen der Geistwelt des Glaubens macht, der weiß, daß sie vor den Augen des Gläubigen wie eine von goldenem Licht überglänzte Insel im Meer ist, die er aus der Ferne und ungewiß, immer aber von überirdischem Licht durchleuchtet erblickt und die er umso mehr liebt, je mehr sie Gestalten und Begebenheiten von weit mehr als menschlichen Maßen und Eigenschaften aufweist.

Es giebt eine geistig-seelische Beschaffenheit des Gläubigen, die ihm immerdar zu eigen ist, gleichviel ob er in dem kaltklaren Licht einer weiß getünchten protestantischen Dorfkirche oder in dem rotdunklen Dämmer eines gotisch-katholischen Münsters, ob er in einer muhamedanischen Moschee oder in einer chinesischen Pagode zum Gotte betet: ihm ist die Gottheit dann umso heiliger, wenn er sie in einer Wolke von Weihe und Ungewißheit sieht, wenn er ihre Größe ahnt, nicht aber die Umrisse ihrer Gestalt klar sich abzeichnen sieht. Es war in diesem Sinn von je eine schwere Belastung des Christentums, daß seine Verkündung in einem Schrifttum niedergelegt war, eine schwerere noch, daß es diese Verkündung zum Gegenstand einer Glaubenswissenschaft gemacht hatte, daß sein Priestertum eine Gottesgelehrtenschaft geworden war. Die Reformation hatte diese Eigenschaften des Christentums um vieles gesteigert: die Zurückdrängung des Kults vor der glaubenswissenschaftlichen Predigt, die ungeheure Erschütterung des Ansehens der Kirche als der unbedingt zuverlässigen Bewahrerin aller Heilsgüter des Glaubens vornehmlich durch den Angriff auf das Papsttum, waren die stärksten Äußerungen dieses Vordringens gewesen. Jetzt aber wurde die Überlieferung von Jesus' Leben und Wirken fast mit allen Mitteln und Werkzeugen unbefangen weltlicher Geschichtsforschung und fast ohne die Vorbehalte eines unschuldig vorurteilsvollen Glaubens betrachtet. Und es war die gegebene Folgerung aus diesem Vorgehen, daß ihm gerade alle Steigerungen der heiligen Geschichte und ihrer Gestalten ins Übermenschliche, Überirdische zuerst zum Opfer fielen. Aus Verklärungen wurden Irrtümer. Der leuchtende Schimmer über der Geistwelt-Insel begann zu verschwinden.

Die rechtgläubigen Verteidiger des überlieferten Glaubensbildes setzten sich auch innerhalb des Protestantismus gegen die Neuerung zur Wehr. Aber ohne Zweifel griff in seinen Reihen mit dem wachsenden und endenden Jahrhundert die gegenkirchliche Bewegung, die sich öfter noch in zunehmender Gleichgültigkeit als in klarem Abfall äußerte, weit stärker um sich als innerhalb der Alten Kirche. Wo sich die Wirkung der Entwicklung des Glaubens in den Kreisen des staatlich-gesellschaftlichen Geschehens, wie in den Kämpfen mit dem Sozialismus um die Seele der Arbeiterklasse, nach außen unzweideutig an den Tag geben mußte, da erwies der Katholizismus, der von dieser Bewegung unberührt geblieben war, an den Gemütern seiner Gläubigen eine wesentlich stärkere Kraft des Festhaltens.

Vielleicht umfaßten die augenblicklich eintretenden Folgen nicht die ganze Tiefe des Geschehens. Denn indem jetzt zum ersten Male, weit über die Vorstöße der Reformation hinaus, der neutestamentliche Kernbezirk des christlichen Glaubensbildes, dazu auch dessen alttestamentlicher Außengürtel angerührt wurde, wurde auf dieser Bahn ein weiterer Schritt getan, der für die Zukunft die Gefahr noch rücksichtsloserer Angriffe in sich schloß. Es mußte wie ein Bild und Zeichen solcher Möglichkeiten wirken, wenn der Erste und Schöpferischste der Neuerer, wenn David Friedrich Strauß auf der Höhe seines Lebens, ein Menschenalter nach der Veröffentlichung seines Lebens Jesu seinen Abfall vom Christentum verkündete und zu einem Allglauben überging, der nur das Weltgeschehen selbst vergottete.

Noch ist eine sehr breite Schlachtordnung in dieser Jahrzehntereihe aufgetreten, derer, seltsam genug, fast nie in diesem Zusammenhang Erwähnung geschieht und die doch auf den Geist dieser Zeit — das Wort in seinem richtigen Sinn als Niederschlag und Erzeugnis des Wirkens der großen Schaffenden auf ihre Zeit verstanden — unter allen diesen Bewegungen den stärksten Einfluß gehabt hat: es ist die Erfahrungswissenschaft in vielen ihrer Abteilungen, selten im Heer der Geisteswissenschaften, um so öfter in dem der Naturforschung. Die Geisteswissenschaften haben zur Geistwelt des Glaubens nur wie gelegentlich und mittelbar Stellung genommen, so wenn die Völkerkunde, nach ihrer Weise rein beschreibend und den Stoff vielfach in Einzelangaben zerstückend die frühen Formen des Gottesglaubens darstellte, oder wenn die vergleichende Menschheitsgeschichte dort, wo sie sich dem Glauben zuwandte, aus diesen zerstreuten Erkenntnisstücken ein Gesamtbild der Entstehung der Gottesgestalt zu formen versuchte. Damit wurde, ohne alle feindselige Absicht, der Gottesgedanke als solcher geschichtlich begriffen und als ein Erzeugnis menschlichen Bildens und Ahnens vorgestellt: ein forscherliches Tun, das ohne allen Streit und doch innerlich stark genug dem Geistweltgedanken eigens grundsätzlich entgegenwirkte.

Unvergleichlich viel breiter und zugleich wuchtiger war die Zurückdrängung, die alle außerirdischen Weltbilder durch die Naturwissenschaften erfuhren. Da deren Entfaltung vornehmlich gegen Ende des neunzehnten und zu Anfang des zwanzigsten Jahrhunderts so mächtig und erfolgreich war, wie in keinem früheren Zeitalter, so hat diese Bewegung vielleicht mehr als jede der anderen gewirkt, obwohl sie nur zur Seltenheit Folgerungen der Weltanschauung oder gar des reinen Denkens in diesem Sinn zog. Es war das Ja ihrer so gänzlich der Erde und dem Leben zugewandten Leistung, aus dem sich das Nein ihrer Abwendung von jeder Geistwelt wie selbstverständlich ergab.

Unmittelbare Angriffe etwa gegen den Glauben hat die strenge Wissenschaft gar nicht, die nach außen gewandte nur in Ausnahmen ausgeführt. Es gab da nur wenige Reibungsflächen: so die der neuen Physiopsychologie, einer Leibseelenkunde, die den Anteil des Leibes an den Tätigkeiten der Seele zu erforschen bestimmt war. In der alten Seelenkunde, wie von jeher im Begriff der Seele, hat die zuerst spielende, dann forscherliche Einbildungskraft des Menschengeschlechts in immer neuen Wandlungen von der Urzeit bis zur Gegenwart eine Kolonie der Geistwelt innerhalb der wirklichen Welt geschaffen. Denn indem durch die Vorstellung Seele innerhalb der sicht- und greifbaren Welt ein Geschehensbezirk ausgesondert wurde, dessen grenzsetzendes Merkmal seine Unsichtbarkeit und Ungreifbarkeit war, so wurde in ihm ein Außenwerk der Geistwelt geschaffen, das im irdischen Leben ein Werkzeug aller Gewalten der Geistwelt, aber zugleich auch ein Träger aller Vorstellungen von ihr wurde.

Dieses geistige Gebild war von je denkbar zerklüftet und widerspruchsvoll. Es war hier ein Sein, ein Geschehen angenommen, das zwar abweichend von allen anderen Bestandteilen der Wirklichkeit als der sinnlichen Wahrnehmung entrückt gelten sollte, für das aber nicht nur die Zugehörigkeit zur irdischen Wirklichkeit, sondern sogar Ort und Rang der stärksten Gewalt im Umkreis dieser Wirklichkeit in Anspruch genommen wurde. Und da wiederum den Seelen der Einzelmenschen durch die Fortdauer ihres Daseins in der sonst von den Gestalten des Glaubens eingenommenen Geistwelt ihr ewiger Wohnsitz zugewiesen wurde, so stellte sich eine enge Verbindung zwischen den Seelen und jenen Geistwelt-Gewalten, den Geistern, Göttern und noch dem All-Einen Gotte der höchsten Glaubensform her. Obwohl beide ihrem Ursprung und ihrem eigenen Wesen nach gar nichts miteinander zu schaffen hatten, wurde diese Verbindung doch zu solcher Enge verdichtet, daß das Dasein der einen Wesenheit für das Dasein der anderen als sichere Gewähr galt.

So wurde denn auch, als die Glaubensdämmerung des achtzehnten Jahrhunderts hereinbrach, mit dem Dasein Gottes auch das Dasein der Seele in Zweifel gezogen. Aber es geschah auch nach Feuerbachs entschiedener Leugnung in sehr vorsichtig vorrückenden Staffeln. Es ist sehr bezeichnend für die noch schwankend-geteilte Grundstimmung unseres Zeitalters, daß die Leib-Seelenkunde in der Hauptsache nur zu den sehr schwierigen und alles andere als einheitlich-wirksamen Parallelitäts- und Wechselwirkungs-Lehren vorschritt, zur Annahme also von selbständiger Gleichläufigkeit oder von im Wechsel stattfindender gegenseitiger Bewirkung der Leib-Hirn- und der Seelen-Denk-Vorgänge, eine Annahme, der man schon heut nur eine sehr kurze Lebensdauer wird in Aussicht stellen können.

Einzelne Große unter den Führern der Naturforschung blieben entschiedene Bekenner des Glaubens: so Darwin, wie in den Geisteswissenschaften Lewis Henry Morgan, der größte Förderer der entwicklungsgeschichtlichen Forschungsweise im neunzehnten Jahrhundert. Darwin ging in dieser Überlieferungstreue so weit, daß er das Auftreten eines allmächtigen Schöpfer-Gottes als ein im Uranfang wirksames Eingreifen in sein Bild vom Weltgeschehen einstellte. Doch kann dies der allgemeinen und grundsätzlichen Abkehr ganzer Heere von Naturforschern von allen Geistwelt-Vorstellungen gegenüber nicht ins Gewicht fallen.

Sechstes Stück.

Der Kampf um Spiegelwelt und Geistwelt.

Betrachtet man die Schlachtordnung aller derer, die sich grundsätzlich von der Geistwelt abgewandt haben, als eine Einheitsfront, so besteht doch ein nicht geringer Teil von ihr nicht aus den Feinden des Glaubens, sondern aus denen, die man als Abtrünnige von der Metaphysik wird bezeichnen können, d. h. aus denjenigen, die bis dahin noch irgend ein Geistweltbild des reinen Gedankens bewahrt und es nunmehr aufgegeben haben. Unter den Positivisten der Naturforschung, mehr noch unter den Anhängern Nietzsches werden sie zu suchen sein. Da erhebt sich die Frage, ob denn nicht ein neues Wachstum des wahrhaft verweltlichten Weltdenkens hier die Reihen zum Ersatz ihrer Verluste verstärkt hätte. Doch ist dem nicht so. Jene sinkende Kurve bauender Kraft, die sich durch die Mitte des neunzehnten Jahrhunderts hindurchzieht und die, wie dargelegt, ihre lähmende Wirkung an der Philosophie in so vollem Umfang ausgeübt hatte, übergab diese dem Jahrhundertende schon nur im Besitz von verringerter Kraft und, was vielleicht noch mehr bedeutet, verringerter Neigung zu einer Mischung von beschwingender Einbildungs- und verschärfter Verstandeskraft, ohne die das Entstehen eines von der Erfahrung abgelösten Weltbildes nicht zu denken ist. Wohl hat das Hinübergleiten des selbständigen Denkens in eine geschichtliche, d. h. also in Wahrheit einzel- und erfahrungswissenschaftliche Forschung nicht in gleicher Stärke angehalten. Aber es blieb bezeichnender Weise bei der Hinwendung vieler Philosophen zu rein erfahrungswissenschaftlicher Beschäftigung mit Kunst-, mit Erziehungs- und Geschichts-, mit Wirtschafts- und Gesellschaftswissenschaft. Es entstanden ganze Zweige des Philosophierens, die wie die angewandte Seelenkunde, wie die Physio-Psychologie, die Leib-Seelenkunde ihrer Forschungsweise wie ihren Zielen nach sich den Erfahrungswissenschaften zuordneten. Innerhalb des eigentlichen Philosophierens aber ist bemerkenswert die zunehmende Anteilnahme an den Aufgaben der Seinslehre, der Ontologie, d. h. einer innersten Kern- und Teilwissenschaft der Philosophie, die zwar auch in metaphysischer Freiheit von dem Forschen der Wirklichkeit entbunden, ebenso aber auch als rein erfahrungsmäßige Daseinswissenschaft betrieben werden kann. Am schwersten mag für die Erkenntnis der neuesten Philosophie ins Gewicht fallen, daß die wirksamsten, d. h. insbesondere die über die Fachgrenzen der Philosophie hinausgreifenden Lehren von eigener Kraft die gleiche Färbung einer erfahrungsnahen Geistigkeit tragen. Driesch, der als Biologe mit Forscher-Erfolgen von hohem Rang begonnen hatte, blieb auch als Naturphilosoph den Vorschriften erfahrender Forschung treu: als Schöpfer des Neovitalismus forderte er zwar eine über die physikalisch-chemische Mechanik hinaus wirkende Urkraft des Werdeganges der Lebewelt, aber seine Absicht ging dabei gewiß nicht auf die Überschreitung der Grenzen der erfahrbaren Wirklichkeit aus: er wollte nicht Metaphysik, sondern eine genetische Biologie, eine Lebens- und Werdenslehre eigener Art schaffen. Und seine Wirklichkeitslehre, wie er bezeichnender Weise den metaphysischen Teil seines Hauptwerkes nannte, wollte weit mehr vorsichtig die Grenzen zwischen reiner Erfahrung und über sie hinauslangender Daseinslehre abstecken, als daß sie den Möglichkeiten solcher transzendenter, solcher jenseitiger Erkenntniswege, die angedeutet werden, mit dem gleichen Nachdruck in ihrem Weltbild Platz hätte verschaffen wollen.

Husserl aber, dessen Phänomenologie bei weitem die stärkste Einwirkung auf die Einzelwissenschaften und auf das allgemeine Weltbild ausgeübt hat, hat sich freilich mit einer schroffen Abwendung von dem Historismus[1], der allzu geschichtlichen Geistigkeit, die das neunzehnte Jahrhundert in so vielen Stücken nicht nur seiner wissenschaftlichen Grundrichtung beherrscht hatte, zu jener ältesten Form philosophisch aufgebauter Geistwelt zurückgewandt, von der so viele spätere Gebilde dieser Art ausgegangen sind: zu den Denkbildern. Denn die Grundvorstellungen von allen Dingen sei es der Wirklichkeit, sei es des Geistes, zu denen seine Lehre auf dem Wege des Schauens leiten will, sind ohne das Vorbild der Platonischen Ideen nicht zu denken. Und ihr Urheber selbst machte, wenn er sie in ganz nahem Anklingen *εἴδα*, Bilder nannte, aus diesem Zusammenhang wahrlich kein Hehl.

Allein, und dies ist das grenzsetzende Merkmal zwischen Platons *ἰδέαι* und Husserls *εἴδα*, so gewiß an jenen ihre Eigenschaft als Bausteine einer wirklichen Geistwelt überwog, die die dahinsinkende alte Geistwelt des Götterglaubens ersetzen sollte, so gewiß sind Husserls erschaute Bilder

[1]) In Hinsicht auf den Begriff Historismus sei, um Mißverständnissen vorzubeugen, daran erinnert, daß nach meinem Sprachgebrauch darunter jede allzu geschichtliche, geschichtelnde Haltung in geistigen und künstlerischen wie forscherlichen Handlungsweisen zu verstehen ist, nicht aber, wie ein bedeutender Theologe in seinen Schilderungen zur Geschichte der Weltanschauung des neunzehnten Jahrhunderts das Wort benutzt hat, die Anwendung geschichtlicher Sehweisen im Gesamtbereich der Geisteswissenschaften.

nicht so sehr Erzeugnisse einer Daseinslehre oder gar einer halbdichterischen Metaphysik, wie die Platons, als die Hervorbringungen einer Erkenntnislehre, die denn auch ein zweites Urbild von ganz anderer Herkunft nicht im mindesten verhehlt: die Forschungsweise des Descartes. Husserl will in seinen Bildern zwar Urformen des Seins schaffen, die hoch über der erfahrbaren Wirklichkeit stehen, aber er gehört ganz jener Richtung des Weltdenkens an, die auf diesen Blättern als Verichlichung des Geistes umschrieben wurde. Das ist in seinem Munde der Grundsinn des Leitgedankens der Phänomenologie in seiner Lehre. Und die ihm ureigentümlichen Forschungsregeln, die seine Erkenntnislehre aufstellt und die die besondere Weise des Schauens, als einer eigenen Form des Aufnehmens neben der des forscherlich gebundenen Erkennens in sich begreifen, reichen in ihrer Tragweite um Vieles über Descartes' Denkgesetze hinaus. Doch von so großem Wert sie sein mögen, sie dienen zuletzt doch im Wesentlichen der Erkenntnis einer letzten äußersten Form der Spiegelwelt, nicht aber der Aufrichtung einer Geistwelt im platonischen Sinn.

Daß der Kampf der Geister um die Bevorzugung der Spiegelwelt hier, der Geistwelt dort, der nun zwei Jahrhunderte währt, sich mehr und mehr dem Überwiegen der welthafteren von beiden Weltsichten zugeneigt hat, daran wird auch ein ganz unvoreingenommenes Beobachten nicht zweifeln dürfen. Daß die beiden Zeitalter, die sich in diese Jahrzehnte-Reihe von immer neuen Schlachten des Geistes teilen, sich auch in diesem Betracht von allen ihren Vorgängern abheben, daß sie und sie allein Urheber und Zeugen dieses Verblassens der Geistwelt sind, ist vom Standpunkt der auf diesen Blättern verfochtenen Geschichtslehre gesehen fast eine Selbstverständlichkeit. Denn eben das grenzsetzende Merkmal dieser beiden letzten Entwicklungsalter im Vergleich zu den frühen und mittleren ist ein Umsichgreifen des Verstandes, das zwar nur der Neueren Zeit den sie kennzeichnenden Stempel aufgeprägt hat, das aber auch der Neuesten Zeit unseres Weltalters als tragende Gewalt in so hohem Maße angehört, daß es aus ihrem Bilde nicht fortgedacht werden könnte[1]. Es konnte bei solchem Vordringen der einen Seelenkraft nicht anders sein, als daß die durch sie vorzugsweise bedingte Weltsicht, die Spiegelwelt der Wissenschaft, sich zuerst in den Vordergrund der Neigung, demnächst in den des Erfolges drängte. Und dies mußte um so mehr geschehen, als die Einbildungskraft fast im gleichen Maße als herrschende Seelenkraft zurückwich[2]. Nie aber gab es für den menschlichen Geist, sei es im Glauben, sei es im Weltdenken, ein anderes Mittel zu einer Geistwelt zu gelangen, als die Fittiche der Einbildungskraft.

Aber so gewiß diese Richtung der Bewegung, die Abänderung des Anteils der beiden Weltsichten an der Herrschaft über die Seele der Gegenwart ist, so unumstößlich ist doch die Tatsache der Fortdauer dieses Kampfes, der mit sanfteren Mitteln zwar geführt wird, als der letzte seiner Vorgänger, der Kirchenstreit des sechzehnten und siebzehnten Jahrhunderts, der aber seinen geistigen Energien nach den früheren Zwisten seiner Art eher noch überlegen ist.

Wie stark er noch heute den Pulsschlag der Seele unserer Völker in Bewegung setzt, ist vornehmlich daran zu erkennen, daß im Gegensatz zu dem allgemeinen Vordringen der Heermacht der Spiegelwelt es immer wieder zu sehr starken Rückstößen der im Ganzen weichenden Schlachtordnung der Gegner gekommen ist. Schwere Erschütterungen und Bedrängnisse der Völker vom Staate her geben Anlaß genug zum Erstarken der Neigung zur Geistwelt, zum wenigsten der des Glaubens: wie nach der langen Notzeit der

---

[1]) Diese Zusammenhänge sind im Einzelnen dargelegt worden in dem den beiden letzten Werken vorangehenden Bande meiner Geschichtslehre (Die Geschichte der Seele [1931] 369f., aber auch 354f., 434—437, 442).

[2]) Unter Vorbehalt sehr vieler Einzelabweichungen, die hier übersehen werden dürfen (vgl. Die Geschichte der Seele 426ff., 441f.).

napoleonischen Kriege, so ist genau ein Jahrhundert später, dann nur leiser, ein Aufsteigen der religiösen Bewegtheit eingetreten. Nicht minder bezeichnend ist, daß rein staatliche Umwälzungen sich, ohne daß irgendein unmittelbarer Anlaß dazu nachweisbar wäre, in den an sich doch wahrlich geistigen Streit der Weltsichten hinein, sei es für, sei es wider den Glauben, ausgewirkt haben: der Fascismus, vornehmlich der italienische für, der Kommunismus, vornehmlich der russische, gegen das Christentum Partei nehmend. Der russische Fall zeigt ein Doppeltes auf: einmal die sehr starke Entflammung des Glaubens in dem geistigen Streit, der mit dem gleichzeitigen staatlichen Volkszwist zu einem Lodern zusammenschlägt, sodann aber auch die Gefahr der Verschärfung der Gegensätze, der Zurückdrängung der reingeistigen Bewegung, die über den Kampf der Gedanken verhängt wird, wenn er mit den ihm an sich fremden Streitigkeiten in Staat und Gesellschaft in eine allzuenge Verbindung gerät.

Die Ungeistigkeit dieser Vermischung der Angelegenheiten des Geistes mit denen des handelnden Lebens wird durch nichts deutlicher erwiesen, als dadurch, daß die Bündnisse, die zu Stande kommen, nicht eigentlich den Eindruck einer inneren Wahrheit und Notwendigkeit machen. Man sollte meinen, der Kommunismus hätte ebenso leicht, wo nicht leichter, den Weg zu dem ursprünglich urkommunistischen Christentum finden können. Auch hier ergiebt sich als Schluß, daß Staat wie Tat mit außerordentlich viel rauheren Werkzeugen umzugehen pflegen, als sie den Dingen des Geistes wohl anstehen.

Werden auch gewiß diese von außen herzudrängenden Mächte in dem Kampf um die höchsten Güter des Geistes nicht den Ausschlag geben, soviel scheint sicher, daß der Streit, auch soweit er in sich selbst und mit den ihm allein angemessenen Waffen ausgefochten werden wird, noch weit über unsere Gegenwart hinaus andauern wird.

Siebentes Stück.

Irrtümer der gegenseitigen Beurteilung.

Dem Geschichtsforscher, der weder Partei zu ergreifen, noch über Recht und Unrecht der streitenden Meinungsheere abzuurteilen berufen ist, ziemt umso mehr den Parteien auf der einen wie auf der anderen Seite nachzuweisen, in wie weit sie jeweils ihren Gegnern nicht gerecht werden. Die Anhänger einer ganz weltmäßigen Weltsicht pflegen zu übersehen, daß Glauben zwar immer auch eine Metaphysik und insofern ein Erzeugnis des Geistes ist, das von geistigen Gründen zu widerlegen oder zu stützen ist, daß seine stärksten Wurzeln aber im Gefühl zu suchen sind. Es giebt keinen stärkeren Beweis dafür, daß das vom Glauben auferbaute Reich eine Geistwelt ist, als daß es dem Gläubigen als eine Erweiterung der wirklichen Welt, nicht als ein Gebilde seiner schaffenden Einbildungskraft gilt. Denn die Beziehungen, in die er zur Gottheit treten will, sind die einer Unterwerfung, einer Unterwerfung unter Schutz, Lenkung, Herrschaft des Gottes; sie sind im selben, ja noch in einem stärkern Grade als irgendwelche irdisch-menschlichen Formen der Unterwerfung unter einen Herrscher die Sache eines höchst wirklichen Erlebens.

In die Schulsprache der Wissenschaft übersetzt, ist das Verhältnis des Gläubigen zum Gott halb Metaphysik und halb Soziologie, halb ein Geist-, halb ein Gesellschaftsgebilde. Glauben ist ein Wort, das dem vollen Sinn dieses seelischen Geschehens nicht gerecht wird und genau genommen nur die geistige Hälfte seines wahren Gehaltes ausspricht, während das in unsere Sprache übernommene Wort Religion, seiner Urbedeutung — Bindung — nach nur die andere, die gesellschaftswissenschaftliche Hälfte dieses vollen Gehaltes ausdrückt. Und wiederum wird keine Seelenkunde, die zum Kern dieser Dinge dringen will, bezweifeln, daß der gefühlshaft-gesellschaftliche, nicht aber der geistig-lehrhafte Teil dieses inneren Geschehens der vorherrschende ist. Das lebendige Erleben im Glauben Starker zieht alle Wonnen, aber auch alle Erschütterungen seiner Liebe zum Gott, aber auch seiner Furcht vor dem Gott zum überwiegend größten Teil aus dieser gefühlshaften Verbundenheit und zum allergeringsten aus dem metaphysischen, dem daseinswissenschaftlichen Fürwahrhalten des Glaubens im engeren Sinne. Am eindeutigsten offenbart sich dieses Kräfteverhältnis an jenen nicht eben zahlreichen, aber um ihrer geistigen Macht willen sehr beachtenswerten Fürsprechern des Gottesglaubens, die ganz jener Gefühlsschicht entbehren und lediglich aus Gründen herrscherlicher Begrifflichkeit, doch freilich auch begrifflicher Herrscherlichkeit Gott lediglich im Gedanken setzen, erstlich, weil sie in ihm ein denkbar höchstes A priori, eine oberste Setzung im Voraus sehen, sodann weil sie diesem aus dem Begriff geborenen Gotte doch eine Gewalt beimessen, die ihnen aus außerglaubensmäßigen Gründen, etwa der Staatsordnung, erforderlich oder wünschenswert erscheint. Gewiß ist das Gottesreich, für das sie eintreten, auch eine Geistwelt, aber es gleicht einem jener verweltlichten und entweihten Tempel, in denen keinem Gott mehr gedient wird, sondern die nur noch als Kunstschätze bewahrt werden. Es ist schon so, alles Fühlen ist dem Kern des Lebens näher als das Wirken auch des verfeinertsten Verstandes.

Doch auch im anderen Lager, in der Partei derjenigen, die eine Geistwelt nicht entbehren können, fehlt es nicht an falschen Sichten auf Tun und Unterlassen der Gegner. Der mit aller Absicht auf die sinnlich wahrnehmbare Wirklichkeit und ihre Spiegelung begrenzten Weltsicht ist von den Zeiten der Aufklärung an das Schicksal widerfahren, daß sie um ihrer Einfachheit und Durchsichtigkeit willen gescholten wird als ein Rückschritt im geistigen Verhalten der Menschheit. Es war nicht nur die von je zu zornigem Eifern aufgelegte Rechtgläubigkeit der christlichen Kirchen, die von der Seichtigkeit und dem Aufkläricht der Gegner zu reden pflegte, sondern bis auf den heutigen Tag ist es die Weise aller Metaphysiker, aller Verfechter einer im reinen Denken verwurzelten Geistwelt geblieben, auf die Anwälte einer rein erfahrungswissenschaftlichen Weltsicht herabzuschauen als auf die Abgefallenen, die von der Höhe ihres eigenen Sehens Herabgestiegenen.

Hierbei unterläuft ihnen aber, so wird rein geschichtliches Urteil einzuwenden haben, der Irrtum, daß sie einen freiwilligen Verzicht in ein Nichtvermögen umdeuten. Allen Geistwelt-Bildern des Glaubens wie des Denkens ist ohne Ausnahme gemeinsam, daß sie der menschlichen Einbildungskraft einen ebenbürtigen, wenn nicht überwiegenden Anteil an dem Was ihres erschauten Bildes einräumen. Erfahrungswissenschaftliche Sicht aber wird zwar nie in Abrede stellen dürfen, daß sie für das Wie ihres Forschens beständig auf die Hilfe der Einbildungskraft angewiesen ist; um so nachdrücklicher aber wird sie an dem von ihr selbst erlassenen Gesetz festhalten müssen, daß sie sich für das Was ihrer Weltspiegelung auf die Dienste der berichtenden Sinne, des ordnenden Verstandes verläßt und beschränkt.

Kein noch so unbefangenes Urteil wird hier verkennen dürfen, daß ein solcher Verzicht, wenn er aus freier Abwägung des äußeren Sachverhaltes und aus einer sich selbst getreuen Grundgestimmtheit der Seele aufsteigt, nicht im mindesten Unkraft zu bedeuten hat. Alle die oft sehr heftigen Beteuerungen vom Gegenteil lassen sich im Grunde auf die ihrerseits wieder höchst einfache und elementare Forderung zurückleiten: Ihr Toren wollt die Gebilde verneinen, die eure, unsere Phantasie euch als die Unter- und Hintergründe eurer kümmerlichen Oberflächenwirklichkeit aufbauen kann; dazu steht euch nicht das mindeste Recht zu, denn eben das Gesetz unserer Phantasie und ihrer Gebilde — die übrigens von allen anderen ihresgleichen unterschieden sind — will so verfahren.

Was aber den mit der gleichen Ausdauer behaupteten Sachverhalt der übergroßen Einfachheit betrifft, so scheint mehr der Wunsch der Vater, noch öfter wohl eine allzu begrenzte Kenntnis vom Sein und Wesen der Weltwirklichkeit die Mutter dieses Gedankens zu sein. Meister Eckeharts weit mehr mystischer als dogmatischer Glaube wird recht wohl als das feingliedrigste, filigranhafteste Netz von Gedanken glaubensmäßiger Daseinslehre angesehen werden können, das je geschaffen worden ist. Würde man es aber in allen seinen Teilen auf seine Grundformeln zurückleiten, so würde sein Bau schwerlich an die Verwickeltheit, Zusammengesetztheit und Vielgefügtheit etwa nur des Bildes heranreichen, das sich die heutige Physik von den inneratomaren Vorgängen im Bereich eines Wasserstoff-, geschweige denn eines Uran-Moleküls macht.

Wohl würde hier auf Seiten aller Geistweltverehrer der vermutlich leidenschaftliche Einspruch laut werden, daß die Überlegenheit der geistig-seelischen Werte, von denen Meister Eckehart spricht, über die lediglich mengenmäßig zu bestimmenden Kraft-Vorgänge, von denen der Physiker handelt, so außerordentlich groß sei, daß sie gar nicht verglichen werden dürften. Doch würde sich ein solcher Einwand selbst des Verstoßes gegen eine Satzung schuldig machen, die als oberste Kampfregel hier wie unumstößlich zu gelten hat: er würde das lediglich formenhafte Wollen und Wesen dieses Vergleiches nicht anerkennen, das doch Kern und Umfang seines Wesens bestimmt. Es muß möglich sein, die Grade der Verschlungenheit und der Bewirktheit von Teilen in zwei Fällen eines Gesamtgeschehens miteinander zu vergleichen, ohne daß von den Gehalten und Zielen beider Geschehensformen auch nur mit einem Worte die Rede ist,

Und wollte man erklären, daß die Dunkelheit und Seelentiefe von Meister Eckeharts Gedankennetz ihm eine Überlegenheit leihe, an die kein Naturgeschehen heranreiche, so möchte dagegen geltend zu machen sein, daß mit solchen Eigenschaften eine Unschärfe und Schwankigkeit der Linienführung verbunden zu sein pflegt, die ihrerseits den Wert der sie tragenden Werke in Hinsicht auf Folgerichtigkeit und Tragkraft nicht wenig herabzusetzen pflegen. Kurz, das spiegelnde Weltbild erweist sich hier dem geistgewollt-ahnenden ebensosehr an Zusammengesetztheit wie an Schärfe erstaunlich überlegen, nicht aber wie seine Kritiker behaupten, ihm nachstehend.

Wenn es aber auf die Schärfe der angewandten Werkzeuge ankommt, so ist nicht abzusehen, inwiefern sie etwa im Fall der Begründung, die die heutige Physik ihren allgemeinsten Theorien gegeben hat, zurückbleibt hinter irgend einer metaphysischen, also ganz der Geistwelt zugeschworenen Gedankenführung. Wobei an sich gleichgültig bleibt, ob die Zukunft sich auf ihre Seite stellen wird; denn ihre Gedankenbauten bleiben auch dann, wenn dies nicht geschehen sollte, denktechnische Leistungen von höchstem Rang.

Man wird sagen dürfen, daß, wenn es in den Möglichkeiten eines Menschengeistes läge, das Insgesamt aller heutigen Erfahrungswissenschaften im geistigen wie im Naturreich bis in ihre letzten Ausfaserungen hinein zu umfassen, so würde sein Weltbild, durchaus also die Wiedergabe einer Spiegelwelt, an Zusammengesetztheit und Vielgefaltetheit keiner Geistwelt, weder des Glaubens, noch des reinen Gedankens nachstehen, vielmehr jeder von ihnen um ein Mehrfaches überlegen sein. Und was die Feinheit und Schärfe der Mittel der Forschung angeht, so würde für sie das Verhältnis noch weit günstiger sein.

Daß es aber so ist, kann nicht im mindesten Wunder nehmen. Denn wenn man von der Annahme ausgehen darf, daß der dem Wissen von der Welt zugewandte Geist über eine im Ganzen sich gleich bleibende oder auch gleichmäßig wachsende Summe von Seelenkräften verfügt, so würde jeder Verlust, der etwa im Lauf der letzten hundert Jahre auf Seiten der Geistwelt erlitten wäre, dem erfahrend-forschenden Mühen der Anhängerscharen der Spiegelwelt zu gute kommen. Mit anderen Worten, alle die Spannungen und Strebungen, die bis dahin dem freien und ahnenden Bauen von Weltbildern einverleibt waren, sind dem enger eingegrenzten, straffer gebundenen Suchen nach erfahrbaren Wirklichkeiten zugewandt worden. Und selbst die unentbehrliche Hilfe der vorweg eilenden Einbildungskraft, deren auch die vor- und umsichtigste Einzelwissenschaft bedarf, hat durch diesen Vorgang noch einen Zuwachs erfahren, der ihren Erfolgen unzweifelhaft die gedeihlichste Förderung hat zuteil werden lassen. Es hätte doch geschehen können, daß dieselben lebendigen Kräfte der Wissenschaft, dieselben Forscher, die in früheren, der Geistwelt zugewandten Zeitaltern Metaphysiker geworden sind, in einem ganz auf die Spiegelwelt eingestellten Zeitraum als Männer einer Kühneres wagenden Gesamtforschung aufgetreten sein würden. Wer kann sagen, wie viel weiter dann unsere Welterkenntnis gediehen wäre.

Achtes Stück.

Scheidung und Einung der beiden Weltsichten.

Den Angriffen, die von Seiten der Verteidiger der Geistwelt auf das Gegenlager gerichtet werden, darf von diesem ein grundsätzlichster Einwand entgegen gehalten werden, den auch ein völlig unbefangenes Urteil wird billigen müssen und der im Kern überhaupt kaum anfechtbar ist. Die Verteidiger der erfahrenden Wissenschaft könnten erklären: unsere Sache ist von keiner Eigenschaft, von keinem Reichtum, von keiner Armut unseres Tuns und des von ihm ermittelten Bildes abhängig; unser Zweck tut sich selbst genug: das Wissen um die Welt mit dem Vorzeichen der denkbar unbedingtesten Treue ist ein so starkes Lebens- und Seelenbedürfnis der Menschheit, daß es Schutz fordern kann für seine Arbeit, gleichviel wie die Ergebnisse dieser Arbeit ausfallen. Alle Bewirkungen von außen her, sei es vom Glauben, sei es von der Kunst her, können hier nur eine Verwischung von Grenzen, eine Trübung von Zwecken bewirken, die als Schädigung abzulehnen sind. Wenn in unserer Zeit Belletristen eine romanartige Geschichtsschreibung als eine der Wissenschaft ebenbürtige Nebenform verkünden, große Dichter eine geschichtliche Epik veranlassen, so ist jedes Mal der Schaden ersichtlich; in einem gänzlich unmythischen Zeitalter Mythen hervorbringen zu wollen, ist ein Unternehmen, das durch sein Wesen zu gefahrvoller Zwiespältigkeit und schließlichem Scheitern verurteilt ist. Letzten Endes dienen alle diese Halbheiten, auch die mit dem besten und reinsten Willen begonnenen, einem halb oder ganz genießerischen Zweck, der Absicht Schönheit zu schaffen. Wissenschaft aber will erkennen, will Wahrheit erzeugen. Ihrer innersten Wesenheit nach aber vermischt Metaphysik, jede Daseinslehre also, die einer Geistwelt dient, ebenfalls die Ämter: sie ist im Kern auch Dichtkunst des Gedankens und will eine Überwirklichkeit erkennen, die sie Wahrheit nennt, die aber jenseits der Grenzen aller Wissenschaft liegt.

Wer die höchste Aufgabe alles Lebens darin erkennt, daß es sein Werk mit Wucht tue, der muß für den Dienst an der Herstellung einer Spiegelwelt zuerst und zuletzt Reinheit und Ungestörtheit seines Tuns fordern. Was jenseits der Grenzen seines Reiches geschieht, mag als geistige Schöpfung jeder Ehre wert sein, aber es bleibe vor den Toren.

Es giebt einen Vorwurf, den insonderheit alle Verfechter eines denkerischen Geistweltbildes der Spiegelwelt zu machen im Stande sind, der allen denen, die für diese eintreten, es aber in einem großen Sinn tun wollen, schmerzhaft genug ist. Denn er wird mit allem Recht erhoben: es ist der der schlechthin dauernden, durch alle Zeitalter sich beständig fortsetzenden Unvollständigkeit und Bruchstückhaftigkeit der von den Urhebern der Spiegelwelt geschaffenen Bilder. Immerhin — so seltsam sind die Wirkungen und Gegenwirkungen im Leben des Geistes mit einander verflochten — kann die angegriffene Partei hier entgegnen, daß die Schuld für dieses Geschehen — wenn in derlei Dingen überhaupt von Schuld gesprochen werden kann — ebenso sehr auf Seiten der Angreifer wie bei ihr selbst liegt.

Zunächst freilich muß eingeräumt werden, daß — offensichtlich aus dem Grund ihres eigentlichsten Wesens — alles Mühen um wirklichkeitsnahe Spiegelung der Welt den Teil mehr liebt als das Ganze. Erfahrende Wissenschaft will Wirklichkeit erkennen, wo immer sie sie antrifft und liebt sie aus der Grundgestimmtheit ihrer seelischen Verfassung um ihrer selbst willen und ganz ohne Rücksicht auf den Umfang des unter ihren Händen entstehenden Bildes.

Anders alles Philosophieren: je mehr es dem Grundgedanken der Geistwelt dient, desto mehr drängt es nach Ganzheit, nach Vollständigkeit des erstrebten Bildes. Und man wird dieser Partei nicht Unrecht tun, wenn man behauptet, daß gerade dieses ihr Streben aller ähnlich gerichteten Gesinnung auf Seiten der erfahrenden Wissenschaft den Wind aus den Segeln genommen hat.

Für diesen Tatbestand ist vielleicht am bezeichnendsten, daß er fast nie bemerkt wird, obwohl er vor Aller Augen greifbar daliegt. Hat man denn schon je bemerkt, daß es noch nie zu einer Gesamterfahrungswissenschaft gekommen ist, die beide Reiche, Natur und Geist, zu einer Einheit forscherlichen Sehens zusammenschmölze, wie es doch von Seiten der Philosophen mehr als ein Mal geschehen, und dazu noch des öfteren wenigstens in Plan und Umriß angedeutet worden ist. Dabei aber steht weder vom Begriff, vom Wie der Forschung her, noch in Hinsicht auf die Beschaffenheit des Stoffes ein ernsthaftes Hindernis dem Streben zu einer solchen universalen Erfahrungswissenschaft, zu einer grundsätzlich wirklichkeitstreuen Gesamtlehre vom Wesen und den Formen alles natürlichen und alles menschlichen Seins und Werdens zu gelangen, entgegen. Es ist lange her, daß Alexander Humboldts Kosmos den Versuch, das Insgesamt der Natur zu umspannen, begann und daß

Herders Ideen ihren noch umfassenderen Plan, zu der Ganzheit von Natur- und Menschheitsgeschichte vorzudringen, ins Werk setzten und doch kommen beide an Umfang des forscherlichen Wollens den Unternehmungen von Aristoteles und Hegel bei weitem nicht nahe. Wollte man aber hiergegen einwenden, daß dergleichen Werke höchsten Zieles nur die Sache von Jahrtausendmenschen seien, so ist das wohl zuzugeben; aber damit wird die Möglichkeit nicht aus der Welt geschafft, daß nach der sonst überwiegenden kollektiven Weise der Zeit die Sammelarbeit ganzer Gelehrtengenerationen hier hätte einsetzen können. Aber auch davon ist wenig zu verspüren.

Für die letzten hundert Jahre ist dies Versagen des Antriebes zur Arbeit an einer universalen Weltlehre, einer erfahrungswissenschaftlichen Daseinslehre geistesgeschichtlich fürs Erste erklärt durch das sehr starke Überwiegen des Dranges zu genauester Einzelbeschreibung im Bereich der Erfahrungswissenschaften selbst. Aber eben das Vorhandensein metaphysischen Weltdenkens auch in diesem Zeitalter erweckt immer wieder die Vorstellung: wenn alle die Kräfte und die Antriebe zu sammelnder Beobachtung, zu zusammensehendem und zusammendenkendem Erforschen von Welt und Menschheit, die in allem Mühen der Philosophie aufgehen, der reinen Erfahrungswissenschaft zugewandt geblieben wären, so würde längst eine solche Universalwissenschaft ausgebildet worden sein und uns ein sehr viel reicheres und tieferes Bild der Spiegelwelt geschaffen worden sein.

Noch ein zweiter ganz allgemeiner Vorwurf ist, gleichviel ob ausgesprochen oder unausgesprochen, in der Abneigung aller Kämpfer für die Geistwelt, vornehmlich der gläubigen, doch auch der denkerischen, gegen die Spiegelwelt lebendig; es ist die Klage, die Anklage oder auch nur das Empfinden, daß das Bild der Spiegelwelt des seelischen Feuers, der aus Kraft und Gefühl aufsteigenden Glut ermangele, die zu empfinden und zu empfangen ihnen Gewohnheit und Bedürfnis geworden ist.

Auf Seiten des Glaubens ist dies ein Eindruck, gegen dessen seelische Richtigkeit kein billig richtendes Urteil in den letzten Folgerungen einen Einwand wird erheben können. Wie sollte ein an sich berichtendes Weltbild den Vorstellungen von einem Weltschöpfer und Menschheitsrichter, von Schuld und Sühne, Sünde und Gericht ein Gleiches an Erregungen an die Seite stellen können. Immerhin ist das Verhältnis zwischen den Gewichten der Empfundenheit, die hier die Geistwelt des Glaubens, dort die Spiegelwelt der Wissenschaft auf die Wagschale der Seele zu werfen haben, der letzteren nicht so ungünstig, wie das zürnende oder trauervolle Eifern der Gläubigen es zumeist wahr haben will.

So wie Nietzsche das für ihn ganz gott-entleerte Geschehen der Welt mit Glorienschein des höchsten Gelingens, mit Glut der feurigsten Verherrlichung umgossen hat, das bleibt um nichts an Wucht hinter der tiefsten Gottesverehrung zurück und übertrifft viele Formen von ihr an fortreißender Leidenschaft. Und es ist eine Weise der Weltliebe und der Weltfrömmigkeit denkbar, die ganz fern und fremd jeder Gotteslehre es auch an Innigkeit und Hingabe der stilleren Wärme reifer und ruhevoller Gläubigkeit gleich tut.

Und den Erregungen und Erschütterungen des Glaubens mit seinen Bezeugungen von Demut und unterwürfigem Schutzbedürfnis hat das Weltgefühl, das von keiner Lenkung des außermenschlichen Geschehens oder des menschlichen Schicksals durch persönliche Gewalten hören will, den Stolz einer Gesinnung entgegenzusetzen, die Wert und Glanz der nur irdischen Güter von Geist und Tat ins Unerhörte zu steigern gewußt hat. Und es ist nicht der Mensch an sich, der Mensch Masse allein, dem diese Werterhöhung widerfährt, sondern mehr noch die hohen Gestalten der Führer und Bildner unseres Geschlechts. Wenn gläubige Hingabe Jesus zum Gotte gehöht hat, so ist das nicht allein ein glaubensgeschichtliches Geschehen, sondern Bild und Zeichen für die Gottnähe aller höchsten Menschen. Was als Wertanspruch für den Stärksten der Menschen die vollste Wahrheit war, muß in Stufen und Graden auch seinen Nächst-Gleichen oder Nächst-Ähnlichen zuerkannt werden, muß von Buddha und Muhammed bis zu Michelangelo und Dante, zu Shakespeare und Goethe, Bach und Beethoven allen über Menschenmaß ragenden Sterblich-Unsterblichen zugemessen werden: eine dem Gottesbilde sich nähernde Überkraft. Ja noch in jedem schöpferischen Entsenden neu aufspringenden Gebildes in Tat und Geist wird man einen Hauch von dem Gottes-Sein, wie der Glaube, also doch auch Menschensinn es sich schuf, verspüren können. Das aber heißt, daß auch eine Spiegelwelt, die nichts von Gottes-Gestalten weiß, das Menschendasein nicht entgöttert, sondern es recht eigentlich mit gottnaher Wirklichkeit erfüllt. Es ist doch so, als hätte die Bildnerkraft der Menschheit, die schaffende Gewalt, die sie in ihren frühen Zeiten vornehmlich an ihre Gottesbilder ausgab, diesen ihren belebenden Atem wieder in sich gesogen und ihn nunmehr dem eigenen Wesen einverleibt und ihn in den Teilstücken eines höchsten, eines gottnahen Menschentypus von Neuem aus diesem Wesen entströmen lassen.

Die selbstbewußte Abwehr aller außer- und überirdischer Straf- und Lohnverkündungen leiht dem also zur Einzigkeit und Unwiederbringlichkeit erhobenen Menschenleben eigens leuchtende Gluten der Freude; die Straffheit sittlicher Zucht nimmt nicht ab, sondern weit eher zu, wenn sie ohne jede Hinbeziehung auf Sittengebote, die der Glaube diktiert, bleibt und erringt sich das hohe Bewußtsein, das Linde oder das Starke, das Gute oder das Hohe um dieser Güter selbst willen zu tun, nicht in zitternder Angst oder in genußsüchtigem Streben nach irgend einem Wohlergehen des Ichs im Diesseits oder Jenseits. Und so wird auch in allen diesen Folgerungen ein Erlahmen, eine Ernüchterung oder gar ein Erstarren und Ersterben des seelischen Geschehens auf Seiten derer, die sich an einer Spiegelwelt genug sein lassen, nicht zugegeben werden dürfen.

Und wenn die Parteigänger eines denkerischen Geistweltbildes mit kaum minderer Heftigkeit das auf die Spiegelwelt eingeschränkte Bild der reinen Wissenschaft wegen seiner Nüchternheit und seiner Verzichte auf die großen Entflammungen, die allerdings ihr Schaffen hervorzubringen vermag, schelten und herabsetzen, so wird fürs Erste zu Gunsten der reinen Wissenschaft doch dies Bedenken geltend zu machen sein, daß eben die Gluten der Beleuchtung, die zuckenden Blitze allgemeiner und dem mühselig-langsamen Fortgang der erfahrenden Forschung weit vorauseilender Erkenntnis, um derer willen wir den Geistweltbildern des reinen Denkens einen so hohen Vorrang einräumen sollen, doch geliehen Gut sind. Sie entstammen, das muß auch in diesem zweiten Zusammenhang wiederholt werden, einer dichterischen und künstlerischen, einer überwiegend freien und im geistigen Sinne willkürlichen Formgebung, deren Erzeugnisse allerdings als Erlebnisse, als Schauungen großer Sehender Bedeutung und Wahrheit haben, die aber die Gewähr auch nur gewollter Treue in der Wiedergabe, die allein den Nachbildungen der Spiegelwelt zukommt, nicht leisten können.

Aber darüber hinaus kann die nur erfahrende Wissenschaft sich anderer geistiger Wonnen, anderer seelischer Erregungen rühmen, über die kein andres Tun der Menschen verfügt und aus denen man wohl darauf schließen kann, daß sie selbst so wenig wie ihr Stoff an einer Trockenheit leidet, die man ihr wie ein Versagen ihres Vermögens, aber auch ihres Wollens zuzurechnen pflegt. Keiner, der Wissenschaft wahrhaft liebt, bleibt frei von der leidenschaftlichen Freude an der kaum übersehbaren Fülle der Gesichte, die sie dem Forschenden darbietet. Und dabei scheint kein Unterschied zu bestehen zwischen denen, die nach Sammlung, Zusammendrängung, Vereinheitlichung des tausendfältigen Stoffes, begierig ihn zu beherrschen und zu großen Gesamtsichten zu verdichten, trachten und den Anderen, die in voller und fast demütiger Hingabe an diesen selben Stoff sich nicht ersättigen können an der Vielfachheit seiner Einzelheiten und das Feld ihrer Tätigkeit gar nicht eng genug abstecken können, um nur immer tiefer, immer nachdrücklicher in das Besondere und das Besonderste des Geschehens einzudringen. Es ist die Freude am Ausschöpfen der Wirklichkeit, sei es der großen, allgemeinen, sei es der kleinen, besonderen, die beide Heerscharen der Forscher, die sonst so verschieden an geistiger Gesinnung, an seelischer Haltung sind, zu einer untrennbar verbundenen Einung zusammenschließt.

Es giebt noch einen innersten Reiz des Wissens, der als das Wie des Tuns angehend noch tiefer in den Kern des Erlebens reicht, der gar nichts mit der Vielheit oder Einheit der Wissensstoffe zu schaffen hat, sondern nur dies Glück des Forschens als solches angeht. Franz Marc, einer der wenigen Künstler, die ein tiefes Verstehen für Wesen und Gründe der Wissenschaft auszeichnete — sonst nur allzu oft hat auch die Größten unter den Männern der bildenden wie der redenden Kunst nicht ein Hauch von Begreifen dessen angeweht, was Wissenschaft und Forschertum ausmacht — hat das ganz tief dringende und zugleich so unendlich seelenzarte Wort von der Keuschheit der Wissenschaft geprägt. Er meint es so still und so fein, wie etwa Franziskus von Assisi, wenn er in seinem Hymnus auf die Sonne von der Keuschheit unseres Bruders des Wassers spricht. Es ist gesprochen von dem Standpunkt der Kunst her, die hier um ihrer ungehemmten Leidenschaft und ihres rücksichtslosen, so viele Blößen Leibes und der Seele aufdeckenden Zudringens willen als Gegensatz empfunden ist. Und es preist die Forschung und den Forscher wegen der Reinheit und der Ichhingabe ihres Willens Spiegel der Welt zu sein.

Aber noch tiefer als dies von außen erkannte Nein einer Entsagung reicht das Ja eines freudevoll starken Bekenntnisses, das ein Forscher des vergangenen Jahrhunderts, der Größten Einer, ausgesprochen hat. Es ist jenes Wort Rankes, das man schon öfter und mit so viel Recht berufen hat, weil es in Wahrheit die geistig-seelische Wesenheit seines Urhebers auf das getreueste kennzeichnet. »Ich wünschte«, so schrieb er 1860 im zweiten Band der Englischen Geschichte, also noch immer auf der Höhe seiner reifsten, reichsten Zeit, »mein Selbst gleichsam auszulöschen und nur die Dinge reden, die mächtigen Kräfte erscheinen zu lassen«.

Aus diesen Sätzen Rankes klingt wie ein tief aus der Seele dringender Schrei die Sehnsucht nach der vollen Erfüllung der Pflichten des höchsten, ja des einzigen Amtes der Wissenschaft, Spiegel zu sein der Wirklichkeit. Sehr vernehmlich tönt aus ihm die Abwehr gegen jenen Starken, der noch nicht so lang vom irdischen Schauplatz abgetreten war und der alle seine große Kraft daran gesetzt hatte, weit über die Grenzen seines Philosophenreiches hinüber greifend in das Nachbarland der Geschichte, aus deren Menschheitsbild ein Gemisch von Geistwelt und Spiegelwelt zu machen, unter äußerster Bevorzugung der Geistwelt. Solchen Versuchen gegenüber, die gemäß dem Rang Hegels mit dem herrischsten Anspruch auf die Gefolgschaft der Zeit auftraten, ruft Ranke nicht ohne Erregtheit, aber durchaus nur aus heißer Freude an dem ganz entgegengesetzten Tun seine Losung aus. Er sieht sehr deutlich den tiefsten seelischen Grund, aus dem sie hervorgeht: die Neigung, das geistige Ich der geschauten Welt unterzuordnen, nicht aber, so wie Hegel tat, es zu ihrem Herrscher zu machen. Und es giebt in Wahrheit eine freilich — um mit Franz Marc zu reden — keusche Freude, die doch den Wärmegrad großer Leidenschaft erreichen kann und die nur darin sich ersättigt, daß sie bestrebt ist, einen klaren Spiegel darzustellen, der das Bild der Welt rein und ohne Vermischung mit einem bewußten Willen der Ich-Einmischung zurückwirft.

Daß dieses Ziel einer reinen oder auch nur annähernd getreuen Wiedergabe der wirklichen Wirklichkeit ein unerreichbares ist, daß die Begrenztheit und wenn man will, die Schwäche des geistigen Vermögens der Menschheit auch die hingegebenste, die ichloseste Forschung nie zu einem anderen Bild der Welt wird gelangen lassen, als zu einem halb die Welt, halb sein Ich zum Ausdruck bringenden Gemisch, das lehrt jedes Blatt der Geschichte der Wissenschaft, auch der Geschichtswissenschaft. Und Ranke selbst, so rein und redlich sein Wille zur Selbstentäußerung gewesen sein mag, könnte nur halb verstanden werden, wollte man über die große Fülle seiner Zeit-, seiner Volks-, seiner Ichbedingtheiten achtlos hinwegsehen. Jedes Zeitalter einer Wissenschaft ist in den zu tiefst gelagerten, den ihren Inhabern zumeist gänzlich unbewußten Voraussetzungen seiner geistig-seelischen Beschaffenheit von seinen Vorgängern, seinen Nachfolgern geschieden. Und eine wirklich dem Dienst der Spiegelwelt ergebene Wissenschaft wird in ihr Streben nach Sachlichkeit auch die Einsicht in diese, die eigene Zeitbedingtheit und Sichtbeschränktheit einzuschließen trachten müssen. Das angerufene Wort Rankes bietet einen höchst denkwürdigen Beleg dafür, wie er selbst auch im Augenblick einer so verantwortlichen und grundsätzlichen Äußerung vom Geist seines forscherlichen Wollens weit über die Grenzen seines eigenen Tuns fortgerissen wurde. Denn man würde an dieser Stelle aus dem Mund des großen Schilderers der starken Einzeltat und des starken Einzeltäters wahrlich ganz andere Worte erwarten, Worte die etwa der ganzen Fülle des Einzelgeschehens gegolten hätten. Aber siehe da, er bricht in Sätze aus, die weit mehr der Gesinnung entsprechen, wie sie in einer um Jahrzehnte späteren Zeit vertreten wurde, in der Zeit einer Erforschung des großen Strömens der Zeitalter und Stufengeschichte. Denn so fragt doch auch der Rankes Tun im tiefsten würdigende Leser, wann hätte denn dieser der Geschichtsschreiber der Könige und Feldherren, der Verträge und der Schlachten danach auch nur gestrebt, nach den Kräften, d. h. doch nach den seelischen Gewalten zu forschen, die aus weit allgemeineren, weit tieferen Gründen des geschichtlichen Geschehens emporquellen, als jene sind, die auch das schärfste Beobachten des Einzelgeschehens erkennen läßt? Ranke hat in diesen Worten weit eher Forderungen ausgesprochen, als Umrisse des von ihm selbst erfüllten Tuns gegeben.

Ja in noch jüngeren Jahren, schon 1832, in einem Brief an Heinrich Ranke, den gottesgelehrten Bruder, hat er Worte gesprochen, die einem noch allgemeineren geistigen Willen, die dem monokosmischen Gedanken selbst zu dienen scheinen: »Mein Glück ist, so schreibt er am 30. November, von diesem Punkte, auf dem ich stehe, die Welt zu beobachten, vergangene und gegenwärtige, sie in mich aufzunehmen, inwiefern sie mir homogen. Alles, was sie Schönes und Großes hervorgebracht hat, möcht ich an mich heranziehen und mir aneignen und den Gang der ewigen Geschicke mit ungeirrtem Auge ansehen, in diesem Geist auch selbst edle und schöne Werke hervorbringen . . . Man lebt mehr in dem Ganzen, als in der Person . . . Oft weiß man kaum mehr, daß man eine Persönlichkeit hat. Man ist kein Ich mehr. Der ewige Vater aller Dinge, der sie alle belebt, zieht uns ohne allen Widerstand an sich.«

Neuntes Stück.

Antriebe zur Vereinheitlichung.

Auch die notwendige Zeitbedingtheit und Ichbegrenztheit jedes Weltbildes der Erfahrung ist zum Anlaß des Angriffs der Parteigänger der Geistwelt auf die Verteidiger der Spiegelwelt geworden. In häufig unausgesprochenem, sehr oft aber durchzufühlendem Hochmut sehen diese Männer auf die Spiegelwelt als auf ein Trümmerfeld von Unvollständigkeiten und Mangelhaftigkeiten. Und wer wollte leugnen, daß ein Denkbau metaphysischer Sicht ein unvergleichlich viel höheres Maß von Folgerichtigkeit, Geschlossenheit, vor allem aber von Ganzheit darbietet.

Gerade die Bauten, die mit dem kühnsten Wagnis den weitesten Umfang eines Weltbildes umspannen — man denke etwa an Hegels Geistwelt-Bau — verdanken doch alle diese Vorzüge der Folgerichtigkeit und Ganzheit, die sie allerdings aufweisen, eben den Wirkungen ihrer Urheber, mit denen diese recht eigentlich als Dichter des Gedankens nicht so sehr eine Wiedergabe als eine Fort-, eine Um-, eine Nachbildung der Welt entwerfen. Und wenn, wie Hegel tat, das erzeugte Weltbild zur Hälfte das freie Gebilde seines wollenden Geistes, zur Hälfte aber den Einzelwissenschaften entliehene Erfahrung sein sollte, so war jene Hälfte zwar wahrlich eisern fest zu einem Insgesamt geschmiedet, aber sie war es, weil sie ein Gedicht, ein Mythos des Geistes war, und die andere Hälfte, die den Erfahrungswissenschaften entnommen war, teilte das vergängliche Schicksal von deren Erzeugnissen. Schon nach einem, ja fast nach einem halben Jahrhundert war davon wenig genug in Bestand und Geltung geblieben: der Wirklichkeitskern innerhalb des metaphysisch-apriorischen Mantels in Hegels Denkgebäude ist längst mürb und hohl geworden.

An dem besonderen Streit, der an dieser Stelle des Schlachtfeldes zwischen den Heerordnungen beider Weltsichten aufgebrannt ist, hat sich die Flamme einer Erkenntnis entzündet, die für ein unparteiisches Urteil nur den Kämpfern für die Spiegelwelt günstig sein kann. Es ist die Einsicht in den innersten Kern des Gegensatzes, der zwischen den beiden Formen des Weltwissens besteht: die eine, die der Geistwelt, will Endgültigkeit, will Sein, die andere, die der Spiegelwelt dagegen führt nicht nur zu einer beständig wechselnden Folge von Bildern, sondern sie ist dessen froh und rühmt sich dieses Wechsels, weil Wandel Werden ist. Das Wesen der Geistwelt ist Endgültigkeiten zu schaffen, das der Spiegelwelt sträubt sich nicht gegen die Veränderlichkeit der Sichten, aus denen sie besteht, vornehmlich um deswillen, weil sie die Beschaffenheit der Welt als Geschehen, als Werden, niemals aber als Sein erkennt.

Wie steht es denn mit unserm Wissen um die Welt? Ein karger, kleiner, spärlich belichteter Ball von Helligkeit umgiebt uns, innerhalb dessen wir allenfalls die Umrisse der Dinge erkennen können; ihn umgiebt ein weiterer Gürtelball von Zwielicht und Dämmerung, in dessen Grenzen die Gewißheit unserer Schau auf einen kümmerlichen Bruchteil herabgesetzt ist, und über ihn hinaus herrscht das tiefste Dunkel gänzlicher Ungewißheit, ein Weltraum voll von schwarzer Nacht. Unser Wissen, das nie etwas anderes ist, als ein Wissenwollen, liegt in stetem Ringen um die Erweiterung des Lichtballs; aber ist nicht das Bewußtsein dieses Kampfes, das Empfinden seiner Spannungen, das stete Auf und Nieder seiner Erwartungen, seiner Enttäuschungen, seiner Erfüllungen die unaussprechlich kostbare, die herrlichste Gabe im Geist, die uns unser Schicksal auf diesem unserm Stern hat zu Teil werden lassen? Und wird man es den eifervollsten unter den Verteidigern der Spiegelwelt verargen dürfen, wenn ihnen die allerdings taghellen Bilder der Geistwelt, die sie weit in den Weltraum, oft bis in seine äußersten Grenzbezirke wirft, als schiere Phantasmagorien erscheinen und wenn sie von den silberweißen Lichtkegeln, die jene in die Nacht unserer Umwelt entsenden, mit kühler Ablehnung erklären, die Gegenstände, die sie erscheinen lassen, sind ebenso künstlich wie die Quelle ihrer Leuchtkraft.

Die Männer, denen es obliegt, durch Wort und Schrift unser Volk in den mit der Hand arbeitenden Schichten zu belehren, bezeugen, daß kein Irrtum bei ihren Hörern und Lesern verbreiteter sei, als die Meinung, der Wissenschaft sei möglich, endgültige und nie wieder zu erschütternde Ergebnisse hinzustellen. Sie fordern sie für sich, wie ein Unentbehrliches, vielleicht nur darum, weil sie im Grunde nicht wissen, sondern glauben wollen. Wie seltsam, daß die Könige der Metaphysik, die Kirchenfürsten des Glaubens in diesem Drang sich mit den Kärrnern begegnen; sollte es nicht darum sein, daß beide, die Herren der weltlichen, wie der geistlichen Geistwelt im Grunde auch nicht Erzeugnisse einer Forschung, sondern Bekenntnisse eines Glaubens verkünden?

Wer im Geist nach Einheit aller Formen menschlicher Erkenntnis strebt, weil der Geist selbst solche Einheit fordert, wer im Herzen die Vereinigung aller Bekennerscharen der Weltsicht wünscht, weil menschliches Fühlen sich weit lieber den Zusammenschluß der Gegensätze ersehnt, als ihre unablässige Ausfechtung, die doch nie zu Sieg oder Niederlage, sondern nur zu ihrer beständigen Zuspitzung und Verschärfung führt, der wird kaum ohne Trauer das Übermaß von Kämpfen ansehen, die zwischen den beiden Weltsichten in den letzten zwei Jahrhunderten entbrannt sind.

In Sonderheit den Verteidigern der Spiegelwelt wird hier eine Anschauung nahe liegen, die weit mehr von einem Bedauern als einer Betonung dieses Zwiespaltes ausgeht. Sie sind in der Regel schon ihrem Temperamente, ja ihrer Charakter-Einstellung nach geneigt, ihre Gegner nicht zu hassen oder gar zu unterschätzen, sondern ihre Kraft eher im vollen Umfang anzuerkennen und nur zu beklagen, daß diese Kraft nicht der — nach ihrem Urteil förderlichen — Sache der Spiegelwelt dienstbar gemacht wurde, sondern der gegnerischen, im Grunde für unfruchtbar gehaltenen zugeführt wurde. Sie eröffnen dann etwa geistesgeschichtliche Sichten in dem Sinn, daß sie erörtern, mit wie viel stärkerer Macht sich die griechische Wissenschaft der Erforschung der wirklichen Welt als ihrer eigentlichen Aufgabe dann hätte hingeben können, wenn ihr Fortgang auf der Strecke zwischen Anaxagoras und Aristoteles nicht den Umweg über Platon genommen hätte. Denn so wenig die Gesamtgeschichte des geistigen Vermögens der Griechen, ja der Menschheit selbst, des strahlenden plastisch-dichterischen Geschehens von Platons Werk entbehren möchte, so gewiß müßte sie wünschen, daß es sich in einem anderen ihrer Bezirke und außerhalb der Grenzen der Wissenschaft gezeigt haben möchte, deren Säfte und Kräfte durch diesen

Eingriff eine Ablenkung ihrer Bahn erlitten, die sie von ihrem eigentlichen Ziel fortleitete. Und aus solcher Sehweise ergiebt sich dann die Folgerung, daß weder Platon noch alle seine Gesinnungsgenossen mit feindlichen, sondern mit freundlich-trauernden Blicken angeschaut werden, nicht als Gegner, sondern als verlorene Bundesgenossen am eigenen Werke. Andrerseits kommt zu mindest in unserem Zeitalter die Grundstimmung der meisten Verteidiger einer Geistwelt der Sache der Spiegelwelt so weit entgegen, daß sie das Mühen und Streben der Erfahrungswissenschaft in ihrem Reich gewähren läßt, ja dort deren alleiniges Recht anerkennt. Nur die Neigung der Angehörigen dieses Heerlagers bleibt bestehen, ihr Sehen der Welt als das höher geordnete, das »nur«-wissenschaftliche aber als das niedrere zu werten.

Schwerlich aber wird man aus solchen gütlichen Teilnäherungen den Schluß ziehen können, daß es zu einer Einigung kommen werde, oder auch nur kommen dürfe. Denn selbst die mildere Auffassung derer, die als Aufgabe der Wissenschaft lediglich die Aufrichtung einer Spiegelwelt ansehen, wird von einer Kompromißlegierung beider Erkenntnisformen keinen Vorteil, sondern nur eine Lähmung der eigenen unentbehrlichen Unbedingtheit zu erwarten haben. Die Erbauer einer Geistwelt aber werden noch viel weniger zu solcher Vermischung der Ämter bereit sein. Und die Streitbaren in beiden Parteien werden daran die Folgerung knüpfen, daß vom Kampf beider Weltsichten nur Vorteil und Stärkung für beide Fronten zu erwarten sei.

Nicht dieser Meinung soll hier zugestimmt werden, wohl aber eine andere geltend gemacht werden. Die nämlich, daß es sich dann, wenn dieser Streit immer weiter durch die Jahrhunderte fortschreiten soll, vielleicht um eine der Äußerungsweisen der Geschehensart handelt, die als eine der Grundformen aller Welt- aber auch aller Menschheitsgeschichte anzusehen ist und die im Verlauf der auf diesen Blättern angestellten Untersuchungsreihe als *compositio oppo-*

sitorum, als Zusammendringen der Gegensätze bezeichnet wurde[1]. Das aber würde auch hier, wie überall sonst besagen, daß das Weltgeschehen eine Beziehungsform liebt, die Gegensatz und Verbindung in die fruchtbarste Einung zwingt.

Und es giebt noch eine Sicht, die, obwohl sie das Gegeneinander von Spiegel- und Geistwelt fortbestehen lassen will, doch ein Grundgeschehen anerkennt, das beiden gemeinsam ist, und aus dessen Übereinstimmung auf eine Urwurzel geschlossen werden darf, die beiden sonst so entgegengesetzten Sehweisen mit gleicher Kraft Nahrung und Leben gewährt. Liebe heißt diese Urwurzel, denn so verschieden auch die in Werk und Tat umgesetzten Sinnesweisen beider Sichten sein mögen, dieser innerste Beweggrund ist ihrer beider Quell. Der seelische Beweger, der zwar gewiß nicht als der einzige, wohl aber als der stärkste den Drang zur Geisteswelt beherrscht, ist die Liebe insofern, als die Unterwerfung unter die Geistgewalten des Glaubens im tiefsten durchsetzt ist mit dem Antrieb der Hingabe an sie. Und wie sehr Hingabe als Liebe zu den verehrten Gestalten zu deuten ist, lassen zum wenigsten die höchsten Glaubensformen erkennen, eben die sublimierteste von ihnen, die des Christentums, am unzweideutigsten.

Vollends unwiderleglich ist das Wesen aller Spiegelwelt als durch liebende Versenkung in die wirkliche Welt bedingt zu erkennen. Jede Form von Spiegelung der Wirklichkeit, sie mag forscherlicher oder künstlerischer Art sein, ist von keiner Kraft der Seele so maßgebend beherrscht, wie vom Gefühl, und dies heißt in diesem Falle, vom liebenden Gefühl.

Die Gebilde der Geistwelt, die außerhalb des Glaubens nur auf dem Gedanken beruhen, werden auch von ihren kühnsten und sichersten Verfechtern in diesem Betracht auf dieselbe Grundgesinnung zurückgeleitet werden, wie die Er-

---

[1]) Vgl. Naturgeschichte und Menschheitsgeschichte (1933) 400—407.

zeugnisse der Spiegelwelt. Auch sie werden ihr Verhältnis zu ihrer Welt als ein liebend durchdrungenes ansehen wollen. Unter den Anwälten der denkerischen Geistwelt wird ihr Höchster, wird Platon selber in höchstem Maße als ein Liebender anerkannt werden müssen. Keiner unter seinen Verehrern, der ihm sein tiefstes Recht zuerkennen möchte, wird daran zweifeln, daß die Gesinnung, die die Geistwelt der Ideen schuf, aus einem tiefen Schönheits- und das will sagen Liebesbedürfnis entstammt.

Für eine Beurteilung dieses Sachverhalts, die gegenwärtige und zukünftige Entfaltungen umfassen will, wird sich ein Endergebnis herausstellen, das allen irenisch gestimmten Beobachtern menschlicher Dinge nur im tiefsten erfreulich sein kann. Denn selbst für den Fall, daß die beiden einander so gänzlich entgegen wirkenden Sehweisen, die eine der Spiegelwelt allein zugeneigte, und die andere, die ihr eine Geistwelt überordnen will, in beständigem Gegensatz zu einander verharren werden, so werden sie wenigstens dann in einer guten Beziehung zu einander stehen können, wenn sie nie jenes ihnen gemeinsame seelische Grundverhältnis werden aus den Augen verlieren wollen. Dann mögen sie ihren Zwist im Geist, insofern er ihnen fruchtbar dünkt, fortsetzen, die Möglichkeit eines letzten Einverständnisses in der Seele aber gleichwohl festhalten. Hat dieses Einverständnis dann zur Folge, daß alle Auseinandersetzungen zwischen den beiden Kulturparteien mit Festigkeit, aber ohne Gehässigkeit ausgetragen werden, so wird der geistigen Menschheit aus solchem Frieden nur Heil erwachsen können.

Zehntes Stück.

Das Grundverhältnis des Urgeschehens zu den drei Weltsichten.

Vielleicht mag genügen, was über die Beziehung von Spiegelwelt und Geistwelt hier gesagt wurde, um deren beider Grundverhältnis so weit als möglich aufzuklären. Noch nicht völlig zur Genüge aber ist vielleicht derjenige Hauptstock aller Menschheitsgeschichte gekennzeichnet, der hier ihr Urgeschehen genannt wurde. Die Absicht der Ausscheidung dieses elementarsten Teilgeschehens der Menschheitsgeschichte ist, deutlich zu machen, daß diese, insofern sie einen eingehörigen Bestandteil des Weltgeschehens ausmacht, dessen Fortsetzung darstellt und also auch eine Form von dessen längst im Gang befindlicher Entwicklung verkörpern muß. Urgeschehen bedeutet also in dem hier gemeinten Sinn zunächst diejenige Menschheitsgeschichte, die nicht anders als das außermenschliche Weltgeschehen und entsprechend den von diesem in Anspruch genommenen Mitteln sich vorwärts bewegt, während die anderen hier sonst in Betracht gezogenen Formen der Menschheitsgeschichte — Spiegelgeschehen, Regelgeschehen und Geistgeschehen — als lediglich ihr zugehörige Geschehensformen von dieser Bedeutung ausgeschlossen bleiben. Doch muß der Begriff Urgeschehen in einem zweiten und weiteren Sinn allerdings auf alle Menschheitgeschichte erstreckt werden, weil ja alle Menschheitsgeschichte mit Einschluß der genannten allein-menschlichen Sonderformen auch Weltgeschehen und wenn man will Welt-Geschichte in der weitesten Bedeutung dieses Wortes dartellt. Doch soll hier zunächst nur von jenem Urgeschehen in engerem Sinn die Rede sein.

Dieser Grundform Urgeschehen gehören zunächst innerhalb der Menschheitsgeschichte, wie bereits dargetan, alle Werke der reinen Tat an: was die Menschheit wirklich vollbringt, ist Geschehen *sans phrase*, Geschehen ohne irgend welche Weiterungen oder Einschränkungen. Es darf und muß daher als fortgesetztes Weltgeschehen angesehen werden.

Diejenige Forschung, die nach so weiten Sichten strebt, hat einen geistes-, einen wissenschaftsgeschichtlichen Grund, der sie zu solchem Tun eigens ermächtigt. Jedes geschichtliche Sehen überhaupt leitet seinen Ursprung von den auf die Menschheit gerichteten Erforschungen her und man weiß, daß es langer Jahrhunderte-Reihen bedurft hat, damit über das reine Beschreiben hinaus ein geschichtliches Sehen im höheren, entwicklungsgeschichtlichen Sinne, im Sinn nicht des Herodot oder Thucydides, sondern in dem des Ibn-Chaldun und Vico, im Sinn Hegels und Comtes zu Stande kam. Ebenso unzweifelhaft aber ist noch später, im Laufe des neunzehnten und des zwanzigsten Jahrhunderts, eine Übertragung des Geschichtsgedankens vom menschheits- auf das naturgeschichtliche Sehen gewagt worden. Und gleichviel wie viele oder wie wenige von den Ausführungen Darwins und seiner Schule aufrecht erhalten werden, sie sind im Grundgedanken auch von der neuesten, strengsten Schule der Biologie, der von Jakob von Uexküll begründeten, gebilligt worden.

Ist die Verkettung, die dergestalt zwischen dem natur- und dem menschheitsgeschichtlichen Geschehen hergestellt ist, mit Recht angenommen worden, so wird sich als schlüssigste Folgerung aus ihr ergeben, daß die Formen des außer- und vormenschlichen Weltgeschehens sich im menschlichen Geschehen irgendwie fortsetzen müssen. Der entwicklungsgeschichtliche Gedanke, der als leitender Grundsatz aller dieser Sehweisen unterstellt werden mag, läßt aus dem anorganischen Werden das organisch-biische, d. h. das Werden des Pflanzen- und des Tierreichs hervorgehen und wenn die Annahmen heutiger Naturforschung berechtigt sind, so geht das früheste Wachstum des Menschengeschlechts in einem diesen Vorläufern entsprechenden Entwicklungssinn aus seinen noch halbtierischen Anfängen hervor.

Soll nun das weitere Werden der Menschheit von da ab, wo es zum geschichtlich beleuchteten wird, diesen seinen Vorgängern angepaßt werden, so wird nötig sein, es in möglichst weiten Umrissen, in möglichst breiten Massiven erscheinen zu lassen. Denn es kann ja nicht darauf ankommen, das Kartenbild der Menschheitsgeschichte so aufzufassen, wie es die beschreibende Geschichtsforschung mit ihrer vom Einzelereignis ausgehenden Sehweise notwendig tun muß.

Selbst die drei Mal sich wiederholenden Kreisgewinde, in welche die Gesamtstrecke des geschichtlichen Verlaufs zerlegt worden ist, bleiben besser zunächst außer Betracht. Denn eben um der kreisähnlichen Wiederholtheit ihres Ablaufs willen, werden sie zweckmäßiger nicht als Glieder einer an sich als unendlich gedachten Reihe betrachtet werden.

Die erste Frage, die allgemein genug ist, um hier in den Vordergrund gestellt zu werden, mag vielmehr die sein, ob der große Gesamtzug des Menschheitsgeschehens, soweit er sich als überlieferte Geschichte darstellt, sich in einem ähnlichen Sinn wie die außer- und vormenschlichen Geschehenszüge als richtungsbestimmt, d. h. in einer ungefähr gleich bleibenden Neigung zu fortschreitender Veränderung fortbewegt.

Diese Frage darf unzweifelhaft bejaht werden. Denn wo immer auch innerhalb der Teilabschnitte, in die sich die Tatgeschichte der Menschheit zerlegen läßt, sich das geschichtliche Geschehen beobachten läßt, da ist ein Fortschreiten im Sinn dieses Geschehens festzustellen, mag es auch an längeren Strecken des Stillstandes oder rückläufiger Bewegung nicht fehlen. Die Abfolge von Entwicklungsaltern ist vollends nur das Ergebnis eines Fortschreitens zu immer neuen Geschehensformen.

Eine zweite ähnlich allgemeine Beobachtung läßt sich an die Tatsache der Formgebung knüpfen. Alles Tatgeschehen der Menschheit vollzieht sich in immer neuen Gestaltungen des Tuns und diese wiederum führen zu immer neuen Ordnungen der Gesellschaft, d. h. wechselnden Wiederholtheiten dieser Formen des Tuns. Man wird behaupten dürfen, daß alle Tatgeschichte der Menschheit sich in einer fortschreitenden Zunahme des Formenvorrats unseres Tuns ausdrückt. Denn mögen auch immer wieder, mit dem Wechsel der Gesellschaftsverfassungen, noch mehr mit dem Unterjochtwerden von Völkern durch andere, stärkere Völker oder Völkerkreise, am sichersten bei dem Aussterben von Völkern starke Formverluste eintreten, die Gesamtbewegung der

Formenbildung ist so überwiegend auf immer neue Ausgliederungen — Differenzierungen — der Einzelformen gerichtet, daß ein fortschreitendes Anwachsen des Formenreichtums der Menschheit nicht in Zweifel gezogen werden kann.

Doch des Ferneren muß dem Begriff des Urgeschehens, wie schon in Kürze angedeutet, auch noch ein weiterer Umfang zugemessen werden: insofern alles, also auch das geistige, das jedenfalls lediglich menschliche Handeln, das Bild der Menschheit ändert, sind auch seine Ausdrucksformen, das Spiegelgeschehen und das Geistgeschehen, Arten von Urgeschehen in diesem weiteren Sinn. Ihr Verhalten zur Bewegtheit als solcher ist ein verschiedenes: alles Spiegelgeschehen ist erfüllt vom Fortgang zu immer neuen Erscheinungsformen. Man kann schlechthin behaupten, daß es seinem innersten Wesen nach auf das Heraustreiben immer neuer Erzeugnisse ihres Tuns gestellt ist. Nicht ganz so verhält sich die Geistwelt, sie ist ihrer geistigen Beschaffenheit nach gerichtet auf Hervorbringungen, die beständig, ja in letzter Folgerung ewig sein wollen. Die «Offenbarungen» einer Geistwelt, die von den höheren Glaubensverkündungen ausgehen, lassen diese ihre Natur auf das deutlichste erkennen und noch die ausgezeichnetsten unter den rein weltlichen Geistwelterklärungen teilen diesen Ewigkeitsanspruch mit denen des Glaubens. In jeder starken, lediglich auf den Begriff gestützten Behauptung über das Wesen von Welt und Denken liegt an sich die Beziehung auf eine Endgültigkeit. Gleichwohl sind auch diese Formulierungen einer Geistwelt oder irgendwelcher Teile von ihr durchaus nicht frei von der steten Neigung zur Veränderung; selbst ihre starrsten Ausprägungen geistlicher wie weltlicher Art zeigen sich ihr unterworfen.

Ein gleiches zur Hälfte Beteiligt-Sein zeigt sich an dem Drang zur Formengebung, soweit er die Geistwelt betrifft. Einen so großen Reichtum von Formenbildung in allen ihren höheren Erzeugnissen sie aufweist, sie muß ihrem Wesen nach dieser Entfaltung Halt gebieten, wo immer sie ihre Endgültigkeit erreicht zu haben glaubt; aber auch sie wird von dem Drang zu Werden und Veränderung erfaßt, wo dieser eigene Stärke gewinnt.

Zuletzt ist unter den Beweisen für die beständige Bewegtheit, das beständige Vordringen des menschlichen Geschehens und zugleich seiner Formenentfaltung an einen stärksten zu erinnern, von dessen Wirken schon oft genug die Rede war, nur nicht unter diesem Gesichtswinkel. Es sind die großen Teilabschnitte im Aufbau der Menschheitsgeschichte, auf deren Wichtigkeit die Blätter dieses Werkes vornehmlich aufmerksam machen sollten. In vier Staffeln vollzog sich dieser größte Geschehenszug in der Entwicklung der Menschheit: aus dem weltgeborenen Urgeschehen der Menschheit, als dem ersten dieser Bauabschnitte, entfaltete sich zu zweit das geistgeborene Spiegelgeschehen, demnächst tat sich die Schöpfung einer Geistwelt auf, die von sich eine gewaltige Überlegenheit über die Hervorbringungen der Spiegelwelt behauptete und nicht Erzeugnisse des Geistes darbieten, sondern das Dasein einer Überwelt offenbaren wollte, und endlich wurde in der Selbstregelung der Menschheit das Wagnis einer Hinlenkung unseres Geschlechtes zu bestimmten selbstgewählten Zielen unternommen.

Von diesen vier Bauabschnitten in dem Werdegang der Menschheit kann mit mehr Fug als von irgend welchem Geschehen in der Geschichte unseres Geschlechtes behauptet werden, daß sie Bezeugungen erstlich immer neuen Bewegtheitsdranges und sodann immer stärkeren Gestaltungstriebes, immer reicherer Formenentfaltung gewesen sind. Das Emporkommen von jeder dieser vier größten Wachstumsformen der Menschheit bedeutet an sich das Ergebnis neuen starken Bewegungs- und zugleich ebenso neuen und ebenso starken Formenwillens.

Jeder von diesen Vorstößen könnte einer Bemängelung ausgesetzt werden, die die Absicht verfolgen würde, sie gerade für die Gesichtspunkte zu entwerten. denen die auf diesen Blättern entwickelten Darlegungen dienen wollen. Man könnte geltend machen, daß Zusammenfassungen dieser Art dermaßen gedanklich zu Stande gekommen seien, daß ihnen nur Wert und Rang von Begriffsgruppierungen zukomme. Und doch würde eine solche Zurückweisung zu Unrecht erfolgen. Denn wohl sind diese, wie alle Zusammenfassungen von Einzelwirklichkeiten oder, wenn man noch vorsichtiger sein will, den für sie eingesetzten Einzelbegriffen, an sich Sammelbegriffe. Da aber jedes, auch noch das einfachste Denken, gar nicht anders verfahren kann, als indem es dergleichen begriffliche Handhaben an die Stelle der von ihnen gedeckten Wirklichkeiten setzt, so muß auch in allen hier in Betracht kommenden Fällen angenommen werden, daß von diesen Sammelbegriffen Gruppen von Wirklichkeiten umfaßt werden und daß wir unter Wirklichkeiten solche Ausschnitte aus dem von uns durch unsere Sinne empfangenen Weltbild verstehen, die uns — gleichviel ob erweisbar oder nicht — als Stücke der seienden Welt gelten.

Des weiteren dürfen die Kennzeichnungen der Wachstumsabschnitte, um deren Anzweifelung es sich hier handelt, nicht um dessentwillen bemängelt werden, weil ihnen durch die Zusammenfassung so vieler einzelner Wirklichkeiten zu größeren Einheiten ihre Eigenschaft als Wirklichkeiten gemindert oder gar gänzlich genommen werde. Dazu ist um deswillen nicht der leiseste Grund gegeben, weil die Sammelbegriffe, um die es sich hier handelt, insofern in Wahrheit sammelnde sind, als sie ihre Gehalte nicht aus der Ebene der Einzelwirklichkeiten, über denen sie sich aufbauen, in eine andere heben, die jener ganz fern und fremd ist; sondern sie summieren wirklich die Eigenschaften und Vorgänge, die sie den von ihnen geschaffenen Gesamtwirklichkeiten zuschreiben, aus den Einzeleigenschaften und Einzelvorgängen, die an den Einzelwirklichkeiten beobachtet werden können. Wenn etwa in einem Bezirk des Reiches der Tat die Entstehung von Regelgeschehen beobachtet wird, so läßt sich von jeder der einzelnen Entwicklungsreihen, in denen es zu der Ausbildung von regelhaft geordneten Tatlinien kommt, aussagen, daß es an ihnen zur Entfaltung von Selbstregelung kommt. Es sind also in Wahrheit zur Einheit gebündelte Tatsachenreihen, von denen hier eine Gesamtwirklichkeit ausgesagt, nicht aber ein beliebig von Tatsachen teilweise entleerter Sammelbegriff gegeben wird.

Über die vier Wachstumsformen hinaus, von denen hier die Rede war, wird es schwer sein, Feststellungen eines noch allgemeineren Werdens zu machen, es sei denn die Eine, daß das Gesamtverhältnis zwischen dem menschlichen und dem außermenschlichen Weltgeschehen an einer der für uns erkennbaren Stellen einer Veränderung unterliegt. Und auf sie aufmerksam zu machen hat umso mehr Bedeutung, als sich hier ein Geschehen geltend macht, das zwar durch den menschlichen Geist vollzogen wird, das aber im selben Maße sich als ein Eindringen der Welt auf diesen Geist und damit auf das Schicksal der Menschheit selbst darstellt.

Von allen Bezeugungen eines Werdegangs der Menschheit läßt sich keine mit mehr urkundlicher Sicherheit verfolgen, als diejenige, die sich an der Spiegelung beobachten läßt, mit der unser zuerst nur als Wissen, später als Wissenschaft tätiger Geist das Bild der Welt auffängt. Wir lieben es, dies Geschehen als unseren Erfolg anzuschauen und tun recht daran, insoweit unser Anteil an ihm in Betracht kommt. Aber diese Sicht ist einseitig, insofern die gespiegelte Welt doch nicht als unbeteiligt an dem Vorgang angesehen werden kann, der sich an ihr entzündet. Sie ist es doch, die diese Bilder in uns wirft, unser Tun dabei ist keineswegs nur aktiv, nur wirkend, sondern ebenso sehr auch passiv, auch bewirkt. Ja diese von der Welt ausgehende Wirkung kann wie ein im Laufe der Zeit fortschreitendes Eindringen betrachtet werden: ein Eindringen, das zwar gewiß für ein völlig unbewußtes, weit entfernt von allem menschennahen oder gar menschenartigen Gebahren gehalten werden muß, das aber doch einer Aktion, einer Handlung gleich sieht. Es ist die Auswirkung einer zunehmenden Herrschaft der Welt über die Menschheit, einer zunehmenden Unterwerfung unseres Eigendaseins unter die Ganzheit der Welt, die ihren Einfluß auf uns immer stärker strömen läßt.

Und an letzter Stelle wird auch von diesem Geschehenszuge die Rede sein müssen. Wohl könnte gegen eine solche Anfügung der Einwand erhoben werden, daß durch sie im Laufe der Darstellung dieses Werkes eine andere Ebene beschritten wird, als diejenigen sind, denen die vier hier betrachteten Weltsichten angehören; aber so gewiß dieser Unterschied zugegeben werden muß, so gewiß ist doch das Verhältnis zwischen der Menschheit und ihrer außerirdischen Umwelt, von dem nunmehr die Rede sein soll, ein so allgemeines und das Gesamtschicksal unseres Geschlechts angehendes, daß es sich der Reihe von Allgemeinbetrachtungen der Menschheitsgeschichte, die den Gegenstand des hier vorgelegten Werkes bilden, auf das Schlüssigste anschließt. Wenn ein so menschennahes, so anthropozentrisches Gleichnis erlaubt ist, es handelt sich jetzt um die Außenpolitik der Erdbewohnerschaft, da bisher immer von ihrer Innenpolitik die Rede war.

Doch geht dieser Zusammenhang nicht allein das Insgesamt des Menschheitsschicksals an, sondern ebenso sehr auch die einzelnen Ausschnitte dieses Kreisrunds. Die Beziehung zwischen den Bewohnern des Sterns Erde und der sie umgebenden Sternenwelt macht einen der wesentlichsten Bestandteile der Spiegelwelt aus; es hat — man gedenke der Babylonier und ihres Götter-, Schicksal-, Sternenbaus — die tiefsten Beziehungen zur Geistwelt; es stellt, wie sich ergeben wird, bedeutende Forderungen an die Selbstregelung der Menschheit in Gegenwart und Zukunft. Am wenigsten aber wird in Zweifel gezogen werden können, daß es dem Urgeschehen der Menschheit angehört, denn diesem wird ja durch das Verhältnis zwischen Erdbewohnerschaft und Welt recht eigentlich sein Ort und zugleich sein Schicksal, soweit es von außen her bedingt ist, angewiesen.

Elftes Stück.

Das Vordringen des Kosmos in der Seele der Menschheit.

Keine Darlegung dieser Zusammenhänge wird in Verlegenheit geraten können, wenn ihr Einzelbelege für diese Behauptungen abverlangt werden. Ist doch die älteste der Wissenschaften, die der Mensch wie sehnsüchtig sich reckende Arme gegen seine Umwelt ausgestreckt hat, die Sternkunde, voll von solchen Beweisen. Ja die früheste und in den Elementen erfolgreichste aller Sternkunden, die der Babylonier, stellt von allen Versuchen das Geschehen der Himmelskörper mit den Erdendingen in Zusammenhang zu bringen den ehrgeizigsten und damit den kosmischsten, d. h. denjenigen dar, der den Einfluß der Gestirne auf die menschlichen Angelegenheiten so hoch bemessen wollte, wie nie vorher, nie nachher geschehen ist. Er schuf das Tun und Treiben der Menschheit zu einer letzten Efflorescenz des Kosmos, einer Blüte am Baum des Weltgeschehens um; die Erde wurde gewissermaßen zu einer Kolonie des Reichs der Himmelswelt erklärt. Stellt man sich vor, es wäre möglich gewesen, das, was doch nur Traum, Glauben und Dichtung in den Geweben der babylonischen Himmelskundigen war, zu fester, widerstandsfähiger Wissenschaft zu verdichten, so würde sich vor dem menschlichen Geist ein Geschehenszusammenhang aufgetan haben, der ein Äußerstes von Vereinheitlichung zwischen Welt und Menschheitsgeschehen dargestellt hätte im Sinne einer Herrschaft des außerirdischen über das irdische Geschehen. Es wäre ein Gegenstück zur Geistwelt geschaffen worden, eine Welt-Welt — wenn ein solches Unwort erlaubt ist — d. h. eine Weltsicht, die alles Dichten und Trachten der Menschheit zu einem letzten Ausfluß der Bewegungen der Gestirne umgestempelt hätte.

Dies mußte ein zwar schöner, aber vergänglicher Traum bleiben, ein schnell zerstiebendes Phantasma — die jammervoll trügerischen und oft betrügerischen Versuche heutiger Astrologen, ihn zu einem neuen Scheinleben zu erwecken, beweisen es zur Genüge — aber auch die ernsthaft und umsichtig vorgehende Wissenschaft der Neueren und Neuesten Zeit des neueuropäischen Weltalters hat Tatbestände aufgedeckt, deren Bekanntwerden das Weltbild unserer Völker so tiefgreifend bewirkte, daß sich ihr geistiges und des ferneren ihr seelisches Verhalten zur Welt diesem Wandel entsprechend völlig änderte. Und schon an der ersten Staffel dieses Entwicklungsganges, an der Tat des Kopernikus wird ersichtlich, daß hier nicht allein, wie es zunächst scheint, eine Reihe von Umwälzungen der Spiegelwelt eröffnet wird, sondern daß die aufgedeckten Ausschnitte aus dem Weltgeschehen selbst, indem sie in das Bewußtsein der Menschheit vordringen, sich ihrerseits als die Ursächer dieser Umwälzungen darstellen und somit am Menschengeschlecht Umstellungen erstlich seines Sehens auf die Welt, zum zweiten aber auch seines tatsächlichen Verhaltens zur Welt hervorbringen.

Es war nicht von ungefähr, daß die Alte Kirche sich mit so leidenschaftlicher Zähigkeit der Änderung des altüberlieferten Grundbildes der Himmelsbewegungen widersetzte. Denn sie als die Bewahrerin der vom Glauben übernommenen Form der Geistwelt mußte sich für berufen ansehen, diese Form zu erhalten. Sie tat es kurzer Hand, indem sie sie für einen eigenbehörigen Teil des Glaubensgesetzes erklärte. Ursache dazu war genug gegeben, denn so wenig das von den Babyloniern geschaffene, und auf mancherlei Umwegen von ihnen oder von den Fortbildnern des Griechentums an das Christentum weitergegebene Himmelsbild im Grunde mit den Glaubenswahrheiten des Christentums zu schaffen hatte, so gab doch dieses Erbgut babylonischen Ursprungs einen wohlbefestigten Kern für dasjenige Weltbild ab, dessen diese an sich so metaphysische Religion doch zu bedürfen meinte. Das Emporkommen dieser Verbindung von Welt- und Überweltlehre war freilich ein weit mehr durch äußere, allgemein geistesgeschichtliche, als durch innere, aus dem Glauben stammende Zusammenhänge bewirktes gewesen. Zuerst ist es von den neuen Anläufen zu einer wissenschaftlichen Sternkunde bei den späten Griechen und schließlich von dem auf lange Zeiten hin noch zu jeder eigenen Fortbildung unfähigen christlich-germanischen Völkerkreise blindlings übernommen worden und den christlichen Glaubensvorstellungen in Fortsetzung dieser mehr als tausendjährigen Überlieferung so tief einverleibt worden, daß es wie ein ihnen innerlich angehörender Bestandteil angesehen wurde.

Schon die babylonisch-griechische Erbform hatte für das Verhältnis zwischen der außerirdischen Welt und der Menschheit einen Kern von Vorstellungen dargeboten, der sie grundsätzlich bestimmte und zwar in einem Sinn, der dem wirklichen Sachverhalt nicht nur nicht entsprach, sondern zu ihm schlechthin im Gegensatz stand. Indem er nämlich die Erde zur Mitte der Welt machte, wurde für diese Welt auch die Mitte Mensch als sie beherrschend verkündet. Und wenn, wie man sich erinnert, den Athenern durch Gesetz die Beschäftigung mit den Gestirnen bei Todesstrafe verboten wurde, so offenbart sich hier in der kindhaftesten Form der dunkle Drang dieses Zeitalters, die Einbeziehung der Sternenwelt in den menschlichen Vorstellungskreis abzuwehren, gleich als hätte man in ihr eine drohende Gefahr für den als Bedürfnis der Seele empfundenen Mensch-Mitte-Glauben geahnt. Und wenn man erwägt, in wie hohem Maße die von dem christlichen Glauben angenommene Weltanschauung auf diesem Gedanken beruhte, so kann die enge Verbundenheit beider nicht Wunder nehmen. Das feste Himmelsgewölbe der Babylonier gab auch dem Gott, an den die Christenheit glaubte, den sicheren Sitz seines Thrones ab.

Wie hätte des Kopernikus Enthüllung, wenn auch nicht sogleich, so doch, zu Galileis Zeit, nach einiger Selbstbesinnung, nicht als eine Erschütterung des gültigen Glaubensbildes empfunden werden sollen: Erdmitte und Menschmitte wurden von ihr gleichermaßen in Frage gestellt und je naiver die

Vorstellung des über den Wolken thronenden Gottes mit dem Bau des Gestirns Erde und seiner nahen Umwelt verkettet war, desto rauher war der Widerspruch, in den sich die kopernikanische Lehre zu dem Gottesglauben selbst setzte. Weder ihr Schöpfer, noch ihre Verteidiger konnten daran denken, diesen Gegensätzen Ausdruck zu geben und dennoch mußte ihre Weltsicht zuletzt auf die Gläubigen wie Blasphemie und Lästerung wirken. War doch nicht auszudenken, daß man nun sich das mit der Erde verbundene Himmelsgewölbe mitsamt der thronenden Gottheit als die Sonne in einem beständig wiederholten Planetenreigen umkreisend vorstellen sollte.

Der protestantischen, an der Metaphysik der Philosophen geschulten Gottesgelehrsamkeit gelang es schließlich, sich aus diesen peinlichen Möglichkeiten auf eine Stellungnahme zurückzuziehen, die, indem sie die astronomisch-physikalischen Vorstellungen der Kinderzeiten preisgab, einen metaphysisch-überweltlichen Gottesgedanken an ihre Stelle setzte, der über alle diese Schwierigkeiten forthob. Allein etwa zu der Zeit, als man soweit gelangt war, hatte die wissenschaftliche Sternkunde einen Stand ihrer Kenntnisse erreicht, der einen sehr viel weiteren Ausschnitt dieser Himmelsumwelt umfaßte und von neuem auch deren Sinn und Wirkung für die Erdbewohnerschaft änderte.

An die Stelle der verhältnismäßig kleinen Gefolgschaft der Sonne war in der inzwischen zurückgelegten Jahrzehnte-Reihe ein neuer, außerordentlich viel größerer Gesamtkörper von Gestirnen getreten, der zuerst nach Tausenden, dann nach Zehntausenden von Fixsternen zählte und der doch als ein zusammenhängendes Gliederganzes angesehen wurde, das trotz der äußersten Zerstreutheit über den Weltraum sich nach den gleichen Gesetzen durch ihn bewegt: das Milchstraßensystem.

Man wird nicht behaupten dürfen, daß die neue Umwälzung der Himmelssichten das Verhältnis zwischen Menschheit und Welt ebenso grundsätzlich umgestürzt habe, wie die Enthüllung des Kopernikus; es war ja mehr die Menge der nunmehr in Betracht gezogenen Himmelskörper, die sich veränderte, als der Bau ihres Insgesamts. Gleichwohl blieb auch diese Sichtveränderung nicht ohne die nachhaltigsten Folgen für die seelische Einstellung der Menschheit oder vielmehr ihrer geistigen Lenker zum Weltgeschehen. Waren durch Kopernikus die Erde und mit ihm der Mensch ihrer Herrscherstellung gegenüber dem Weltall beraubt worden, so wurde jetzt ihre Stellung innerhalb der Sternenwelt zur Unbedeutendheit herabgedrückt.

Denn wenn das Herrengestirn der Sonne, deren Schicksal ihr Geleitstern die Erde notwendig teilen mußte, nunmehr zu einem Fixstern unter vielen Tausenden degradiert wurde, so mußte mit dem Gewicht von Sonne und Erde auch das der Menschheit gegenüber dem überschaubaren Weltall sinken und zwar bis zu einem Mindestmaß von physikalischer Bedeutung. Die Erde stellte sich dar als der winzig kleine, nach außen völlig unsichtbare Gefolgsstern eines Fixsterns, der selbst nur wieder einen sehr sehr kleinen Bruchteil der vorläufig entdeckten Sternenwelt ausmachte.

An dem Maßstab dieses Weltausschnittes gemessen, wurde der Wohnsitz der Menschheit einer der kleinsten und unwesentlichsten Himmelskörper innerhalb der bekannten Welt; er verlor sich in ihr wie ein Staubkorn in einer großen Wolke.

Doch auch bei diesem Stande der Dinge blieb die Ausdehnung der menschlichen Erkenntnis und mit ihr der Vordrang des kosmischen Herrschaftsbereichs in Geist und Seele der Menschheit nicht stehen. Bis zur Gegenwart hat sich zwar die Richtung des Fortschrittes dieser Entwicklung seit dem von Kant benutzten Wright ebenso wenig geändert, wie in dem Zeitraum zwischen Kopernikus und Wright, aber die Maße dieses Fortschrittes haben sich noch so erstaunlich gesteigert, daß, wenn nicht die Weise, so doch die Wucht, die die Vermehrung des Herrschaftsdruckes der Welt auf das Erkennen und Fühlen der Menschheit ausübt, sich noch beträchtlich geändert und gesteigert hat.

Eine Gesellschaftslehre, die etwa 1911, d. h. zu der Zeit, in der solche Vergleiche überhaupt zuerst unternommen wurden, die Anzahl der Glieder des Milchstraßengebäudes an der eines ähnlich geordneten Menschenverbandes hätte messen wollen, etwa an der eines Volkes, wäre auf beiden Linien auf 60 Millionen geraten, während noch der ältere Herschel, also zur Zeit der letzten Staffel dieses Entwicklungsweges, die Zahl der Fixsterne auf 20000 geschätzt hatte. Aber auch die für 1911 angenommene Zahl wuchs aufs Schnellste: man schätzte im Jahre 1930 die Anzahl der Fixsterne im Milchstraßengebäude auf 400 Milliarden. Und damit nicht genug: inzwischen hat man den Weltraum mit Fernrohren durchdrungen, die weit über die Grenzen der in ihm schwimmenden Milchstraßen-Insel hinausreichten und es ergab sich, daß selbst dieser ungeheuer große und vielgliedrige Gesamtkörper nur eine unter vielen Gestirnscharen ihres Gleichen sei. Auch diese Größenklasse von Sterngebäuden, die man nach dem bekanntesten Beispiel die der Andromedanebel nennt, ist in einer für unsere stärksten Sehwerkzeuge erreichbaren Entfernung in überaus zahlreichen etwa in zwei Millionen Beispielen vertreten. Und als solle hier eine Ungeheuerlichkeit auf die andere getürmt werden, hat sich in der jüngsten Vergangenheit als wahrscheinlich herausgestellt, daß es Gesamtkörper von äußerst gliederreichen Sterngebäuden giebt, die einer noch höheren, d. h. noch umfangreicheren Klasse zuzurechnen sind. So nimmt man an, daß die mittlere Ebene, die als die Milchstraßen-Linse durchschneidend und dann außerordentlich in den Weltraum hinein erweitert gedacht werden kann, in der Hauptebene eine Ellipse von Kugelsternhaufen darstellt, die ihrerseits immer noch ein zusammenhaftendes Gliederganzes bildet, obwohl sie unserer Milchstraßen-Insel an Größe um mehr als das Doppelte überlegen ist. Und von der Coma-Virgo-Wolke, einer von unserem Milchstraßen-Bau um über zwei Trillionen Kilometer entfernten Nebelinsel von einer um Vieles größeren Größenklasse, nimmt man an, daß sie aus etwa 1400 Teilkörpern besteht, von denen wieder einzelne sich dem Umfang der Andromeda-Nebel nähern. Und man mag schon aus diesen Umfangs-Andeutungen ermessen, wie unsäglich zahlreich an Fixsternen diese Weltinseln sein mögen, wenn man annimmt, daß einer ihrer Teilkörper ähnlich wie unser Milchstraßenbau 400 Milliarden Fixsterne zählen mag.

Und um noch einen letzten Beleg für die ungeheure Anzahl der Sterne, die unsere Sternkunde im Weltraum ermittelt hat, in Erinnerung zu bringen: wohl als die entferntesten Himmelskörper sind die Sternnebel anzusehen, deren Licht 50 Millionen Jahre braucht, um zu uns zu gelangen, die uns nur als ungewiß leuchtende Punkte erscheinen und die doch von den stärksten Refractoren unserer Sternwarten als Gestirngruppen aufgelöst werden, deren Einzelsterne man auf mehrere Milliarden schätzt. Und die Zahl dieser auf der photographischen Platte sichtbar zu machenden Sternnebel wird auf zwei Millionen geschätzt und man vermutet, daß noch Billionen andere so weit von uns entfernt sind, daß sie sich außerhalb der Reichweite auch unserer stärksten Rohre befinden.

Der Weg, den die Erweiterung des Umfanges unseres Weltbildes von den Tagen des Kopernikus bis zu den unseren zurückgelegt hat, ist weit genug und leitet von wenigen Tausenden bis zu Billionen von Milliarden. Und wollte man gegen die Wirksamkeit solcher Berechnungen den Einwand erheben, daß der vernunftbegabten Menschheit an Macht und Schicksal dieser ungezählten Heere von Feuerbällen nichts gelegen sein könne, so würde uns diese Rechnung doch noch weit näher rücken können, wenn wie vernehmen, daß nach der Schätzung unserer Sternkundigen etwa für den einhunderttausendsten von diesen Fixsternen die Möglichkeit besteht, daß ihn ein Planet mit den physischen und also auch physiologischen Voraussetzungen unserer Erde und ihres Lebens umkreist. Trifft diese Veranschlagung zu, so ist noch immer in Milliarden von Fällen die Möglichkeit gegeben, daß Planeten, die von Wesen unserer Art bewohnt sind, den Weltraum durchschiffen. Und man wird zugeben, daß schon das Aufsteigen einer solchen Möglichkeit auch die selbstgewisseste, die anthropozentrischste Weltanschauung zu erschüttern vermöchte.

Es giebt im Lager der Geisteswissenschaften, je näher dem Kern der rein begriffsmäßig verfahrenden Forschungsrichtungen desto zahlreicher, sehr überzeugte Gegner aller und jeder naturwissenschaftlich bestimmten Weltsichten, die es grundsätzlich verneinen würden, daß irgend welche, und seien es auch die bestgegründeten Wirklichkeiten des Naturgeschehens auch nur die mindeste Bedeutung für die Bemessung menschheitlicher Angelegenheiten haben könnten. Man kennt die Beweisgründe, die für diese Meinung vorgebracht zu werden pflegen; denn sie sind ebenso beliebt, wie sie irrig sind. Man erklärt: alle Anschauung der Welt sei geistigen Ursprungs und dürfe deshalb nur vermittelst der Sehweisen des Geistes zu Stande kommen. Mithin sei jedes Naturgeschehen für die Weltanschauung belanglos. Und man sieht leicht, wie alle die Darlegungen des Gedankenganges dieser Blätter von vornherein als irrig abgewiesen werden können. Aber ebenso gewiß leuchtet ein, daß eine erfahrungswissenschaftliche Forschungsweise, wie die hier befolgte, eine Widerlegung dieser Art als von einer durch nichts bewiesenen Setzung im Voraus ausgehend ablehnen muß.

Wohl aber darf von dem hier eingenommenen Standpunkt aus darauf hingewiesen werden, daß auch auf dem Wege rein denkmäßiger Maßnahmen das gleiche Ziel erreicht werden kann, das den noch eben aufgerufenen Erkenntnissen der neueren Sternkunde vorschwebt. Ob man diese Maßnahmen Philosophie nennt — im Grunde giebt es nämlich nur e i n e Wissenschaft — sei freigestellt; jedenfalls hat Nietzsche mit seiner Lehre von der Wiederkehr des Gleichen, der man folgerichtige Denkmäßigkeit nicht wohl wird absprechen können, die Grundlage für eine Naturanschauung geschaffen, die mit wenigen Schritten zu dem soeben gekennzeichneten Ziele führt.

Nietzsches Lehre baut auf der Grundannahme von der Unendlichkeit der Zeit die Folgerung auf, daß nach den Regeln der Variationsrechnung innerhalb der unendlichen in die Zukunft vorwärtsreichenden Zeiten Raum genug für eine Zeitstrecke gegeben sein müsse, in der sich alles Menschheits- und Weltgeschehen bis an das Ende seiner möglichen Abwandlungen vollziehen und wiederholen könne und daß dieser selbe Verlauf in die Vergangenheit rückwärts vor dem Beginn des von uns selbst durchlebten Geschehenszuges beliebig oft, in Wahrheit unendlich oft wiederholt gedacht werden könne, ja notwendig angenommen werden müsse.

Dieser Lehre ist ein Seitenstück gegeben worden[1], das auf die Unendlichkeit des Raumes gegründet der Unendlichkeit der Längsschnitt-Wiederholungen der Zeit nunmehr die Unendlichkeit der Querschnitt-Wiederholungen des Raumes an die Seite stellt. Da ein endlicher Raum ein Widerspruch in sich ist — was auch Einstein neuerdings, in einem nicht eben bewundernswerten Rückzugsgefecht halbwegs zugegeben hat, unter ebenso halber Preisgabe seiner für jede sinnliche Anschauung unmöglichen Annahme vom Kugelraum — so muß an dem unendlichen Raum, der unserer Vorstellung keinerlei unüberwindliche Schwierigkeiten bereitet, festgehalten werden. Aus ihm aber ein endliches Weltall und eine ihm entsprechende endliche Anzahl von Sternen auszusondern, liegt kein irgend haltbarer Grund vor; es spricht viel mehr jeder vorstellbare Grad von Wahrscheinlichkeit dafür, den unendlichen Raum mit einer ebenso unendlichen Zahl von Gestirnen besetzt zu denken.

Trifft diese Annahme zu, so ist der selbe Tatbestand, wie durch die Wiederkehr des Gleichen für die Zeit, auch für den Raum gegeben und an die Stelle aller bisher zu Hilfe gezogenen Einzelveranschlagungen tritt die im mathematischen Sinn unendliche Zahl der Wiederholungen des Sterngeschehens.

---

[1]) Vgl. meine Abhandlung, Einheit als Geschehen. (Soziol. Jahrbuch I [1925] 130).

Und mit der Sonne und ihrer Planetengefolgschaft muß sich auch die Bewohnerschaft der Erde vor den Tatbestand einer unendlichen Wiederholtheit ihrer Gestaltung und ihres Geschehens gestellt sehen.

Die Bewirkung der Seele des Menschengeschlechts durch eine solche Umlagerung unseres Schicksals müßte dann, wenn man sie in demselben Sinn beurteilen sollte wie alle bisher besprochenen Verschiebungen, als eine Herabdrückung unseres Selbstbewußtseins bewertet werden. Man müßte den Schluß ziehen, daß das Herabsteigen des Menschengeschlechts von der Höhe seiner Einzigartigkeit zuerst zu einer Vielfachheit und schließlich zu einer Unendlichkeit seiner Wiederholung als eine stete Steigerung dieser Herabminderung empfunden werden müsse. Wir müßten eine solche Wirkung allerdings hinnehmen als eine unausweichliche Gegebenheit, denn der seltsame Irrtum Nietzsches, der seine Lehre von der ewigen Wiederkehr dadurch bestätigt und bestärkt sehen wollte, daß er sich von ihr heilsame sittliche Folgen versprach, wird auch nicht in der umgekehrten Richtung — der also auf die Annahme einer Schwächung des Lebensgefühls — wiederholt werden dürfen.

Doch ist wahrlich auch diese Voraussetzung nicht als eine unumstößliche gegeben. Es giebt eine Art des Weltgefühls von großer Stärke — Weltfrömmigkeit ist sie wohl des öfteren auf diesen Blättern genannt worden — das sich so tief und so wurzelhaft in das Weltgeschehen, in jedes Weltgeschehen eingebettet empfindet, daß sie es als eine Unmöglichkeit ansehen würde, irgend eine Form dieses Geschehens, sie sei auch wie sie sei, in ihrem Bewußtsein zu dulden, mit der sie sich nicht voll einverstanden fühlen und denken würde, und zwar nicht im Sinn eines widerstrebenden Sich-Schickens, sondern einer tief glücklichen Zugehörigkeit zu dem Weltgeschehen, so wie es gefügt ist. Es kann kein Menschheitsbewußtsein geben, das sich nicht mit voller Seele an dies Gefüge hingäbe. Der Wille der Welt und seine Majestät müssen allem unsrem Tun die Maße setzen. Er aber fügt die Gebilde der Sternennetze, so wie sie uns umfangen und wie sie unantastbar sind, er will aber auch des Weiteren, daß wir nicht gedrückten, sondern freien und heiteren Mutes uns in diese Fügungen finden.

Vollends abwegig sind die Gegengedanken, die sehr bedeutende Sternkundige geltend machen, indem sie doch eine demütigende Traurigkeit über uns verhängen wollen. Sie wollen uns davon überzeugen, wie kümmerlich unser Erdendasein beschaffen sei, da die Erde samt der Sonne und der gesamten Sternenwelt nach dem zweiten Wärmesatz von einem endlichen Kältetod bedroht sei. Aber wenn sie dabei übersehen, daß uns von diesem Ereignis noch Jahrhunderttausende, wenn nicht Jahrmillionen trennen, so werden wir ihnen umso getrosteren Mutes entgegnen können, daß jenen beiden Geboten, die wie eherne Tafeln über unser Leben gehängt sind, durch diese Gefahr kein Abbruch geschieht. Sie würde den starken Lebenswillen, der von uns gefordert wird, auch dann noch nicht brechen dürfen, wenn sich die Spanne Zeit, die uns von diesem Weltentod trennt, nur nach wenigen Jahrtausenden bemäße.

Die Gedankenreihe, die hier verfolgt wurde, ist zu ihrem Schluß gelangt. Es war ihr darum zu tun, nachzuweisen, daß in unserem Zeitalter, sei es daß man es von Kopernikus, sei es von Herschel ab beginnen läßt, die Fortschritte unseres Wissens um die Umwelt so bedeutende gewesen sind, daß das geistig-seelische Verhältnis der Menschheit zu dieser Umwelt sich wesentlich verändert hat. Unser Wissen um sie ist größer geworden, aber weit wichtiger ist doch, daß ihre Macht über uns viel stärker geworden ist.

Und diese andere Seite des Vorgangs ist um so bemerkenswerter, als unsere menschliche Deutung genau den entgegengesetzten Weg einschlägt und uns glauben läßt, daß sich hier nichts anderes zutrage, als eine Erweiterung der Herrschaft des Menschen über die Welt. Die Zweideutigkeit dieser Lösung mag ihren Austrag darin finden, daß beide Auslegungen richtig sind und daß die Doppeldeutigkeit in

Wahrheit eine Doppelseitigkeit dieses nur scheinbar einfachen Vorgangs deckt. Nur insofern muß die größere Wucht bei dem Eindringen der Welt auf unseren Geist gesucht werden, als bei uns nur die Fähigkeit des Empfangens und des Ordnens zu suchen ist, bei der Welt aber die aussendende Kraft ihres Seins, das immer von neuem Strahlen auf uns wirft in Gestalt der von ihm abgeschickten Bilder. Und ebenso gewiß ist, daß der eigentlich ursprüngliche, der primäre Teil dieses Geschehens der Welt und ihrem rastlos im Gang befindlichen Walten zuzuschreiben ist, von dem das Insgesamt dieser Vorgänge ausgeht. Gleichwohl ist unser Anteil an diesem Doppelgeschehen doch kein geringer: denn es bleibt nicht nur bei einem Spiegelgeschehen, durch das das so übermächtig gewordene Weltbild in unsere Seele geworfen wird, sondern es wird von uns eine, und wahrlich nicht die geringste Selbstregelung gefordert: diejenige, die von uns die Spannungen unseres Wesens fordert, durch die wir diesen Machtzuwachs auf Seiten der Welt durch eine Vermehrung unserer Seelenmacht ausgleichen können, Spannungen, die zwar eine demütige Beugung unseres Willens in den Willen der Welt in sich schließen, die aber zugleich auch uns sicherer und fester einpassen in das Gefüge der Welt. Werden wir so nicht dessen sichrere Herren? —

Ich halte inne und die Gedanken kehren zurück zu den vier Formen des Menschheitsgeschehens, in die hier das Insgesamt aller Menschheitsgeschichte zerteilt wurde; zu dem Urgeschehen und dem Spiegelgeschehen, dem Geistgeschehen und dem Regelgeschehen dieser Geschichte.

Aber diese Betrachtung darf nicht ohne das Zugeständnis schließen, daß alle die Umordnungen und Einteilungen des menschlichen Geschehens, die hier begründet wurden, gemessen an der unendlichen Fülle der Einzelereignisse, aus denen sich unser gewohntes Geschichtsbild zusammensetzt, ganz außerordentlich weitmaschig und allgemein erscheinen. Selbst die früheren Umschichtungen, die hier mit dem geschichtlichen Stoff unternommen wurden und die zur Erkenntnis von kreislaufnahen und spiraligen Wiederholungen führten, erscheinen sehr viel gewachsener und körperhafter—konkreter und plastischer — als die heut und hier dargebotenen. Soll deshalb auf sie verzichtet werden? Ich denke nicht: der Golfstrom ist nicht deshalb unwirklicher, weil an ihm gemessen jede Wellenbewegung in einer einzelnen Bucht unvergleichlich viel geformter erscheint. Die großen Luftdruckverschiebungen, auf die die heutige Wetterkunde alle Grundvorgänge der Wetterbildung zurückführt, sind nicht deshalb unbedeutend, weil der einzelne Regenfall, der einzelne Windwechsel in einem umgrenzten Landbezirk sehr viel einfacher zu beobachten sind. Es sind wirklich unendlich weit ausgedehnte, aber auch unendlich mächtige Strömungen, die hier beobachtet worden sind. Es ist nicht daran zu denken, ihr Dasein als unbedeutend hinzustellen, oder gar völlig abzuleugnen, weil es sich in so sehr viel allgemeineren Erscheinungen äußert. Vielleicht kommt noch einmal ein geschichtliches Sehen auf, das in dem Gesamtbild der Menschheitsgeschichte diesen allgemeinsten Vorgängen nicht den letzten, sondern den ersten Rang einräumt.

Druck von C. Schulze & Co., G.m.b.H., Gräfenhainichen.

FSC
www.fsc.org
MIX
Papier | Fördert gute Waldnutzung
FSC® C083411

Kolibri 360 GmbH
Ferdinand-Jühlke-Straße 7
99095 Erfurt, Deutschland
produktsicherheit@kolibri360.de